国家级实验教学示范中心教材
全国高等院校规划教材
供预防医学(食品安全方向)及相关专业使用


# 食品安全综合实习指导


主　编　毛丽梅
主　审　邹　飞
副主编　邓　红　马安德　卢晓翠
秘　书　查龙应
编　委　(以姓氏汉语拼音为序)
陈凌云(南方医科大学公共卫生与热带医学学院)
陈骁熠(广州医学院公共卫生学院)
楚心唯(南方医科大学公共卫生与热带医学学院)
邓　红(南方医科大学公共卫生与热带医学学院)
韩伟立(南方医科大学公共卫生与热带医学学院)
刘洪涛(南方医科大学公共卫生与热带医学学院)
柳春红(华南农业大学食品学院)
卢晓翠(南方医科大学公共卫生与热带医学学院)
马安德(南方医科大学公共卫生与热带医学学院)
毛丽梅(南方医科大学公共卫生与热带医学学院)
沈　梅(南方医科大学公共卫生与热带医学学院)
孙素霞(南方医科大学公共卫生与热带医学学院)
肖　南(华南农业大学食品学院)
杨雪梅(南方医科大学公共卫生与热带医学学院)
查龙应(南方医科大学公共卫生与热带医学学院)
周枝凤(南方医科大学公共卫生与热带医学学院)



科学出版社
北　京

## 内 容 简 介

本书是教育部国家级实验教学示范中心的配套教材，是为适应新形势下对高层次食品安全专业技术人才的需求，为满足医学院校预防医学(食品安全方向)专业的实验教学而编写。本教材包括基本实验技能、食品安全快速检测、综合性实验、食品安全相关案例分析、现场参观实习五大部分，是将预防医学(食品安全方向)的专业主干课程的全部实验教学内容整合优化编写而成，既强调基本技能的培养，又突出综合性和应急性。

本教材除满足医学院校预防医学(食品安全方向)专业本科教学需要外，也可作为国内其他食品相关专业的实验教材以及食品企业生产、管理人员及食品安全监督管理人员的技术参考书。

**图书在版编目(CIP)数据**

食品安全综合实习指导 / 毛丽梅主编. —北京:科学出版社,2013.2

国家级实验教学示范中心教材·全国高等院校规划教材

ISBN 978-7-03-036625-2

Ⅰ.食… Ⅱ.毛… Ⅲ.食品安全-实习-高等学校-教学参考资料 Ⅳ.TS201.6-45

中国版本图书馆 CIP 数据核字(2013)第 020951 号

责任编辑:周万灏 / 责任校对:邹慧卿

责任印制:徐晓晨 / 封面设计:范璧合



科 学 出 版 社 出版

北京东黄城根北街 16 号

邮政编码:100717

http://www.sciencep.com

北京凌奇印刷有限责任公司 印刷

科学出版社发行 各地新华书店经销

*

2013 年 2 月第 一 版 开本:787×1092 1/16

2019 年 4 月第三次印刷 印张:16 1/2

字数:392 000

**定价:69.80 元**

(如有印装质量问题，我社负责调换)

# 前　言

《食品安全综合实习指导》是教育部国家级实验教学示范中心的配套教材，是南方医科大学预防医学实验教学中心所进行的国家级实验教学示范中心教材建设中的重要组成部分。

食品安全是目前引起极大关注的学科领域。为适应新形势下对高层次食品安全专业技术人才的需求，南方医科大学从2006年起增设了预防医学(食品安全方向)本科专业。作为食品安全专业人才，不仅要有系统的理论知识，还要有很强的现场处置能力和创新意识，能够适应和解决不断出现的新问题、新挑战。为此，我们针对该专业的培养目标编写了本实验教材。

与以往依托于单一课程的实验教材不同，本教材是对预防医学(食品安全方向)的专业主干课程的实验教学内容进行整合优化编写而成，涵盖了食品化学、营养与食品卫生学、食品理化检验、食品加工与保藏原理、食品安全与质量管理学、食品标准与法规、现代食品安全检测技术等课程的实践知识。既强调基本技能的培养，又突出综合性和应急性，凸显食品安全专业的培养目标，促进学生对食品安全知识、技能、思维和素质的全面协调发展。该教材是一本体系完整的、满足食品安全专业需求的综合实习指导，国内目前尚无相关同类教材。本教材除满足本校预防医学(食品安全方向)专业本科教学需要外，也可作为国内其他食品相关专业的实验教材以及食品企业生产、管理人员及食品安全监督管理人员的技术参考书。

本教材主要包括以下五大部分：第一部分为基本实验技能，使学生熟悉和掌握基本实验分析和仪器分析技能，了解现代食品安全检测技术，为今后的实际工作打下良好基础；第二部分为食品安全快速检测，使学生熟悉和掌握食品安全现场快速检测技术，培养其现场处置能力；第三部分为综合性实验，这些实验将不同章节的理论知识、实践技能融会贯通，以提高学生综合处理问题的能力，并介绍了创新性实验的实施步骤，并结合教师的科研工作提出了选题指南供学生参考；第四部分为食品安全相关案例分析，结合食品安全方面的具体案例进行课堂讨论，加强学生分析和解决实际问题的能力；第五部分为现场参观实习，提出了到食品厂等有关场所进行现场参观时的主要参观内容和应特别注意的关键点，以提高现场实习的效率和针对性。本书还将新颁布的中华人民共和国食品安全法、食物中毒诊断标准及技术处理总则以及中国居民膳食营养素参考摄入量、常见食物营养成分表等列在其后以供参考。

在本教材编写过程中得到了科学出版社和南方医科大学公共卫生与热带医学学院的大力支持，在此表示衷心感谢！感谢广州医学院陈骁熠老师和华南农业大学柳春红、肖南老师参与本书撰写。并向所有支持和帮助本书编印的编者和朋友致谢！

由于时间和水平有限，缺点错误在所难免，恳请使用本教材的同行及师生们将意见反馈给我们，以不断改进。

邹　飞　毛丽梅

2012年8月30日

# 目　录

## 第三部分 综合性实验



## 第四部分 食品安全相关案例分析



## 第五部分 现场参观实习

# 第一部分　基本实验技能

## 第一章　食品样品的采集与制备

被检验的“一批食品”，称为总体，从某一总体中抽出的一部分称为样品。食品采样是指从较大批量食品中抽取能较好地代表其总体样品的方法。食品卫生监督部门或食品企业自身为了解和判断食品的营养与卫生质量，或查明食品在生产过程中的卫生状况，可使用采样检验的方法。根据抽样检验的结果，结合感官检查，可对食品的营养价值和卫生质量作出评价，或协助企业找出某些生产环节中存在的主要卫生问题。样品的采集和保存的正确与否是食品检验结果准确与否的关键，也是食品卫生专业人员必须掌握的一项基本技能。

### 第一节　食品样品的采集

#### 一、采样目的

食品采样的主要目的是鉴定食品的营养价值和卫生质量，包括食品中营养成分的种类、含量和营养价值；食品及其原料、添加剂、设备、容器、包装材料中是否存在有毒有害物质及其种类、性质、来源、含量、危害等。

#### 二、样品分类

**1. 客观样品**　在日常卫生监督管理工作过程中，为掌握食品卫生质量，对食品企业生产销售的食品应进行定期或不定期的抽样检验。这是在未发现食品不符合卫生标准的情况下，按照日常计划在生产单位或零售店进行的随机抽样。通过这种抽样，有时可发现存在的问题和食品不合格的情况，也可积累资料，客观反映各类食品的卫生质量状况。为此目的而采集供检验的样品称为客观样品。

**2. 选择性样品**　在卫生检查中发现某些食品可疑或可能不合格，或消费者提供情况或投诉时需要查清的可疑食品和食品原料；发现食品可能有污染，或造成食物中毒的可疑食物；为查明食品污染来源，污染程度和污染范围或食物中毒原因；以及食品卫生监督部门或企业检验机构为查清类似问题而采集的样品，称为选择性样品。

#### 三、采样原则

正确采样必须遵循以下原则：

**1. 代表性**　通常待鉴定食品不可能全部进行检测，只能通过对样品的检测来推断该食品总体的营养价值或卫生质量。因此，所采的样品应能够较好地代表待鉴定食品各方面的特性，反映总体水平。食品因加工批号，原料情况，加工方法，运输储存条件，销售中的各个环节等都对食品卫生质量有重要影响，在采样时应充分考虑这些因素。若所采集的样品缺乏代表性，则可能导致错误的判断和结论。

**2. 典型性** 被污染或怀疑被污染的食品、引起中毒或怀疑引起中毒的食品、掺假或怀疑掺假的食品采集要具有典型性。若食品被污染或怀疑被污染，应采集接近污染源的食品或易受污染的那一部分食品，同时采集确实未被污染的同种食品作为空白对照；食物中毒样品采集应根据中毒症状、可疑中毒物性质采集可能含毒量最多的样本，中毒者吃剩下的食物、餐具（未洗刷）、药品是最好的检材；掺假或怀疑掺假的食品应采集有问题的典型样本，而不能用均匀样本代替。

**3. 真实性** 采样人员应亲临现场采样，以防止在采样过程中的作假或伪造食品。所有采样用具都应清洁、干燥、无异味、无污染食品的可能。应尽量避免使用对样品可能造成污染或影响检验结果的采样工具和采样容器。性质不同的样品必须分开包装，并应视为来自不同的总体；采样记录务必清楚地填写在采样单上，并紧附于样品。

**4. 适量性** 采样数量应能反映该食品的卫生质量和满足检验项目对样品量的需要，一式3份，分别供检验、复验与备查或仲裁用。每份样品的数量不少于全部检验项目的3倍。一般散装样品每份不少于0.5kg，罐头、瓶装食品或其他小包装食品，应根据批号随机取样，同一批号取样件数，250g以上的包装不得少于6个，250g以下的包装不得少于10个。微生物学检验，按国家有关规定进行。

对于食源性疾病及食品安全事件的食品样品，采样量应满足食源性疾病诊断和食品安全事件病因判定的检验要求。

**5. 及时性** 由于被检物质会随时间推移而变化，故应及时采样，尽快送检。尤其是检测样品中水分、微生物等易受环境因素影响的指标，或样品中含有挥发性物质或易分解破坏的物质时，应及时赴现场采样。采样后应将样品在接近原有贮存温度条件下尽快送往实验室检验，并尽可能缩短从采样到送检的时间。

**6. 程序性** 采样、送检、留样和出具报告均按规定程序进行，各阶段都要有完整的手续，责任分明。

## 四、采样工具和容器

**1. 采样工具**

(1) 一般常用工具：包括钳子、螺丝刀、小刀、剪刀、镊子、罐头及瓶盖开启器、手电筒、蜡笔、圆珠笔、胶布、记录本、照相机等。

(2) 专用工具：如长柄勺，适用于散装液体样品采集；玻璃或金属采样器，适用于深型桶装液体食品采样；金属探管和金属探子，适用于采集袋装的颗粒或粉末状食品；采样铲，适用于散装粮食或袋装的较大颗粒食品；长柄匙或半圆形金属管，适用于较小包装的半固体样品采集；电钻、小斧、凿子等可用于已冻结的冰蛋；搅拌器，适用于桶装液体样品的搅拌。

**2. 盛样容器** 盛装样品的容器应密封，内壁光滑、清洁、干燥，不含有待鉴定物质及干扰物质。容器及其盖、塞应不影响样品的气味、风味、pH及食物成分。

盛装液体或半液体样品常用防水防油材料制成的带塞玻璃瓶、广口瓶、塑料瓶等；盛装固体或半固体样品可用广口玻璃瓶、不锈钢或铝制盒或盅、搪瓷盅、塑料袋等。

采集粮食等大宗食品时应准备四方搪瓷盘供现场分样用；在现场检查面粉时，可用金属筛筛选，检查有无昆虫或其他机械杂质等。

## 五、采样方法

采样通常有两种方法:随机抽样和代表性取样。随机抽样是按照随机的原则,从分析的整批物料中抽取出一部分样品。随机抽样时,要求使整批物料的各个部分都有被抽到的机会。代表性取样则是用系统抽样法进行采样,即已经掌握了样品随空间(位置)和时间变化的规律,按照这个规律采取样品,从而使采集到的样品能代表其相应部分的组成和质量,如对整批物料进行分层取样、在生产过程的各个环节取样、定期从货架上采取陈列不同时间的食品的取样等。采样通常采用随机抽样与代表性取样相结合的方式。采样一般皆取可食部分,具体的取样方法,因分析对象性质的不同而异。

**1. 有完整包装的食品**

(1) 大包装食品:有完整包装(桶、箱、袋等)的大包装食品先按公式$\sqrt{总件数/2}$确定采样件数,并由此确定食品堆放的不同部位具体的采样件数,取出选定的大包装,用采样工具在每一包装的上中下三层取出三份样。采得的样品可用“四分法”进行缩分,做成平均样品。即将采得的原始样品充分混匀,倒在清洁的玻璃板或塑料布上,压平成厚度约3cm的规则形状,划十字线把样品分成四等份,取对角的两份混合,再如上分为四份,取对角的两份,继续此操作至取得所需采样数量为止。

(2) 小包装食品:袋装、瓶装、罐装的定型小包装食品(每包<500g),可按生产日期、班次、包装、批号随机采样;一般同一批号取样件数,250g以上的包装不少于3个,250g以下的包装不少于6个。如果小包装外还有大包装(纸箱等),可在堆放的不同部位抽取一定数量的大包装,打开包装,从每个大包装中抽取小包装,再缩减到所需采样数量。

**2. 散装食品**

(1) 液体、半液体食品:采样以一池、一缸等为一个采样单位,即每一池或每一缸搅拌均匀后采集一份样品;若池或缸过大,可按高度等距离分上、中、下三层,在各层四角和中央各取等量样品混合后再取检验所需样品;流动液体可定时定量从输出的管口取样,混合后再取检验所需样品。

(2) 固体食品:大量的散装固体食品,如粮食、油料种子、豆类、花生等,可采用分区分层法采样。对在粮堆、库房、船舱、车厢里堆积的食品进行采样,可采用分层采样法,即分上、中、下三层或等距离多层,在每层中心及四角分别采取等量小样,混合为初级样品;对大面积平铺散装食品可先分区,每区面积不超过50$m^2$,并各设中心、四角5个点,两区以上者相邻两区的分界线上的两个点为共有点,例如两区共设8个点,三区共设11个点,以此类推。边缘上的点设在距边缘50cm处。各点采样数量一致,混合为初级样品;初级样品可按上述“四分法”处理,得到平均样品。

**3. 组成不均匀的固体食品**(如肉、鱼、蛋、蔬菜水果等)　这类食品各部位极不均匀,个体大小及成熟程度差异很大,取样时更应注意代表性。应根据检验目的和要求,从同一部位采集小样,或从具有代表性的各个部位采取小样,然后经过充分混合得到初级样品。

(1) 肉类:根据分析目的和要求不同而定。有时从不同部位取得检样,混合后形成原始样品;有时从一只或很多只动物的同一部位采取检样,混合后形成原始样品。在同质的一批肉中,可以四角或中间设采样点,每点从上、中、下三层均匀采取可食部分的若干小块,混合为一个样本。

(2) 鱼类:个别大鱼可从头、体、尾各部位取样。一般鱼类都采集完整的个体较大的

(0.5kg 左右)3 条作为一份样本;小鱼(虾)可随机采取多个检样,形成混合样本,每份 0.5kg。

(3) 蛋类:可按一定个数取样,也可根据检验目的将蛋黄、蛋清分开取样。

(4) 果蔬:体积较小的(如山楂、葡萄等),可随机采取若干个整体作为检样,切碎、混匀形成原始样品;体积较大的(如西瓜、苹果、菠萝等),可按成熟度及个体大小的组成比例,选取若干个个体作为检样,对每个个体按生长轴纵剖分 4 份或 8 份,取对角线 2 份,切碎、混匀得到原始样品;体积蓬松的叶菜类(如菠菜、小白菜等),可抽取一定数量的检样,混合后捣碎、混匀形成原始样品。

## 六、采样注意事项

采样时应注意以下问题:

(1) 一切采样工具(如采样器、容器、包装纸等)都应清洁、干燥、无异味,不应将任何杂质带入样品中。例如,作 3,4-苯并芘测定的样品不可用石蜡封瓶口或用蜡纸包,因为有的石蜡含有 3,4-苯并芘;作锌测定的样品不能用含锌的橡皮膏封口;作汞测定的样品不能使用橡皮塞;供微生物检验用的样品,应严格遵守无菌操作规程。

(2) 在进行检测之前样品不得被污染,要设法保持样品原有微生物状况和理化指标不变。例如,作黄曲霉毒素 $B_1$ 测定的样品,要避免阳光、紫外灯照射,以免黄曲霉毒素 $B_1$ 发生分解。

(3) 感官性质差别很大的样品不可混在一起,应另行包装,并注明其性质。

(4) 采样后应迅速送往检测室进行分析检测,以免发生变化。

(5) 盛装样品的器具上要贴牢标签,注明样品名称、采样地点、采样日期、样品批号、采样方法、采样数量、分析项目及采样人。

(6) 做好现场采样记录,其内容包括:检验项目、品名,生产日期或批号、产品数量、包装类型及规格、贮运条件及感官检查结果;还应写明采样单位和被采样单位名称、地址、电话,采样日期、容器、数量,采样时的气象条件,检验项目、标准依据及采样人等。无采样记录的样品,不应接受检验。

(7) 样品在检验结束后一般应保留至少一个月,以备需要时复查,保留期限从检验报告单签发之日算起。易变质食品不予保留,保留样品应加封后存放在适当的地方,并尽可能保持其原状。留样方法可根据食品种类、性质、检验项目、保留条件及合同中的有关规定来决定。对检验结果有怀疑或有争议时,可对样品进行复验。

# 第二节　食品样品的制备和预处理

## 一、样品的制备

按采样规程采取的样品往往数量较多,颗粒较大,而且组成也不十分均匀。为了确保分析结果的正确性,必须对采集到的样品进行适当的制备,以保证样品十分均匀,使在分析时采取任何部分都能代表全部样品的成分。

样品的制备是指对采取的样品进行分取、粉碎、混匀等处理工作。应根据待鉴定食品的性质和检测要求采用不同的制备方法。

**1. 液体、浆体或悬浮液体**　如牛奶、饮料、植物油及各种液体调味品等,可用玻璃棒或电动搅拌器将样品充分搅拌均匀。互不相溶的液体（如油与水的混合物）应首先使不相溶的成分分离，然后分别取样测定。

**2. 固体样品**　应用切细、粉碎、捣碎、研磨等方法将样品制成均匀可检状态。水分含量少、硬度较大的固体样品（如谷类）可用粉碎机将样品粉碎；水分含量较高、韧性较强的样品（如肉类）可取可食部分放入绞肉机中绞匀；高脂肪固体样品（如花生、大豆等）需冷冻后立即粉碎；质地软的样品（如水果、蔬菜）多用匀浆法，可取可食部分放入组织捣碎机中捣匀。为控制颗粒度均匀一致，可采用标准筛过筛。

**3. 罐头食品**　水果罐头在捣碎前必须清除果核；肉禽罐头应预先清除骨头；鱼类罐头要将调味品（葱、辣椒及其他）分出后再捣碎。常用捣碎工具有高速组织捣碎机等。

## 二、样品的预处理

根据食品种类、理化性质和检测项目的不同，供测试的样品往往还需要作进一步的处理，以去除食品的杂质或某些组分对分析测定的干扰。采用的方法包括浓缩、灰化、湿法消化、蒸馏、溶剂提取、色谱分离和化学分离等。

**1. 无机化处理法**　主要用于食品中无机元素如 K、Na、Ca、P、Fe 等的测定。通常是采用高温或高温结合强氧化条件，使有机物质分解并成气态逸散，待测成分残留下来。分为湿消化法和干灰化法两大类。

（1）湿消化法：通常是在适量的食品样品中，加入硝酸、高氯酸、硫酸等氧化性强酸，结合加热来破坏有机物，使待测的无机成分释放出来，并形成各种不挥发的无机化合物，以便做进一步的分析测定。有时还要加一些氧化剂（如高锰酸钾、过氧化氢等）以加速样品的氧化分解。

（2）干灰化法：通常将样品放在坩埚中，在高温灼烧下使食品样品脱水、焦化，并在空气中氧的作用下，使有机物氧化分解成二氧化碳、水和其他气体而挥发，剩下无机物供测定用。灰化温度一般为 500～600℃。

**2. 挥发和蒸馏分离法**　挥发法和蒸馏法是利用待测成分的挥发性将待测成分转变成气体或通过化学反应转变成为具有挥发性的气体，而与样品基体成分相分离，分离出来的气体经吸收液或吸附剂收集后用于测定，也可直接导入测定仪器测定。

**3. 溶剂提取法**　溶剂提取法是食品检验中最常用的提取分离方法。依据相似相溶原则，用适当的溶剂将某种成分从固体样品或样品的浸提液中提取出来，而与其他基体成分分离。可分为浸提法和液-液萃取法。

**4. 液相色层分离法**　液相色层分离法又称液相层析分离法，液相色谱分离法。这类方法的分离原理是利用物质在流动相与固定相两相间的分配系数差异，当两相作相对运动时，在两相间进行多次分配，分配系数大的组分迁移速度慢；反之则迁移速度快，从而实现组分的分离。此类分离方法的最大特点是分离效率高，它能把各种性质极相似的组分彼此分开，因而是食品检验中一类重要而常用的分离方法。

**5. 沉淀分离法**　沉淀分离法是利用沉淀反应进行分离的方法。在试样中加入适当的沉淀剂，使被测成分沉淀下来，经过过滤或离心将沉淀与母液分开，从而达到分离日的。

（毛丽梅）

# 第二章　食品感官评定

食品的感官评定是利用感觉器官检验食品的感官特性，即通过人的感觉（视觉、嗅觉、味觉、触觉），以语言、文字、符号作为分析数据对食品的色泽、风味、气味、组织状态、硬度等外部特征进行评价的方法。

食品质量的优劣最直接地表现在它的感官性能上，迄今为止，任何分析方法都还不能完全替代人工品尝，所以目前不少食品质量的综合评价仍以感官评定为主。感官评定是与仪器分析并行的重要检测手段，具有显著优点：首先，通过对食品感官性状的综合性检查，可以及时、准确地鉴别出食品质量有无异常，便于早期发现问题，及时进行处理，可避免对人体健康和生命安全造成损害。其次，感官评价方法直观、手段简便，不需要借助任何仪器设备和专用、固定的检验场所以及专业人员。第三，感官鉴别方法常能够察觉其他检验方法所无法鉴别的食品质量特殊性污染微量变化。

## 第一节　食品的感官属性与检验

### 一、食品的感官属性

食品的感官属性是设计和开展感官评定实验的基础，只有掌握了食品属性真正本质及相应的感官识别方法后，才能准确开展感官评定，减少对评定结果的曲解。按照感官属性识别方式的不同将其分为：外观；气味/香味/芳香；浓度、黏度与质构；风味（芳香、化学感觉、味道）；咀嚼时的声音。在识别食品的感官属性时，通常按照上述顺序进行。然而，在感官属性识别过程中，大部分（甚至所有的）属性都会部分重叠。换言之，感官鉴评员感受到的是几乎所有感官属性印象的混合，未经培训的鉴评员是很难对每种属性作出一个独立的评价的。

**1. 外观**　外观通常是决定消费者是否购买一件商品的唯一属性，如表面的外观粗糙度、表面印痕的大小和数量、液体产品容器中沉淀的密度和数量等。对于这些简单而具体的品质，鉴评员几乎不需要经过训练，就能很容易地对产品的相关属性进行描述和介绍。外观属性通常包括：

（1）颜色：一般而言，食品变质通常会伴随着颜色的改变。

（2）大小和形状：如长度、厚度、宽度、颗粒大小、几何形状（方形、圆形等），大小和形状通常用于指示食品的缺陷。

（3）表面的质构：如表面的嫩度或亮度，粗糙与平坦；表面是湿润或干燥，柔软或坚硬，易碎或坚韧。

（4）澄清度：透明液体或固体的混浊或澄清程度，是否存在肉眼可见的颗粒。

（5）碳酸的饱和度：对于碳酸饮料，主要观察倾倒时的起泡度。常采用 Zahm-Nagel 装置（二氧化碳测定仪）测定。

**2. 气味/香味/芳香**　当食品的挥发性物质进入鼻腔时，它的气味就会被嗅觉系统所识别。香味是食品的一种气味，芬芳是香水或化妆品的气味。而芳香既可以指一种令人愉悦的气味，也可以代表食品在口腔时通过嗅觉系统所识别的挥发性香味物质。从食品中释放的挥发性物质的数量通常会受到温度和组分的性质影响。许多气味只有在酶反应发生时才会从剪切面释放出来(例如洋葱的味道)。而且气味分子必须通过气体(可能是大气、水蒸气或工业气体)传输,所识别的气味强度才能按气体比例测定出来。据文献报道,世界上已知的气味物质大概有 17 000 多种,但目前世界上还没有国际性的标准化气味术语。

**3. 浓度、黏度与质构**

(1) 浓度用以评定非牛顿液体、均一的液体和半固体。食品的浓度(如浓汤、酱油、果汁、糖浆等液体)原则上也能被测量出来,但往往需要借助于浓度计才能实现标准化。

(2) 黏度通常用以评定均一的牛顿液体,它主要与某种压力下(如重力)液体的流动速率有关。它能被准确测量出来,并且变化范围大概在 $10^{-3}$Pa·s(水和啤酒类)到 1Pa·s(果冻类产品)之间。

(3) 食品的质构属性则用以评定固体或半固体,包括机械属性、几何特性和湿润特性,可以将其定义为产品结构或内部组成的感官表现。这种表现来源于两种行为:①产品对压力的反应,通过手、指、舌、颌或唇的肌肉运动知觉测定其机械属性(如硬度、黏性、弹性等);②产品的触觉属性,通过手、唇或舌、皮肤表面的触觉神经测量其几何颗粒(粒状、结晶、薄片)或湿润特性(湿润、油质、干燥)。

**4. 风味** 食品的风味属性可以定义为食物刺激味觉或嗅觉受体而产生的各种感觉的综合。通常为了感官评定的目的,可以将其更狭义地定义为食品在嘴里经由化学感官所感觉到的一种复合印象。按照这个定义,风味可分为:

(1) 芳香:即食物在嘴里咀嚼时,后鼻腔的嗅觉系统识别出释放的挥发性香味物质的感觉。

(2) 味道:即口腔中可溶物质引起的感觉(咸、甜、酸、苦)。

(3) 化学感觉因素:在口腔和鼻腔的黏膜里刺激三叉神经末端产生的感觉(苦涩、辣、冷、鲜味等)。

**5. 声音** 声音主要产生于食品的咀嚼过程,虽然它是一个次要的感官属性,但也不能忽视。通常情况下,通过测量咀嚼时产生声音的频率、强度和持久性,尤其是频率与强度有助于鉴评员的整个感官印象。食品破碎时产生声音频率(如松脆声)和强度(如嘎吱声)的不同可以帮助我们判断产品的新鲜与否,如苹果、土豆片等。而声音的持久性可以帮助我们了解其他属性,如强度、硬度(如咀嚼时产生吱吱响的蛤)、浓度(如液体)。

## 二、食品的感官检验

在感官评定中,按照对食品的感官属性进行检验时所利用的感觉器官不同,通常分为视觉检验、嗅觉检验、味觉检验和触觉检验。

**1. 视觉检验** 视觉检验是通过被检验食品作用于视觉器官所引起的反应对食品进行评价的方法,即用眼睛来判断食品的性质。在食品感官评定中,首先由视觉判断食品的外观,确定食品的外形、色泽,从而评价食品的质量、新鲜程度、有无受污染。例如:检查罐头时,看它的外形有无鼓罐、凹罐现象;根据果蔬的颜色我们可以判断水果与蔬菜的成熟度;根据配酒的颜色可以判断是什么酒。

视觉虽不像味觉和嗅觉那样对食品感官评定起决定性作用,但研究表明,只有当食品处于正常颜色范围内才能使味觉和嗅觉在对该食品的评定上正常发挥，否则这些感觉的灵敏度会下降，甚至不能正确感觉。因此，在感官评定实验中，对食品的颜色识别时必须注意以下几个要点：①观察区域的背景颜色和对比色区域的相对大小都会影响颜色的识别。②样品表面的光泽和质构也会影响颜色的识别。③鉴评员的观察角度和光线照射在样品上的角度不应该相同，以避免因入射光线的镜面反射而产生一种人为造成的光泽。通常而言，鉴评室设置的光源垂直于样品之上，当鉴评员落座时，他们的观察角度大约与样品呈45°。④鉴评员是否存在色盲或色弱。

**2. 嗅觉检验** 嗅觉是辨别各种气味的感觉，人的嗅觉相当灵敏，最灵敏的气相色谱法大概能检出$10^9$分子/ml，而鼻子识别要比气相色谱法灵敏10～100倍，到目前为止，我们还远远不能从气相色谱去预知一种气味。例如：猪肉、鱼类的蛋白质的最初分解和油脂的开始酸败，其理化指标变化不大，用一般仪器方法是测不出来的，但用我们的鼻子可嗅到氨味和哈喇味。

气味食品散发出来的挥发性物质，受温度的影响很大，温度高挥发快，气味就浓，反之则淡。因此在进行嗅觉检验时，稍稍加热即可。在测定液体样品时，可取几滴放在干净的手心上搓，再嗅验。测定固体深部样品气味时，用新削的竹签刺入食物深处，然后拔出来立即嗅闻。

嗅觉器官长时间受气味浓的物质刺激会疲劳，灵敏度降低，因此感官评定时，要按顺序从气味淡的到浓的进行，检验一段时间后，应休息一会，否则不准确。

**3. 味觉检查** 味觉是由舌面和口腔内味觉细胞（味蕾）产生的，基本味觉有酸、甜、苦、咸四种，其余味觉都是由基本味觉组成的混合味觉。味觉在食品感官评定中占据重要地位，主要用来评价、分析食品的质量。样品的温度、评定人员的身体状况、精神状态和味觉嗜好等都对味觉器官的敏感性有一定影响，因此，在进行味觉鉴评时应特别注意。

味觉器官的灵敏度与食品的温度有密切关系，味觉检验的最佳温度为20～40℃，温度过高会使味蕾麻木，过低则会降低味蕾的敏感性。味觉检验前不要吸烟或吃刺激性较强的食物，以免降低灵敏度。在连续检验几种样品时，应先检验味道淡的，后检验味浓的食品，每品尝（取少量放入口中，细心品尝，然后吐出，不要咽下）一种样品后，用温水漱口，以减少相互影响。例如：检查糖与苹果，如果先检查糖，再检查苹果，那么就感到苹果的味比吃糖前清淡无味。这是因为糖吸附了苹果中挥发性的芳香物质，同时糖的甜度也掩盖了苹果的味道。对于已有腐败迹象的食品，不要进行味觉检验。

**4. 触觉检验** 触觉检验主要是借助于手、皮肤等器官的触觉神经来检验某些食品的弹性、韧性、紧密程度、稠度等，以鉴定其质量。如检查谷类时我们可抓起一把评价它的水分、颗粒是否饱满等等；检查肉与肉制品时，摸它的弹力，判断肉是否新鲜；检查蜂蜜要摸它的稠度，一般在20℃的温度下进行，温度过高或过低对分析结果都有影响。

此外，听觉与食品感官评定有一定的联系，食品的质感特别是咀嚼时发出的声音，在决定食品质量和食品接受性方面起重要作用，鉴评员应该熟悉声音强度（用分贝衡量）与音质（用声波的频率衡量）两个概念。

感官评定时，通常先进行视觉检验，再进行嗅觉检验，然后进行味觉检验及触觉检验。需要注意的是感官评定有其局限性和主观性，感官认为良好的食品，不一定符合营养和卫生要求，某些有害成分也不一定影响食品的感官印象。

# 第二节 方便面的感官评定

## 一、方法原理

方便面感官评价包括外观评价和口感评价两个过程。外观评价即在面饼未泡(煮)之前,由评价员主要利用视觉感官评价方便面的色泽和表观状态;口感评价即在规定条件下将面饼泡(煮)后,由评价员主要利用口腔触觉和味觉感官评价方便面的复水性、光滑性、软硬度、韧性、黏性、耐泡性等。评价的方法可采用标度(评分)法。评价的结果采用统计检验法处理异常值后进行分析统计。

## 二、评价所用的术语和定义

评价所用的术语和定义包括:

**1. 色泽**(color) 面饼的颜色和亮度。

**2. 表观状态**(apparent status) 面饼表面光滑程度、起泡、分层情况。

**3. 复水性**(rehydration character) 面条到达特定烹调时间的复水情况。

**4. 光滑性**(smoothness) 在品尝面条时口腔所感受到的面条的光滑程度。

**5. 软硬度**(hardness or softness) 用牙咬断一根面条所需力的大小。

**6. 韧性**(toughness) 面条在咀嚼时,咬劲和弹性的大小。

**7. 黏性**(adhesiveness) 在咀嚼过程中,面条粘牙程度。

**8. 耐泡性**(cooking-resistance) 面条复水完成一段时间后保持良好感官和食用特点的能力。

## 三、评定的一般要求

评定的一般要求包括:

**1. 评价环境** 符合 GB/T 13868 规定的感官分析实验室中进行。

**2. 评价员** 所有参加感官评价的评价员均应符合 GB/T 10220、GB/T 14195 和 GB/T 16291.2 的要求,并接受关于方便面感官评价相关知识的专门培训,尤其是感官评价方法标度法(见 ISO 4121)的培训。

**3. 评价小组** 每次感官评价应由 5 位及以上专家评价员或 10 位及以上优选评价员组成评价小组承担。评价小组的成员应具有相同的资格水平与检验能力,均为专家评价员或均为优选评价员。感官评价小组组长由感官分析师担任。

**4. 评价器具** 盛放样品的容器应白色、无味,尺寸应大于所评价的面饼本身,不会以任何方式影响评价结果。

**5. 评价时间** 评价时间宜安排在早上 9~10 点、下午 3~4 点或者饭前或饭后 1 小时进行。

## 四、评价步骤

评价步骤包括:

**1. 样品提供** 每组样品提供的时间间隔应不少于 0.5 小时,每组样品的数量不应超过 5 个。提供的样品应保持完整性并用三位数字随机编码。同一轮次评价中每个样品的编码应不同,评价员之间的编码也宜不同。样品提供表格式参见表 2-1。

表 2-1 样品提供表的格式样

| 感官分析师： | 评价组数： | | 日期： | |
|---|---|---|---|---|
| 评价员 | 提供顺序 | | | | |
| | 1 | 2 | 3 | 4 | 5 |
| 01 | 随机三位数(样品编码) | | | | |
| 02 | | | | | |
| 03 | | | | | |
| 04 | | | | | |
| 05 | | | | | |
| … | | | | | |

**2. 外观评价** 在规定的照明条件下(参见 GB/T 21172),评价方便面面饼的色泽和表观状态。根据评价结果进行标度评价(打分),评分规则参见表 2-2,回答表格式参见表 2-3。

表 2-2 方便面感官评价评分规则

| 感官特性 | 评价标度 | | |
|---|---|---|---|
| | 低 | 中 | 高 |
| | 1～3 | 4～6 | 7～9 |
| 色泽 | 有焦、生现象,亮度差 | 颜色不均匀,亮度一般 | 颜色标准、均匀、光亮 |
| 表观状态 | 起泡分层严重 | 有起泡或分层 | 表面结构细密、光滑 |
| 复水性 | 复水差 | 复水一般 | 复水好 |
| 光滑性 | 很不光滑 | 不光滑 | 适度光滑 |
| 软硬度 | 太软或太硬 | 较软或较硬 | 适中无硬心 |
| 韧性 | 咬劲差、弹性不足 | 咬劲和弹性一般 | 咬劲合适、弹性适中 |
| 黏性 | 不爽口、发黏或夹生 | 较爽口、稍黏牙或稍夹生 | 咀嚼爽口、不黏牙、无夹生 |
| 耐泡性 | 不耐泡 | 耐泡性较差 | 耐泡性适中 |

注:评价结果保留到小数点后一位

表 2-3 检验回答表的格式样

| 样品 | 评价员 |
|---|---|
| | 日期 |
| 提示语：<br>1.<br>2.<br>… | |
| 感官特性 | 标度(评分)值(1～9) |
| 色泽 | |
| 表观状态 | |
| 复水性 | |
| 光滑性 | |
| 软硬度 | |
| 韧性 | |
| 黏性 | |
| 耐泡性 | |
| 谢谢您的参与! | |

**3. 口感评价**　用量杯量取面饼质量约 5 倍（保证加水量完全浸没面饼）以上体积的沸水（蒸馏水）注入评价容器中，加盖盖严（对于泡面的面饼）；或者用量杯量取面饼质量约 5 倍（保证加水量完全浸没面饼）以上的蒸馏水，注入锅中，加热煮沸后将待评价面饼放入锅中进行煮制（对于煮面的面饼），用秒表开始计时。达到该种方便面标识的冲泡或煮制时间后（如泡面一般 4 分钟），取用适量的面条，由评价员主要利用口腔触觉和味觉感官评价方便面的复水性、光滑性、软硬度、韧性、黏性、耐泡性等。根据评价结果进行标度评价（打分）。评分规则参见表 2-2，回答表格式参见表 2-3。

## 五、结果的分析与表达

**1. 评价数据中异常值的处理**　对评价员的评分结果可参考狄克逊（Dixon）检验法、Q 检验法或格鲁布（Grubbs）法等进行异常值的分析剔除。

**2. 单项得分的计算**　对剔除异常值处理后的方便面面饼各感官特性的评价结果，按下式计算感官特性单项平均得分，精确至小数点后两位。

$$\overline{X_i}=\frac{\sum_{i=1}^{n}X_i}{n}$$

式中，$\overline{X_i}$：某单项平均得分；$\sum_{i=1}^{n}X_i$：某单项得分加和；$n$：处理后的参加评价人数。

**3. 综合评价结果的计算**　根据上述得出的各单项评分平均结果，按下式依照单项结果的加权平均得出综合评价结果（在此，各评价项目权重均为 1）。

$$Y=\sum_{i=1}^{n}\overline{X_i}$$

式中，$Y$：综合评价得分；$n$：感官指标项的个数；$\overline{X_i}$：某单项平均得分。

**4. 评价结果的表达**　评价结果按表 2-4 进行某一样品不同评价员评价结果的汇总。按表 2-5 进行所有样品评价结果的汇总。结果的表达根据实际以表格或者图式表示（参加 GB/T 12313）。

**表 2-4　单样品检验结果汇总表的格式样**

| 样品 | 感官分析师 | | | | | 日期 | | | |
|---|---|---|---|---|---|---|---|---|---|
| 评价员 | 感官特性 | | | | | | | | |
| | 单项标度（评分）值（1～9） | | | | | | | | 整体综合评价 |
| | 色泽 | 表观状态 | 复水性 | 光滑性 | 软硬度 | 韧性 | 黏性 | 耐泡性 | |
| 01 | | | | | | | | | |
| 02 | | | | | | | | | |
| 03 | | | | | | | | | |
| 04 | | | | | | | | | |
| 05 | | | | | | | | | |
| … | | | | | | | | | |
| 异常值 | | | | | | | | | |
| 平均值 | | | | | | | | | |
| 均方值 | | | | | | | | | |

表 2-5  检验结果汇总表的格式样

| 感官分析师 | | 日期 | | | | | |
|---|---|---|---|---|---|---|---|
| 感官特性 | | 样品 | | | | | |
| | | 01 | 02 | 03 | 04 | 05 | … |
| 单项标度(评分)值(1～9) | 色泽 | | | | | | |
| | 表观状态 | | | | | | |
| | 复水性 | | | | | | |
| | 光滑性 | | | | | | |
| | 软硬度 | | | | | | |
| | 韧性 | | | | | | |
| | 黏性 | | | | | | |
| | 耐泡性 | | | | | | |
| 整体综合评价 | | | | | | | |

## 六、评价报告

评价报告应包括以下内容:①评价目的;②有关样品的情况说明;③评价员人数及其资格水平;④评价结果及其统计解释;⑤注明根据本标准进行评价;⑥如果有与本标准不同的做法应予以说明;⑦评价负责人的姓名;⑧评价的日期与时间。

（查龙应）

# 第三章　食品营养及功能成分分析

## 第一节　食品中水分含量及水分活度测定

### 一、水分含量的测定

#### （一）直接干燥法

**1. 适用范围**　适用于在 101～105℃下，不含或含其他挥发性物质甚微的谷物及其制品、水产品、豆制品、乳制品、肉制品及卤菜制品等食品中水分的测定，不适用于水分含量小于 0.5g/100g 的样品。

**2. 原理**　利用食品中水分的物理性质，在 101.3kPa（一个大气压），温度 101～105℃下采用挥发方法测定样品中干燥减失的质量，包括吸湿水、部分结晶水和该条件下能挥发的物质，再通过干燥前后的称量数值计算出水分的含量。

**3. 试剂和材料**　除非另有规定，本方法中所用试剂均为分析纯。

（1）盐酸（HCl）：优级纯。

（2）氢氧化钠（NaOH）：优级纯。

（3）盐酸溶液（6mol/L）：量取 50ml 盐酸，加水稀释至 100ml。

（4）氢氧化钠溶液（6mol/L）：称取 24g 氢氧化钠，加水溶解并稀释至 100ml。

（5）海砂：取用水洗去泥土的海砂或河砂，先用 6mol/L 盐酸溶液煮沸 0.5 小时，用水洗至中性，再用 6mol/L 氢氧化钠溶液煮沸 0.5 小时，用水洗至中性，经 105℃干燥备用。

**4. 仪器和设备**

（1）扁形铝制或玻璃制称量瓶。

（2）电热恒温干燥箱。

（3）干燥器：内附有效干燥剂。

（4）天平：感量为 0.1mg。

**5. 分析步骤**

（1）固体试样：取洁净铝制或玻璃制的扁形称量瓶，置于 101～105℃干燥箱中，瓶盖斜支于瓶边，加热 1.0 小时，取出盖好，置干燥器内冷却 0.5 小时，称量，并重复干燥至前后两次质量差不超过 2mg，即为恒重。将混合均匀的试样迅速磨细至颗粒小于 2mm，不易研磨的样品应尽可能切碎，称取 2～10g 试样（精确至 0.0001g），放入此称量瓶中，试样厚度不超过 5mm，如为疏松试样，厚度不超过 10mm，加盖，精密称量后，置 101～105℃干燥箱中，瓶盖斜支于瓶边，干燥 2～4 小时后，盖好取出，放入干燥器内冷却 0.5 小时后称量。然后再放入 101～105℃干燥箱中干燥 1 小时左右，取出，放入干燥器内冷却 0.5 小时后再称量，并重复以上操作至前后两次质量差不超过 2mg，即为恒重（注：两次恒重值在最后计算中，取最后一次的称量值）。

（2）半固体或液体试样：取洁净的称量瓶，内加 10g 海砂及一根小玻棒，置于 101～105℃干燥箱中，干燥 1.0 小时后取出，放入干燥器内冷却 0.5 小时后称量，并重复干燥至恒重。然后称取 5～10g 试样(精确至 0.0001g),置于蒸发皿中,用小玻棒搅匀放在沸水浴上蒸干,并随时搅拌,擦去皿底的水滴,置 101～105℃干燥箱中干燥 4 小时后盖好取出,放入干燥器内冷却 0.5 小时后称量。以下按"固体试样处理中"自"然后再放入 101～105℃干燥箱中干燥 1 小时左右……"起依法操作。

**6. 分析结果的表述** 试样中的水分的含量按下式进行计算。

$$X=\frac{(m_1-m_2)}{(m_1-m_3)}\times 100$$

式中,$X$:试样中水分的含量,单位为克每百克(g/100g);$m_1$:称量瓶(加海砂、玻棒)和试样的质量,单位为克(g);$m_2$:称量瓶(加海砂、玻棒)和试样干燥后的质量,单位为克(g);$m_3$:称量瓶(加海砂、玻棒)的质量,单位为克(g)。

水分含量＝1g/100g 时,计算结果保留三位有效数字;水分含量＜1g/100g 时,结果保留两位有效数字。

**7. 精密度** 在重复性条件下获得的两次独立测定结果的绝对差值不得超过算术平均值的 5%。

## (二)减压干燥法

**1. 适用范围** 适用于糖、味精等易分解食品中水分的测定,不适用于添加了其他原料的糖果,如奶糖、软糖等,同时该法不适用于水分含量小于 0.5g/100g 的样品。

**2. 原理** 利用食品中水分的物理性质,在达到 40～53kPa 压力后加热至(60±5)℃,采用减压烘干方法去除试样中的水分,再通过烘干前后的称量数值计算出水分的含量。

**3. 仪器和设备**

(1) 真空干燥箱。

(2) 扁形铝制或玻璃制称量瓶。

(3) 干燥器:内附有效干燥剂。

(4) 天平:感量为 0.1mg。

**4. 分析步骤**

(1) 试样的制备:粉末和结晶试样直接称取;较大块硬糖经研钵粉碎,混匀备用。

(2) 测定:取已恒重的称量瓶称取约 2～10g(精确至 0.0001g)试样,放入真空干燥箱内,将真空干燥箱连接真空泵,抽出真空干燥箱内空气(所需压力一般为 40～53kPa),并同时加热至所需温度(60±5)℃。关闭真空泵上的活塞,停止抽气,使真空干燥箱内保持一定的温度和压力,经 4 小时后,打开活塞,使空气经干燥装置缓缓通入至真空干燥箱内,待压力恢复正常后再打开。取出称量瓶,放入干燥器中 0.5 小时后称量,并重复以上操作至前后两次质量差不超过 2mg,即为恒重。

**5. 分析结果的表述** 同直接干燥法 6。

**6. 精密度** 在重复性条件下获得的两次独立测定结果的绝对差值不得超过算术平均值的 10%。

## (三)蒸馏法

**1. 适用范围** 适用于含较多挥发性物质的食品如油脂、香辛料等水分的测定,不适用于水分含量小于 1g/100g 的样品。

**2. 原理** 利用食品中水分的物理化学性质，使用水分测定器将食品中的水分与甲苯或二甲苯共同蒸出，根据接收的水的体积计算出试样中水分的含量。本方法适用于含较多其他挥发性物质的食品，如油脂、香辛料等。

**3. 试剂和材料** 甲苯或二甲苯(化学纯)：取甲苯或二甲苯，先以水饱和后，分去水层，进行蒸馏，收集馏出液备用。

**4. 仪器和设备**

(1) 水分测定器：如图 3-1 所示(带可调电热套)。水分接收管容量 5ml，最小刻度值 0.1ml，容量误差小于 0.1ml。

(2) 天平：感量为 0.1mg。

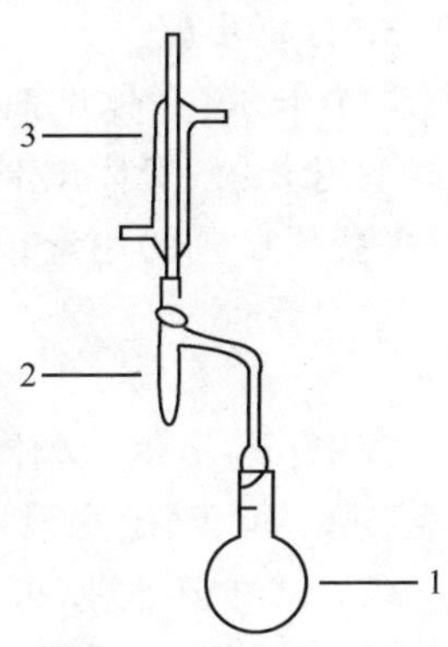

图 3-1 水分测定器
1. 250ml 蒸馏瓶；2. 水分接收管，有刻度；3. 冷凝管

**5. 分析步骤** 准确称取适量试样(应使最终蒸出的水在 2～5ml，但最多取样量不得超过蒸馏瓶的 2/3)，放入 250ml 锥形瓶中，加入新蒸馏的甲苯(或二甲苯)75ml，连接冷凝管与水分接收管，从冷凝管顶端注入甲苯，装满水分接收管。加热慢慢蒸馏，使每秒钟馏出液为两滴，待大部分水分蒸出后，加速蒸馏约每秒钟 4 滴，当水分全部蒸出后，接收管内的水分体积不再增加时，从冷凝管顶端加入甲苯冲洗。如冷凝管壁附有水滴，可用附有小橡皮头的铜丝擦下，再蒸馏片刻至接收管上部及冷凝管壁无水滴附着，接收管水平面保持 10 分钟不变为蒸馏终点，读取接收管水层的容积。

**6. 分析结果的表述** 试样中水分的含量按下式进行计算。

$$X=\frac{V}{m}\times 100$$

式中，$X$：试样中水分的含量，单位为毫升每百克(ml/100g)(或按水在 20℃ 的密度 0.998，20g/ml 计算质量)；$V$：接收管内水的体积，单位为毫升(ml)；$m$：试样的质量，单位为克(g)。以重复性条件下获得的两次独立测定结果的算术平均值表示，结果保留三位有效数字。

**7. 精密度** 在重复性条件下获得的两次独立测定结果的绝对差值不得超过算术平均值的 10%。

## (四) 卡尔·费休法

**1. 适用范围** 适用于食品中水分测定，卡尔·费休容量法适用于水分含量大于 $1.0\times10^{-3}$g/100g 的样品，卡尔·费休库伦法适用于水分含量大于 $1.0\times10^{-5}$g/100g 的样品。

**2. 原理** 根据碘能与水和二氧化硫发生化学反应，在有吡啶和甲醇共存时，1mol 碘只与 1mol 水作用，反应式如下：

$$C_5H_5N\cdot I_2+C_5H_5N\cdot SO_2+C_5H_5N+H_2O+CH_3OH\rightarrow 2C_5H_5N\cdot HI+C_5H_5N[SO_4CH_3]$$

卡尔·费休水分测定法又分为库仑法和容量法。库仑法测定的碘是通过化学反应产生的，只要电解液中存在水，所产生的碘就会和水以 1∶1 的关系按照化学反应式进行反应。当所有的水都参与了化学反应，过量的碘就会在电极的阳极区域形成，反应终止。容量法测定的碘是作为滴定剂加入的，滴定剂中碘的浓度是已知的，根据消耗滴定剂的体积，计算消耗碘的量，从而计量出被测物质水的含量。

**3. 试剂和材料**

(1) 卡尔·费休试剂。

(2) 无水甲醇($CH_4O$):优级纯。

**4. 仪器和设备**

(1) 卡尔·费休水分测定仪。

(2) 天平:感量为 0.1mg。

**5. 分析步骤**

(1) 卡尔·费休试剂的标定(容量法):在反应瓶中加一定体积(浸没铂电极)的甲醇,在搅拌下用卡尔·费休试剂滴定至终点。加入 10mg 水(精确至 0.0001g),滴定至终点并记录卡尔·费休试剂的用量。卡尔·费休试剂的滴定度按下式计算:

$$T=\frac{M}{V}$$

式中:$T$:卡尔·费休试剂的滴定度,单位为毫克每毫升(mg/ml);$M$:水的质量,单位为毫克(mg);$V$:滴定水消耗的卡尔·费休试剂的用量,单位为毫升(ml)。

(2) 试样前处理:可粉碎的固体试样要尽量粉碎,使之均匀。不易粉碎的试样可切碎。

(3) 试样中水分测定:于反应瓶中加一定体积的甲醇或卡尔·费休测定仪中规定的溶剂浸没铂电极,在搅拌下用卡尔·费休试剂滴定至终点。迅速将易溶于上述溶剂的试样直接加入滴定杯中;对于不易溶解的试样,应采用对滴定杯进行加热或加入已测定水分的其他溶剂辅助溶解后用卡尔·费休试剂滴定至终点。建议采用库仑法测定试样中的含水量应大于 10μg,容量法应大于 100μg。对于某些需要较长时间滴定的试样,需扣除其漂移量。

(4) 漂移量的测定:在滴定杯中加入与测定样品一致的溶剂,并滴定至终点,放置不少于 10 分钟后再滴定至终点,两次滴定之间的单位时间内的体积变化即为漂移量。

**6. 分析结果的表述** 固体试样中水分的含量按下式进行计算。

$$X=\frac{(V_1-D\times t)}{M}\times 100$$

液体试样中水分的含量按下式进行计算。

$$X=\frac{(V_1-D\times t)\times T}{V_2\rho}\times 100$$

式中,$X$:试样中水分的含量,单位为克每百克(g/100g);$V_1$:滴定样品时卡尔·费休试剂体积,单位为毫升(ml);$T$:卡尔·费休试剂的准确滴定度,单位为克每毫升(g/ml);$M$:样品质量,单位为克(g);$V_2$:液体样品体积,单位为毫升(ml);$D$:漂移量,单位为毫升每分钟(ml/min);$t$:滴定时所消耗的时间,单位为分钟(min);$\rho$:液体样品的密度,单位为克每毫升(g/ml)。

水分含量=1g/100g 时,计算结果保留三位有效数字;水分含量<1g/100g 时,计算结果保留两位有效数字。

**7. 精密度** 在重复性条件下获得的两次独立测定结果的绝对差值不得超过算术平均值的 10%。

## 二、水分活度的测定

### (一) 水分活度

水是食品的主要组成成分,食品中水的含量、分布和状态对食品的结构、外观、质地、风味和新鲜程度产生极大的影响。食品中的水分是引起食品化学性和微生物性变质的重要原因之一,因而直接关系到食品的贮藏特性。

食品中的水不是单独存在的,它会与食品中的其他成分发生化学或物理作用,因而改变了水的性质。由于不同存在形式水的性质差异颇大,区别它们是十分必要的。按照食品中的水与其他成分之间相互作用强弱可将食品中的水分成结合水和自由水。结合水,又称束缚水或固定水,是指存在于食品的溶质或其他非水组分附近的、与溶质分子之间通过化学键的力结合的那部分水。食品中大多数结合水是由食品中的水分与食品中的蛋白质、淀粉、果胶等物质的羧基、羰基、氨基、亚氨基、羟基、巯基等亲水性基团或水中的无机离子的键合或偶极作用产生的。自由水,又称体相水,是指食品中与非水成分有较弱作用或基本没有作用的水。自由水可分为3类:被组织中的显微和亚显微结构与膜所阻留的水,不能自由流动,称为滞化水;在生物组织的细胞间隙和制成食品的结构组织中存在一种由毛细管力所系留的水,称为毛细管水,在生物体中又称细胞间水;动物的血浆、淋巴和尿液、植物的导管和细胞内液泡中的水,因为都可以自由流动,称为自由流动水。

水分活度反映了食品与水的亲和程度,表示食品中所含的水分对于微生物化学反应和微生物生长的可用性。食品的水分活度并不等同于其水分含量,例如金黄色葡萄球菌生长要求的最低水分活度为0.86,而相当于这个水分活度的水分含量则随不同食品而异,如肉干为23%,乳粉为16%,肉汁为63%;所以,按水分含量多少难以判断食品的保存性,只有测定和控制水分活度才对食品保藏性具有重要意义。

### (二) 水分活度的测定方法

水分活度测定主要有平衡质量(水分)法和蒸气压法,其各具特点。在中间水分至高水活度区域(Aw 0.5以上),使用平衡质量法的康威分析器法等精度较高,是目前在实际工作中食品水活度测定法中最常用的方法。在低水分至中间水活度区域(Aw 0.1～0.7),则使用蒸气压直接测定法较为合适。

食品中含有较多的乙醇、香料、乙酸等挥发性物质,容易造成测定的误差。目前已开发出通过配有热导检测器的气相色谱将试样的顶隙气体的空气、水蒸气进行分离定量分析,同时测定水活度和乙醇平衡蒸气浓度的方法。

**1. 平衡质量(水分)测定法——坐标插入法**(康威微量扩散法)

(1) 原理:用已知水活度的饱和盐类溶液使密闭容器内的空间保持在一定的相对湿度环境中。放入试样后,待水分关系达到一定的平衡状态后,测定试样质量的增减(即当试样的水活度高于标准试剂时,将失去水分,试样的质量减少;相反,当低于标准试剂时,试样将吸取水分,质量则增加),以用不同标准试剂测定后的试样质量的增减为纵坐标,以各个标准试剂的水活度值为横坐标,制成坐标图,连接这些点的直线与横坐标交叉的点就是此试样的水活度值。该法适用于中间水分至高水活度(Aw 0.5以上)的试样。

(2) 试剂:标准试剂如表3-1所示,从水活度已知的饱和溶液中选出接近被测试样水活度值的作为标准试剂。

**表 3-1　饱和溶液的水活度**

| 试剂 | 水活度 | 试剂 | 水活度 |
|---|---|---|---|
| 氯化锂 | 0.110 | 硝酸钠 | 0.737 |
| 乙酸镁 | 0.224 | 氯化钠 | 0.752 |
| 氯化镁 | 0.330 | 溴化钾 | 0.807 |
| 碳酸钾 | 0.427 | 氯化钾 | 0.842 |
| 硝酸锂 | 0.470 | 氯化钡 | 0.901 |
| 硝酸镁 | 0.528 | 硝酸钾 | 0.924 |
| 溴化钠 | 0.577 | 硫酸钾 | 0.969 |
| 氯化锶 | 0.708 | 重铬酸钾 | 0.980 |

(3) 仪器：康威微量扩散皿，由具同心圆的外室和内室构成，内室的壁高度为外室的壁高度的 1/2。

(4) 操作步骤参考表 3-2 所示食品的水活度，从表 3-1 中选出与试样水活度相近的 6 种标准试剂(3 种标准试剂水活度高于试样，3 种标准试剂水活度低于试样)5～10g 结晶放入康威微量扩散皿的外室，并加少量蒸馏水使之湿润。用已知质量的直径为 25mm 的铝箔皿在天平上称取 1g 试样，放入康威微量扩散皿的内室，将康威微量扩散皿的盖子涂上凡士林，迅速密封后用金属夹子固定，于 25℃恒温静置，2h±30min 后再称取试样的质量。

以用不同标准试剂测定后的试样质量的增减为纵坐标，以各个标准试剂的水活度值为横坐标，制成坐标图，连接这些点的直线与横坐标的交点就是此试样的水活度。

**表 3-2　食品的水活度及水分含量**

| 食品 | 水分/% | 水活度 | 食品 | 水分/% | 水活度 |
|---|---|---|---|---|---|
| 蔬菜 | 90 以上 | 0.99～0.98 | 蜂蜜 | 16 | 0.75 |
| 水果 | 89～87 | 0.99～0.98 | 面包 | 约 35 | 0.93 |
| 鱼贝类 | 85～70 | 0.99～0.98 | 火腿、香肠 | 65～56 | 0.90 |
| 肉类 | 70 以上 | 0.98～0.97 | 小麦粉 | 14 | 0.61 |
| 蛋 | 75 | 0.97 | 干燥谷类 | — | 0.61 |
| 果汁 | 88～86 | 0.97 | 苏打饼干 | 5 | 0.53 |
| 果酱 | — | 0.94～0.82 | 饼干 | 4 | 0.33 |
| 果干 | 21～15 | 0.82～0.72 | 西式糕点 | 25 | 0.74 |
| 果冻 | 18 | 0.69～0.60 | 香辛料 | — | 0.50 |
| 糖果 | — | 0.65～0.57 | 虾干 | 23 | 0.64 |
| 速溶咖啡 | — | 0.30 | 绿茶 | 4 | 0.26 |
| 巧克力 | 1 | 0.32 | 脱脂奶粉 | 4 | 0.27 |
| 葡萄糖 | 9～10 | 0.48 | 奶酪 | 约 40 | 0.96 |

**2. 水分活度仪法**　食品水分活度测定仪分为两大类：一类是用冷却镜露点技术，另一类是采用传感器的电阻或电容的变化来测定相对湿度。两类仪器各有优缺点，在测定精

度、重现性、测定速度、校正稳定性等方面各不相同。

冷却镜露点法精确、快速,便于操作。如 AquaLab 的测定范围为 0.030～1.000Aw 分辨率±0.001Aw,精确度为±0.003Aw,测量时间一般在 5 分钟以内。电容传感器的优点是便宜,但其精确度比冷却镜露点法低,且测量时间相对更长。一般使用电容传感器的测定范围为 0～1.00Aw,分辨率为±0.005Aw,精确度为±015Aw。有的仪器测定时间为 5 分钟左右,而有的仪器则需要 30～90 分钟才能达到平衡。

(1) 原理:在一定温度下主要利用水分活度测定仪装置中的传感器根据食品中水的蒸气压的变化,从仪器的表头上读出水分活度。

(2) 试剂:氯化钾、氯化钠、碘化钾、硝酸镁。

(3) 仪器 HD-A:Ⅱ型水分活度测定仪(江苏省无锡市海达机电设备厂)。

(4) 仪器的校正:

1) 估计样品 Aw 值,选择与该值相接近的标准盐。

2) 按"标准"键,每按一次分别选中"氯化钾"、"碘化钾"、"硝酸钾"和"自校",对应绿灯亮。根据说明③,选择标准盐。

3) 部分标准盐饱和溶液(以下简称标准液)的 Aw 值与温度的关系见表 3-3。

**表 3-3 四种盐的标准液在不同温度下的 Aw 值**

| 温度/℃ | 氯化钾 | 氯化钠 | 碘化钾 | 硝酸钾 |
|---|---|---|---|---|
| 0 | 0.885 | 0.755 | 0.744 | 0.604 |
| 15 | 0.877 | 0.757 | 0.733 | 0.598 |
| 10 | 0.868 | 0.757 | 0.721 | 0.574 |
| 15 | 0.859 | 0.756 | 0.710 | 0.559 |
| 20 | 0.851 | 0.755 | 0.700 | 0.544 |
| 25 | 0.842 | 0.753 | 0.698 | 0.529 |
| 30 | 0.836 | 0.751 | 0.679 | 0.514 |

4) 面板上列出的三种标准液的校正。

A. 选中标准液,倒入玻璃器皿约 1/2,并把玻璃器皿和圆形密封圈放入测试头盒,然后顺时针旋紧密封测试头盒。注意:玻璃器皿中倒入标准液时,为保证标准液是饱和溶液,应同时放入少许固体标准盐,否则会影响测量精度。

B. 按"－"键,倒计时开始,当环境温度>20℃时测量时间为 20 分钟,<20℃时测量时间为 30 分钟。

C. 迅速同时按"－","＋"键,校准绿灯亮。当倒计时为"00"时校准绿灯熄灭,数码管显示该标准液的 Aw 值,并锁定显示值。

D. 取出标准液,校准结束。

5) 自选标准液 Aw 值的设定和校准:要选择的标准液在以上三种之外,则应自选标准液(自选标准液的 Aw 值已知的),校准的第一步,首先要设定自选标准液的 Aw 值。

A. 按"标准"键,选中"自选"(其绿灯亮)。

B. 按"自选"键,Aw 显示的最后一位闪烁,这时按"＋"键,Aw 显示值的最后一位增加"1",按"－"键减"1",连续按"＋"或"－"键的时间超过 2 秒,可快速增减。

C. 调到已知的自选标准液的 Aw 值后，再次按“自选”键，则 Aw 的显示从自选标准液的设定值转到当前的测试值。设定工作结束。

D. 重复④中步骤 a～d，自选标准液的校准结束。

（5）样品测量：校准结束后，测量样品开始，其方法如下：

1）把样品倒入玻璃器皿中约 1/2（块状样品要碾成大米粒大小，越小越好），然后将玻璃器皿和圆形密封圈放入测试头盒，顺时针旋紧密封测试头盒。

2）按“—”键，倒计时开始，当环境温度＞20℃时测量时间为 20 分钟，＜20℃时测量时间为 30 分钟。当倒计时为“00”后，显示数即为该样品的 Aw 值并锁定。

3）取出样品，测试结束。如继续按“—”键，则显示数据解锁，重新开始测量。

（6）说明

1）测量头为贵重的精密器件，必须轻放轻拿，严禁直接接触样品和水，也不能用手触摸。如不小心接触了液体，需蒸发干燥、进行校准后方能使用。

2）测试头盒和玻璃器皿应清洁干燥，如果潮湿会使测量结果误差很大，所以器皿内如果有水或不干净，则使用前必须做清洁干燥处理。

3）选择标准盐的原则：假设所测样品与标准盐的 Aw 值之差为，则：当 $d<\pm 0.1$ 时，测量仪的测量精度为±0.02；当＜±0.05 时，测量仪的测量精度为±0.015。

4）常规测量一般半天校准一次。若要求测量结果特别正确，则每一次测量样品前必须进行校准。

5）标准盐饱和溶液（标准液）配制：用蒸馏水或纯水稀释固体的标准盐，自然溶解 5d 以上，而且溶液中仍留有标准盐固体结晶，这种溶液就是可以使用的标准盐饱和溶液（标准液）。平时，可以把标准液放在小玻璃器皿中，上面用大的玻璃器皿盖住，保存好以便校准时使用。

6）为了保证校准与测量的测试条件一致，必须把测试盒开启（即传感器暴露在空气中）5 分钟，才能进行一次样品测试。

7）本仪器最大的特点是用标准液分段校准。分段校准也是国外许多高精度 Aw 仪采用的技术。因为标准盐饱和溶液一定条件下 Aw 值基本不变，用它作为参考物误差极小。分段校准后，又可以克服传感器全测量段上存在的非线性误差，本仪器采用智能型单片计算机、高精度 A/D 变换器等现代电子技术。

（查龙应）

## 第二节　食品中多酚氧化酶活力的测定

多酚氧化酶（polyphenol oxidase，PPO）又称酪氨酸酶、儿茶酚酶、酚酶等，是自然界中分布极广的一种含铜氧化酶，普遍存在于植物、真菌、昆虫的质体中。植物受到机械损伤和病菌侵染后，PPO 催化酚与 $O_2$ 氧化形成醌，使组织形成褐变，以便损伤恢复，防止或减少感染，提高抗病能力。研究多酚氧化酶的特性对制定食品的加工与保藏工艺有非常重要的意义。因此，检测食品中多酚氧化酶具有重要意义。多酚氧化酶活性通常采用操作较简便的比色法进行测定。

## 【实验目的】

掌握植物体内多酚氧化酶活性的测定方法。

了解影响多酚氧化酶活性的因素。

## 【实验原理】

多酚氧化酶催化分子态氧将酚类化合物氧化为醌类，以儿茶酚为多酚氧化酶的底物，其氧化产物在525nm处有最大光吸收，故可通过测定525nm处OD值的变化，来测定过氧化物酶的活性。

## 【试剂与仪器】

**1. 试剂**　0.05mol/L磷酸缓冲液(pH 5.5)、20％三氯乙酸溶液、0.1mol/L儿茶酚溶液。

**2. 仪器**　分光光度计、恒温水浴箱、离心机。

## 【操作步骤】

**1. 酶液的提取**　取1g果肉，切碎，放入研钵中，加入1ml磷酸缓冲液，将果肉研磨成匀浆，将匀浆全部转入离心管中，再用1ml缓冲液冲洗，一并转入离心管中，在10 000r/min条件下离心10分钟，上清液转入25ml容量瓶中，沉淀用3ml磷酸缓冲液再提取一次，上清液也转入容量瓶中，用磷酸缓冲液定容后，于低温下保存备用。上述上清液即为酶液。

**2. 测定**

(1) 取4支试管，编号1,2,3,4。

(2) 空白对照：1,2号试管各加0.1ml酶液，在沸水中加热5分钟，冷却，再加入3.9ml 0.05mol/L磷酸缓冲液和1ml儿茶酚溶液。

(3) 反应液：3,4号试管各加3.9ml 0.05mol/L磷酸缓冲液和1ml儿茶酚溶液，最后加入0.1ml酶液，计时。

(4) 把4支试管立即于37℃水浴中保温10分钟，然后迅速转入冰浴，并各加入2.0ml 20％三氯乙酸终止反应，并4000r/min离心5分钟，取上清液，适当稀释。

(5) 以空白为对照，用分光光度计测定其在525nm波长下的OD值。

## 【结果计算】

$$X=\frac{\Delta A}{0.01\times m\times t}\times D$$

式中，$X$：酶的比活力(0.01ΔA/g · min)；$\Delta A$：为OD值的变化；$t$：为反应时间(min)；$D$：为稀释倍数；$m$：为样品的鲜重(g)。

## 【注意事项】

(1) 不同品种的果蔬、同一品种不同部位中PPO具有不同的底物特性。

(2) 多酚氧化酶在植株幼嫩阶段及生长旺盛期活性最高。

(3) PPO的最适pH在4～7之间波动。不同种类，同一种果蔬不同品种的PPO，具不同最适pH。不同部位，pH也有差异。

(4) 酶的提取或分离方法对最适pH也有影响。测定酶活力时，采用的底物和缓冲液对酶最适pH有影响。

(5) 不同底物表现出不同的PPO酶活力最适温度：如马铃薯，底物为儿茶素，最适温度

22℃；底物为焦醅酚，最适温度 15～35℃，线性上升。

(6) PPO 在果蔬的不同部分含量存在很大差异。大多数水果中 PPO 以结合状态存在。葡萄皮中 PPO 活力高，葡萄成熟时 PPO 活力下降幅度最大。

（卢晓翠）

# 第三节　食品中还原糖及总糖的测定

## 一、还原糖的测定

### （一）直接测定法

**【实验原理】**

将等量的碱性酒石酸铜甲液和乙液混合，生成可溶性的酒石酸钾钠铜络合物。在加热条件下，以亚甲基蓝作为指示剂，用样液滴定，样液中还原糖与酒石酸钾钠铜反应，生成红色的氧化亚铜沉淀，氧化亚铜再与试剂中的亚铁氰化钾反应，生成可溶性化合物，达到终点时，稍过量的还原糖将蓝色的亚甲基蓝还原成无色，溶液由蓝色变为淡黄色，即为反应终点，根据样液消耗量，即可计算出还原糖含时。反应过程如下：

斐林试剂由甲液（由硫酸铜和亚甲基蓝混合配制）、乙液（由酒石酸钾钠、氢氧化钠和亚铁氰化钾混合配制）组成。平时甲、乙液分别贮存，测定时才等体积混合，混合时，硫酸铜与氢氧化钠反应，生成氢氧化铜沉淀：

$$2NaOH + CuSO_4 = Cu(OH)_2 \downarrow + Na_2SO_4$$

生成的氢氧化铜沉淀与酒石酸钾钠反应，生成酒石酸钾钠与铜的络合物，使氢氧化铜溶解：

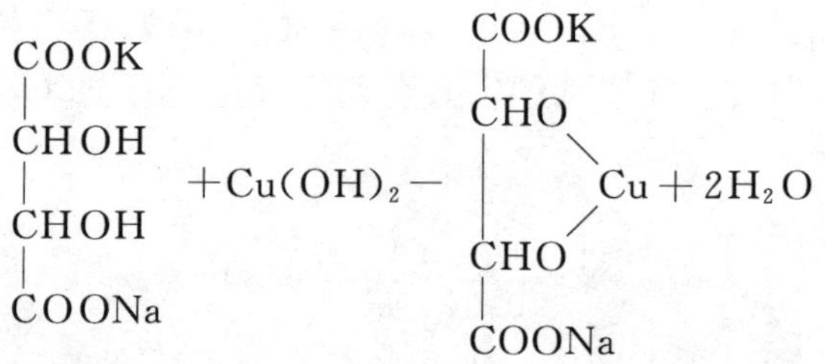

$$\begin{array}{l} COOK \\ | \\ CHOH \\ | \\ CHOH \\ | \\ COONa \end{array} + Cu(OH)_2 - \begin{array}{l} COOK \\ | \\ CHO \\ | \quad \diagdown \\ | \qquad Cu \\ | \quad \diagup \\ CHO \\ | \\ COONa \end{array} + 2H_2O$$

酒石酸钾钠铜络合物中二价铜是一个氧化剂，能使还原糖中羰基氧化，而二价铜被还原生成一价的氧化亚铜沉淀：

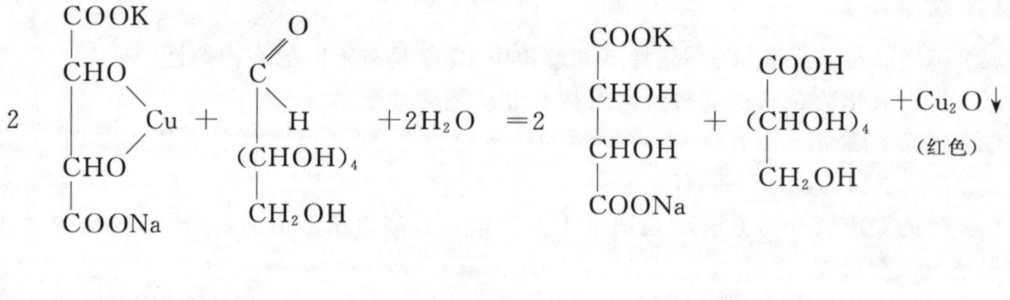

$$2\begin{array}{l} COOK \\ | \\ CHO \\ | \quad \diagdown \\ | \qquad Cu \\ | \quad \diagup \\ CHO \\ | \\ COONa \end{array} + \begin{array}{l} \quad O \\ \quad /\!/ \\ C \\ | \quad \diagdown \\ | \qquad H \\ (CHOH)_4 \\ | \\ CH_2OH \end{array} + 2H_2O = 2\begin{array}{l} COOK \\ | \\ CHOH \\ | \\ CHOH \\ | \\ COONa \end{array} + \begin{array}{l} COOH \\ | \\ (CHOH)_4 \\ | \\ CH_2OH \end{array} + \underset{\text{(红色)}}{Cu_2O \downarrow}$$

$$\begin{array}{l}\text{CHO}\\ \text{(CHOH)}_4\\ \text{CH}_2\text{OH}\end{array} + \text{次甲基蓝(蓝色)}\ (CH_3)_2N\text{–}C_{12}H_6NS\text{=}N^+(CH_3)_2\cdot Cl^- + H_2O =$$

$$\begin{array}{l}\text{COOH}\\ \text{(CHOH)}_4\\ \text{CH}_2\text{OH}\end{array} + (CH_3)_2N\text{–}C_{12}H_7NS\text{–}N(CH_3)_2\ \text{(无色)} + HCl$$

【试剂】

**1. 碱性酒石酸铜甲液**　称取 15.00g 硫酸铜($Cu_2SO_4 \cdot 5H_2O$)及 0.05g 亚甲基蓝，溶于水中，并稀释至 1000ml。

**2. 碱性酒石酸铜乙液**　称取 50g 酒石酸钾钠、75g 氢氧化钠溶于水中，再加入 4g 亚铁氰化钾，完全溶解后，用水稀释至 1000ml，储存于具橡胶塞玻璃瓶中。

**3. 乙酸锌溶液**　称取 21.9g 乙酸锌，加 3ml 冰乙酸，并加水溶解，定容至 100ml。

**4. 亚铁氰化钾溶液**　称取 10.6g 亚铁氰化钾，用水溶解并稀释至 100ml。

**5. 葡萄糖标准溶液**　精确称取 1.000g 经 98～100℃干燥 2 小时的纯葡萄糖，加水溶解后加入 5ml 盐酸，并以水稀释至 1000ml。该溶液的葡萄糖含量为 1mg/ml。

**6. 盐酸**

【操作步骤】

**1. 样品处理**

(1) 乳类、乳制品及含蛋白质的冷食类：称取 2.50～5.00g 固体样品(吸取 25.00～50.00ml 液体样品)，置于 250ml 容量瓶中，加入 50ml 蒸馏水，摇匀后加入 5ml 乙酸锌溶液及 5ml 亚铁氰化钾溶液，加水至刻度，混匀后静置 30 分钟，用干燥滤纸过滤，弃去初滤液，所得滤液备用。

(2) 酒精类饮料：吸取 10.00ml 样品，置于蒸发皿中，用 1mol/L 氢氧化钠中和至中性，在水浴上蒸发至原体积的 1/4 后，移入 250ml 容量瓶中，加水至刻度。

(3) 以淀粉质为主的食品：称取 10.00～20.00g 样品，置于 250ml 容量瓶中，加 200ml 水，在 45℃水浴中加热 1 小时，不断振摇。取出冷却后加水至刻度，摇匀，静置。吸取 200ml 上清液于另一个 250ml 容量瓶中，以下处理自“加 5ml 乙酸锌溶液”起按 1)操作。

(4) 碳酸饮料：吸取 100ml 样品置于蒸发皿中，在水浴上除去二氧化碳后，移入 250ml 容量瓶内，用少量水涤荡蒸发皿，洗液并入容量瓶内，加水至刻度，摇匀后备用。

**2. 碱性酒石酸铜溶液标定**　移取碱性酒石酸铜甲液、乙液各 5.0ml，置于 150ml 锥形瓶内，加水 10ml，加入玻璃珠 3 粒，从滴定管内滴加葡萄糖标准溶液约 9ml，并在 2 分钟内加热至沸，趁热以每 2 秒钟一滴的速度继续滴加葡萄糖标准溶液，直到溶液蓝色刚好褪去为终点，记录消耗的葡萄糖标准溶液的总体积，同法平行操作 3 份，取其平均值。计算每 10ml (甲、乙液各 5ml)碱性酒石酸铜相当于葡萄糖的质量。

**3. 样液预测定**　吸取碱性酒石酸铜甲、乙液各 5.0ml 于 150ml 锥形瓶中，加水 10ml，加入玻璃珠 3 粒，在 2 分钟内加热至沸，趁热以先快后慢的速度，从滴定管中滴加样品溶液，整个过程保持沸腾状态，待溶液颜色转浅后，以每 2 秒钟一滴的速度滴定，直至溶液蓝色刚好褪去为终点，记录样液消耗体积。

**4. 样液测定** 吸取碱性酒石酸铜甲、乙液各 5.0ml 于 150ml 锥形瓶中，加水 10ml，加玻璃珠 3 粒，从滴定管滴加比预测体积少 1ml 的样品溶液，并在 2 分钟内加热至沸，趁热连续以每 2 秒钟一滴的速度滴定，直至溶液蓝色刚好褪去为终点，记录样液消耗体积。同法平行操作 3 份，得出平均消耗体积。

**【结果计算】**

$$X=\frac{m_1}{m\times\frac{V}{250}}\times 100\%$$

式中，$X$：样品中还原糖的含量(以葡萄糖计，%)；$m_1$：10ml 碱性酒石酸铜混合液相当于还原糖的质量(mg)；$m$：样品的质量或体积(g 或 ml)；$V$：测定时平均消耗样品溶液的体积(ml)；250：为样品处理溶液总体积(具体实验时，若样品处理总体积有改变，则此值相应改变，ml)。

**【注意事项】**

(1) 乙酸锌可使蛋白质、鞣质、树脂等形成沉淀，经过滤除去。如果钙离子过多时，易与葡萄糖、果糖生成络合物，使滴定速度缓慢，从而结果偏低。可向样品中加入草酸粉末，与钙结合，形成沉淀并过滤。

(2) 在操作步骤 1(3)中的样品水浴提取步骤，目的是使还原糖溶于水中，切忌温度过高，因为淀粉在高温条件下可糊化、水解，影响检测结果。

(3) 甲液与乙液混合可生成氧化亚铜沉淀，应将甲液加入乙液，使开始生成的氧化亚铜沉淀重新溶解。

(4) 滴定时，还原的亚甲基蓝易被空气中的氧氧化，恢复成原来的蓝色，所以滴定过程中必须保持溶液呈沸腾状态，并且避免滴定时间过长。

(5) 此实验应严格遵守操作步骤及条件的准确一致性(如加热时间，滴定时的条件与速度等)，以减少操作中产生的误差。

**【说明】**

(1) 此法即为斐林法，适合于各类食品中还原糖的快速测定，是国家标准分析法。

(2) 本方法测定的是具有还原性的糖，包括葡萄糖、果糖、乳糖、麦芽糖等，只是结果用葡萄糖或其他转化糖表示，所以不能误解为还原糖等于葡萄糖或其他糖。但如果已知样品中只含有某一种糖，如乳制品的乳糖，则可以认为还原糖等于某糖。

(3) 分别用葡萄糖、果糖、乳糖、麦芽糖标准品配制同浓度的标准溶液，滴定等量的同一碱性酒石酸酮甲乙混合液，所消耗标准溶液的体积却不相同，这说明，即使同是还原糖，其在物化性质上仍有所差别，所以所测还原糖的结果只是反映样品的整体情况，并不完全等于各还原糖含量之和。如果已知样品只含有某种还原糖，则应以该还原糖作为标准品，结果计为该还原糖的含量。如果样品中还原糖的成分未知，或为多种还原糖的混合物，则以某种还原糖作标准品，结果以该还原糖计，但不代表该糖的真实含量。

## (二) 水杨酸法(快速测定法)

**【实验原理】**

3,5-二硝基水杨酸(DNS)与还原糖共热后被还原成棕红色的氨基化合物，在一定范围内(400～1600μg),还原糖的量和反应液的颜色强度呈比例关系,利用比色法可测知样品含糖量。

**【试剂】**

**1. DNS**

**2. 甲液**　溶解 6.9g 结晶酚于 15.2ml 100g/L 氢氧化钠溶液中,并稀释至 69ml,在此溶液中加入 6.9g 亚硫酸钠。

**3. 乙液**　称取 255g 酒石酸钾钠,加到 300ml 100g/L 氢氧化钠溶液中,再加入 880ml 10g/L 的 DNS 溶液。

将甲液与乙液相混合即得黄色试剂,贮于棕色试剂瓶中,在室温下 7～10 天后使用。

**4. 1mg/ml 葡萄糖标准液**　准确称取 100mg 分析纯的葡萄糖(预先在 105℃干燥 2 小时),用少量蒸馏水溶解后稀释至 100ml,冰箱保存备用。

**【仪器与设备】**

721 型分光光度计,恒温水浴,电子分析天平(感量 0.0001g),容量瓶(50ml),具塞试管(15ml),移液管(1ml 和 2ml)。

**【操作步骤】**

**1. 葡萄糖标准曲线制备**　取葡萄糖标准液(1mg/ml)0～0.8ml 分别放入试管中,均用蒸馏水稀释至 1ml,加入 1ml DNS 试剂,在沸水浴中加热 5 分钟,取出以自来水冷却,再加入蒸馏水 8ml,混匀,在波长 520nm 下,以 1cm 比色杯测定各管光密度(空白管溶液调零),以葡萄糖含量(mg)为横坐标,相应各管光密度值为纵坐标绘制标准曲线。

**2. 样品中还原糖中含量测定**　保物籽粒或植株烘干,粉碎过 40 目筛,精确称取样品 0.5 000～1.0 000g(还原糖含量 5～50mg),放入 50ml 容量瓶中,加水 20ml,置沸水浴中加 20 分钟,取出冷却至室温,以蒸馏水定容至刻度,混匀。用干滤纸过滤,取滤液 1ml,加入 1ml DNS 试剂,在沸水浴中加热 5 分钟,取出以自来水冷却,再加入蒸馏水 8ml,混匀,在波长 520nm 下,用 1cm 比色杯测定样品液光密度值。查标准曲线即可计算出还原糖含量。

**【结果计算】**

$$X=\frac{m_1\times V}{V_1\times m\times 1000}\times 100\%$$

式中,$X$:样品还原糖含量(%);$m_1$:查标准曲线所得待测样品液中还原糖量(mg);$m$:样品质量(g);$V$:样品液总体积(ml);$V_1$:待测样品液的体积(ml)。

## 二、总糖的测定

### (一) 滴定法

**【实验原理】**

样品经除去蛋白质后,加盐酸将样品中的可溶性糖水解转化为还原糖,再利用还原糖测定法测出含糖量。

**【试剂】**

同还原糖直接测定法。

**【操作步骤】**

**1. 样品处理** 按照还原糖直接测定法中的方法处理。

**2. 样品转化** 吸取制得的样液 50ml 于 100ml 容量瓶中,加盐酸 5ml,摇匀。在 68～70℃水浴中加热 15 分钟,取出迅速冷却至室温。用 300g/L NaOH 溶液中和至中性,加水至刻度,摇匀,注入滴定管中(必要时过滤)。

**3. 样液测定** 按照还原糖直接测定法的方法操作。

**【结果计算】**

$$X=\frac{m_1}{\frac{m}{250}\times\frac{50}{100}\times V\times 1000}\times 100\%$$

式中,$X$:样品总糖含量(以转化糖计,%);$m_1$:10ml 斐林试剂相当于还原糖的量(以葡萄糖计,mg);$V$:测定时平均消耗样品溶液的体积(ml);$m$:样品质量(g)。

## (二) 苯酚-硫酸法

**【实验原理】**

苯酚-硫酸试剂可与游离的或寡糖、多糖中的己糖、糖醛酸(或甲苯衍生物)起显色反应,己糖在 490nm 处(戊糖及糖醛酸在 480nm)有最大吸收峰,吸收值与糖含量呈线性关系。

**【试剂】**

**1. 浓硫碱** 分析纯,95.5%。

**2. 80%苯酚** 80g 苯酚(分析纯重蒸馏试剂)加 20g 水溶解,冰箱中避光长期贮存。

**3. 6%苯酚** 临用前以 80%苯酚配制。

**4.** 标准葡聚糖(Dextran,瑞典 Pharmacia)或分析纯葡萄糖。

**【操作步骤】**

**1. 制作标准曲线** 准确称取标准葡聚糖(或葡萄糖)20mg 于 500ml 容量瓶中,加水至刻度,分别吸取 0.4、0.6、0.8、1.0、1.2、1.4、1.6、1.8ml,各以水补至 2.0ml,然后加入 6%苯酚 1.0ml 及浓硫酸 50ml,静置 10 分钟,摇匀,室温放置 20 分钟以后于 490nm 测定密度,以 2.0ml 水按同样显色操作为空白。以多糖质量(μg)为横坐标,光密度值为纵坐标,得标准曲线。

**2. 样品含量测定** 吸取样品液 1.0ml(相当于 40μg 左右的多糖),按上述步骤操作,测光密度,以标准曲线计算多糖含量。

**【说明】**

(1) 此方法简单、快速、灵敏,对每种糖仅需制作一条标准曲线,颜色持久。

(2) 制作标准曲线宜用相应的标准多糖,如用葡萄糖制标准曲线,应以校正系数 0.9 校正糖的质量(μg)。对其他多糖亦如此。

(3) 对杂多糖,分析结果可根据各单糖的组成比及主要组成单糖的标准曲线的校正系数加以校正计算,可得较满意结果。

(4) 对有颜色的样品,此法测定值易偏高。

(5) 此法适宜于检测凝胶柱部分收集样品中相对糖含量的分析。

（查龙应）

## 第四节　食品中粗纤维的测定

**【实验目的】**

通过测定植物性食品中粗纤维的含量，掌握重量法测定粗纤维的基本操作技术，并进一步学习膳食纤维的分类、生理功能和食物来源。

**【实验原理】**

食品中的粗纤维主要指纤维素和木质素，是膳食纤维的主要成分，在稀酸和稀碱溶液中相当稳定。食品中的淀粉、糖、果胶质、色素和半纤维素可在热的稀酸作用下水解除去，而脂肪酸和蛋白质则分别被热的稀碱溶液皂化和溶解，经过滤分离，洗涤残留物等操作，再进行干燥后灰化，最后残渣重量减去灰分即得粗纤维素含量。

**【主要仪器和试剂】**

**1. 仪器**　实验室用捣碎机、垂融坩埚、各种移液管及常用玻璃仪器、马弗炉、回流装置(500ml 锥形瓶和冷凝管)、电热板。

**2. 试剂**　1.25%硫酸溶液、1.25%氢氧化钾溶液、95%乙醇溶液、无水乙醚、5%氢氧化钠溶液、石棉混悬液。

注：石棉混悬液制备：加 5%氢氧化钠溶液浸泡石棉，在水浴上回流 8 小时以上再用热水充分洗涤。然后用 20%盐酸在沸水浴上回流 8 小时，再用热水充分洗涤，干燥。在 600～700℃中灼烧后，加水使成混悬物，贮存于玻塞瓶中。

**【操作步骤】**

(1) 称取 20～30g 捣碎的样品(或经粉碎过 20 目筛的 5.0g 干样品)，移入 500ml 锥形瓶中，加入 200ml 煮沸的 1.25%硫酸溶液(室温时量取)，接上回流冷凝器，加热使瓶内液体微沸，维持回流 30 分钟，每隔 5 分钟摇动锥形瓶一次，使瓶内物质充分反应。

(2) 取下锥形瓶，连接好抽滤装置，立即用亚麻布过滤，接着用沸水洗涤残渣至洗液呈中性。

(3) 量取 200ml 煮沸的 1.25%氢氧化钾溶液(室温时量取)，将亚麻布上的残渣冲洗入原锥形瓶中，接好冷凝管，加热至微沸并维持 30 分钟。

(4) 取下锥形瓶，立即用亚麻布过滤，用沸水洗涤 2～3 次，移入已准备好的垂融坩埚或同型号的垂融漏斗中，抽滤，用热水充分洗涤至洗液呈中性，抽干。先在坩埚中加入 95%的乙醇 20ml 洗涤，待自然干后再加入无水乙醚 20ml 洗涤一次，待自然干后，抽干。

(5) 将盛有残渣的坩埚放入 105℃烘箱中烘干 2 小时，然后取出坩埚置干燥器中冷却至室温称重。重复操作，直至两次称量差不超过 1.0mg。

如样品中含有较多的不溶性杂质，则可将样品移入石棉坩埚，烘干称量后，再移入 550℃马弗炉中灰化，使样品中含碳物质全部灰化，置于干燥器内，冷却至室温称量，所损失的量即为粗纤维量。

同一样品平行做两次测定。

**【结果计算】**

样品中粗纤维的含量按以下公式计算。

$$X=\frac{m_1-m_2}{m}\times 100$$

式中,$X$:粗纤维含量(%);$m_1$:在105℃下经干燥后称得的恒重(g);$m_2$:灼烧后称得的重量(g);$m$:样品重量(g)。

**【注意事项】**

(1) 含水量过多的样品需将样品烘干后进行实验。

(2) 脂肪含量超过1%的样品应先以乙醚脱去脂肪后再进行测定。

(3) 测量结果的准确性受实验条件影响。一般来说,样品粒度越细,结果越低,脱脂不足,结果偏高;沸腾过于剧烈会致样品脱离液体;过滤时间不应太长,一般超过10分钟就应适当减少称样量。

(楚心唯)

## 第五节 食品中粗脂肪的测定

**【实验目的】**

通过测定食物中粗脂肪的含量,掌握索氏抽提法测定粗脂肪的基本方法,并进一步巩固学习脂肪的生理功能和食物来源。

**【实验原理】**

脂肪溶于有机溶剂,将样品放入索氏提取器用无水乙醚或石油醚等溶剂反复萃取,样品中的脂肪即被抽提出来,蒸去溶剂,所得的物质即为脂肪或称粗脂肪,即总脂肪含量。

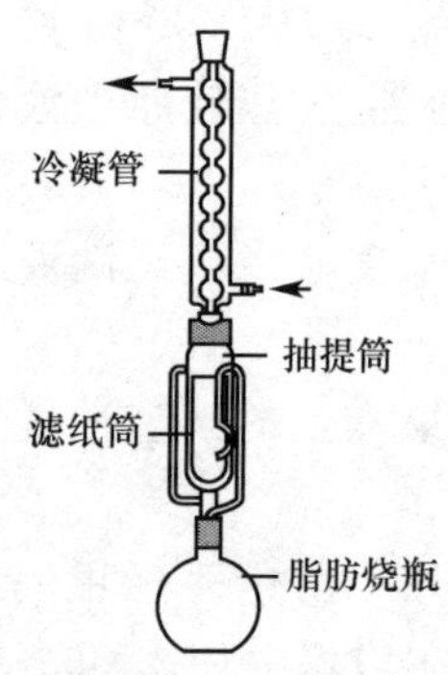

图 3-2 索氏提取器

**【仪器与试剂】**

**1. 仪器** 索氏提取器(如图3-2所示)、电热恒温鼓风干燥箱[温控(103±2)℃]、干燥器、恒温水浴箱、分析天平、组织捣碎机。

**2. 试剂** 除非另有规定,所有试剂均使用分析纯试剂。①无水乙醚(不含过氧化物)或石油醚(沸程30~60℃);②滤纸筒;③海砂(直径0.65~0.85mm),二氧化硅含量不低于99%。

**【测定步骤】**

**1. 样品处理**

(1) 固体样品:准确称取均匀样品2~5g(精确至0.01mg),装入滤纸筒内。

(2) 液体或半固体:准确称取均匀样品5~10g(精确至0.01mg),置于蒸发皿中,加入海砂约20g,搅匀后于沸水浴上蒸干,然后在95~105℃下干燥。研细后全部转入滤纸筒内,用蘸有乙醚的脱脂棉擦净所用器皿,将棉花也一并放入滤纸筒内。

**2. 索氏提取器的清洗** 充分洗涤索氏抽提器各部位并用蒸馏水清洗后烘干。脂肪烧瓶在(103±2)℃的电热恒温鼓风干燥箱内干燥至恒重(前后两次称量差不超过2mg)。

**3. 样品测定**

(1) 将滤纸筒放入索氏抽提器的抽提筒内，连接已干燥至恒重的脂肪烧瓶，由抽提器冷凝管上端加入乙醚或石油醚至瓶内容积的 2/3 处，通入冷凝水，将底瓶浸没在水浴中加热，用一小团脱脂棉轻轻塞入冷凝管上口。

(2) 抽提温度的控制：水浴温度应控制在使提取液每 6～8 分钟回流一次为宜。

(3) 抽提时间的控制：抽提时间根据试样中粗脂肪含量而定，一般样品提取 6～12 小时，坚果样品提取约 16 小时。提取结束时，用毛玻璃板接取一滴提取液，如无油斑则表明提取完毕。

(4) 提取完毕后，取下脂肪烧瓶，回收乙醚或石油醚。待烧瓶内乙醚仅剩下 1～2ml 时，在水浴上赶尽残留的溶剂，于 95～105℃下干燥 2 小时后，置于干燥器中冷却至室温，称量。继续干燥 30 分钟后冷却称量，反复干燥至恒重（前后两次称量差不超过 2mg）。

**【结果计算】**

食品中粗脂肪含量按下列公式计算。

$$X=\frac{m_1-m_2}{m}\times 100$$

式中，$X$：粗脂肪含量（%）；$m_2$：底瓶和粗脂肪的质量（g）；$m_1$：底瓶的质量（g）；$m$：试样的质量（g）。

**【注意事项】**

(1) 抽提剂乙醚属易燃、易爆物质，抽提全过程应注意通风并且不能有火源。

(2) 样品滤纸筒的高度不能超过虹吸管，否则上部脂肪不能提尽而造成误差。

(3) 样品和醚浸出物在烘箱中干燥时，时间不能过长，以防止不饱和脂肪酸受热氧化而增加质量。

(4) 脂肪烧瓶在烘箱中干燥时，瓶口侧放，以利空气流通。而且先不要关上烘箱门，在 90℃以下鼓风干燥 10～20 分钟，驱尽残余溶剂后再将烘箱门关紧，升至所需温度。

(5) 乙醚若放置时间过长，会产生过氧化物。过氧化物不稳定，当蒸馏或干燥时会发生爆炸，故使用前应严格检查，并去除过氧化物。

1) 检查方法：取 5ml 乙醚于试管中，加 KI（100g/L）溶液 1ml，充分振摇 1 分钟。静置分层。若有过氧化物则放出游离碘，水层是黄色（或加 4 滴 5g/L 淀粉指示剂显蓝色），则该乙醚需处理后使用。

2) 去除过氧化物的方法：将乙醚倒入蒸馏瓶中加一段无锈铁丝或铝丝，收集重蒸馏乙醚。

反复加热可能会因脂类氧化而增重，质量增加时，以增重前的质量为恒重。

（楚心唯）

# 第六节 食品中蛋白质的测定

## 一、凯氏定氮法

**【实验目的】**

熟悉凯氏定氮法测定蛋白质的原理；掌握凯氏定氮法测定蛋白质的步骤；包括样品的

消化、蒸馏滴定及蛋白质含量计算，了解蛋白质测定方法的分类。

**【实验原理】**

食品中的蛋白质在浓硫酸和催化剂共同加热条件下被消化分解，产生的氨与硫酸结合生成硫酸铵。碱化蒸馏使氨游离，用硼酸吸收后以硫酸或盐酸标准滴定溶液滴定，根据酸的消耗量乘以换算系数，即为蛋白质的含量。食品中除蛋白质外，还含有其他含氮物质，因此该方法测得的蛋白质含量称为粗蛋白。

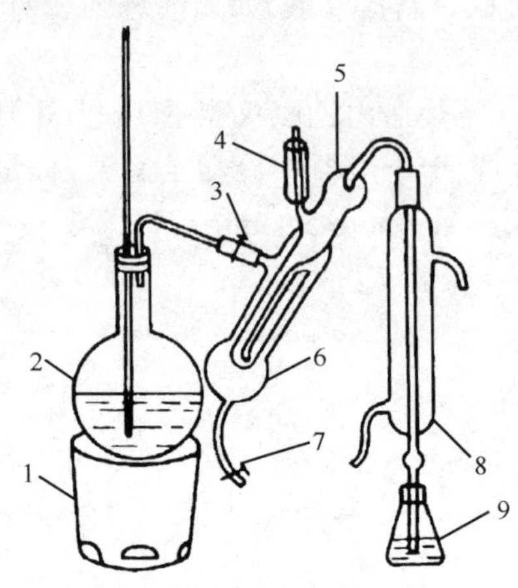


图 3-3　定氮蒸馏装置图

1. 电炉；2. 水蒸气发生器（2L 烧瓶）；3. 螺旋夹 a；4. 小玻杯及棒状玻塞；5. 反应室；6. 反应室外层；7. 橡皮管及螺旋夹 b；8. 冷凝管；9. 蒸馏液接收瓶

**【仪器与试剂】**

**1. 仪器**　分析天平（感量为 1mg）、定氮蒸馏装置（如图 3-3 所示）、半自动凯氏定氮仪（KDN1000）、微量滴定管。

**2. 试剂**

（1）五水硫酸铜。

（2）硫酸钾。

（3）硫酸（密度为 1.84g/L）。

（4）硼酸溶液（20g/L）：称取 20g 硼酸溶于蒸馏水中，并稀释至 1000ml。

（5）氢氧化钠溶液（400g/L）：称取 40g 氢氧化钠加水溶解后，放冷，稀释至 100ml。

（6）0.05mol/L 盐酸标准滴定溶液。

（7）混合指示试剂：1 份 0.1%甲基红乙醇溶液与 5 份 0.1%溴甲酚绿乙醇溶液临用前混匀。

**【操作步骤】**

**1. 微量凯氏定氮法**

（1）样品消化：称取充分混匀的固体样品 0.2～2g、半固体样品 2～5g 或液体样品 10～25g（约相当于 30～40mg 氮），精确至 0.001g，移入干燥的 100、250 或 500ml 定氮瓶中，依次加入 0.2g 硫酸铜、6g 硫酸钾及 20ml 浓硫酸，轻摇后瓶口放一小漏斗，将瓶以 45°角斜支于有小孔的石棉网上。在通风橱中用万用电炉加热消化，开始时采用低温加热，待内容物全部炭化，泡沫完全停止后，再加强火力保持微沸，消化至液体呈蓝绿色并澄清透明后，再继续加热 0.5～1 小时。取下放冷，小心加入 20ml 水。放冷后，移入 100ml 容量瓶中，并用少量水洗定氮瓶，洗液并入容量瓶中，加水定容至刻度，混匀备用，即为消化液。

同时做试剂空白试验，取与样品消化相同的硫酸铜、硫酸钾、浓硫酸，按上述同样方法进行消化，冷却，加水定容至 100ml，即试剂空白消化液。

（2）定氮装置的连接和洗涤：按图 3-3 所示连接好定氮蒸馏装置，向水蒸气发生器内加水至 2/3 处，放入数粒玻璃珠（或沸石）防止暴沸，再加甲基红乙醇溶液数滴及数毫升硫酸，以保持水呈酸性，加热煮沸水蒸气发生器内的水并保持沸腾。

测定前定氮装置如下法洗涤 2～3 次：从进样口加水适量（约占反应管 1/3 体积），通入蒸汽煮沸，产生的蒸汽冲洗冷凝管，数分钟后关闭夹子 a，使反应管中的废液倒吸流到反应室外层，打开夹子 b 由橡皮管排出，如此数次，即可使用。

（3）碱化蒸馏：向三角瓶内加入 20ml 硼酸和 2～3 滴混合指示剂，并使冷凝管的下端插入硼酸液面下。先关闭螺旋夹a，打开螺旋夹b，然后准确吸取2.0～10.0ml样品消化液，由小漏斗注入反应室，并用10ml蒸馏水洗涤小漏斗并使之流入反应室，立即塞紧棒状玻塞。将10ml氢氧化钠溶液倒入小玻杯，提起玻塞使其缓缓流入反应室，用少量水冲洗后立即将玻塞盖紧，并加水于小玻杯以防漏气，打开螺旋夹a，夹紧螺旋夹b，开始蒸馏。通入蒸汽蒸馏10分钟后，移动接收瓶使冷凝管下端离开液面，再蒸馏2分钟。然后用少量水冲洗冷凝管下端外部，取下三角瓶，准备滴定。

同时吸取10.0ml试剂空白消化液按上述方法蒸馏操作。

(4) 滴定：以0.01mol/L盐酸标准溶液滴定，当溶液颜色由酒红色变成灰绿色时，即为滴定终点。

**2. 半自动凯氏定氮仪法** 按照KDN1000仪器说明书进行操作，具体步骤如下。

(1) 样品消化

1) 称取固体试样0.2～2g、半固体试样2～5g或液体试样10～25g(约相当于30～40mg氮)，精确至0.001g。

2) 移称取好的样品到洗涤烘干的消化管中，加0.2g硫酸铜、6g硫酸钾及10ml浓硫酸。为防止液体暴沸可在消化管内加玻璃珠数粒。

3) 将消化管依次放入消化架各孔，然后置于消化炉上，连接好排污管。

4) 设置初始消化温度在380℃，打开抽吸泵水阀，使抽吸泵处于吸气状态。

5) 接通电源，加热消化管开始消化。待消化管内样品全部炭化(约20分钟)，泡沫完全停止后，再加强火力(温度调至450℃)，保持微沸继续加热40～60分钟，消化至液体呈蓝绿色并澄清透明。

6) 关闭电源，待消化液冷却后即可进行蒸馏。

同时取与样品消化相同量的硫酸铜、硫酸钾、浓硫酸，与样品同时进行消化做空白试剂消化液。

(2) 蒸馏：依次蒸馏空白试剂消化液和样品消化液。

1) 将冷却水进水管连接到水龙头上，打开水龙头，调节水流适中；将出水管和排水管出口端都放入水池中。

2) 分别放进氢氧化钠溶液管和进水管到盛有40%氢氧化钠溶液和蒸馏水的容器中。

3) 在250ml三角烧瓶中加入30ml 2%硼酸溶液和2～3滴混合指示剂，摇匀，接收液变为浅红色。然后将接收瓶套在接收管上后置于接收瓶托架上，调节托架的高低使冷凝管下端插入接收液液面下。

4) 插上电源，按下定氮仪的电源开关。仪器显示日历及其相关内容，5秒钟后显示仪器的常规状态。

5) 将已消化并冷却的消化管套在定氮仪消化管托架上。设置加水量(10ml)、加碱量(50ml)及蒸馏时间6～8分钟(可以先设置后装消化管，也可以先装消化管后设置)，按下确认键。

6) 按下工作键，仪器即开始蒸馏工作，显示屏显示蒸馏结束时，蜂鸣器鸣叫，提示本次样品蒸馏已完成。

用蒸馏水冲洗接收管出气口，然后取下接收瓶，待滴定用。

(3) 滴定：依次滴定空白试剂消化液和样品消化液。

1) 将0.05mol/L盐酸标准滴定溶液装入微量滴定管中，冲洗滴定管后将液面调至"0"刻度。

2）用 0.05mol/L 盐酸标准滴定溶液滴定接收瓶内的吸收液，滴定至吸收液由浅蓝色变成淡红色时为滴定终点。

**【结果计算】**

记录滴定时所消耗的盐酸毫升数，试样中蛋白质的含量按以下公式计算。

$$X=\frac{(V_1-V_2)\times C\times 0.0140}{m\times V_3/100}\times F\times 100$$

式中，$X$：样品中蛋白质的含量(g/100g)；$V_1$：样品液消耗盐酸标准滴定液的体积(ml)；$V_2$：试剂空白消耗盐酸标准滴定液的体积(ml)；$V_3$：滴定时所吸取消化液的体积(ml)；$C$：盐酸标准滴定溶液浓度(mol/L)；0.0140：1.0ml 1.000mol/L 的盐酸标准滴定溶液相当的氮的质量(g)；$m$：所测样品的质量(g)；$F$：氮换算为蛋白质的系数。

不同食物蛋白质换算系数不同，一般食物为 6.25；纯乳与纯乳制品为 6.38；面粉为 5.70；玉米、高粱为 6.24；花生为 5.46；大米为 5.95；大豆及其粗加工制品为 5.71；大豆蛋白制品为 6.25；肉与肉制品为 6.25；大麦、小米、燕麦、裸麦为 5.83；芝麻、向日葵为 5.30；复合配方食品为 6.25。

**【注意事项】**

(1) 对于含糖或脂肪较多的样品消化时，注意控制加热温度，以免大量泡沫喷出凯氏烧瓶造成样品损失。可加入少量辛醇或液体石蜡，或消泡剂减少泡沫产生。

(2) 消化时注意旋转凯氏烧瓶，将附在瓶壁上的碳粒冲下，对样品彻底消化。若样品不易消化至澄清透明，可将凯氏烧瓶中溶液冷却，加数滴过氧化氢后，继续加热消化至完全。

(3) 硼酸吸收液的温度不应超过 40℃，否则氨吸收减弱，造成检测结果偏低。可把接收瓶置于冷水浴中。

## 二、分光光度法

**【实验目的】**

熟悉分光光度法测定食物蛋白质的操作技术，包括样品的消化处理、蒸馏、滴定及蛋白质含量计算等。

**【实验原理】**

食品中的蛋白质在催化加热条件下被分解，分解产生的氨与硫酸结合生成硫酸铵，在 pH 4.8 的乙酸钠-乙酸缓冲溶液中与乙酰丙酮和甲醛反应生成黄色的 3,5-二乙酰-2,6-二甲基-1,4-二氢化吡啶化合物。在波长 400nm 下测定吸光度值，与标准系列比较定量，结果乘以换算系数，即为蛋白质含量。

**【仪器与试剂】**

**1. 仪器**　分光光度计、电热恒温水浴锅[(100±0.5)℃]、10ml 具塞玻璃比色管、天平(感量为 1mg)。

**2. 试剂**

(1) 五水硫酸铜及硫酸钾。

(2) 硫酸：密度为 1.84g/L。

(3) 对硝基苯酚指示剂溶液(1g/L)：称取 0.1g 对硝基苯酚指示剂溶于 20ml 95%乙醇

溶液中，加水稀释至 100ml。

(4) 氢氧化钠溶液(300g/L)：称取 30g 氢氧化钠加水溶解后，放冷，稀释至 100ml。

(5) 乙酸溶液(1mol/L)：量取 5.8ml 乙酸，加水稀释至 100ml。

(6) 乙酸钠溶液(1mol/L)：称取 41g 无水乙酸钠或 68g 乙酸钠，加水溶解后并稀释至 500ml。

(7) 乙酸钠-乙酸缓冲溶液：量取 60ml 乙酸钠溶液与 40ml 乙酸溶液混合，该溶液 pH 4.8。

(8) 显色剂：15ml 甲醛与 7.8ml 乙酰丙酮混合，加水稀释至 100ml，剧烈振摇混匀(室温下放置稳定 3 天)。

(9) 氨氮标准储备溶液(以氮计)(1.0g/L)：称取 105℃干燥 2 小时的硫酸铵 0.4720g 加水溶解后移于 100ml 容量瓶中，并稀释至刻度，混匀，此溶液每毫升相当于 1.0mg 氮。

(10) 氨氮标准使用溶液(0.1g/L)：用移液管吸取 10.00ml 氨氮标准储备液于 100ml 容量瓶内，加水定容至刻度，混匀，此溶液每毫升相当于 0.1mg 氮。

**【操作步骤】**

**1. 样品消化** 称取经粉碎混匀过 40 目筛的固体试样 0.1～0.5g(精确至 0.001g)、半固体试样 0.2～1g(精确至 0.001g)或液体试样 1～5g(精确至 0.001g)，移入干燥的 100ml 或 250ml 定氮瓶中，加入 0.1g 硫酸铜、1g 硫酸钾及 5ml 硫酸，摇匀后于瓶口放一小漏斗，将定氮瓶以 45°斜支于有小孔的石棉网上。缓慢加热，待内容物全部炭化，泡沫完全停止后，加强火力，并保持瓶内液体微沸，至液体呈蓝绿色澄清透明后，再继续加热半小时。取下放冷，慢慢加入 20ml 水，放冷后移入 50ml 或 100ml 容量瓶中，并用少量水洗定氮瓶，洗液并入容量瓶中，再加水至刻度，混匀备用。按同一方法做试剂空白试验。

**2. 样品溶液的制备** 吸取 2.00～5.00ml 试样或试剂空白消化液于 50ml 或 100ml 容量瓶内，加 1～2 滴对硝基苯酚指示剂溶液，摇匀后滴加氢氧化钠溶液中和至黄色，再滴加乙酸溶液至溶液无色，用水稀释至刻度，混匀。

**3. 标准曲线的绘制** 吸取 0.00、0.05、0.10、0.20、0.40、0.60、0.80 和 1.00ml 氨氮标准使用溶液(相当于 0.00、5.00、10.0 、20.0、40.0、60.0、80.0 和 100.0μg 氮)，分别置于 10ml 比色管中。加 4.0ml 乙酸钠-乙酸缓冲溶液及 4.0ml 显色剂，加水稀释至刻度，混匀。100℃水浴中加热 15 分钟。取出用水冷却至室温后移入 1cm 比色杯内，以零管为参比，于波长 400nm 处测量吸光度值，根据标准各点吸光度值绘制标准曲线或计算线性回归方程。

**4. 样品测定** 吸取 0.50～2.00ml(约相当于氮＜100μg)试样溶液和同量试剂空白溶液，分别于 10ml 比色管中。以下按步骤 3 自"加 4ml 乙酸钠-乙酸缓酸溶液(pH 4.8)及 4ml 显色剂……"起操作。试样吸光度值与标准曲线比较定量或代入线性回归方程求含量。

**【结果计算】**

试样中蛋白质的含量按以下公式进行计算。

$$X=\frac{(c-c_0)}{m\times\frac{V_2}{V_1}\times\frac{V_4}{V_3}\times1000\times1000}\times100\times F$$

式中，$X$：样品中蛋白质的含量(g/100g)；$c$：试样测定液中氮的含量(μg)；$c_0$：试剂空白测定液中氮的含量(μg)；$V_1$：试样消化液定容体积(ml)；$V_2$：制备试样溶液的消化液体积；

$V_3$：试样溶液总体积(ml)；$V_4$：测定用试样溶液体积(ml)；$m$：试样质量(g)；$F$：氮换算为蛋白质的系数。

一般食物为6.25；纯乳与纯乳制品为6.38；面粉为5.70；玉米、高粱为6.24；花生为5.46；大米为5.95；大豆及其粗加工制品为5.71；大豆蛋白制品为6.25；肉与肉制品为6.25；大麦、小米、燕麦、裸麦为5.83；芝麻、向日葵为5.30；复合配方食品为6.25。

（楚心唯）

# 第七节 食品中维生素C的测定

## 一、食品中总抗坏血酸含量的测定(2,4－二硝基苯肼比色法)

### 【实验目的】

了解2,4－二硝基苯肼比色法测定抗坏血酸总量的基本原理。

熟悉比色法测定总抗坏血酸的操作方法。

掌握影响测定准确性的因素。

### 【实验原理】

总抗坏血酸包括还原型、脱氢型和二酮古乐糖酸，样品中还原型抗坏血酸经活性炭氧化为脱氢抗坏血酸，在一定条件下，脱氢抗坏血酸与2,4－二硝基苯肼作用生成红色的脎，其呈色强度与总抗坏血酸含量呈正比，将脎溶解后可进行比色定量。

### 【仪器与试剂】

**1. 仪器** 恒温箱或电热恒温水浴锅、可见光分光光度计、组织捣碎机、回流装置。

**2. 试剂**

(1) 4.5mol/L硫酸：量取250ml浓硫酸小心加入700ml水中，冷却后用水稀释至1000ml。

(2) 85%硫酸：小心加900ml浓硫酸于100ml水中。

(3) 2% 2,4－二硝基苯肼：溶解2,4－二硝基苯肼2g于100ml 4.5mol/L硫酸中，过滤。不用时存于冰箱内，每次使用前必须过滤。

(4) 2%草酸溶液：称20g草酸，加水至1000ml。

(5) 1%草酸溶液：称10g草酸，加水至1000ml。

(6) 1%硫脲溶液：溶解1g硫脲于100ml 1%草酸溶液中。

(7) 2%硫脲溶液：溶液2g硫脲于100ml 1%草酸溶液中。

(8) 1mol/L盐酸：取100ml盐酸，加入水中，并稀释至1200ml。

(9) 抗坏血酸标准溶液：称取100mg纯抗坏血酸溶解于100ml 2%草酸溶液中，此溶液每毫升相当于1mg抗坏血酸。

(10) 活性炭：将100g活性炭加到750ml 1mol/L盐酸中，回流1～2小时，过滤，用水洗数次，至滤液中无铁离子($Fe^{3+}$)为止，然后置于110℃烘箱中烘干。

### 【实验步骤】

**1. 样品制备**(全部实验过程应避光)

(1) 鲜样的制备：称取100g鲜样，立即加入等量的2%草酸溶液，倒入捣碎机中制成匀浆，用小烧杯称取10.0～40.0g匀浆(含1～2mg抗坏血酸)倒入100ml容量瓶，用1%草酸溶液稀释至刻度，混匀。过滤，滤液备用。

(2) 干样制备：称取1～4g干样(含1～2mg抗坏血酸)放入乳钵内，加入等量的1%草酸溶液磨成匀浆，连固形物一起倒入100ml容量瓶内，用1%草酸溶液稀释至刻度，混匀。过滤，滤液备用。

**2. 样品中还原型抗坏血酸的氧化**　量取25.0ml上述滤液，加入2g活性炭，振摇1分钟，使样品中还原型抗坏血酸充分氧化，过滤，弃去最初数毫升滤液。吸取10.0ml该氧化提取液与10.0ml 2%硫脲溶液混匀，即为样品稀释液。

**3. 呈色反应**

(1) 取3支试管，各加入4ml经氧化处理的样品稀释液。其中一支试管作为空白，向其余两试管各加入1.0ml 2%2,4－二硝基苯肼溶液，将全部试管放入(37±0.5)℃恒温箱或恒温水浴中，保温3小时。

(2) 3小时后取出试管，除空白管外，将所有试管放入冰水中。空白管取出后使其冷到室温，然后加入2% 2,4－二硝基苯肼溶液1.0ml，在室温中放置10～15分钟，后放入冰水内，其余步骤同试样。

**4. 脎的形成**　当试管放入冰水冷却后，向所有试管(连同空白管)中加入85%硫酸5ml，滴加时间至少需要1分钟，需边加边摇动试管。将试管自冰水中取出，在室温放置30分钟后比色。

**5. 样品比色测定**　用1cm比色杯，以空白液调零点，于500nm波长处测定吸光值。

(1) 加2g活性炭于50ml标准溶液中，振动1分钟后过滤。吸取10.00ml滤液放入500ml容量瓶中加5.0g硫脲，用1%草酸溶液稀释至刻度，得抗坏血酸浓度20μg/ml。吸取5、10、20、25、40、50、60ml稀释液，分别放入7个100ml容量瓶中，用1%硫脲溶液稀释至刻度，使最后稀释液中抗坏血酸的深度分别为1、2、4、5、8、10、12μg/ml，为抗坏血酸标准应用液。

(2) 分别吸取4.0ml各不同浓度的抗坏血酸标准应用液，于7个试管中，同时吸取4.0ml 1%硫脲溶液作为空白管，分别在8支试管中加入1.0ml 2% 2,4－二硝基苯肼溶液，混匀，将所有试管放入(37±5)℃恒温箱或恒温水浴中3小时。水浴3小时后取出8个试管，全部放入冰水冷却，然后向每一试管中加入5ml 85%硫酸溶液，滴加时间至少需要1分钟，边加边摇动。将试管自冰水取出，在室温放置30分钟后，以试剂空白管调零，比色测定。

以吸光度值为纵坐标，抗坏血酸含量(mg)为横坐标绘制标准曲线或计算回归方程。

## 【结果计算】

$$X=\frac{c}{m}\times 100$$

式中，$X$：样品中总抗坏血酸含量(mg/100g)；$c$：由标准曲线查得或由回归方程计算得测定液总抗坏血酸含量(mg)；$m$：测定时所取滤液相当于样品的质量(g)。

## 【注意事项】

(1) 硫脲的作用在于防止抗坏血酸的继续被氧化和有助于脎的形成。

(2) 因浓硫酸的强腐蚀性，加样需小心，保证实验安全。加硫酸显色后，溶液颜色可随时间的延长而加深,因此,在加入硫酸溶液 30 分钟后,应立即比色测定。

(3) 检测过程中,测定样的吸光值不落在标准曲线上,可重新调整测定样品的量或标准曲线的浓度范围。

(4) 本实验适用于水果、蔬菜及其制品中总抗坏血酸的测定。

## 二、食品中还原型抗坏血酸的测定(2,6-二氯靛酚滴定法)

### 【实验目的】

掌握 2,6-二氯酚靛酚测定还原型抗坏血酸的原理和操作方法。

### 【实验原理】

2,6 二氯酚靛酚,也称为 2,6-染料,在酸性条件下呈红色,被还原后红色消失。还原型抗坏血酸能还原该染料,本身被氧化成脱氢型抗坏血酸。在没有杂质干扰时,一定量的样品提取液还原标准 2,6-二氯酚靛酚的量与样品中所含还原型维生素 C 的量成正比。

### 【仪器与试剂】

**1. 仪器** 组织捣碎机、微量滴定管、100ml 具塞量筒。

**2. 试剂**

(1) 1%草酸溶液:称取 10g 草酸,加水至 1000ml。

(2) 2%草酸溶液:称取 20g 草酸,加水至 1000ml。

(3) 维生素 C 标准液:准确称 20mg 维生素 C 溶于 1%草酸中,并稀释至 100ml,吸取 5ml 于 50ml 容量瓶中,加入 1%草酸至刻度,此溶液每毫升含有 0.02mg 维生素 C。

(4) 0.02% 2,6-二氯酚靛酚溶液:称取 2,6-二氯酚靛酚 50mg,溶于 200ml 含有 52mg 碳酸氢钠的热水中,冷却后,稀释至 250ml,过滤于棕色瓶中,贮存于冰箱内,应用过程中每星期标定一次。

(5) 0.1000mol/L 碘酸钾标准储备液:精确取干燥的碘酸钾 2.14g,用蒸馏水溶解并定容至 100ml。

(6) 0.001mol/L 碘酸钾标准应用液:吸取 0.1mol/L 碘酸钾溶液 1ml,用水稀释至 100ml。此溶液 1ml 相当于抗坏血酸 0.088mg。

(7) 1%淀粉溶液。

(8) 6%碘化钾溶液。

### 【操作步骤】

**1. 抗坏血酸标准溶液的标定** 吸取抗坏血酸溶液 2ml 于锥形瓶中,加入 1%的草酸 5ml、6%碘化钾溶液 0.5ml、加 1%淀粉 2 滴,再用 0.001mol/L 碘酸钾标准应用液滴定到淡蓝色。

$$\text{计算方法:抗坏血酸浓度(mg/ml)}=\frac{\text{消耗 0.0010mol/L 碘酸钾溶液体积}\times 0.088}{\text{所取抗坏血酸体积}}$$

**2. 2,6-二氯靛酚溶液的标定** 吸取 5ml 已标定过的抗坏血酸溶液于锥形瓶中,加入 5ml 1%草酸混匀,用待标定的 2,6-二氯靛酚滴定至溶液呈粉红色,在 15 秒钟不褪色为终点。

计算方法:

$$\text{1ml 2,6 染料相当于抗坏血酸的毫克数}=\frac{\text{抗坏血酸浓度(mg/ml)}\times\text{抗坏血酸溶液体积(ml)}}{\text{滴定所消耗染料的体积(ml)}}$$

**3. 样品测定**

(1) 提取：称取 100g 鲜样，立即加入等量的 2%草酸溶液，倒入捣碎机中制成匀浆，称取 10.0g 匀浆移入 100ml 容量瓶，用 1%草酸溶液稀释至刻度，混匀。过滤，滤液备用。用 1%的草酸溶液作空白对照。

(2) 滴定：吸取 5ml 滤液于三角瓶中，用标定过的 2,6-二氯靛酚溶液滴定溶液至呈粉红色，在 15 秒钟不褪色为止。

**4. 结果计算**

$$X=\frac{(V-V_0)\times T}{m}\times 100$$

式中，$X$：样品中还原型抗坏血酸含量(mg/100g)；$V$：样品滴定时所消耗染料体积(ml)；$V_0$：空白滴定时所消耗染料体积(ml)；$T$：1ml 染料相当于抗坏血酸的毫克数(mg)；$m$：滴定时所有滤液中含有样品的质量(g)。

**【注意事项】**

(1) 样品进入实验室后，应浸泡在已知量的 2%草酸液中，以防氧化，损失维生素 C；整个操作过程中要迅速，避免还原型抗坏血酸被氧化。

(2) 贮存过久的罐头食品，可能含有大量的低铁离子($Fe^{2+}$)，要用 8%的醋酸溶液代替 2%草酸溶液。这时如用草酸，低铁离子可以还原 2,6-二氯靛酚，使测定数字增高，使用醋酸可以避免这种情况的发生。

(楚心唯)

## 第八节　食品中维生素 A 的测定(比色法)

**【实验目的】**

掌握测定食物中维生素 A 含量的方法。

通过测定食物中维生素 A 含量，评价食物中该种维生素的营养价值。

**【实验原理】**

维生素 A 在三氯甲烷中与三氯化锑相互作用，产生蓝色物质，其深浅与溶液中所含维生素 A 的含量成正比。该蓝色物质虽不稳定，但在一定时间内可用分光光度计于 620nm 波长处测定其吸光度。

**【仪器与试剂】**

**1. 主要仪器**　分光光度计、回流冷凝装置。

**2. 主要试剂**　本实验所用试剂皆为分析纯，所用水皆为蒸馏水。

(1) 无水硫酸钠 $Na_2SO_4$ 及乙酸酐。

(2) 乙醚：不含有过氧化物。

(3) 无水乙醇：不含有醛类物质。

(4) 三氯甲烷：不含分解物，否则会破坏维生素 A。

(5) 25%三氯化锑-三氯甲烷溶液：用三氯甲烷配制 25%三氯化锑溶液，储于棕色瓶中，避免吸收水分。

(6) 50%氢氧化钾溶液(KOH):*W/V*。

(7) 维生素A标准液:用脱醛乙醇溶解视黄醇(纯度85%),配制维生素A标准品,使其浓度大约为1ml相当于1mg视黄醇。临用前用紫外分光光度法标定其准确浓度。

(8) 酚酞指示剂:用95%乙醇溶液配制1%溶液。

## 【操作步骤】

**1. 样品处理** 根据样品性质,可采用皂化法或研磨法。皂化法适用于维生素A含量不高的样品,可减少脂溶性物质的干扰,但全部实验过程费时,且易导致维生素A损失。

(1) 皂化法

1) 皂化:根据样品中维生素A含量的不同,称取0.5~5g样品于三角瓶中,加入20~40ml无水乙醇及10ml的1:1氢氧化钾,于电热板上回流30分钟至皂化完全为止。

2) 提取:将皂化瓶内混合物移至分液漏斗中,以30ml水洗皂化瓶,洗液并入分液漏斗。如有渣子,可用脱脂棉漏斗滤入分液漏斗内。用50ml乙醚分两次洗皂化瓶,洗液并入分液漏斗中。振摇并注意放气,静置分层后,水层放入第二个分液漏斗内。皂化瓶再用约30ml乙醚分两次冲洗,洗液倾入第二个分液漏斗中。振摇后,静置分层,水层放入三角瓶中,醚层与第一个分液漏斗合并。重复至水液中无维生素A为止。

3) 洗涤:用约30ml水加入第一个分液漏斗中,轻轻振摇,静置片刻后,放去水层。加15~20ml 0.5mol/L氢氧化钾液于分液漏斗中,轻轻振摇后,弃去下层碱液,除去醚溶性酸皂。继续用水洗涤,每次用水约30ml,直至洗涤液与酚酞指示剂呈无色为止(大约洗涤3次)。醚层液静置10~20分钟,小心放出析出的水。

4) 浓缩:将醚层液经过无水硫酸钠滤入三角瓶中,再用约25ml乙醚冲洗分液漏斗和硫酸钠两次,洗液并入三角瓶内。置水浴上蒸馏,回收乙醚。待瓶中剩约5ml乙醚时取下,用减压抽气法至干,立即加入一定量的三氯甲烷使溶液中维生素A含量在适宜浓度范围内。

(2) 研磨法

1) 研磨:精确称2~5g样品,放入盛有3~5倍样品重量的无水硫酸钠研钵中,研磨至样品中水分完全被吸收,并均质化。研磨法适用于每克样品维生素A含量大于5~10μg样品的测定,如肝样品的分析。本法步骤简单,省时,结果准确。

2) 提取:小心地将全部均质化样品移入带盖的三角瓶内,准确加入50~100ml乙醚。紧压盖子,用力振摇2分钟,使样品中维生素A溶于乙醚中。使其自行澄清(大约需1~2小时),或离心澄清(因乙醚易挥发,气温高时应在冷水浴中操作。装乙醚的试剂瓶也应事先置于冷水浴中)。

3) 浓缩:取澄清提取乙醚液2~5ml,放入比色管中,在70~80℃水浴上抽气蒸干。立即加入1ml三氯甲烷溶解残渣。

**2. 标准曲线的制备** 准确取一定量的维生素A标准液于4~5个容量瓶中,以三氯甲烷配制标准系列。再取相同数量比色管,顺次取1ml三氯甲烷和标准系列使用液1ml,各管加入乙酸酐1滴,制成标准比色列。于620nm波长处,以三氯甲烷调节吸光度至零点,将其标准比色列按顺序移入分光光度计的光路前,迅速加入9ml三氯化锑-三氯甲烷溶液。于6秒钟内测定吸光度,将吸光度设为纵坐标,以维生素A含量为横坐标绘制标准曲线图。

**3. 样品测定** 于一比色管中加入10ml三氯甲烷,加入1滴乙酸酐为空白液。另一比色管中加入 1ml 三氯甲烷，其余比色管中分别加入 1ml 样品溶液及 1 滴乙酸酐。其余步骤同标准曲线的制备。

**【结果计算】**

$$X=\frac{C}{m}\times V\times\frac{100}{1000}$$

式中，$X$：样品中含维生素 A 的量，mg/100g（如按国际单位，每 1 国际单位＝0.3μg 维生素 A）；$C$：由标准曲线上查得样品中含维生素 A 的含量（μg/ml）；$M$：样品质量（g）；$V$：提取后加三氯甲烷定量之体积（ml）；100：以每百克样品计。

**【注意事项】**

维生素 A 易被光破坏，实验操作过程应在微弱光线下进行。

（邓　红）

# 第九节　食品中钙、铁、锌的测定

## 一、食品中钙的测定——火焰原子吸收法

**【实验目的】**

掌握用湿法消化技术制备食品中钙的分析试样及用火焰原子吸收法测定食品中的钙含量。

**【实验原理】**

样品经湿法消化后，导入原子吸收分光光度计中，经火焰原子化后，吸收 422.7nm 的共振线，其吸收量与含量成正比，可与标准系列比较定量。

**【仪器与试剂】**

**1. 仪器**　原子吸收分光光度计。

**2. 试剂**

（1）盐酸、硝酸、高氯酸。

（2）混合酸消化液（硝酸与高氯酸比为 4∶1）。

（3）0.5mol/L 硝酸溶液：量取 45ml 硝酸，加去离子水稀释至 1000ml。

（4）2%氧化镧溶液：称取 20g 氧化镧（纯度大于 99.99%），加 75ml 盐酸于 1000ml 容量瓶中，加去离子水稀释至刻度。

（5）钙标准储备液：精确称取 1.2486g 碳酸钙（纯度大于 99.99%），加 50ml 去离子水，加盐酸溶解，移入 1000ml 容量瓶中，加 2%氧化镧稀释至刻度，贮存于聚乙烯瓶内 4℃保存，此溶液每毫升相当于 500μg 钙。可以直接购买该元素的有证国家标准物质作为标准溶液。

（6）钙标准应用液：取钙标准液 5ml 于 100ml 容量瓶中，用 2%氧化镧稀释至刻度，贮存于聚乙烯瓶中，4℃保存，此溶液每毫升相当于 25μg 钙。

**【操作步骤】**

**1. 样品制备**　湿样（如蔬菜、水果、鲜鱼、鲜肉等）用水清洗干净后，再用去离子水充分

洗净。干粉类样品(如面粉、奶粉等)取样后立即装容器密封保存,防止空气中的灰尘和水分污染。

**2. 样品消化** 精确称取均匀样品干样 0.5～1.5g(湿样 2.0～4.0g,饮料等液体样品 5.0～10.0g)于 250ml 高型烧杯内,加混合酸消化液 20～30ml,盖上表面皿。置于电热板或电沙浴上加热消化。如未消化好而酸液过少时,再补加几毫升混合酸消化液,继续加热消化,直至无色透明为止。加几毫升去离子水,加热以去除多余的硝酸,待烧杯中液体接近 2～3ml 时,取下冷却。用 2%氧化镧溶液洗并转移于 10ml 刻度试管中,定容至刻度。

取与消化样品相同量的混合酸消化液,按上述操作做试剂空白测定。

**3. 测定**

(1) 标准曲线制备:分别取钙标准应用液 1、2、3、4 和 6ml,用氧化镧定容至 50ml,即相当于各溶液中钙的质量浓度依次为 0.5、1、1.5、2 和 3μg/ml。

(2) 测定条件:仪器狭缝、空气及乙烯的流量、灯头高度、元素灯电流等均按使用的仪器说明调至最佳状态。

(3) 将消化好的样液、试剂空白液和钙的系列标准浓度液分别导入火焰进行测定。

**【结果计算】**

以各浓度标准溶液与对应的吸光度绘制标准曲线,测定用样品液及试剂空白液由标准曲线查出浓度值($C$ 及 $C_0$),再按下列公式求得测定样品中钙元素的含量:

$$X=\frac{(C-C_0)\times V\times f\times 100}{m\times 1000}$$

式中,$X$:样品中钙元素含量(mg/100g);$C$:测定用样品液中钙浓度(μg/ml);$C_0$:试剂空白液中钙浓度(μg/ml);$V$:样品定容后体积(ml);$f$:稀释倍数;$m$:所测定样品质量(g)。

**【注意事项】**

(1) 所用玻璃仪器均用硫酸-重铬酸钾洗液浸泡数小时,再用洗衣粉充分洗刷后用水反复冲洗,最后用去离子水冲洗晒干或烘干,方可使用。

(2) 干燥样品在加浓 $H_2SO_4$ 消化前先加少量水湿润,防止浓 $H_2SO_4$ 加入后立即炭化结块而延长消化时间。

## 二、食品中铁和锌的测定——原子吸收分光光度法

**【实验目的】**

掌握湿法消化技术及用火焰原子吸收法测定食品中的铁和锌含量。

**【实验原理】**

样品经湿化处理后,导样入原子吸收分光光度计,经火焰原子化后,铁、锌元素分别吸收 248.3nm 和 213.9nm 波长的共振线,其吸收量与样品中含量成正比,与标准溶液比较定量,可得到所测样品中铁元素和锌元素的含量。

**【仪器与试剂】**

**1. 仪器** 原子吸收分光光度计。

**2. 试剂**

(1) 硝酸、高氯酸以及混合酸消化液(硝酸与高氯酸比为 4∶1)。

(2) 0.5mol/L 硝酸溶液：取 50ml 硝酸，加去离子水稀释至 1000ml，定容即成。

(3) 0.121%盐酸。

(4) 铁标准溶液和锌标准溶液：浓度均为 1000μg/ml，分别称取金属铁粉（光谱纯）和锌粉（光谱纯）1.0000g，用 50%的硝酸溶液溶解，并用水定容到 1000ml 容量瓶中。此溶液需放聚乙烯瓶内，4℃冰箱保存。

可以直接购买铁元素和锌元素的有证国家标准物质作为标准溶液。

(5) 标准应用液的配制：吸取上述标准溶液各 10ml，分别移入 100ml 容量瓶中，然后以稀释用溶液定容至 100ml（铁和锌分别用 0.5mol/L 硝酸溶液和 1%盐酸稀释定容）。此溶液需放聚乙烯瓶内，4℃冰箱保存。

## 【操作步骤】

**1. 样品制备**　每种样品采集的总重量不得少于 1.5kg，样品需打碎混匀后再称重。鲜样（如：蔬菜、水果、鲜鱼等）应先用水冲洗干净后，再用去离子水充分冲洗干净，晾干后打碎称重。所有样品应放在塑料瓶或玻璃瓶中 4℃或室温保存。

**2. 样品消化**　准确称取样品干样（0.3～0.7g 左右），湿样（1.0g 左右），饮料等其他液体样品（1.0～2.0g 左右），然后将其放入 50ml 消化管中，加混合酸消化液 15ml 左右，过夜。次日，将消化管放入消化炉中，消化开始时可将温度调低（约 130℃），然后逐步将温度调高（最终调至 200℃左右）进行消化，一直消化到样品冒白烟并使之变成无色或黄绿色为止。若样品未消化好可再加几毫升混酸，直到消化完全。消化完后，待凉，再加 5ml 去离子水，继续加热，直到消化管中的液体约剩 2ml 左右，取下，放凉，然后转移至 10ml 试管中，再用去离子水冲洗消化管 2～3 次，并最终定容至 10ml。

样品进行消化时，应同时进行空白对照溶液消化。

**3. 测定**　按表 3-4 中给出的体积分别准确吸取铁元素和锌元素的标准储备液于 100ml 容量瓶中，分别用 0.5mol/L 硝酸溶液和 1%盐酸溶液配制成定容至刻度，此为铁和锌不同浓度系列的标准稀释液，其质量浓度详见表 3-4。其溶液可放置 4℃冰箱保存。

**表 3-4　铁和锌不同浓度系列标准稀释液的配制**

| 元素 | 标准液浓度(μg/ml) | 吸取量(ml) | 定容后体积(ml) | 标准系列浓度(μg/ml) | 稀释用溶液 |
|---|---|---|---|---|---|
| Fe | 100 | 0.5 | 100 | 0.5 | 0.5mol/L 硝酸溶液 |
| | | 2.0 | | 2.0 | |
| | | 4.0 | | 4.0 | |
| Zn | 100 | 0.2 | 100 | 0.2 | 1% 盐酸溶液 |
| | | 0.4 | | 0.4 | |
| | | 1.0 | | 1.0 | |

**4. 实验条件**　测定铁元素和锌元素的波长分别为 248.3nm 和 213.9nm，仪器狭缝分别为 0.2nm 和 1.0nm，灯位置、灯电流等均按仪器使用说明调制至最佳状态，然后点火准备测定。首先测定铁和锌标准系列溶液吸光度，然后逐一测定空白液及消化后样品吸光度。

## 【结果计算】

根据仪器测定出的吸光度值，代入下列公式进行计算。

$$X=\frac{(c-c_0)\times V\times F\times 100}{m\times 1000}$$

式中，$X$：样品中铁元素或锌元素的含量(mg/100g)；$c$：测定用样品液中铁元素或锌元素的浓度(mg/ml)；$c_0$：试剂空白液中铁元素或锌元素的浓度(mg/ml)；$V$：样品定容后体积(ml)；$F$：稀释倍数；$m$：所测定样品质量(固体重量为 g，液体为 ml)。

铁元素和锌元素的最低检出限分别为 0.2μg/ml 和 0.4μg/ml。

**【注意事项】**

样品处理要防止污染，所用器皿均应使用塑料或玻璃制品，试管及器皿均应在用前泡酸，并用去离子水冲洗干净，干燥后使用。样品消化时注意酸不要烧干，以免发生危险。

(楚心唯)

# 第十节　食品中总黄酮的测定

黄酮类化合物是广泛存在于植物界的一大类多酚化合物，多以苷类形式存在。其分析方法有高效液相色谱法(high performance liquid chromatography，HPLC)、分光光度法等。分光光度法操作简便、快速、易行，所需费用不高；但易受杂质干扰，稳定性稍差。HPLC 法相对干扰少，重现性好，测定结果更为准确可靠；但其操作较为烦琐，费用较高。故对于黄酮类化合物的相互分离及单一成分的定量分析，常采用高效液相色谱法，而对于总黄酮含量测定，则主要采用分光光度法。通过本方法的学习，掌握食物中总黄酮的测定方法。

## 一、分光光度法

**【实验原理】**

黄酮类化合物是具有苯并吡喃环结构的一类天然化合物的总称，一般具有 4 位羰基。黄酮类化合物的 3-羟基、4-羟基或 5-羟基、4-羰基或邻二位酚羟基，与铝盐进行络合反应，在碱性条件下生成红色的络合物，于 510nm 波长下测定其吸光度，与芦丁标准品比较，测定待测物中总黄酮的含量。

**【仪器与试剂】**

**1. 仪器**　722 分光光度计、索氏提取器、真空泵、盐基交换管、恒温水浴锅、分液漏斗。

**2. 试剂**　芦丁标准品、亚硝酸钠(分析纯)、硝酸铝(分析纯)、氢氧化钠(分析纯)、氯仿、无水乙醇、甲醇(分析纯)、8.5%香草醛溶液(5g 香草醛，加冰乙酸溶解定容至 100ml)、聚酰胺树脂、去离子水。

**【操作步骤】**

**1. 样品处理**

(1) 固体样品：称取 1～2g 干燥的固体样品，用滤纸包紧，置于索氏提取器中，加入 50～100ml 70%乙醇溶液浸润后，在 80℃水浴下回流 3 小时，至提取液无色为止。粗提液冷却后，减压抽滤，并用少量 25%乙醇溶液洗涤滤渣，合并滤液。在 50℃下减压蒸馏，除去其中的乙醇，直至索氏提取器内溶液呈无醇味。倒出容器内溶液，用 30ml 热水分 3 次洗涤，抽滤后，将滤液倒入分液漏斗中，以 75ml 氯仿分 3 次萃取脱脂，待完全分层后，收集各次下层水溶液并定容至 50ml。

称取 1～2g 经预处理的聚酰胺树脂粉末，湿法装柱，用水饱和。吸取上述脱脂后的水溶液 1～2ml，沿层析柱漫漫滴入柱内，放置一定时间，待测液被充分吸附后，用 70%乙醇溶液或甲醇洗脱，流速为 1.0ml/min，至流出液基本无色，一般收集 10ml 即可。上述洗出液用洗脱剂定容后即可用于测定。

(2) 液体样品：准确吸取 1.0ml 样品，定容至 50ml 后，直接以 75ml 氯仿分 3 次萃取脱脂，其余步骤同上。

**2. 标准曲线的绘制** 准确吸取芦丁标准溶液 0、0.50、1.00、2.00、3.00、4.00ml(相当于芦丁 0、75、150、300、450、600μg)，移入 10ml 刻度比色管中，加入 30%乙醇溶液至 5ml，各加 5%亚硝酸钠溶液 0.3ml，振摇后放置 5 分钟，加入 10%硝酸铝溶液 0.3ml 摇匀后放置 6 分钟，加 1.0mol/L 氢氧化钠溶液 2ml，用 30%乙醇定容至刻度。摇匀，放置 15 分钟，于 510nm 波长处测定吸光度，以零管为空白，以芦丁含量(μg)为横坐标，以吸光度为纵坐标绘制标准曲线，计算相关系数($r$)。

**3. 样品测定** 根据样品中总黄酮含量高低，取适宜体积待测液，按标准曲线制备操作步骤于 510nm 处进行吸光度的测定(样液如有沉淀，应过滤后测定)。

**【结果计算】**

根据标准工作曲线，求出相当于样品吸光度的芦丁含量，按下式求出总黄酮含量：

$$X=\frac{m_1\times V_2}{m\times V_1\times 10^6}\times 100$$

式中，$X$：样品中总黄酮含量，(g/100g 或 g/100ml)；$m_1$：根据标准曲线计算出待测液中黄酮的量(μg)；$m$：样品质量或样品体积(g 或 ml)；$V_1$：样品提取液定用体积(ml)；$V_2$：样品提取液总体积(ml)。

**【注意事项】**

随着显色时间的延长，吸光度将略有下降，因此应尽快进行测定。

## 二、高效液相色谱法

**【实验原理】**

植物类样品用石油醚脱脂后，经甲醇加热回流提取，以高效液相色谱法分离，在紫外检测器 360nm 条件下，以保留时间定性、峰面积定量。

**【仪器与试剂】**

**1. 仪器** 高效液相色谱仪、紫外检测器、层析柱、超声波清洗仪、索氏提取器、微孔过滤器(滤膜 0.45μm)。

**2. 试剂** 甲醇(色谱纯)，石油醚、盐酸、磷酸(分析纯)，去离子水，芦丁标准品。

注：芦丁标准溶液：精确称取经 105℃干燥恒重的芦丁标准品 15.0mg，加甲醇溶解并定容至 100ml，配成 150μg/ml 的芦丁标准溶液。

**【操作步骤】**

**1. 样品处理**

(1) 固体样品：称取 2.0g 干燥的固体样品，研细，置于索氏提取器中，用石油醚(60～90℃)提取脂肪等脂溶性成分，弃去石油醚提取液，剩余物挥去石油醚，加入甲醇 50ml 和 25%HCl 5ml，80℃水浴回流水解 1 小时，取出后快速冷却至室温，转移至 50ml 容量瓶中，甲醇定容，经 0.45μm 滤膜过滤，供分析用。

(2) 液体样品：准确吸取样品 2.0ml，直接以石油醚萃取脱脂，挥去石油醚后，以甲醇溶解并定容，经微孔滤膜(0.45μm)滤过后供测定用。

**2. 色谱分离条件**

(1) 色谱柱：CLC-ODS，6mm×150mm，5μm。

(2) 流动相：0.3%磷酸水溶液：甲醇($V:V$)=40：80，临用前用超声波脱气。

(3) 流速：1ml/min。

(4) 柱温：40℃。

(5) 检测波长：360nm。

(6) 灵敏度：0.02 AUFS。

(7) 进样量：20μl。

**3. 样品测定** 准确吸取样品处理液和标准液各 10μl，注入高液相色谱仪进行分离，以其标准溶液峰的保留时间定性，以其峰面积计算出样品中总黄酮的含量。

## 【结果计算】

$$X=\frac{S_1\times c\times V}{S_2\times m}$$

式中，$X$：样品中总黄酮含量(μg/g 或 μg/ml)；$S_1$：标准溶液浓度(μg/ml)；$S_2$：标准溶液峰面积；$V$：样品提取液总体积(ml)；$m$：样品质量或样品体积(g 或 ml)。

## 【注意事项】

样品水解后随放置时间延长，总黄酮含量可能会变化，故样品水解后应尽快测定。

(邓 红)

# 第十一节 茶叶中茶多酚的测定

## 【实验目的】

通过本实验的学习，掌握茶叶中茶多酚的测定方法。

了解茶多酚的测定原理和步骤，加深对植物化学物基本性质的理解和掌握。

## 【实验原理】

茶多酚是茶叶中多酚类物质的总称，包括黄烷醇类、花色苷类、黄酮类、黄酮醇类和酚酸类等，其中以黄烷醇类物质(儿茶素)最为重要。

茶叶中多酚类物质能与亚铁离子形成紫蓝色络合物，采用酒石酸亚铁比色法测定茶叶中茶多酚的含量，是常用的茶多酚测定方法，也是国标采用的测定方法。

## 【仪器与试剂】

**1. 主要仪器** 分析天平、分光光度仪。

**2. 试剂和溶液** 所用试剂应为分析纯(AR)，水为蒸馏水。

(1) 酒石酸亚铁溶液：称取 1g(准确至 0.0001g)硫酸亚铁(GB 664-77)和 5g(准确至 0.0001g)酒石酸钾钠(GB 1288-81)，用水溶解定容至 1L(溶液避光、低温保存，有效期 1 个月)。

(2) pH7.5 磷酸盐缓冲液

1) 1/15mol/L 磷酸氢钠：称取 23.377g 磷酸氢二钠(GB 1263-77)，加水溶解后定容至 1L。

2) 1/15mol/L 磷酸二氢钾：称取 9.078g 磷酸二氢钾(GB 1274-77)，加水溶解后定容至 1L。取上述 1/15mol/L 的磷酸氢二钾溶液 85ml 和 1/15m 的磷酸二氢钾溶液 15ml 混合均匀。

## 【操作步骤】

**1. 取样** 按 GB 8302-87《茶取样》的规定取样。按规定的统一方法和步骤抽取能充分代表整批茶叶品质的原始样品，经混匀后用分样器或四分法逐步缩分至 500～1000g 作为平均样品，分装于两个茶样罐中，供检验用。检验用的试验样品应有所需的备份，以供复验或备查之用。

**2. 试样的制备** 按 GB 8303-87《茶磨碎试样的制备及其干物质含量测定》的规定，制备试样。

(1) 紧压茶以外的各类茶：先用磨碎机将少量试样磨碎，弃去，再磨碎其余部分，作为待测试样。要求磨碎样品能完全通过孔径为 600～1000μm 的筛。

(2) 紧压茶：用锤子和凿子将紧压茶分成 4～8 份，再在每份不同处取样，用锤子击碎、混匀，按 1(1)规定制备试样。

磨碎试样通过 103℃恒重法(仲裁法)或 120℃烘干法(快速法)测定试样干物质含量。

**3. 测定步骤**

(1) 试液制备：按 GB 8305-87《茶水浸出物测定》中规定，制备试液。称取 3g(准确至 0.001g)磨碎试样于 500ml 锥形瓶中，加沸蒸馏水 450ml，立即移入沸水浴中，浸提 45 分钟(每隔 10 分钟摇动一次)。浸提完毕后立即趁热减压过滤。滤液移入 500ml 容量瓶中，残渣用少量热蒸馏水洗涤 2～3 次，将滤液滤入上述容量瓶中，冷却后用蒸馏水稀释至刻度。

(2) 测定：准确吸取上述 3(1)试液 1ml，注入 25ml 的容量瓶中，加水 4ml 和酒石酸亚铁溶液 5ml，充分混合，再加 pH 7.5 的磷酸盐缓冲液至刻度，用 10mm 比色杯，在波长 540nm 处，以试剂空白溶液作参比，测定吸光度(A)。

## 【结果计算及报告】

**1. 计算方法和公式** 茶叶中茶多酚的含量，以干态质量百分率表示，按下式计算：

$$X=\frac{A\times 1.957\times 2}{100}\times\frac{L_1}{L_2\times M\times m}\times 100$$

式中，$X$：茶多酚(%)；$L_1$：试液的总量(ml)；$L_2$：测定时的用液量(ml)；$M$：试样的质量(g)；$M$：试样干物质含量百分率(%)；$A$：试样的吸光度。

注：1.957——用 10mm 比色杯，当吸光度等于 0.50 时，每毫升茶汤中含茶多酚相当于 1.957mg。如果符合重复性的要求，则取两次测定的算术平均值作为结果。

**2. 结果报告** 试验报告应包括下列内容：①使用的方法；②测定的结果(取小数点后一位)；③本标准中未规定的或另加的操作；④试样的名称和产地；⑤试验日期，操作人员。

(邓 红)

# 第四章　食品卫生质量检验

## 第一节　乳品的卫生质量检验

2010年3月26日，经第一届食品安全国家标准审评委员会审查通过，卫生部颁布了修订后的《生乳》等66项乳品安全国家标准，包括乳品产品标准15项，生产规范2项，检验方法标准49项。修订后的新标准提高了乳品安全国家标准的科学性，形成了统一的乳品安全国家标准体系。基本解决了此前乳品标准中矛盾、重复、交叉和指标设置不科学等问题。该体系乳品安全国家标准将乳品分为生乳、巴氏杀菌乳、灭菌乳、调制乳和发酵乳等10类。

生乳（raw milk）是指从符合国家有关要求的健康奶畜乳房中挤出的无任何成分改变的常乳。产犊后七天内的初乳、应用抗生素期间和休药期间的乳汁、变质乳不应用作生乳。

巴氏杀菌乳（pasteurized milk）则指仅以生牛（羊）乳为原料，经巴氏杀菌等工序制得的液体产品。

灭菌乳又分为超高温灭菌乳和保持灭菌乳。超高温灭菌乳（ultra high-temperature milk）是以生牛（羊）乳为原料，添加或不添加复原乳，在连续流动的状态下，加热到至少132℃并保持很短时间的灭菌，再经无菌灌装等工序制成的液体产品。保持灭菌乳（retort sterilized milk）是以生牛（羊）乳为原料，添加或不添加复原乳，无论是否经过预热处理，在灌装并密封之后经灭菌等工序制成的液体产品。

调制乳（modified milk）是以不低于80%的生牛（羊）乳或复原乳为主要原料，添加其他原料或食品添加剂或营养强化剂，采用适当的杀菌或灭菌等工艺制成的液体产品。

发酵乳（fermented milk）是以生牛（羊）乳或乳粉为原料，经杀菌、发酵后制成的pH降低的产品。

**【实验目的】**

了解乳品安全国家标准项目。

掌握某些特殊意义的乳品卫生检验项目、方法、内容及卫生标准。

**【检验项目与方法】**

**1. 乳品的感官检查**

(1) 感官要求

1) 生乳、巴氏杀菌乳、灭菌乳的感官要求。

A. 色泽：呈乳白色或微黄色。

B. 滋味、气味：具有乳固有的香味，无异味。

C. 组织状态：呈均匀一致液体，无凝块、无沉淀、无正常视力可见异物。

2) 调制乳的感官要求。

A. 色泽：呈调制乳应有的色泽。

B. 滋味、气味：具有调制乳应有的香味，无异味。

C. 组织状态：呈均匀一致液体，无凝块、可有与配方相符的辅料的沉淀物、无正常视力可见异物。

3）发酵乳的感官要求：发酵乳分为一般发酵乳和风味发酵乳。其感官要求各不相同。

A. 色泽：发酵乳色泽均匀一致，呈乳白色或微黄色。风味发酵乳则具有与添加成分相符的色泽。

B. 滋味、气味：发酵乳具有发酵乳特有的滋味、气味。风味发酵乳具有与添加成分相符的滋味和气味。

C. 组织状态：组织细腻、均匀，允许有少量乳清析出；风味发酵乳具有添加成分特有的组织状态。

（2）检验方法：取适量试样置于 50ml 烧杯中，在自然光下观察色泽和组织状态。闻其气味，用温开水漱口，品尝其滋味。

**2. 乳品相对密度的测定**　本方法适用于生乳相对密度的测定。

（1）实验原理：使用密度计检测试样，根据读数经查表可得相对密度的结果。

（2）仪器与器材

1）密度计：20℃/4℃。

2）玻璃圆筒或 200～250ml 量筒：圆筒高度应大于密度计的长度，其直径大小应使在沉入密度计时其周边和圆筒内壁的距离不小于 5mm。

（3）操作步骤

1）取混匀并调节温度为 10～25℃的试样，小心倒入玻璃圆筒内，勿使其产生泡沫并测量试样温度。

2）将密度计放入试样中到刻度 30°处，然后让其自然浮动，但不能与筒内壁接触。

3）静置 2～3 分钟，眼睛平视生乳液面的高度，读取数值。

4）根据试样的温度和密度计读数查表 4-1 换算成 20℃时的度数。

**表 4-1　密度计读数变为温度 20℃时的度数换算表**

| 密度计读数 | 生乳温度(℃) | | | | | | | | | | | | | | | |
|---|---|---|---|---|---|---|---|---|---|---|---|---|---|---|---|---|
| | 10 | 11 | 12 | 13 | 14 | 15 | 16 | 17 | 18 | 19 | 20 | 21 | 22 | 23 | 24 | 25 |
| 25 | 23.3 | 23.5 | 23.6 | 23.7 | 23.9 | 24.0 | 24.2 | 24.4 | 24.6 | 24.8 | 25.0 | 25.2 | 25.4 | 25.5 | 25.8 | 26.0 |
| 26 | 24.2 | 24.4 | 24.5 | 24.7 | 24.9 | 25.0 | 25.2 | 25.4 | 25.6 | 25.8 | 26.0 | 26.2 | 26.4 | 26.6 | 26.8 | 27.0 |
| 27 | 25.1 | 25.3 | 25.4 | 25.6 | 25.7 | 25.9 | 26.1 | 26.3 | 26.5 | 26.8 | 27.0 | 27.2 | 27.5 | 27.7 | 27.9 | 28.1 |
| 28 | 26.0 | 26.1 | 26.3 | 26.5 | 26.6 | 26.8 | 27.0 | 27.3 | 27.5 | 27.6 | 28.0 | 28.2 | 28.5 | 28.7 | 29.0 | 29.2 |
| 29 | 26.9 | 27.1 | 27.3 | 27.5 | 27.6 | 27.8 | 28.0 | 28.3 | 28.5 | 28.8 | 29.0 | 29.2 | 29.5 | 29.7 | 30.0 | 30.2 |
| 30 | 27.9 | 28.1 | 28.3 | 28.5 | 28.6 | 28.8 | 29.0 | 29.3 | 29.5 | 29.8 | 30.0 | 30.2 | 30.5 | 30.7 | 31.0 | 31.2 |
| 31 | 28.8 | 29.0 | 29.2 | 29.4 | 29.6 | 29.8 | 30.0 | 30.3 | 30.5 | 30.8 | 31.0 | 31.2 | 31.5 | 31.7 | 32.0 | 32.2 |
| 32 | 29.8 | 30.0 | 30.2 | 30.4 | 30.6 | 30.7 | 31.0 | 31.2 | 31.5 | 31.8 | 32.0 | 32.2 | 32.5 | 32.8 | 33.0 | 33.3 |
| 33 | 30.8 | 31.8 | 31.1 | 31.3 | 31.5 | 31.7 | 32.0 | 32.2 | 32.5 | 32.8 | 33.0 | 33.3 | 33.5 | 33.8 | 34.1 | 34.3 |
| 34 | 31.7 | 32.9 | 32.1 | 32.3 | 32.5 | 32.7 | 33.0 | 33.2 | 33.5 | 33.8 | 34.0 | 34.3 | 34.4 | 34.8 | 35.1 | 35.3 |
| 35 | 32.6 | 32.8 | 33.1 | 33.3 | 33.5 | 33.7 | 34.0 | 34.2 | 34.5 | 34.7 | 35.0 | 35.3 | 35.5 | 35.8 | 36.1 | 36.3 |
| 36 | 33.5 | 33.8 | 34.0 | 34.3 | 34.5 | 34.7 | 34.9 | 35.2 | 36.6 | 35.7 | 36.0 | 36.2 | 36.5 | 36.7 | 37.0 | 37.2 |

（4）结果计算：相对密度与密度计刻度关系式见下式：

$$\rho_4^{20}=\frac{X}{1000}+1.000$$

式中，$\rho_4^{20}$：样品的相对密度；$X$：密度计读数。

当用 20℃/4℃密度计，温度在 20℃时，将读数代入上式相对密度即可直接计算；不在 20℃时，要查表 4-1 换算成 20℃时度数，然后再代入上式计算。

(5) 注意事项

1) 乳品试样温度一定要调节为 10～25℃，否则不能查用表 4-1。

2) 鲜奶相对密度一般在 1.028～1.034，掺水后比重降低；脱脂或加入无脂干物质(如淀粉)后可使相对密度升高。若牛奶既脱脂又加水，则相对密度可能无变化，这就是牛奶的“双掺假”。故单纯根据其相对密度并不能全面、准确判定其卫生质量。

**3. 乳品中酸度测定** 本法适用于巴氏杀菌乳、灭菌乳、生乳、发酵乳中酸度测定。

(1) 实验原理：以酚酞为指示液，用 0.1000mol/L 氢氧化钠标准溶液滴定 100g 试样至终点所消耗的氢氧化钠溶液体积，经计算确定试样的酸度。

(2) 试剂和仪器

1) 试剂和材料：除非另有规定，本方法所用试剂均为分析纯或以上规格，水为 GB/T 6682 规定的三级水。

A. 氢氧化钠标准溶液：0.1000mol/L。

B. 酚酞指示液：称取 0.5g 酚酞溶于 75ml 体积分数为 95%的乙醇溶液中，并加入 20ml 水，然后滴加氢氧化钠标准溶液至微粉色，再加入水定容至 100ml。

2) 仪器和设备

A. 天平：感量为 1mg。

B. 电位滴定仪及水浴锅。

C. 滴定管：分刻度为 0.1ml。

(3) 操作步骤：称取 10g(精确到 0.001g)已混匀的试样，置于 150ml 锥形瓶中，加 20ml 新煮沸冷却至室温的水，混匀，用氢氧化钠标准溶液电位滴定至 pH 8.3 为终点；或于溶解混匀后的试样中加入 2.0ml 酚酞指示液，混匀后用氢氧化钠标准溶液滴定至微红色，并在 30 秒钟内不褪色，记录消耗的氢氧化钠标准滴定溶液毫升数，代入下列公式中进行计算。

(4) 结果计算：试样中的酸度数值以(°T)表示，按下式计算：

$$X=\frac{c\times V\times 100}{m\times 0.1}$$

式中，$X$：试样的酸度(°T)；$c$：氢氧化钠标准溶液的摩尔浓度(mol/L)；$V$：滴定时消耗氢氧化钠标准溶液体积(ml)；$m$：试样的质量(g)；0.1：酸度理论定义氢氧化钠的摩尔浓度(mol/L)。

(5) 注意事项

1) 滴定终点判定标准颜色的制备方法：取滴定酸度的同批和同样数量的样品如牛奶 10ml，置于 250ml 锥形瓶中，加入 20ml 经煮沸冷凝后的蒸馏水，再加入 3 滴 0.005%碱性品红溶液，摇匀后作为该样品滴定酸度终点判定的标准颜色。

2) 在重复性条件下获得的两次独立测定结果的算术平均值表示，结果保留三位有效数字。

**4. 乳品中脂肪的测定** 本方法适用于巴氏杀菌乳、灭菌乳、生乳中脂肪的测定。

(1) 实验原理：在乳中加入硫酸破坏乳胶质性和覆盖在脂肪球上的蛋白质外膜，离心分离脂肪后测量其体积。

(2) 试剂和仪器

1) 试剂

A. 硫酸($H_2SO_4$)：分析纯，$\rho_{20}$约 1.84g/L。

B. 异戊醇($C_5H_{12}O$)：分析纯。

2) 仪器和设备

A. 乳脂离心机及 10.75ml 单标乳吸管。

B. 盖勃乳脂计：最小刻度值为 0.1%，见图 4-1。

(3) 操作步骤

1) 于盖勃乳脂计中先加入 10ml 硫酸，再沿着管壁小心准确加入 10.75ml 样品，使样品与硫酸不要混合，然后加 1ml 异戊醇，塞上橡皮塞，使瓶口向下，同时用布包裹以防冲出，用力振摇使呈均匀棕色液体。

2) 静置数分钟(瓶口向下)，置 65～70℃水浴中 5 分钟，取出后置于乳脂离心机中以 1100r/min 的转速离心 5 分钟，再置于 65～70℃水浴保温 5 分钟(注意水浴水面应高于乳脂计脂肪层)。

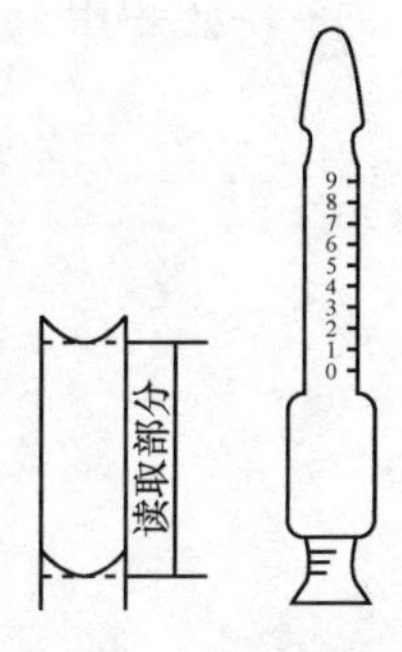

图 4-1　盖勃乳脂计

3) 取出，立即读数，即为脂肪的百分数。

(4) 注意事项

1) 在重复性条件下获得的两次独立测定结果的绝对差值不得超过算术平均值的 5%。

2) 硫酸比重必须在 1.820～1.825 之间，比重过高可使乳中有机物炭化影响读数，比重过低则不能使酪蛋白完全溶解，使乳脂含量降低或使脂肪层混浊。

3) 加试剂时应严格操作顺序，即先加硫酸，后加乳，最后加异戊醇。如果先加乳，后加硫酸，因硫酸比重大，很快下沉，与乳相混立即产生高热不易塞紧橡皮塞。试剂不得沾污瓶口，否则不易塞紧橡皮塞而使液体溢出导致测定失败。

4) 脂肪读数应在 65～70℃下进行，读数后迅速倒掉乳脂计内容物，否则脂肪凝固难以清洗。

**5. 鲜乳中抗生素残留检验**(嗜热链球菌抑制法)

(1) 实验原理：样品经过 80℃杀菌后，添加嗜热链球菌菌液。培养一段时间后，嗜热链球菌开始增殖。这时候加入代谢底物 2,3,5-氯化三苯四氮唑(TTC)，若该样品中不含有抗生素或抗生素的浓度低于检测限，嗜热链球菌将继续增殖，还原 TTC 成为红色物质。相反，如果样品中含有高于检测限的抑菌剂，则嗜热链球菌受到抑制，因此指示剂 TTC 不还原，保持原色。

(2) 试剂和仪器

1) 设备和材料：除微生物实验室常规灭菌及培养设备外，其他设备和材料如下：

A. 冰箱：2～5℃、−20～−5℃。

B. 恒温培养箱：(36±1)℃。

C. 带盖恒温水浴锅：(36±1)℃、(80±2)℃。

D. 天平：感量 0.1、0.001g。

E. 无菌吸管：1ml(具 0.01ml 刻度)，10.0ml(具 0.1ml 刻度)或微量移液器及吸头。

F. 无菌试管：18mm×180mm。

G. 温度计：0～100℃。

H. 旋涡混匀器。

2）菌种、培养基和试剂

A. 菌种：嗜热链球菌。

B. 灭菌脱脂乳：见“(7)附录：培养基和试剂”。

C. 4% 2,3,5-氯化三苯四氮唑(TTC)水溶液：见“(7)附录：培养基和试剂”。

D. 青霉素 G 参照溶液：见“(7)附录：培养基和试剂”。

(3) 检验程序：鲜乳中抗生素残留检验程序见图 4-2。

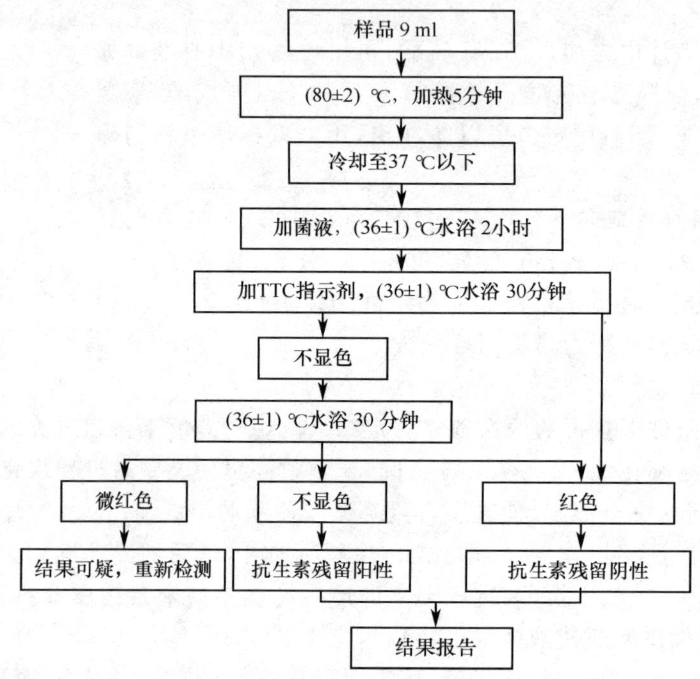


图 4-2 鲜乳中抗生素残留检验流程图

(4) 操作步骤

1）活化菌种：取一接种环嗜热链球菌菌种，接种在 9ml 灭菌脱脂乳中，置(36±1)℃恒温培养箱中培养 12～15 小时后，置 2～5℃冰箱保存备用。每 15 天转种一次。

2）测试菌液：将经过活化的嗜热链球菌菌种接种灭菌脱脂乳，(36±1)℃培养(15±1)小时，加入相同体积的灭菌脱脂乳混匀稀释成为测试菌液。

3）培养：取样品 9ml，置 18mm×180mm 试管内，每份样品另外做一份平行样。同时再做阴性和阳性对照各一份，阳性对照管用 9ml 青霉素 G 参照溶液，阴性对照管用 9ml 灭菌脱脂乳。所有试管置(80±2)℃水浴加热 5 分钟，冷却至 37℃以下，加入测试菌液 1ml，轻轻旋转试管混匀。(36±1)℃水浴培养 2 小时，加 4% TTC 水溶液 0.3ml，在旋涡混匀器上混合 15 秒钟或振动试管混匀。(36±1)℃水浴避光培养 30 分钟，观察颜色变化。如果颜色没有变化，于水浴中继续避光培养 30 分钟作最终观察。观察时要迅速，避免光照过久出现干扰。

4）判断方法：在白色背景前观察，试管中样品呈乳的原色时，指示乳中有抗生素存在，为阳性结果。试管中样品呈红色为阴性结果。如最终观察现象仍为可疑，建议重新检测。

(5) 结果报告：最终观察时，样品变为红色，报告为抗生素残留阴性。样品依然呈乳的原色，报告为抗生素残留阳性。

本方法检测几种常见抗生素的最低检出限为：青霉素 0.004IU，链霉素 0.5IU，庆大霉素 0.4IU，卡那霉素 5IU。

(6) 注意事项

1) 试验前须将使用的玻璃器皿彻底清洗，并进行干热灭菌。

2) 观察结果要迅速，避免光照过久发生干扰。

3) 为保持实验的灵敏度，所用嗜热乳酸链球菌应为特殊的专用菌株。

(7) 附录：培养基和试剂

1) 灭菌脱脂乳

A. 成分：无抗生素的脱脂乳。

B. 制法：经 115℃灭菌 20 分钟，也可采用无抗生素的脱脂牛乳粉，以蒸馏水 10 倍稀释，加热至完全溶解，115℃灭菌 20 分钟。

2) 4% 2,3,5-氯化三苯四氮唑(ITC)水溶液

A. 成分

| | |
|---|---|
| 2,3,5-氯化三苯四氮唑(TTC) | 1g |
| 灭菌蒸馏水 | 5ml |

B. 制法：称取 TTC，溶于灭菌蒸馏水中，装褐色瓶内于 2～5℃保存。如果溶液变为半透明的白色或淡褐色，则不能再用。临用时用灭菌蒸馏水 5 倍稀释，成为 4%水溶液。

3) 青霉素 G 参照溶液

A. 成分

| | |
|---|---|
| 青霉素 G 钾盐 | 30.0mg |
| 无菌磷酸盐缓冲液 | 适量 |
| 无抗生素的脱脂乳 | 适量 |

B. 制法：精密称取青霉素 G 钾盐标准品，溶于无菌磷酸盐缓冲液中，使其浓度为 100～1 000IU/ml。再将该溶液用灭菌的无抗生素的脱脂乳稀释至 0.006IU/ml，分装于无菌小试管中，密封备用。－20℃保存不超过 6 个月。

(卢晓翠)

## 第二节 酒的卫生质量检验

酒的卫生质量检验包括感官检查和理化检验。理化检验包含酒中乙醇含量及酒中有毒有害物质如甲醇、甲醛和氰化物等的检验。

甲醇是一种无色透明液体，能无限地溶于酒精与水中，对人体有害，主要是麻痹神经。用含有果胶质、粮食壳的原料酿造的酒类，大多数含有甲醇，其含量往往会超过国家规定的标准。国家标准规定粮谷类蒸馏酒中甲醇含量不得超过 0.6g/L。

甲醛是一种无色、具有刺激性且易溶于水的气体，为较高毒性物质，具有凝固蛋白质的作用，可引起人体过敏、肠道刺激反应等。啤酒中的甲醛主要来源于发酵过程中产生的甲

醛，其次是在生产过程中为加速絮状物的沉淀，使用甲醛作为食品加工助剂，加快啤酒澄清。国家标准规定啤酒中甲醛含量不得超过 2.0mg/L。

本节有关酒的卫生检验方法适用于以含糖或淀粉的物质为原料，经糖化发酵蒸馏而制得的白酒及以发酵酒或蒸馏酒作酒基，经添加可食用的辅料制成的配制酒中各项卫生指标的分析。

## 【实验目的】

了解酒类卫生指标要求。

掌握蒸馏酒和发酵酒及其配制酒的卫生标准分析方法。

熟悉国家有关蒸馏酒和发酵酒的卫生标准。

## 【检测项目与方法】

**1. 乙醇浓度的测定**(比重计法) 酒中乙醇浓度是指酒中含乙醇的体积百分比，多以酒的度数或酒的体积分数表示，通常是以 20℃时的体积比表示的，如 50 度的酒，表示在 100ml 的酒中，含有乙醇 50ml(20℃)，其乙醇浓度为：50%(*V*/*V*)。

(1) 实验原理：用精密酒精比重计读取酒精体积分数示值，查表进行温度校正，求得在 20℃时乙醇含量的体积分数，即为酒中乙醇的浓度。

(2) 仪器：酒精比重计。

(3) 操作步骤

1) 吸取 100ml 样品于 250ml 或 500ml 全玻璃蒸馏器中，加 50ml 水，再加入玻璃珠数粒，蒸馏，用 100ml 容量瓶收集馏出液 100ml。

2) 将蒸馏后的样品倒入量筒中，将洗净擦干的酒精计缓缓沉入量筒中，静止后再轻轻按下少许，待其上升静止后，从水平位置观察其与液面相交处的刻度，为乙醇浓度；同时测定温度，按测定的温度与浓度，查表 4-2《酒精比重计温度浓度换算表》，换算成温度为 20℃时的乙醇浓度(%体积分数)。

**表 4-2 酒精比重计温度浓度换算表**

| 溶液温度 | 酒精计示值(%vol) | | | | | | | | | |
|---|---|---|---|---|---|---|---|---|---|---|
| | 21.0 | 22.0 | 23.0 | 24.0 | 25.0 | 26.0 | 27.0 | 28.0 | 29.0 | 30.0 |
| | 20℃时的标准酒度(%vol) | | | | | | | | | |
| 35.0 | 16.0 | 16.9 | 17.9 | 18.8 | 19.6 | 20.4 | 21.3 | 22.3 | 23.2 | 24.2 |
| 34.0 | 16.4 | 17.2 | 18.2 | 19.1 | 20.0 | 20.8 | 21.7 | 22.7 | 23.5 | 24.5 |
| 33.0 | 16.7 | 17.6 | 18.6 | 19.4 | 20.3 | 21.2 | 22.0 | 23.1 | 23.9 | 24.9 |
| 32.0 | 17.0 | 17.9 | 18.9 | 19.8 | 20.7 | 21.6 | 22.4 | 23.4 | 24.3 | 25.3 |
| 31.0 | 17.4 | 18.3 | 19.3 | 20.2 | 21.0 | 21.9 | 22.8 | 23.8 | 24.7 | 25.7 |
| 30.0 | 17.7 | 18.6 | 19.6 | 20.5 | 21.4 | 22.3 | 23.2 | 24.2 | 25.1 | 26.1 |
| 29.0 | 18.0 | 19.0 | 19.9 | 20.8 | 21.8 | 22.7 | 23.6 | 24.6 | 25.5 | 26.4 |
| 28.0 | 18.4 | 19.3 | 20.2 | 21.2 | 22.1 | 23.0 | 24.0 | 24.9 | 25.9 | 26.8 |
| 27.0 | 18.7 | 19.6 | 20.6 | 21.5 | 22.5 | 23.4 | 24.4 | 25.3 | 26.3 | 27.2 |
| 26.0 | 19.0 | 20.0 | 20.9 | 21.9 | 22.8 | 23.8 | 24.7 | 25.7 | 26.6 | 27.6 |
| 25.0 | 19.4 | 20.3 | 21.3 | 22.2 | 23.2 | 24.1 | 25.1 | 26.1 | 27.0 | 28.0 |

续表

| 溶液温度 | 酒精计示值(%vol) | | | | | | | | | |
|---|---|---|---|---|---|---|---|---|---|---|
| | 21.0 | 22.0 | 23.0 | 24.0 | 25.0 | 26.0 | 27.0 | 28.0 | 29.0 | 30.0 |
| | 20℃时的标准酒度(%vol) | | | | | | | | | |
| 24.0 | 19.7 | 20.7 | 21.6 | 22.6 | 23.5 | 24.5 | 25.5 | 26.4 | 27.4 | 28.4 |
| 23.0 | 20.0 | 21.0 | 22.0 | 22.9 | 23.9 | 24.9 | 25.8 | 26.8 | 27.8 | 28.8 |
| 22.0 | 20.4 | 21.3 | 22.3 | 23.3 | 24.3 | 25.3 | 26.2 | 27.2 | 28.2 | 29.2 |
| 21.0 | 20.7 | 21.7 | 22.6 | 23.6 | 24.6 | 25.6 | 26.6 | 27.6 | 28.6 | 29.6 |
| 20.0 | 21.0 | 22.0 | 23.0 | 24.0 | 25.0 | 26.0 | 27.0 | 28.0 | 29.0 | 30.0 |
| 19.0 | 21.3 | 22.3 | 23.3 | 24.4 | 25.4 | 26.4 | 27.4 | 28.4 | 29.4 | 30.4 |
| 18.0 | 21.6 | 22.6 | 23.7 | 24.7 | 25.7 | 26.7 | 27.8 | 28.8 | 29.8 | 30.8 |
| 17.0 | 22.0 | 23.0 | 24.0 | 25.1 | 26.1 | 27.1 | 28.1 | 29.2 | 30.2 | 31.2 |
| 16.0 | 22.3 | 23.3 | 24.4 | 25.4 | 26.5 | 27.5 | 28.5 | 29.6 | 30.6 | 31.6 |
| 15.0 | 22.6 | 23.7 | 24.7 | 25.8 | 26.8 | 27.9 | 28.9 | 30.0 | 31.0 | 32.0 |
| 14.0 | 23.0 | 24.0 | 25.1 | 26.2 | 27.2 | 28.3 | 29.3 | 30.4 | 31.4 | 32.4 |
| 13.0 | 23.3 | 24.4 | 25.4 | 26.5 | 27.6 | 28.7 | 29.7 | 30.8 | 31.8 | 32.8 |
| 12.0 | 23.6 | 24.7 | 25.8 | 26.9 | 28.0 | 29.1 | 30.2 | 31.2 | 32.2 | 33.3 |
| 11.0 | 23.9 | 25.0 | 26.2 | 27.3 | 28.4 | 29.5 | 30.6 | 31.6 | 32.7 | 33.7 |
| 10.0 | 24.3 | 25.4 | 26.6 | 27.7 | 28.8 | 29.9 | 31.0 | 32.0 | 33.1 | 34.1 |
| 9.0 | 24.6 | 25.8 | 26.9 | 28.1 | 29.2 | 30.3 | 31.4 | 32.5 | 33.5 | 34.5 |
| 8.0 | 24.9 | 26.1 | 27.3 | 28.5 | 29.6 | 30.7 | 31.8 | 32.9 | 33.9 | 35.0 |
| 7.0 | 25.3 | 26.5 | 27.7 | 28.9 | 30.0 | 31.1 | 32.2 | 33.3 | 34.4 | 35.4 |
| 6.0 | 25.6 | 26.9 | 28.1 | 29.3 | 30.4 | 31.6 | 32.7 | 33.7 | 34.8 | 35.8 |

| 溶液温度 | 酒精计示值(%vol) | | | | | | | | | |
|---|---|---|---|---|---|---|---|---|---|---|
| | 31.0 | 32.0 | 33.0 | 34.0 | 35.0 | 36.0 | 37.0 | 38.0 | 39.0 | 40.0 |
| | 20℃时的标准酒度(%vol) | | | | | | | | | |
| 35.0 | 25.0 | 26.0 | 26.8 | 27.8 | 28.8 | 30.0 | 31.0 | 32.0 | 33.0 | 34.0 |
| 34.0 | 25.4 | 26.4 | 27.3 | 28.3 | 29.3 | 30.4 | 31.4 | 32.4 | 33.4 | 34.4 |
| 33.0 | 25.8 | 26.8 | 27.7 | 28.8 | 29.7 | 30.8 | 31.8 | 32.8 | 33.8 | 34.8 |
| 32.0 | 26.2 | 27.2 | 28.1 | 29.1 | 30.1 | 31.2 | 32.2 | 33.2 | 34.2 | 35.2 |
| 31.0 | 26.6 | 27.6 | 28.5 | 29.5 | 30.5 | 31.6 | 32.6 | 33.6 | 34.6 | 35.6 |
| 30.0 | 27.0 | 28.0 | 28.9 | 29.9 | 30.9 | 32.0 | 33.0 | 34.0 | 35.0 | 36.0 |
| 29.0 | 27.4 | 28.4 | 29.4 | 30.3 | 31.3 | 32.3 | 33.4 | 34.4 | 35.4 | 36.4 |
| 28.0 | 27.8 | 28.8 | 29.7 | 30.7 | 31.7 | 32.8 | 33.8 | 34.8 | 35.8 | 36.8 |
| 27.0 | 28.2 | 29.2 | 30.2 | 31.2 | 32.2 | 33.2 | 34.2 | 35.2 | 36.2 | 37.2 |
| 26.0 | 28.6 | 29.6 | 30.6 | 31.6 | 32.6 | 33.6 | 34.6 | 35.6 | 36.6 | 37.6 |
| 25.0 | 29.0 | 30.0 | 31.0 | 32.0 | 33.0 | 34.0 | 35.0 | 36.0 | 37.0 | 38.0 |
| 24.0 | 29.4 | 30.4 | 31.4 | 32.4 | 33.4 | 34.4 | 35.4 | 36.4 | 37.4 | 38.4 |
| 23.0 | 29.8 | 30.8 | 31.8 | 32.8 | 33.8 | 34.8 | 35.8 | 36.8 | 37.8 | 38.8 |

续表

| 溶液温度 | 酒精计示值(%vol) | | | | | | | | | |
|---|---|---|---|---|---|---|---|---|---|---|
| | 31.0 | 32.0 | 33.0 | 34.0 | 35.0 | 36.0 | 37.0 | 38.0 | 39.0 | 40.0 |
| | 20℃时的标准酒度(%vol) | | | | | | | | | |
| 22.0 | 30.2 | 31.2 | 32.2 | 33.2 | 34.2 | 35.2 | 36.2 | 37.2 | 38.2 | 39.2 |
| 21.0 | 30.6 | 31.6 | 32.6 | 33.6 | 34.6 | 35.6 | 36.6 | 37.6 | 38.6 | 39.6 |
| 20.0 | 31.0 | 32.0 | 33.0 | 34.0 | 35.0 | 36.0 | 37.0 | 38.0 | 39.0 | 40.0 |
| 19.0 | 31.4 | 32.4 | 33.4 | 34.4 | 35.4 | 36.4 | 37.4 | 38.4 | 39.4 | 40.4 |
| 18.0 | 31.8 | 32.8 | 33.8 | 34.8 | 35.8 | 36.8 | 37.8 | 38.8 | 39.8 | 40.8 |
| 17.0 | 32.2 | 33.2 | 34.2 | 35.2 | 36.2 | 37.2 | 38.2 | 39.2 | 40.2 | 41.2 |
| 16.0 | 32.6 | 33.6 | 34.6 | 35.6 | 36.6 | 37.6 | 38.6 | 39.6 | 40.6 | 41.6 |
| 15.0 | 33.0 | 34.0 | 35.0 | 36.0 | 37.0 | 38.0 | 39.0 | 40.0 | 41.0 | 42.0 |
| 14.0 | 33.5 | 34.4 | 35.4 | 36.4 | 37.4 | 38.4 | 39.4 | 40.4 | 41.4 | 42.4 |
| 13.0 | 33.9 | 34.9 | 35.9 | 36.8 | 37.8 | 38.8 | 39.8 | 40.8 | 41.8 | 42.8 |
| 12.0 | 34.3 | 35.3 | 36.3 | 37.3 | 38.2 | 39.2 | 40.2 | 41.2 | 42.2 | 43.2 |
| 11.0 | 34.7 | 35.7 | 36.7 | 37.7 | 38.7 | 39.6 | 40.6 | 41.6 | 42.6 | 43.6 |
| 10.0 | 35.1 | 36.1 | 37.1 | 38.1 | 39.1 | 40.1 | 41.0 | 42.0 | 43.0 | 44.0 |
| 9.0 | 35.5 | 36.5 | 37.5 | 38.5 | 39.5 | 40.5 | 41.5 | 42.4 | 43.4 | 44.4 |
| 8.0 | 36.0 | 36.9 | 37.9 | 38.9 | 39.9 | 40.9 | 41.9 | 42.8 | 43.8 | 44.8 |
| 7.0 | 36.4 | 37.3 | 38.3 | 39.3 | 40.3 | 41.3 | 42.3 | 43.2 | 44.2 | 45.2 |
| 6.0 | 36.8 | 37.8 | 38.8 | 39.7 | 40.7 | 41.7 | 42.7 | 43.6 | 44.6 | 45.6 |

| 溶液温度 | 酒精计示值(%vol) | | | | | | | | | |
|---|---|---|---|---|---|---|---|---|---|---|
| | 41.0 | 42.0 | 43.0 | 44.0 | 45.0 | 46.0 | 47.0 | 48.0 | 49.0 | 50.0 |
| | 20℃时的标准酒度(%vol) | | | | | | | | | |
| 35.0 | 35.0 | 36.0 | 37.0 | 38.1 | 39.0 | 40.2 | 41.2 | 42.3 | 43.3 | 44.3 |
| 34.0 | 35.4 | 36.4 | 37.4 | 38.5 | 39.5 | 40.5 | 41.5 | 42.7 | 43.7 | 44.7 |
| 33.0 | 35.8 | 36.8 | 37.8 | 38.9 | 39.9 | 40.9 | 41.9 | 43.1 | 44.1 | 45.0 |
| 32.0 | 36.2 | 37.2 | 38.2 | 39.3 | 40.3 | 41.3 | 42.3 | 43.4 | 44.4 | 45.4 |
| 31.0 | 36.6 | 37.6 | 38.6 | 39.7 | 40.7 | 41.7 | 42.7 | 43.8 | 44.8 | 45.8 |
| 30.0 | 37.0 | 38.0 | 39.0 | 40.1 | 41.1 | 42.1 | 43.1 | 44.2 | 45.2 | 46.2 |
| 29.0 | 37.4 | 38.4 | 39.4 | 40.4 | 41.5 | 42.5 | 43.5 | 44.5 | 45.6 | 46.6 |
| 28.0 | 37.8 | 38.8 | 39.8 | 40.8 | 41.9 | 42.9 | 43.9 | 44.9 | 45.9 | 47.0 |
| 27.0 | 38.2 | 39.2 | 40.2 | 41.2 | 42.3 | 43.3 | 44.3 | 45.3 | 46.3 | 47.3 |
| 26.0 | 38.6 | 39.6 | 40.6 | 41.6 | 42.7 | 43.7 | 44.7 | 45.7 | 46.7 | 47.7 |
| 25.0 | 39.0 | 40.0 | 41.0 | 42.0 | 43.0 | 44.1 | 45.1 | 46.1 | 47.1 | 48.1 |
| 24.0 | 39.4 | 40.4 | 41.4 | 42.4 | 43.4 | 44.4 | 45.4 | 46.4 | 47.5 | 48.5 |
| 23.0 | 39.8 | 40.8 | 41.8 | 42.8 | 43.8 | 44.8 | 45.8 | 46.8 | 47.8 | 48.9 |
| 22.0 | 40.2 | 41.2 | 42.2 | 43.2 | 44.2 | 45.2 | 46.2 | 47.2 | 48.2 | 49.2 |
| 21.0 | 40.6 | 41.6 | 42.6 | 43.6 | 44.6 | 45.6 | 46.6 | 47.6 | 48.6 | 49.6 |

续表

| 溶液温度 | 酒精计示值(%vol) | | | | | | | | | |
|---|---|---|---|---|---|---|---|---|---|---|
| | 41.0 | 42.0 | 43.0 | 44.0 | 45.0 | 46.0 | 47.0 | 48.0 | 49.0 | 50.0 |
| | 20℃时的标准酒度(%vol) | | | | | | | | | |
| 20.0 | 41.0 | 42.0 | 43.0 | 44.0 | 45.0 | 46.0 | 47.0 | 48.0 | 49.0 | 50.0 |
| 19.0 | 41.4 | 42.4 | 43.4 | 44.4 | 45.4 | 46.4 | 47.4 | 48.4 | 49.4 | 50.4 |
| 18.0 | 41.8 | 42.8 | 43.8 | 44.8 | 45.8 | 46.8 | 47.8 | 48.8 | 49.8 | 50.7 |
| 17.0 | 42.2 | 43.2 | 44.2 | 45.2 | 46.2 | 47.2 | 48.2 | 49.2 | 50.1 | 51.1 |
| 16.0 | 42.6 | 43.6 | 44.6 | 45.6 | 46.6 | 47.6 | 48.6 | 49.5 | 50.5 | 51.5 |
| 15.0 | 43.0 | 44.0 | 45.0 | 46.0 | 47.0 | 47.9 | 48.9 | 49.9 | 50.9 | 51.9 |
| 14.0 | 43.4 | 44.4 | 45.4 | 46.4 | 47.3 | 48.3 | 49.3 | 50.3 | 51.3 | 52.2 |
| 13.0 | 43.8 | 44.8 | 45.8 | 46.7 | 47.7 | 48.7 | 49.7 | 50.7 | 51.6 | 52.6 |
| 12.0 | 44.2 | 45.2 | 46.1 | 47.1 | 48.1 | 49.1 | 50.1 | 51.0 | 52.0 | 53.0 |
| 11.0 | 44.6 | 45.6 | 46.5 | 47.5 | 48.5 | 49.5 | 50.4 | 51.4 | 52.4 | 53.4 |
| 10.0 | 45.0 | 46.0 | 46.9 | 47.9 | 48.9 | 49.8 | 50.8 | 51.8 | 52.8 | 53.7 |
| 9.0 | 45.4 | 46.4 | 47.3 | 48.3 | 49.2 | 50.2 | 51.2 | 52.2 | 53.1 | 54.1 |
| 8.0 | 45.8 | 46.7 | 47.7 | 48.6 | 49.6 | 50.6 | 51.6 | 52.5 | 53.5 | 54.5 |
| 7.0 | 46.2 | 47.1 | 48.1 | 49.0 | 50.0 | 51.0 | 51.9 | 52.9 | 53.9 | 54.8 |
| 6.0 | 46.5 | 47.5 | 48.4 | 49.4 | 50.4 | 51.3 | 52.3 | 53.2 | 54.2 | 55.2 |

| 溶液温度 | 酒精计示值(%vol) | | | | | | | | | |
|---|---|---|---|---|---|---|---|---|---|---|
| | 51.0 | 52.0 | 53.0 | 54.0 | 55.0 | 56.0 | 57.0 | 58.0 | 59.0 | 60.0 |
| | 20℃时的标准酒度(%vol) | | | | | | | | | |
| 35.0 | 45.3 | 46.3 | 47.4 | 48.5 | 49.5 | 50.5 | 51.6 | 52.6 | 53.6 | 54.6 |
| 34.0 | 45.7 | 46.7 | 47.8 | 48.8 | 49.8 | 50.8 | 51.9 | 53.0 | 54.0 | 55.0 |
| 33.0 | 46.1 | 47.1 | 48.2 | 49.2 | 50.2 | 51.2 | 52.3 | 53.3 | 54.3 | 55.3 |
| 32.0 | 46.4 | 47.4 | 48.5 | 49.6 | 50.6 | 51.6 | 52.7 | 53.7 | 54.7 | 55.7 |
| 31.0 | 46.8 | 47.8 | 48.9 | 49.9 | 50.9 | 51.9 | 53.0 | 54.0 | 55.0 | 56.0 |
| 30.0 | 47.2 | 48.2 | 49.3 | 50.3 | 51.3 | 52.3 | 53.4 | 54.4 | 55.4 | 56.4 |
| 29.0 | 47.6 | 48.6 | 49.6 | 50.7 | 51.7 | 52.7 | 53.7 | 54.8 | 55.8 | 56.8 |
| 28.0 | 48.0 | 49.0 | 50.0 | 51.0 | 52.1 | 53.1 | 54.1 | 55.1 | 56.1 | 57.2 |
| 27.0 | 48.3 | 49.4 | 50.4 | 51.4 | 52.4 | 53.4 | 54.5 | 55.5 | 56.5 | 57.5 |
| 26.0 | 48.7 | 49.7 | 50.8 | 51.8 | 52.8 | 53.8 | 54.8 | 55.8 | 56.9 | 57.9 |
| 25.0 | 49.1 | 50.1 | 51.1 | 52.2 | 53.2 | 54.2 | 55.2 | 56.2 | 57.2 | 58.2 |
| 24.0 | 49.5 | 50.5 | 51.5 | 52.5 | 53.5 | 54.5 | 55.6 | 56.6 | 57.6 | 58.6 |
| 23.0 | 49.9 | 50.9 | 51.9 | 52.9 | 53.9 | 54.9 | 55.9 | 56.9 | 57.9 | 58.9 |
| 22.0 | 50.2 | 51.2 | 52.2 | 53.3 | 54.3 | 55.3 | 56.3 | 57.3 | 58.3 | 59.3 |
| 21.0 | 50.6 | 51.6 | 52.6 | 53.6 | 54.6 | 55.6 | 56.6 | 57.6 | 58.6 | 59.6 |
| 20.0 | 51.0 | 52.0 | 53.0 | 54.0 | 55.0 | 56.0 | 57.0 | 58.0 | 59.0 | 60.0 |
| 19.0 | 51.4 | 52.4 | 53.4 | 54.4 | 55.4 | 56.4 | 57.4 | 58.4 | 59.4 | 60.4 |

续表

| 溶液温度 | 酒精计示值(%vol) | | | | | | | | | |
|---|---|---|---|---|---|---|---|---|---|---|
| | 51.0 | 52.0 | 53.0 | 54.0 | 55.0 | 56.0 | 57.0 | 58.0 | 59.0 | 60.0 |
| | 20℃时的标准酒度(%vol) | | | | | | | | | |
| 18.0 | 51.7 | 52.7 | 53.7 | 54.8 | 55.7 | 56.7 | 57.7 | 58.7 | 59.7 | 60.7 |
| 17.0 | 52.1 | 53.1 | 54.1 | 55.1 | 56.1 | 57.1 | 58.1 | 59.1 | 60.0 | 61.0 |
| 16.0 | 52.5 | 53.5 | 54.5 | 55.5 | 56.4 | 57.4 | 58.4 | 59.4 | 60.4 | 61.4 |
| 15.0 | 52.9 | 53.9 | 54.8 | 55.8 | 56.8 | 57.8 | 58.8 | 59.8 | 60.8 | 61.7 |
| 14.0 | 53.2 | 54.2 | 55.2 | 56.2 | 57.2 | 58.2 | 59.1 | 60.1 | 61.1 | 62.1 |
| 13.0 | 53.6 | 54.6 | 55.6 | 56.5 | 57.5 | 58.5 | 59.5 | 60.5 | 61.4 | 62.4 |
| 12.0 | 54.0 | 55.0 | 55.9 | 56.9 | 57.9 | 58.9 | 59.8 | 60.8 | 61.8 | 62.8 |
| 11.0 | 54.3 | 55.3 | 56.3 | 57.2 | 58.2 | 59.2 | 60.2 | 61.2 | 62.1 | 63.1 |
| 10.0 | 54.7 | 55.7 | 56.6 | 57.6 | 58.6 | 59.6 | 60.5 | 61.5 | 62.5 | 63.5 |
| 9.0 | 55.1 | 56.0 | 57.0 | 58.0 | 58.9 | 59.9 | 60.9 | 61.9 | 62.8 | 63.8 |
| 8.0 | 55.4 | 56.4 | 57.4 | 58.3 | 59.3 | 60.3 | 61.2 | 62.2 | 63.2 | 64.1 |
| 7.0 | 55.8 | 56.8 | 57.7 | 58.7 | 59.6 | 60.6 | 61.6 | 62.5 | 63.5 | 64.5 |
| 6.0 | 56.1 | 57.1 | 58.1 | 59.0 | 60.0 | 61.0 | 61.9 | 62.9 | 63.8 | 64.8 |

| 溶液温度 | 酒精计示值(%vol) | | | | | | | | | |
|---|---|---|---|---|---|---|---|---|---|---|
| | 61.0 | 62.0 | 63.0 | 64.0 | 65.0 | 66.0 | 67.0 | 68.0 | 69.0 | 70.0 |
| | 20℃时的标准酒度(%vol) | | | | | | | | | |
| 35.0 | 54.8 | 56.7 | 57.8 | 58.9 | 59.9 | 60.9 | 61.9 | 62.9 | 64.0 | 65.0 |
| 34.0 | 55.1 | 57.1 | 58.1 | 59.2 | 60.2 | 61.2 | 62.2 | 63.2 | 64.3 | 65.3 |
| 33.0 | 56.5 | 57.4 | 58.5 | 59.6 | 60.6 | 61.6 | 62.6 | 63.6 | 64.6 | 65.7 |
| 32.0 | 56.8 | 57.8 | 58.8 | 59.9 | 60.9 | 61.9 | 62.9 | 63.9 | 65.0 | 66.0 |
| 31.0 | 57.2 | 58.1 | 59.2 | 60.3 | 61.3 | 62.3 | 63.3 | 64.3 | 65.4 | 66.4 |
| 30.0 | 57.5 | 58.5 | 59.5 | 60.6 | 61.6 | 62.6 | 63.6 | 64.6 | 65.7 | 66.7 |
| 29.0 | 57.8 | 58.8 | 59.9 | 60.9 | 61.9 | 62.9 | 64.0 | 65.0 | 66.0 | 67.0 |
| 28.0 | 58.2 | 59.2 | 60.2 | 61.2 | 62.3 | 63.3 | 64.3 | 65.3 | 66.3 | 67.4 |
| 27.0 | 58.5 | 59.6 | 60.6 | 61.6 | 62.6 | 63.6 | 64.6 | 65.7 | 66.7 | 67.7 |
| 26.0 | 58.9 | 59.9 | 60.9 | 61.9 | 63.0 | 64.0 | 65.0 | 66.0 | 67.0 | 68.0 |
| 25.0 | 59.2 | 60.3 | 61.3 | 62.3 | 63.3 | 64.3 | 65.3 | 66.3 | 67.3 | 68.4 |
| 24.0 | 59.6 | 60.6 | 61.6 | 62.6 | 63.6 | 64.6 | 65.6 | 66.7 | 67.7 | 68.7 |
| 23.0 | 60.0 | 61.0 | 62.0 | 63.0 | 64.0 | 65.0 | 66.0 | 67.0 | 68.0 | 69.0 |
| 22.0 | 60.3 | 61.3 | 62.3 | 63.3 | 64.3 | 65.3 | 66.3 | 67.3 | 68.3 | 69.3 |
| 21.0 | 60.6 | 61.6 | 62.6 | 63.6 | 64.6 | 65.7 | 66.7 | 67.7 | 68.7 | 69.7 |
| 20.0 | 61.0 | 62.0 | 63.0 | 64.0 | 65.0 | 66.0 | 67.0 | 68.0 | 69.0 | 70.0 |
| 19.0 | 61.3 | 62.3 | 63.3 | 64.3 | 65.3 | 66.3 | 67.3 | 68.3 | 69.3 | 70.3 |
| 18.0 | 61.7 | 62.7 | 63.7 | 64.7 | 65.7 | 66.7 | 67.7 | 68.7 | 69.6 | 70.6 |
| 17.0 | 62.0 | 63.0 | 64.0 | 65.0 | 66.0 | 67.0 | 68.0 | 69.0 | 70.0 | 71.0 |

续表

| 溶液温度 | 酒精计示值(%vol) | | | | | | | | | |
|---|---|---|---|---|---|---|---|---|---|---|
| | 61.0 | 62.0 | 63.0 | 64.0 | 65.0 | 66.0 | 67.0 | 68.0 | 69.0 | 70.0 |
| | 20℃时的标准酒度(%vol) | | | | | | | | | |
| 16.0 | 62.4 | 63.4 | 64.4 | 65.4 | 66.3 | 67.3 | 68.3 | 69.3 | 70.3 | 71.3 |
| 15.0 | 62.7 | 63.7 | 64.7 | 65.7 | 66.7 | 67.7 | 68.6 | 69.6 | 70.6 | 71.6 |
| 14.0 | 63.1 | 64.1 | 65.0 | 66.0 | 67.0 | 68.0 | 69.0 | 70.0 | 71.0 | 72.0 |
| 13.0 | 63.4 | 64.4 | 65.4 | 66.4 | 67.4 | 68.3 | 69.3 | 70.3 | 71.3 | 72.3 |
| 12.0 | 63.8 | 64.7 | 65.7 | 66.7 | 67.7 | 68.7 | 69.6 | 70.6 | 71.6 | 72.6 |
| 11.0 | 64.1 | 65.1 | 66.0 | 67.0 | 68.0 | 69.0 | 70.0 | 71.0 | 71.9 | 72.9 |
| 10.0 | 64.4 | 65.4 | 66.4 | 67.4 | 68.3 | 69.3 | 70.3 | 71.3 | 72.2 | 73.2 |
| 9.0 | 64.8 | 65.7 | 66.7 | 67.7 | 68.7 | 69.6 | 70.6 | 71.6 | 72.6 | 73.5 |
| 8.0 | 65.1 | 66.1 | 67.0 | 68.0 | 69.0 | 70.0 | 70.9 | 71.9 | 72.9 | 73.8 |
| 7.0 | 65.4 | 66.4 | 67.4 | 68.4 | 69.3 | 70.3 | 71.3 | 72.2 | 73.2 | 74.2 |
| 6.0 | 65.8 | 66.7 | 67.7 | 68.7 | 69.6 | 70.6 | 71.6 | 72.5 | 73.5 | 74.5 |

(4) 注意事项

1) 酒精比重计要注意保持清洁,因为油污将改变酒精比重计表面对酒精液浸润的特性,影响表面张力的方向,使读数产生误差。

2) 不要用手握住量筒,以免样品的局部温度升高。

3) 注入样品时要尽量避免搅动,以减少气泡混入。注入样品的量,以放入酒精比重计后,液面稍低于量筒口为宜。

4) 读数前,要仔细观察样品,待气泡消失后再读数。

5) 读数时,可先使眼睛稍低于液面,然后慢慢抬高头部,当看到的椭圆形液面变成一直线时,即可读取此直线与酒精比重计相交处的刻度。

**2. 白酒中甲醇的测定**(品红亚硫酸法)

(1) 实验原理:酒中的甲醇在磷酸溶液中被高锰酸钾氧化成甲醛,过量的高锰酸钾及在反应中产生的二氧化锰用草酸-硫酸溶液除去,甲醛与品红-亚硫酸作用生成蓝紫色醌型色素,与标准系列比较定量。

(2) 试剂和仪器

1) 试剂

A. 高锰酸钾-磷酸溶液:称取 3g 高锰酸钾,加入 15ml 磷酸(85%)与 70ml 水的混合液中,溶解后加水至 100ml。贮于棕色瓶内,防止氧化力下降,保存时间不宜过长。

B. 草酸-硫酸溶液:称取 5g 无水草酸($H_2C_2O_4$)或 7g 含 2 分子结晶水草酸($H_2C_2O_4 \cdot 2H_2O$),溶于硫酸(1+1)中至 100ml。

C. 品红-亚硫酸溶液:称取 0.1g 碱性品红研细后,分次加入共 60ml 80℃的水,边加入水边研磨使其溶解,用滴管吸取上层溶液滤于 100ml 容量瓶中,冷却后加 10ml 亚硫酸钠溶液(100g/L),1ml 盐酸,再加水至刻度,充分混匀,放置过夜,如溶液有颜色,可加少量活性炭搅拌后过滤,贮于棕色瓶中,置暗处保存,溶液呈红色时应弃去重新配制。

D. 甲醇标准溶液:称取 1.000g 甲醇,置于 100ml 容量瓶中,加水稀释至刻度。此溶液每毫升相当于 10mg 甲醇。置低温保存。

E. 甲醇标准使用液:吸取 10.0ml 甲醇标准溶液于 100ml 容量瓶中,加水稀释至刻度。再取 25.0ml 稀释液于 50ml 容量瓶中,加水至刻度,该溶液每毫升相当 0.50mg 甲醇。

F. 无甲醇的乙醇溶液:取 0.3ml 按操作方法检查,不应显色。如显色需进行处理。取 300ml 乙醇(95%),加高锰酸钾少许,蒸馏,收集馏出液。在馏出液中加入硝酸银溶液(取 1g 硝酸银溶于少量水中)和氢氧化钠溶液(取 1.5g 氢氧化钠溶于少量水中),摇匀,取上清液蒸馏,弃去最初 50ml 馏出液,收集中间馏出液约 200ml,用酒精比重计测其浓度,然后加水配成无甲醇的乙醇(体积分数为 60%)。

G. 亚硫酸钠溶液(100g/L)。

2) 仪器:分光光度计。

(3) 操作步骤

1) 根据试样中乙醇浓度适当取样(乙醇浓度 30%,取 1.0ml;40%,取 0.8ml;50%,取 0.6ml;60%,取 0.5ml)置于 25ml 具塞比色管中。

着色或混浊的蒸馏酒和配制酒按"1. 乙醇浓度的测定(3)操作步骤 1)"的方法处理后再按上述取样体积取样。

2) 吸取 0.00、0.10、0.20、0.40、0.60、0.80、1.00ml 甲醇标准使用液(相当 0.00、0.05、0.10、0.20、0.30、0.40、0.50mg 甲醇)分别置于 25ml 具塞比色管中,并加入 0.5ml 无甲醇的乙醇(体积分数为 60%)。

3) 于试样管及标准管中各加水至 5ml,再依次各加 2ml 高锰酸钾-磷酸溶液,混匀,放置 10 分钟;各加 2ml 草酸-硫酸溶液,混匀使之褪色;再各加 5ml 品红-亚硫酸溶液,混匀,于 20℃以上静置 0.5 小时。

4) 用 2cm 比色杯,以零管调节零点,于波长 590nm 处测吸光度,绘制标准曲线比较,或与标准色列目测比较。

(4) 结果计算:试样中甲醇的含量按下式进行计算。

$$X=\frac{m}{V\times 1000}\times 100$$

式中,$X$:试样中甲醇的含量(g/100ml);$m$:测定试样中甲醇的质量(mg);$V$:试样体积(ml)。

计算结果保留两位有效数字。

(5) 注意事项

1) 在重复性条件下获得的两次独立测定结果的绝对差值不得超过算术平均值的:含量≥0.10g/100ml 为 ≤15%;含量<0.10g/100ml 为 ≤20%。

2) 品红-亚硫酸溶液呈红色时应重新配制,新配制的品红-亚硫酸液放冰箱中或暗处 24~48 小时后再用。

3) 白酒中其他醛类,以及经高锰酸钾氧化后由醇类变成的醛类(如乙醛、丙醛等),与亚硫酸-品红溶液作用也显色,但在一定浓度的硫酸酸性溶液中,除甲醛可形成历久不褪的紫色外,其他醛类则历时不久即行褪色或甚至不显色,故无干扰。

4) 酒样和标准溶液中的乙醇浓度对比色有一定影响,故样品管与标准管中乙醇含量要大致相等。

5) 加入高锰酸钾-磷酸溶液时若沾染比色管管口,必须在随后加入草酸-硫酸溶液时将其冲入管内，否则影响结果。

6）必须按操作掌握时间，不能提早比色，以便其他产生干扰的醛类所形成的有色物质有足够的时间褪色。

**3. 白酒中杂醇油的测定**

(1) 实验原理：杂醇油成分复杂，其中有正乙醇，正、异戊醇，正、异丁醇，丙醇等。本法测定标准以异戊醇和异丁醇表示，异戊醇和异丁醇在硫酸作用下生成戊烯和丁烯，再与对二甲胺基苯甲醛作用显橙黄色，与标准系列比较定量。最低检出量为 0.03g/100ml(以异戊醇和异丁醇计)。

(2) 试剂和仪器

1）试剂

A. 对二甲胺基苯甲醛-硫酸溶液(5g/L)：取 0.5g 对二甲胺基苯甲醛，加硫酸溶解至 100ml。

B. 无杂醇油的乙醇：取 0.1ml 按分析步骤检查不显色，如显色需进行处理，取“白酒中甲醇的测定中的无甲醇的乙醇溶液”制备的中间馏出液，加 0.25g 盐酸间苯二胺，加热回流 2 小时，用分馏柱控制沸点进行蒸馏，收集中间馏出液 100ml。再取 0.1ml 按分析步骤测定不显色即可。

C. 杂醇油标准溶液：准确称取 0.080g 异戊醇和 0.020g 异丁醇于 100ml 容量瓶中，加无杂醇油乙醇 50ml，再加水稀释至刻度。此溶液每毫升相当于 1mg 杂醇油，低温保存。

D. 杂醇油标准使用液：吸取杂醇油标准溶液 5.0ml 于 50ml 容量瓶中，加水稀释至刻度。此溶液每毫升相当于 0.10mg 杂醇油。

2）仪器：分光光度计

(3) 操作步骤

1）吸取 1.0ml 试样于 10ml 容量瓶中，加水至刻度，混匀后，吸取 0.30ml，置于 10ml 比色管中。

含糖着色、沉淀、混浊的蒸馏酒和配制酒应按“1. 乙醇浓度的测定(3)操作步骤 1)”的方法操作，取其蒸馏液作为样品。

2）吸取 0.00、0.10、0.20、0.30、0.40、0.50ml 杂醇油标准使用液(相当 0.00、0.01、0.02、0.03、0.04、0.05mg 杂醇油)，置于 10ml 比色管中。

3）于试样管及标准管中各准确加水至 1ml，摇匀，放入冷水中冷却，沿管壁加入 2ml 对二甲胺基苯甲醛-硫酸溶液(5g/L)，使其沉至管底，再将各管同时摇匀，放入沸水浴中加热 15 分钟后取出，立即放入冰浴中冷却，并立即各加 2ml 水，混匀，冷却。

4）10 分钟后用 1cm 比色杯以零管调节零点，于波长 520nm 处测吸光度，绘制标准曲线比较，或与标准色列目测比较定量。

(4) 结果计算：试样中杂醇油的含量按下式进行计算。

$$X=\frac{m}{V_2\times V_1/10\times 1000}\times 100$$

式中，$X$：试样中杂醇油的含量(g/100ml)；$m$：测定试样稀释液中杂醇油的质量(mg)；$V_2$：试样体积(ml)；$V_1$：测定用试样稀释体积(ml)。

计算结果保留两位有效数字。

(5) 注意事项

1) 在重复性条件下获得的两次独立测定结果的绝对差值不得超过算术平均值的10%。

2) 对二甲氨基苯甲醛溶液对丙醇、正丁醇不显色。

3) 如在室温较高时操作,为防止少量标准溶液挥发,可先在试管内加入需要量的水后再放入标准液。同时加标准液时最好将吸管插到比色管底部,避免损失。

4) 如酒中乙醛含量过高,干扰比色,可取样品 50ml,加入盐酸间苯二胺 0.25g,煮沸回流 1 小时,再进行蒸馏至剩余约 10ml 时加水 10ml,继续蒸馏至馏液为 50ml 为止,馏液作杂醇油测定用。

5) 0.5%对二甲氨基苯甲醛硫酸溶液要求沿管内壁缓缓加入,否则温度升得太高会影响变化。

**4. 啤酒中甲醛的测定**

(1) 实验原理:甲醛在过量乙酸铵的存在下,与乙酰丙酮和氨离子生成黄色的 2,6-二甲基-3,5-二乙酰基-1,4-二氢吡啶化合物,在波长 415nm 处有最大吸收,在一定浓度范围,其吸光度值与甲醛含量成正比,与标准系列比较定量。

(2) 试剂和仪器

1) 试剂

A. 乙酰丙酮($C_5H_8O_2$)、乙酸铵($C_2H_7NO_2$)、乙酸($C_2H_4CO_2$)、甲醛($CH_2O$)、碘($I_2$)、硫酸($H_2SO_4$)、氢氧化钠(NaOH)、磷酸($H_3PO_4$)均为分析纯。

B. 硫代硫酸钠($Na_2S_2O_3 \cdot 5H_2O$):基准物质。

C. 淀粉($C_6H_{10}O_5$):指示剂。

D. 乙酰丙酮溶液:称取 0.4g 新蒸馏乙酰丙酮和 25g 乙酸铵,3ml 乙酸溶于水中,定容至 200ml 备用,用时配制。

E. 甲醛:36%~38%。

F. 硫代硫酸钠标准溶液(0.100 0mol/L):称取 26g 硫代硫酸钠及 0.2g 碳酸钠,加入适量新煮沸过的冷水使之溶解,并稀释至 1000ml,混匀,放置一个月后过滤备用。标定见 GB/T 5009.1—2003 的第 B.15 章。

G. 碘标准溶液(0.1mol/L):称取 13.5g 碘,加 36g 碘化钾、50ml 水,溶解后加入 3 滴盐酸及适量水稀释至 1000ml。用垂融漏斗过滤,置于阴凉处,密闭,避光保存。标定见 GB/T 5009.1—2003 的附录 B.13 章。

H. 淀粉指示剂(5g/L):称取 0.5g 可溶性淀粉,加入 5ml 水,搅匀后缓缓倾入 100ml 沸水中,随加随搅拌,煮沸 2 分钟,放冷,备用。此指示剂应临用时现配。

I. 硫酸溶液(1mol/L):量取 30ml 硫酸,缓缓注入适量水中,冷却至室温后用水稀释至 1000ml,摇匀。

J. 氢氧化钠溶液(1mol/L):吸取 56ml 澄清的氢氧化钠饱和溶液,加适量新煮沸过的冷水至 1000ml,摇匀。

K. 磷酸溶液(200g/L):称取 20g 磷酸,加水稀释至 100ml,混匀。

L. 甲醛标准溶液的配制和标定:吸取 36%~38%甲醛溶液 7.0ml,加入 1mol/L 硫酸 0.5ml,用水稀释至 250ml,此液为标准溶液。吸取上述标准溶液 10.0ml 于 100ml 容量瓶中,加水稀释定容。再吸 10.0ml 稀释溶液于 250ml 碘量瓶中,加水 90ml、0.1mol/L 碘溶液 20ml 和 1mol/L 氢氧化钠 15ml，摇匀，放置 15 分钟。再加入 1mol/L 硫酸溶液 20ml 酸化，用 0.100 0mol/L 硫代硫酸钠标准溶液滴定至淡黄色，然后加约 5g/L 淀粉指示剂 1ml，继续滴定至蓝色褪去即为终点。同时做试剂空白试验。甲醛标准溶液的浓度按下式计算：

$$X=(V_1-V_2)\times c\times 15$$

式中，$X$：甲醛标准溶液的浓度(mg/ml)；$V_1$：空白试验所消耗的硫代硫酸钠标准溶液体积(ml)；$V_2$：滴定甲醛溶液所消耗的硫代硫酸钠标准溶液体积(ml)；$c$：硫代硫酸钠标准溶液浓度(mol/L)；15：与 1.000mol/L 硫代硫酸钠标准溶液 1.0ml 相当的甲醛质量(mg)。

用上述已标定甲醛浓度的溶液，用水配制成含甲醛 1μg/ml 的甲醛标准使用液。

2) 仪器：分光光度计、水蒸气蒸馏装置、500ml 蒸馏瓶。

(3) 操作步骤

1) 试样处理：吸取已除去二氧化碳的啤酒 25ml 移入 500ml 蒸馏瓶中，加 200g/L 磷酸溶液 20ml 于蒸馏瓶，接水蒸气蒸馏装置中蒸馏，收集馏出液于 100ml 容量瓶中(约 100ml)冷却后加水稀释至刻度。

2) 测定：精密吸取 1μg/ml 的甲醛标准溶液各 0.00、0.50、1.00、2.00、3.00、4.00、8.00ml 于 25ml 比色管中，加水至 10ml。

吸取样品馏出液 10ml 移入 25ml 比色管中。标准系列和样品的比色管中，各加入乙酰丙酮溶液 2ml，摇匀后在沸水浴中加热 10 分钟，取出冷却，于分光光度计波长 415nm 处测定吸光度，绘制标准曲线。从标准曲线上查出试样的含量。

(4) 结果计算：试样中甲醛的含量按下式计算。

$$X=\frac{m}{V}$$

式中，$X$：试样中甲醛的含量(mg/L)；$m$：从标准曲线上查出的相当的甲醛的质量(μg)；$V$：测定样液中相当的试样体积(ml)。

计算结果保留两位有效数字。

(5) 注意事项：在重复性条件下获得的两次独立测定结果的绝对差值不得超过算术平均值的 10%。

(卢晓翠)

## 第三节 食用油脂的卫生检验

油脂广泛存在于各种动植物体内，是食用油的重要来源，是膳食中不可缺少的营养物质。食用油脂长期存放易发生氧化反应而变质，使酸价和过氧化物升高，从而影响食用油的营养价值和安全性，因此需要进行卫生检验。

**【实验目的】**

熟悉油脂的卫生标准。

掌握反映油脂氧化酸败的指标；以及油脂过氧化值和酸价的测定原理与方法。

了解影响油脂氧化的因素，学习温度与油脂氧化性关系的研究方法。

## 【检测项目与方法】

**1. 油脂的感官检验**

(1) 色泽

1) 仪器器材:烧杯(直径 50mm,杯高 100mm)。

2) 操作步骤:将试样混匀并过滤于烧杯中,油层高度不得少于 5mm,在室温下先对着自然光观察,然后再置于白色背景前借其反射光线观察并按下列词句描述:白色、灰白色、柠檬色、淡黄色、黄色、橙色、棕黄色、棕色、棕红色、棕褐色等。

(2) 气味及滋味:将试样倒入 150ml 烧杯中,置于水浴上,加热至 50℃以玻璃棒迅速搅拌。嗅其气味,并蘸取少许试样,辨尝其滋味,按正常、焦煳、酸败、苦辣等词语描述。

**2. 油脂酸价的测定** 酸价是油脂中游离脂肪酸含量的标志,油脂在长期保藏过程中,由于微生物、酶和热的作用发生缓慢水解,产生游离脂肪酸。而油脂的质量与其中游离脂肪酸的含量有关。一般常用酸价作为衡量标准之一。在油脂生产的条件下,酸价可作为水解程度的指标,在其保藏的条件下,则可作为酸败的指标。酸价越小,说明油脂质量越好,新鲜度和精炼程度越好。

(1) 实验原理:油脂中的游离脂肪酸用氢氧化钾标准溶液滴定,每克油脂消耗氢氧化钾的毫克数,称为酸价。

(2) 试剂

1) 中性乙醚-乙醇混合液:按乙醚-乙醇(2+1)混合,用氢氧化钾溶液(3g/L)中和至酚酞指示液呈中性。

2) 氢氧化钾标准滴定溶液[$c(KOH)=0.050mol/L$]。

3) 酚酞指示液:10g/L 乙醇溶液。

(3) 操作步骤:称取 3.00~5.00g 混匀的试样,置于锥形瓶中,加入 50ml 中性乙醚-乙醇混合液,振摇使油溶解,必要时可置热水中,温热促其溶解,冷至室温,加入酚酞指示液 2~3 滴,以氢氧化钾标准滴定溶液(0.050mol/L)滴定,至初现微红色,且 0.5 分钟内不褪色为终点。

(4) 结果计算:试样的酸价按下式进行计算。

$$X=\frac{V\times c\times 56.11}{m}$$

式中,$X$:试样的酸价(以氢氧化钾计,mg/g);$V$:试样消耗氢氧化钾标准滴定溶液体积(ml);$c$:氢氧化钾标准滴定的实际浓度(mol/L);$m$:试样质量(g);56.11:与 1.0ml 氢氧化钾标准滴定溶液[$c(KOH)=1.000mol/L$]相当的氢氧化钾毫克数。

计算结果保留两位有效数字。

(5) 注意事项

1) 测定深色油的酸价,可减少试样用量,或适当增加混合试剂的用量。不便于观察终点时可以改变指示剂,改用 10g/L 麝香草酚酚酞乙醇溶液,从无色到蓝色即为终点。

2) 试验中加入乙醇可以使碱和游离脂肪酸的反应在均匀状态下进行,以防止反应生成的脂肪酸钾盐离解。氢氧化钾标准溶液用 30%乙醇溶液配制,滴定终点更为清晰。

3) 滴定所用氢氧化钾溶液的量应为乙醇量的 1/5,以免皂化水解,如过量则有混浊沉淀,造成结果偏低。

**3. 油脂的过氧化值测定**

(1) 滴定法

1) 实验原理:油脂氧化过程中产生过氧化物,与碘化钾作用,生成游离碘,以硫代硫酸钠溶液滴定,计算含量。

2) 试剂

A. 饱和碘化钾溶液:称取 14g 碘化钾,加 10ml 水溶解,必要时微热使其溶解,冷却后贮于棕色瓶中。

B. 三氯甲烷-冰乙酸混合液:量取 40ml 三氯甲烷,加 60ml 冰乙酸,混匀。

C. 硫代硫酸钠标准滴定溶液[$c(Na_2S_2O_3)=0.10mol/L$]:称取 26g 硫代硫酸钠及 0.2g 碳酸钠,加入适量新煮沸过的冷水使之溶解,并稀释至 1000ml,混匀,放置 1 个月后过滤备用。

D. 硫代硫酸钠标准滴定溶液[$c(Na_2S_2O_3)=0.002mol/L$]:临用前取 0.10mol/L 硫代硫酸钠标准滴定溶液,加新煮沸过的冷水稀释制成。

E. 淀粉指示剂(10g/L):称取可溶性淀粉 0.50g,加少许水,调成糊状,倒入 50ml 沸水中调匀,煮沸。临用时现配。

3) 操作步骤:取 2.00～3.00g 混匀(必要时过滤)试样,置于 250ml 碘瓶中,加 30ml 三氯甲烷-冰乙酸混合液,使试样完全溶解。加入 1.00ml 饱和碘化钾溶液,紧密塞好瓶盖,并轻轻振摇 0.5 分钟,然后在暗处放置 3 分钟。取出加 100ml 水,摇匀,立即用硫代硫酸钠标准滴定溶液(0.002 0mol/L)滴定,至淡黄色时,加 1ml 淀粉指示液,继续滴定至蓝色消失为终点,取相同量三氯甲烷-冰乙酸溶液、碘化钾溶液、水,按同一方法,做试剂空白试验。

4) 结果计算:试样的过氧化值按式(1)和式(2)进行计算。

$$X_1=\frac{(V_1-V_2)\times c\times 0.1269}{m}\times 100\% \qquad (1)$$

$$X_2=X_1\times 78.8 \qquad (2)$$

式中,$X_1$:试样的过氧化值(以碘的百分数表示过氧化值,g/100g);$X_2$:试样的过氧化值(以每千克油脂中过氧化物中氧的物质的量表示,meq/kg);$V_1$:试样消耗硫代硫酸钠标准滴定溶液体积(ml);$V_2$:试剂空白消耗硫代硫酸钠标准滴定溶液体积(ml);$c$:硫代硫酸钠标准滴定溶液的浓度(mol/L);$m$:试样质量(g);0.126 9:与 1.00ml 硫代硫酸钠标准滴定溶液[$c(Na_2S_2O_3)=1.000mol/L$]相当的碘的质量(g);78.8:换算因子。

计算结果保留两位有效数字。

5) 注意事项

A. 在重复性条件下获得的两次独立测定结果的绝对差值不得超过算术平均值的 10%。

B. 碘与硫代硫酸钠的反应必须在中性或弱酸性溶液中进行,因为在碱性溶液中将发生副反应,在强酸性溶液中,硫代硫酸钠会发生分解,且 $I^-$ 在强酸性溶液中易被空气中的氧所氧化。

C. 碘易挥发,故滴定时溶液的温度不能高,滴定时不要剧烈摇动溶液。

D. 为防止碘被空气氧化,应放在暗处,避免阳光照射,析出 $I_2$ 后,应立即用 $Na_2S_2O_3$ 溶液滴定,滴定速度应适当快些。

E. 淀粉指示剂应是新配制的。最好在接近终点时加入,即在硫代硫酸钠标准溶液滴定碘至浅黄色时再加入淀粉。否则碘和淀粉吸附太牢，到终点时颜色不易退去，致使终点出现过迟，引起误差。

F. 日光能促进硫代硫酸钠溶液分解，应装于棕色滴定管中。

G. 三氯甲烷不得含有光气等氧化物，否则应进行处理。

(2) 比色法

1) 实验原理：试样用三氯甲烷-甲醇混合溶剂溶解，试样中的过氧化物将二价铁离子氧化成三价铁离子，三价铁离子与硫氰酸盐反应生成橙红色硫氰酸铁配合物，在波长500nm处测定吸光度，与标准系列比较定量。

2) 试剂和仪器

A. 试剂

• 盐酸溶液(10mol/L)：准确量取83.3ml浓盐酸，加水稀释至100ml，混匀。

• 过氧化氢(30%)。

• 三氯甲烷+甲醇(7+3)混合溶剂：量取70ml三氯甲烷和30ml甲醇混合。

• 氯化亚铁溶液(3.5g/L)：准确称取0.35g氯化亚铁($FeC_{l2} \cdot 4H_2O$)于100ml棕色容量瓶中，加水溶解后，加2ml盐酸溶液(10mol/L)，用水稀释至刻度(该溶液在10℃下冰箱内贮存可稳定1年以上)。

• 硫氰酸钾溶液(300g/L)：称取30g硫氰酸钾，加水溶解至100ml(该溶液在10℃下冰箱内贮存可稳定1年以上)。

• 铁标准储备溶液(1.0g/L)：称取0.100 0g还原铁粉于100ml烧杯中，加10ml盐酸(10mol/L)，0.5～1ml过氧化氢(30%)溶解后，于电炉上煮沸5分钟以除去过量的过氧化氢。冷却至室温后移入100ml容量瓶中，用水稀释至刻度，混匀，此溶液每毫升相当于1.0mg铁。

• 铁标准使用溶液(0.01g/L)：用移液管吸取1.0ml铁标准储备溶液(1.0mg/ml)于100ml容量瓶中，加三氯甲烷+甲醇(7+3)混合溶剂稀释至刻度，混匀，此溶液每毫升相当于10.0μg铁。

B. 仪器器材：分光光度计、10ml具塞玻璃比色管。

3) 操作步骤

A. 试样溶液的制备

• 精密称取约0.01～1.0g试样(准确至刻度0.000 1g)于10ml容量瓶内，加三氯甲烷+甲醇(7+3)混合溶剂溶解并稀释至刻度，混匀。

• 分别精密吸取铁标准使用溶液(10.0μg/ml)0、0.2、0.5、1.0、2.0、3.0、4.0ml(各自相当于铁浓度0、2.0 、5.0 、10.0 、20.0 、30.0 、40.0μg)于干燥的10ml比色管中，用三氯甲烷+甲醇(7+3)混合溶剂稀释至刻度，混匀。

• 加1滴(约0.05ml)硫氰酸钾溶液(300g/L)，混匀。

• 室温(10～35℃)下准确放置5分钟后，移入1cm比色皿中，以三氯甲烷+甲醇(7+3)混合溶剂为参比，于波长500nm处测定吸光度，以标准各点吸光度减去零管吸光度后绘制标准曲线或计算直线回归方程。

B. 试样测定：精密吸取1.0ml试样溶液于干燥的10ml比色管内，加1滴(约0.05ml)氯化亚铁(3.5g/L)溶液，用三氯甲烷+甲醇(7+3)混合溶剂稀释至刻度，混匀。以下按上述“3)操作步骤A. 试样溶液的制备”自“加1滴(约0.05ml)硫氰酸钾溶液(300g/L)……”

起依法操作。试样吸光度减去零管吸光度后与曲线比较或代入回归方程求得含量。

4）结果计算：试样中过氧化值的含量按下式进行计算。

$$X=\frac{c-c_0}{m\times\frac{V_2}{V_1}\times 55.84\times 2}$$

式中，$X$：试样中过氧化值的含量（meq/kg）；$c$：由标准曲线上查得试样中的铁的质量（μg）；$c_0$：由标准曲线上查得零管铁的质量（μg）；$V_1$：试样稀释总体积（ml）；$V_2$：测定时取样体积（ml）；$m$：试样质量（g）；55.84：Fe 的原子量；2：换算因子。

5）注意事项：在重复性条件下获得的两次独立测定结果的绝对差值不得超过算术平均值的 10%。

**4. 油脂的羰基价测定**

（1）实验原理：羰基化合物和 2,4-二硝基苯肼的反应产物，在碱性溶液中形成褐红色或酒红色，在 440nm 下，测定吸光度，计算羰基价。

（2）试剂和仪器

1）试剂

A. 精制乙醇：取 1000ml 无水乙醇，置于 2000ml 圆底烧瓶中，加 5g 铝粉、10g 氢氧化钾，接好标准磨口的回流冷凝管，水浴中加热回流 1 小时，然后用全玻璃蒸馏装置，蒸馏收集馏液。

B. 精制苯：取 500ml 苯，置于 1000ml 分液漏斗中，加入 50ml 硫酸，小心振摇 5 分钟，开始振摇时注意放气。静置分层，弃除硫酸层，再加 50ml 硫酸重复处理一次，将苯层移入另一分液漏斗，用水洗涤三次，然后经无水硫酸钠脱水，用全玻璃蒸馏装置蒸馏收集馏液。

C. 2,4-二硝基苯肼溶液：称取 50mg2,4-二硝基苯肼，溶于 100ml 精制苯中。

D. 三氯乙酸溶液：称取 4.3g 固体三氯乙酸，加 100ml 精制苯溶解。

E. 氢氧化钾-乙醇溶液：称取 4g 氢氧化钾，加 100ml 精制乙醇使其溶解，置冷暗处过夜，取上部澄清液使用。溶液变黄褐色则应重新配制。

F. 三苯膦溶液（0.5g/L）：称取 100mg 的三苯膦用苯溶解后转入 200ml 容量瓶中并定容至刻度。

2）仪器：分光光度计。

（3）操作步骤

1）称取约 0.025～0.10g 样品，置于 25ml 具塞试管中。

2）加入 5ml 三苯膦溶液（0.5g/L）（三苯膦还原氢过氧化物为非羰基化合物）溶解样品，室温暗处放置 30 分钟。

3）再加 3ml 三氯乙酸溶液及 2,4-二硝基苯肼溶液 5ml，仔细振摇混匀。

4）在 60℃水浴中加热 30 分钟，冷却后，沿试管壁慢慢加入 10ml 氢氧化钾-乙醇溶液，使成为二液层，塞好，剧烈振摇混匀，放置 10 分钟。

5）以 1cm 比色杯，用不含三苯膦的试剂空白调节零点，含三苯膦还原剂的试剂空白吸收作校正于波长 440nm 处测吸光度。

（4）结果计算

$$X=\frac{A}{854\times m\times V_2/V_1}\times 1000$$

式中，$X$：试样的羰基价（mmol/kg）；$A$：测定时样液吸光度；$m$：试样质量（g）；$V_1$：试样稀释后的总体积（ml）；$V_2$：测定用试样稀释液的体积（ml）；854：各种醛的毫克当量吸光系数的平均值。

结果的表述：报告算术平均值的三位有效数。

（5）注意事项：在重复性条件下获得的两次独立测定结果的绝对差值不得超过算术平均值的10%。

（卢晓翠）

# 第四节　食品中硝酸盐及亚硝酸盐含量测定

硝酸钠（钾）和亚硝酸钠（钾）是我国目前批准使用的发色剂，常用于香肠、火腿、午餐肉罐头等食品中。肉制品中加入硝酸盐后，在细菌作用下还原为亚硝酸盐，亚硝酸盐再生成亚硝酸，亚硝酸分解放出的亚硝基与肌红蛋白反应，生成亚硝基肌红蛋白。肉制品腌制中加入硝酸盐可使亚硝基产生不致过快，发色效果更好。亚硝酸盐也是一种防腐剂，可抑制微生物的增殖。

蔬菜栽培中往往大量施用化肥，植物吸收的多余氮肥便以硝酸盐积存在叶片中。蔬菜采收后，在硝酸盐还原酶作用下，硝酸盐被还原为亚硝酸盐，使蔬菜中亚硝酸盐含量升高。

亚硝酸盐是剧毒物质，成人摄入0.2～0.5g即可引起中毒，3g即可致死。其次，亚硝酸盐与蛋白质中的胺类结合生成亚硝胺或亚硝酸胺，亚硝胺有强致癌作用，长期大量食用含亚硝酸盐的食物有致癌的隐患。因此，硝酸盐及亚硝酸盐的使用量及在肉制品中的残留量均应按标准执行。

## 一、离子色谱法

**【实验目的】**

熟悉食品中亚硝酸盐与硝酸盐含量的卫生标准。

掌握食品中亚硝酸盐与硝酸盐含量测定的国家标准方法。

**【实验原理】**

试样经沉淀蛋白质、除去脂肪后，采用相应的方法提取和净化，以氢氧化钾溶液为淋洗液，阴离子交换柱分离，电导检测器检测。以保留时间定性，外标法定量。

**【试剂与仪器】**

**1. 试剂和材料**

（1）超纯水：电阻率＞18.2 MΩ · cm。

（2）乙酸（$CH_3COOH$）、氢氧化钾（KOH）均为分析纯。

（3）乙酸溶液（3%）：量取乙酸3ml于100ml容量瓶中，以水稀释至刻度，混匀。

（4）亚硝酸根离子（$NO_2^-$）标准溶液（100mg/L，水基体）。

（5）硝酸根离子（$NO_3^-$）标准溶液（1000mg/L，水基体）。

（6）亚硝酸盐（以$NO_2^-$计，下同）和硝酸盐（以$NO_3^-$计，下同）混合标准使用液：准确移取亚硝酸根离子（$NO_2^-$）和硝酸根离子（$NO_3^-$）的标准溶液各1.0ml于100ml容量瓶中，用水稀释至刻度，此溶液每1L含亚硝酸根离子1.0mg和硝酸根离子10.0mg。

**2. 仪器和设备**

(1) 离子色谱仪：包括电导检测器，配有抑制器，高容量阴离子交换柱，50μl定量环。

(2) 食物粉碎机及超声波清洗器。

(3) 天平：感量为0.1mg和1mg。

(4) 离心机：转速=10000r/min，配5ml或10ml离心管。

(5) 0.22μm水性滤膜针头滤器。

(6) 净化柱：包括$C_{18}$柱、Ag柱和Na柱或等效柱。

(7) 注射器：1.0ml和2.5ml。

注：所有玻璃器皿使用前均需依次用2mol/L氢氧化钾和水分别浸泡4小时，然后用水冲洗3～5次，晾干备用。

**【操作步骤】**

**1. 试样预处理**

(1) 新鲜蔬菜、水果：将试样用去离子水洗净晾干后，取可食部切碎混匀。将切碎的样品用四分法取适量，用食物粉碎机制成匀浆备用。如需加水应记录加水量。

(2) 肉类、蛋、水产及其制品：用四分法取适量或取全部，用食物粉碎机制成匀浆备用。

(3) 乳粉、豆奶粉、婴儿配方粉等固态乳制品（不包括干酪）：将试样装入能够容纳2倍试样体积的带盖容器中，通过反复摇晃和颠倒容器使样品充分混匀直到使试样均一化。

(4) 发酵乳、乳、炼乳及其他液体乳制品：通过搅拌或反复摇晃和颠倒容器使试样充分混匀。

(5) 干酪：取适量的样品研磨成均匀的泥浆状。为避免水分损失，研磨过程中应避免产生过多的热量。

**2. 提取**

(1) 水果、蔬菜、鱼类、肉类、蛋类及其制品等：称取试样匀浆5g（精确至0.01g，可适当调整试样的取样量，以下相同），以80ml水洗入100ml容量瓶中，超声提取30分钟，每隔5分钟振摇一次，保持固相完全分散。于75℃水浴中放置5分钟，取出放置至室温，加水稀释至刻度。溶液经滤纸过滤后，取部分溶液于10000r/min离心15分钟，上清液备用。

(2) 腌鱼类、腌肉类及其他腌制品：称取试样匀浆2g（精确至0.01g），以80ml水洗入100ml容量瓶中，超声提取30分钟，每5分钟振摇一次，保持固相完全分散。于75℃水浴中放置5分钟，取出放置至室温，加水稀释至刻度。溶液经滤纸过滤后，取部分溶液于10 000r/min离心15分钟，上清液备用。

(3) 乳：称取试样10g（精确至0.01g），置于100ml容量瓶中，加水80ml，摇匀，超声30分钟，加入3%乙酸溶液2ml，于4℃放置20分钟，取出放置至室温，加水稀释至刻度。溶液经滤纸过滤，取上清液备用。

(4) 乳粉：称取试样2.5g（精确至0.01g），置于100ml容量瓶中，加水80ml，摇匀，超声30分钟，加入3%乙酸溶液2ml，于4℃放置20分钟，取出放置至室温，加水稀释至刻度。溶液经滤纸过滤，取上清液备用。

(5) 取上述备用的上清液约15ml，通过0.22μm水性滤膜针头滤器、$C_{18}$柱，弃去前面3ml（如果氯离子大于100mg/L，则需要依次通过针头滤器、$C_{18}$柱、Ag柱和Na柱，弃去前面7ml），收集后面洗脱液待测。

固相萃取柱使用前需进行活化，如使用 OnGuard Ⅱ RP 柱(1.0ml)、OnGuard Ⅱ Ag 柱(1.0ml)和 OnGuard Ⅱ Na 柱(1.0ml)，其活化过程为：OnGuard Ⅱ RP 柱(1.0ml)使用前依次用 10ml 甲醇、15ml 水通过，静置活化 30 分钟。OnGuard Ⅱ Ag 柱(1.0ml)和 OnGuard Ⅱ Na 柱(1.0ml)用 10ml 水通过，静置活化 30 分钟。

**3. 参考色谱条件**

(1) 色谱柱：氢氧化物选择性，可兼容梯度洗脱的高容量阴离子交换柱，如 Dionex IonPac AS11-HC 4mm×250mm(带 IonPac AG11-HC 型保护柱 4mm×50mm)，或性能相当的离子色谱柱。

(2) 淋洗液

1) 一般试样：氢氧化钾溶液，浓度为 6～70mmol/L；洗脱梯度为 6mmol/L 30min，70mmol/L 5min，6mmol/L 5min；流速 1.0ml/min。

2) 粉状婴幼儿配方食品：氢氧化钾溶液，浓度为 5～50mmol/L；洗脱梯度为 5mmol/L 33min，50mmol/L 5min，5mmol/L 5min；流速 1.3ml/min。

(3) 抑制器：连续自动再生膜阴离子抑制器或等效抑制装置。

(4) 检测器：电导检测器，检测池温度为 35℃。

(5) 进样体积：50μl(可根据试样中被测离子含量进行调整)。

**4. 测定**

(1) 标准曲线：取亚硝酸盐和硝酸盐混合标准液，加水稀释，制成系列标准溶液，含亚硝酸根离子浓度为 0.00、0.02、0.04、0.06、0.08、0.10、0.15、0.20mg/L；硝酸根离子浓度为 0.0、0.2、0.4、0.6、0.8、1.0、1.5、2.0mg/L 的混合标准溶液，从低到高浓度依次进样。得到上述各浓度标准溶液的色谱图(图 4-3)。以亚硝酸根离子或硝酸根离子浓度(mg/L)为横坐标，以峰高(μS)或峰面积为纵坐标，绘制标准曲线或计算线性回归方程。

(2) 样品测定：分别吸取空白和试样溶液 50μl，在相同工作条件下，依次注入离子色谱仪中，记录色谱图。根据保留时间定性，分别测量空白和样品的峰高(μS)或峰面积。

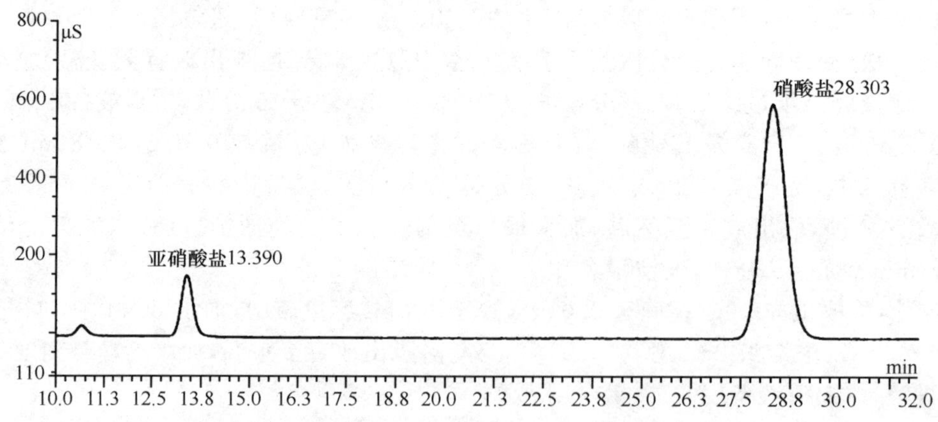


图 4-3 亚硝酸盐和硝酸盐混合标准溶液的色谱图

## 【结果计算】

试样中亚硝酸盐(以 $NO_2^-$ 计)或硝酸盐(以 $NO_3^-$ 计)含量按下式计算：

$$X=\frac{(c-c_0)\times V\times f\times 1000}{m\times 1000}$$

式中，$X$：试样中亚硝酸根离子或硝酸根离子的含量(mg/kg)；$c$：测定用试样溶液中的亚硝酸根离子或硝酸根离子浓度(mg/L)；$c_0$：试剂空白液中亚硝酸根离子或硝酸根离子的浓度(mg/L)；$V$：试样溶液体积(ml)；$f$：试样溶液稀释倍数；$m$：试样取样量(g)。

说明：试样中测得的亚硝酸根离子含量乘以换算系数1.5，即得亚硝酸盐(按亚硝酸钠计)含量；试样中测得的硝酸根离子含量乘以换算系数1.37，即得硝酸盐(按硝酸钠计)含量。

### 【注意事项】

以重复性条件下获得两次独立测定结果的算术平均值表示，结果保留两位有效数字。

## 二、分光光度法

### 【实验目的】

熟悉食品中亚硝酸盐与硝酸盐含量的卫生标准。

掌握盐酸萘乙二胺法测定食品中亚硝酸盐的方法及其原理。

### 【实验原理】

亚硝酸盐采用盐酸萘乙二胺法测定，硝酸盐采用镉柱还原法测定。

试样经沉淀蛋白质、除去脂肪后，在弱酸条件下亚硝酸盐与对氨基苯磺酸重氮化后，再与盐酸萘乙二胺偶合形成紫红色染料，外标法测得亚硝酸盐含量。采用镉柱将硝酸盐还原成亚硝酸盐，测得亚硝酸盐总量，由此总量减去亚硝酸盐含量，即得试样中硝酸盐含量。

### 【试剂与仪器】

**1. 试剂和材料** 除非另有规定，本方法所用试剂均为分析纯。水为GB/T 6682规定的二级水或去离子水。

(1) 亚铁氰化钾[$K_4Fe(CN)_6 \cdot 3H_2O$]、乙酸锌[$Zn(CH_3COO)_2 \cdot 2H_2O$]、冰醋酸($CH_3COOH$)、硼酸钠($Na_2B_4O_7 \cdot 10H_2O$)、盐酸($\rho$=1.19g/ml)、氨水(25%)、对氨基苯磺酸($C_6H_7NO_3S$)、盐酸萘乙二胺($C_{12}H_{14}N_2 \cdot 2HCl$)、亚硝酸钠($NaNO_2$)、硝酸钠($NaNO_3$)、锌皮或锌棒、硫酸镉。

(2) 亚铁氰化钾溶液(106g/L)：称取106.0g亚铁氰化钾用水溶解，并稀释至1000ml。

(3) 乙酸锌溶液(220g/L)：称取220.0g乙酸锌，先加30ml冰醋酸溶解，用水稀释至1000ml。

(4) 饱和硼砂溶液(50g/L)：称取5.0g硼酸钠，溶于100ml热水中，冷却后备用。

(5) 氨缓冲溶液(pH 9.6～9.7)：量取30ml盐酸，加100ml水，混匀后加65ml氨水，再加水稀释至1000ml，混匀。调节pH至9.6～9.7。

(6) 氨缓冲液的稀释液：量取50ml氨缓冲溶液，加水稀释至500ml，混匀。

(7) 盐酸(0.1mol/L)：量取5ml盐酸，用水稀释至600ml。

(8) 对氨基苯磺酸溶液(4g/L)：称取0.4g对氨基苯磺酸，溶于100ml 20%($V/V$)盐酸中，置棕色瓶中混匀，避光保存。

(9) 盐酸萘乙二胺溶液(2g/L)：称取0.2g盐酸萘乙二胺，溶于100ml水中，混匀后，置棕色瓶中，避光保存。

(10) 亚硝酸钠标准溶液(200μg/ml)：准确称取0.1000g于110～120℃干燥恒重的亚硝酸钠，加水溶解移入500ml容量瓶中，加水稀释至刻度，混匀。

(11) 亚硝酸钠标准使用液(5.0μg/ml):临用前,吸取亚硝酸钠标准溶液 5.00ml,置于 200ml 容量瓶中,加水稀释至刻度。

(12) 硝酸钠标准溶液(200μg/ml,以亚硝酸钠计):准确称取 0.1232g 于 110～120℃干燥恒重的硝酸钠,加水溶解,移于入 500ml 容量瓶中,并稀释至刻度。

(13) 硝酸钠标准使用液(5μg/ml):临用时吸取硝酸钠标准溶液 2.50ml,置于 100ml 容量瓶中,加水稀释至刻度。

**2. 仪器和设备** 天平(感量为 0.1mg 和 1mg)、组织捣碎机、超声波清洗器、恒温干燥箱、分光光度计、镉柱。

(1) 海绵状镉的制备:投入足够的锌皮或锌棒于 500ml 硫酸镉溶液(200g/L)中,经过 3～4 小时,当其中的镉全部被锌置换后,用玻璃棒轻轻刮下,取出残余锌棒,使镉沉底,倾去上层清液,以水用倾泻法多次洗涤,然后移入组织捣碎机中,加 500ml 水,捣碎约 2 秒钟,用水将金属细粒洗至标准筛上,取 20～40 目之间的部分。

(2) 镉柱的装填:如图 4-4。用水装满镉柱玻璃管,并装入 2cm 高的玻璃棉做垫,将玻璃棉压向柱底时,应将其中所包含的空气全部排出,在轻轻敲击下加入海绵状镉至 8～10cm 高,上面用 1cm 高的玻璃棉覆盖,上置一贮液漏斗,末端要穿过橡皮塞与镉柱玻璃管紧密连接。

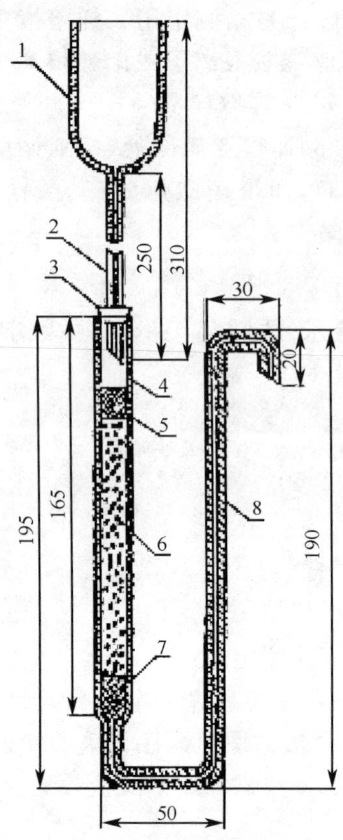


图 4-4 镉柱示意图

1. 贮液漏斗,内径 35mm,外径 37mm;2. 进液毛细管,内径 0.4mm,外径 6mm;3. 橡皮塞;4. 镉柱玻璃管,内径 12mm,外径 16mm;5、7. 玻璃棉;6. 海绵状镉;8. 出液毛细管,内径 2mm,外径 8mm

如无上述镉柱玻璃管时,可以 25ml 酸式滴定管代用,但过柱时要注意始终保持液面在镉层之上。当镉柱填装好后,先用 25ml 盐酸(0.1mol/L)洗涤,再以水洗两次,每次 25ml,镉柱不用时用水封盖,随时都要保持水平面在镉层之上,不得使镉层夹有气泡。

(3) 镉柱每次使用完毕后,应先以 25ml 盐酸(0.1mol/L)洗涤,再以水洗两次,每次 25ml,最后用水覆盖镉柱。

(4) 镉柱还原效率的测定:吸取 20ml 硝酸钠标准使用液,加入 5ml 氨缓冲液的稀释液,混匀后注入贮液漏斗,使流经镉柱还原,以原烧杯收集流出液,当贮液漏斗中的样液流完后,再加 5ml 水置换柱内留存的样液。取 10.0ml 还原后的溶液(相当 10μg 亚硝酸钠)于 50ml 比色管中,以下按“操作步骤 4. 亚硝酸盐的测定”中的自“吸取 0.00、0.20、0.40、0.60、0.80、1.00ml……”起依法操作,根据标准曲线计算测得结果,与加入量一致,还原效率应大于 98%为符合要求。

(5) 还原效率计算:还原效率按下式进行计算。

$$X=\frac{A}{10}\times 100\%$$

式中,$X$:还原效率(%);$A$:测得亚硝酸钠的含量(μg);10:测定用溶液相当亚硝酸钠的含量(μg)。

**【操作步骤】**

**1. 试样的预处理**　同离子色谱法。

**2. 提取**　称取5g(精确至0.01g)制成匀浆的试样(如制备过程中加水,应按加水量折算),置于50ml烧杯中,加12.5ml饱和硼砂溶液,搅拌均匀,以70℃左右的水约300ml将试样洗入500ml容量瓶中,于沸水浴中加热15分钟,取出置冷水浴中冷却,并放置至室温。

**3. 提取液净化**　在振荡上述提取液时加入5ml亚铁氰化钾溶液,摇匀,再加入5ml乙酸锌溶液,以沉淀蛋白质。加水至刻度,摇匀,放置30分钟,除去上层脂肪,上清液用滤纸过滤,弃去初滤液30ml,滤液备用。

**4. 亚硝酸盐的测定**　吸取40.0ml上述滤液于50ml带塞比色管中,另吸取0.00、0.20、0.40、0.60、0.80、1.00、1.50、2.00、2.50ml亚硝酸钠标准使用液(相当于0.0、1.0、2.0、3.0、4.0、5.0、7.5、10.0、12.5μg亚硝酸钠),分别置于50ml带塞比色管中。于标准管与试样管中分别加入2ml对氨基苯磺酸溶液,混匀,静置3～5分钟后各加入1ml盐酸萘乙二胺溶液,加水至刻度,混匀,静置15分钟,用2cm比色杯,以零管调节零点,于波长538nm处测吸光度,绘制标准曲线比较。同时做试剂空白。

**5. 硝酸盐的测定**

(1) 镉柱还原

1) 先以25ml稀氨缓冲液冲洗镉柱,流速控制在3～5ml/min(以滴定管代替的可控制在2～3ml/min)。

2) 吸取20ml滤液于50ml烧杯中,加5ml氨缓冲溶液,混合后注入贮液漏斗,使流经镉柱还原,以原烧杯收集流出液,当贮液漏斗中的样液流尽后,再加5ml水置换柱内留存的样液。

3) 将全部收集液如前再经镉柱还原一次,第二次流出液收集于100ml容量瓶中,继以水流经镉柱洗涤三次,每次20ml,洗液一并收集于同一容量瓶中,加水至刻度,混匀。

(2) 亚硝酸钠总量的测定:吸取10～20ml还原后的样液于50ml比色管中。以下按“4.亚硝酸盐的测定”自“吸取0.00、0.20、0.40、0.60、0.80、1.00ml……”起依法操作。

**【结果计算】**

**1. 亚硝酸盐含量计算**　亚硝酸盐(以亚硝酸钠计)的含量按下式进行计算。

$$X_1=\frac{A_1\times 1000}{m\times\frac{V_1}{V_0}\times 1000} \tag{1}$$

式中,$X_1$:试样中亚硝酸钠的含量(mg/kg);$A_1$:测定用样液中亚硝酸钠的质量(μg);$m$:试样质量(g);$V_1$:测定用样液体积(ml);$V_0$:试样处理液总体积(ml)。

以重复性条件下获得的两次独立测定结果的算术平均值表示,结果保留两位有效数字。

**2. 硝酸盐含量的计算**　硝酸盐(以硝酸钠计)的含量按下式进行计算。

$$X_2=\left\{\frac{A_2\times 1000}{m\times\frac{V_2}{V_0}\times\frac{V_4}{V_3}\times 1000}-X_1\right\}\times 1.232$$

式中,$X_2$:试样中硝酸钠的含量(mg/kg);$A_2$:经镉粉还原后测得总亚硝酸钠的质量(μg);$m$:试样的质量(g);1.232:亚硝酸钠换算成硝酸钠的系数;$V_2$:测总亚硝酸钠的测定用样液体积(ml);$V_0$:试样处理液总体积(ml);$V_3$:经镉柱还原后样液总体积(ml);$V_4$:经镉柱还原后样液的测定用体积(ml);$X_1$:由式(1)计算出的试样中亚硝酸钠的含量(mg/kg)。

**【注意事项】**

(1) 以重复性条件下获得的两次独立测定结果的算术平均值表示,结果保留两位有效数字。

(2) 在重复性条件下获得的两次独立测定结果的绝对差值不得超过算术平均值的10%。

(卢晓翠)

# 第五节 食品中黄曲霉毒素 $B_1$ 的测定

## 一、薄层色谱法

**【实验目的】**

掌握食品中黄曲霉毒素 $B_1$ 的提取方法,以及用薄层色谱法测定食品中黄曲霉毒素 $B_1$ 的方法。

**【实验原理】**

样品经提取、浓缩、薄层分离后,黄曲霉毒素 $B_1$ 在紫外光(波长 365nm)下产生蓝紫色荧光,根据其在薄层上显示荧光的最低检出量来测定含量。

**【试剂与仪器】**

**1. 试剂**

(1) 甲醇、石油醚、三氯甲烷、苯、乙腈、无水乙醚或乙醚经无水硫酸钠脱水、丙酮、硅胶G(薄层层析用)、三氟乙酸、无水硫酸钠、氯化钠。

(2) 苯-乙腈混合液:量取 98ml 苯,加 2ml 乙腈,混匀。

(3) 甲醇水溶液:55∶45。

(4) 黄曲霉毒素 $B_1$ 标准溶液:准确称取 1mg 黄曲霉毒素 $B_1$ 标准品,先加入 2ml 乙腈溶解后,再用苯稀释至 100ml,避光,置 4℃冰箱中保存。该标准溶液浓度为 10μg/ml。

(5) 黄曲霉毒素 $B_1$ 标准使用液:准确吸取 1ml 标准溶液(10μg/ml)于 10ml 容量瓶中,加苯-乙腈混合液至刻度,混匀。此溶液每毫升相当于 1μg 黄曲霉毒素 $B_1$,吸取 1ml 此稀释液,置于 5ml 容量瓶中,加苯-乙腈混合液稀释至刻度,此溶液每毫升相当于 0.2μg 黄曲霉毒素 $B_1$,再吸取黄曲霉毒素 $B_1$ 标准溶液(0.2μg/ml)1ml 置于 5ml 容量瓶中,加苯-乙腈混合液稀释至刻度。此溶液每毫升相当于 0.04μg 黄曲霉毒素 $B_1$。

**2. 仪器** 样筛,小型粉碎机,电动振荡器,全玻璃浓缩器,玻璃板(5cm×20cm),薄层板涂布器,展开槽(内长 25cm,宽 6cm,高 4cm),紫外光灯(100~125W,带 365nm 滤光片),微量注射器或血色素吸管(10、50μl),双波长薄层扫描仪(带数据处理机)。

**【操作步骤】**

**1. 取样** 样品中污染黄曲霉毒素高的霉粒一粒即可影响测定结果,而且有毒霉粒的比例小,同时分布不均匀。为避免取样带来的误差,必须大量取样,并将样品粉碎,混合均匀。才有可能得到确能代表一批样品的相对可靠的结果,因此采样时必须注意以下几点。

(1) 根据规定采取有代表性样品。

(2) 对局部发霉变质的样品检验时,应单独取样。

(3) 每份分析测定用的样品应从大样经粗碎与连续多次用四分法缩减至 0.5～1kg,然后全部粉碎。粮食样品全部通过 20 目筛,混匀。花生样品全部通过 10 目筛,混匀。或将好、坏分别测定,再计算其含量。花生油和花生酱等样品不需制备,但取样时应搅拌均匀。必要时,每批样品可采取 3 份大样作样品制备及分析测定用,以观察所采样品是否具有一定的代表性。

**2. 提取**

(1) 称取 20g 粉碎过筛样品(面粉、花生酱不需粉碎),置于 250ml 具塞锥形瓶中,加 30ml 正己烷或石油醚和 100ml 甲醇水溶液,在瓶塞上涂上一层水,盖严防漏。振荡 30 分钟,静置片刻,以叠成折叠式的快速定性滤纸过滤于分液漏斗中,待下层甲醇水溶液分清后,放出甲醇水溶液于另一具塞锥形瓶内。取 20ml 甲醇水溶液(相当于 4g 样品)置于另一 125ml 分液漏斗中,加 20ml 三氯甲烷,振摇 2 分钟,静置分层,如出现乳化现象可滴加甲醇促使分层。放出三氯甲烷层,经盛有约 10g 预先用三氯甲烷湿润的无水硫酸钠的定量慢速滤纸过滤于 50ml 蒸发皿中,再加 5ml 三氯甲烷于分液漏斗中,重复振摇提取,三氯甲烷层一并滤于蒸发皿中,最后用少量三氯甲烷洗过滤器,洗液并于蒸发皿中。将蒸发皿放在通风柜,于 65℃水浴上通风挥干,然后放在冰盒上冷却 2～3 分钟后,准确加入 1ml 苯-乙腈混合液(或将三氯甲烷用浓缩蒸馏器减压吹气蒸干后,准确加入 1ml 苯-乙腈混合液)。用带橡皮头滴管的管尖将残渣充分混合,若有苯结晶析出,将蒸发皿从冰盒上取出,继续溶解、混合,晶体即消失,再用此滴管吸取上清液转移于 2ml 具塞试管中。

(2) 称取 20g 粉碎过筛样品(限于玉米、大米、小麦及其制品)于 250ml 具塞锥形瓶中,用滴管吸取约 6ml 水,使样品湿润,准确加入 60ml 三氯甲烷,振荡 30 分钟加 12g 无水硫酸钠,振摇后静置 30 分钟,用叠成折叠式的快速定性滤纸过滤于 100ml 具塞锥形瓶中。取 12ml 滤液(相当 4g 样品)于蒸发皿中,在 65℃水浴上通风挥干,准确加入 1ml 苯-乙腈混合液,用带橡皮头滴管的管尖将残渣充分混合,若有苯的结晶析出,将蒸发皿从冰盒上取出,继续溶解、混合,晶体即消失,再用此滴管吸取上清液转移于 2ml 具塞试管中。

**3. 测定**

(1) 薄层板的制备:称取约 3g 硅胶 G,加相当于硅胶量 2～3 倍左右的水,用力研磨 1～2 分钟至成糊状后立即倒于涂布器内,推成 5cm×20cm,厚度约 0.25mm 的薄层板三块。在空气中干燥约 15 分钟后,在 100℃活化 2 小时,取出,放干燥器中保存。一般可保存 2～3 天,若放置时间较长,可再活化后使用。

(2) 点样:将薄层板边缘附着的吸附剂刮净,在距薄层板下端 3cm 的基线上用微量注射器或血色素吸管滴加样液。一块板可滴加 4 个点,点距边缘和点间距约 1cm,点直径约 3mm。在同一板上滴加点的大小应一致,滴加时可用吹风机用冷风边吹边加。滴加样式如下:

第一点:10μl 黄曲霉毒素 $B_1$ 标准使用液(0.04μg/ml)。

第二点:20μl 样液。

第三点:20μl 样液+10μl 0.04μg/ml 黄曲霉毒素 $B_1$ 标准使用液。

第四点:20μl 样液+10μl 0.2μg/ml 黄曲霉毒素 $B_1$ 标准使用液。

(3) 展开与观察:在展开槽内加 10ml 无水乙醚,预展 12cm,取出挥干。再于另一展开槽内加 10ml 丙酮-三氯甲烷(8∶92),展开 10～12cm,取出。紫外光下观察结果,方法如下:

1）由于样液点上加滴黄曲霉毒素 $B_1$ 标准使用液，可使黄曲霉毒素 $B_1$ 标准点与样液中的黄曲霉毒素 $B_1$ 荧光点重叠。如样液为阴性，薄层板上的第三点中黄曲霉毒素 $B_1$ 为 0.0004μg，可用作检查在样液内黄曲霉毒素 $B_1$ 最低检出量是否正常出现；如为阳性，则起定性作用。薄层板上的第四点中黄曲霉毒素 $B_1$ 为 0.002μg，主要起定位作用。

2）若第二点在与黄曲霉毒素 $B_1$ 标准点的相应位置上无蓝紫色荧光点，表示样品中黄曲霉毒素 $B_1$ 含量在 5μg/kg 以下；如在相应位置上有蓝紫色荧光点，则需进行确证试验。

（4）确证试验：为证实薄层板上样液荧光是由黄曲霉毒素 $B_1$ 产生的，加滴三氟乙酸，产生黄曲霉毒素 $B_1$ 的衍生物，展开后此衍生物的比移值约在 0.1 左右。于薄层板左边依次滴加两个点：

第一点：10μl 0.04μg/ml 黄曲霉毒素 $B_1$ 标准使用液。

第二点：20μl 样液。

于以上两点各加一小滴三氟乙酸盖于其上，反应 5 分钟后用吹风机吹热风 2 分钟，使热风吹到薄层板上的温度不高于 40℃。再于薄层板上滴加以下两个点：

第三点：10μl 0.04μg/ml 黄曲霉毒素 $B_1$ 标准使用液。

第四点：20μl 样液。

再展开，在紫外光灯下观察样液是否产生与黄曲霉毒素 $B_1$ 标准点相同的衍生物。未加三氟乙酸的三、四两点，可依次作为样液与标准的衍生物空白对照。

（5）稀释定量：样液中的黄曲霉毒素 $B_1$ 荧光点的荧光强度如与黄曲霉毒素 $B_1$ 标准点的最低检出量 0.004μg 的荧光强度一致，则样品中黄曲霉毒素 $B_1$ 含量即为 5μg/kg。如样液中荧光强度比最低检出量强，则根据其强度估计减少滴加微升数或将样液稀释后再滴加不同微升数，直至样液点的荧光强度与最低检出量的荧光强度一致为止。滴加式样如下：

第一点：10μl 黄曲霉毒素 $B_1$ 标准使用液（0.04μg/ml）。

第二点：根据情况滴加 10μl 样液。

第三点：根据情况滴加 15μl 样液。

第四点：根据情况滴加 20μl 样液。

**4. 结果计算** 试样中黄曲霉毒素 $B_1$ 的含量按下列公式进行计算

$$X=0.0004\times\frac{V_1\times D}{V_2}\times\frac{1000}{m}$$

式中，$X$：试样曲霉毒素 $B_1$ 的含量（μg/kg）；$V_1$：加入苯-乙腈混合液的体积（ml）；$V_2$：出现最低荧光时滴加样液的体积（ml）；$D$：样液的总稀释倍数；$m$：加入苯-乙腈混合液溶解时相当试样的质量（g）；0.0004：黄曲霉毒素 $B_1$ 的最低检出量（μg）。

结果表示到测定值的整数位。

## 二、免疫测定法（ELISA）

**【实验目的】**

掌握食品中黄曲霉毒素 $B_1$ 的提取方法。

了解 ELISA 的原理、方法和操作步骤。

熟悉酶标仪的操作方法。

**【实验原理】**

样品中的黄曲霉毒素 $B_1$ 经提取、脱脂、浓缩后与定量特异性抗体反应，多余的游离抗体则与酶标板内的包被抗原结合，加入酶标记物和底物后显色，与标准比较来测定含量。

## 【仪器与试剂】

**1. 仪器**　小型粉碎机、电动振荡器、酶标仪，内置 490nm 滤光片、恒温水浴锅、恒温培养箱、酶标微孔板、微量加样器及配套吸头。

**2. 试剂**

(1) 抗黄曲霉毒素 $B_1$ 单克隆抗体(由卫生部食品卫生监督所质控)、人工抗原(AFB-牛血清白蛋白结合物)、三氯甲烷、甲醇、石油醚、牛血清白蛋白(BSA)、邻苯二胺、辣根过氧化物酶(HRP)标记羊抗鼠 IgG、碳酸钠、碳酸氢钠、磷酸二氢钾、磷酸氢二钠、氯化钠、氯化钾、过氧化氢($H_2O_2$)、硫酸。

(2) 黄曲霉毒素 $B_1$ 标准溶液的制备：用甲醇将黄曲霉毒素 $B_1$ 配制成 1mg/ml 溶液，再用甲醇-PBS 溶液(20∶80)稀释至约 10μg/ml，紫外分光光度计测此溶液最大吸收峰的光密度值，代入公式计算：

$$X=\frac{A\times M\times 1000\times f}{E}$$

式中，$X$：该溶液中黄曲霉毒素 $B_1$ 的浓度(μg/ml)；$A$：测得的光密度值；$M$：黄曲霉毒素 $B_1$ 的分子量(312)；$E$：摩尔消光系数(21800)；$f$：使用仪器的校正因素。

根据计算将该溶液配制成 10μg/ml 标准溶液，检测时用甲醇-PBS 溶液将该标准溶液稀释至所需浓度。

(3) ELISA 缓冲液

1) 包被缓冲液(pH 9.6 碳酸盐缓冲液)的制备：

$Na_2CO_3$ 1.59g

$NaHCO_3$ 2.93g

加蒸馏水至 1000ml。

2) 磷酸盐缓冲液(pH 7.4PBS)的制备：

| | |
|---|---|
| $KH_2PO_4$ | 0.2g |
| $Na_2HPO_4\cdot 12H_2O$ | 2.9g |
| NaCl | 8.0g |
| KCl | 0.2g |

加蒸馏水至 1000ml。

3) 洗液(PBS-T)的制备：PBS 加体积分数为 0.05%的吐温 20。

4) 抗体稀释液的制备：BSA1.0g 加 PBS-T 至 1000ml。

5) 底物缓冲液的制备。

A 液(0.1mol/L 柠檬酸水溶液)：柠檬酸($C_6H_8O_7\cdot H_2O$) 21.01g，加蒸馏水至 1000ml。

B 液(0.2mol/L 磷酸氢二钠水溶液)：磷酸氢二钠($Na_2HPO_4\cdot 12H_2O$)71.6g，加蒸馏水至 1000ml。

用前按 A 液∶B 液∶蒸馏水为 24.3∶25.7∶50 的比例(体积比)配制。

6) 封闭液的制备：同抗体稀释液。

## 【操作步骤】

**1. 取样**　同薄层色谱法。

**2. 提取**

(1) 大米和小米(脂肪含量小于3%)的提取:样品粉碎后过20目筛,称取20g,加入250ml具塞锥形瓶中。准确加入60ml三氯甲烷,盖塞后滴水封严。150r/min振荡30分钟,静置后,用快速定性滤纸过滤于50ml烧杯中。立即取12ml滤液(相当4g样品)于75ml蒸发皿中,65℃水浴通风、挥干。用2ml 20% 甲醇-PBS分三次(0.8、0.7、0.5ml)溶解并彻底冲洗蒸发皿中凝结物,移至小试管,加盖振荡后静置待测。此溶液每毫升相当于2g样品。

(2) 玉米的提取(脂肪含量3%～5%):样品粉碎后过20目筛,称取20g,加入250ml具塞锥形瓶中,准确加入50ml甲醇一水(80:20)溶液和15ml石油醚,盖塞后滴水封严。150r/min振荡30分钟用快速定性滤纸过滤于125ml分液漏斗中。待分层后,放出下层甲醇-水溶液于50ml烧杯中,从中取10ml(相当于4g样品)于75ml蒸发皿中,65℃水浴通风、挥干。用2ml 20%甲醇-PBS分三次(0.8、0.7、0.5ml)溶解并彻底冲洗蒸发皿中凝结物,移至小试管,加盖振荡后静置待测。此溶液每毫升相当于2g样品。

(3) 花生的提取(脂肪含量15%～40%):样品去壳去皮粉碎后称取20g,加入250ml具塞三角瓶中,准确加入100ml甲醇一水(55:45)溶液和30ml石油醚。盖塞后滴水封严。150r/min振荡30分钟。静置15分钟后用快速定性滤纸过滤于125ml分液漏斗中。待分层后,放出下层甲醇。水溶液于100ml烧杯中,从中取20ml(相当于4g样品)置于另一个125ml分液漏斗中,加入20ml三氯甲烷,振摇2分钟,静置分层(如有乳化现象可滴加甲醇促使分层)。放出三氯甲烷于75ml蒸发皿中。再加5ml三氯甲烷于分液漏斗中重复振摇提取后,放出三氯甲烷一并于蒸发皿中,65℃水浴通风、挥干。用2ml 20%甲醇-PBS分三次(0.8、0.7、0.5ml)溶解并彻底冲洗蒸发皿中凝结物,移至小试管,加盖振荡后静置待测。此溶液每毫升相当于2g样品。

(4) 植物油的提取:用小烧杯称取4g样品,用20ml石油醚,将样品移于125ml分液漏斗中,用20ml甲醇-水(55:45)溶液分次洗烧杯,溶液一并移于分液漏斗中(精炼油4g样品为4.525ml,直接用移液器加入分液漏斗,再加溶剂后振摇)振摇2分钟。静置分层后,放出下层甲醇-水溶液于75ml蒸发皿中,再用5ml甲醇,水溶液重复振摇提取一次,提取液一并加入蒸发皿中,65℃水浴通风、挥干。用2ml 20%甲醇-PBS分三次(0.8、0.7、0.5ml)溶解并彻底冲洗蒸发皿中凝结物,移至小试管,加盖振荡后静置待测。此溶液每毫升相当于2g样品。

**3. 间接竞争性酶联免疫吸附测定(ELISA)**

(1) 包被微孔板:用黄曲霉毒素$B_1$-BSA人工抗原包被酶标板,150μg/孔,4℃过夜。

(2) 抗体抗原反应:将黄曲霉毒素$B_1$纯化单克隆抗体稀释后分别:

1) 与等量不同浓度的黄曲霉毒素$B_1$标准溶液用2ml试管混合振荡后,4℃静置。此液用于制作黄曲霉毒素$B_1$标准抑制曲线。

2) 与等量样品提取液用2ml试管混合振荡后,4℃静置。此溶液用于测定样品中黄曲霉毒素$B_1$含量。

(3) 封闭:已包被的酶标板用洗液洗3次,每次3分钟后,加封闭液封闭,250μl/孔,置37℃下1小时。

(4) 测定:酶标板洗3×3min后,加抗体抗原反应液(在酶标板的适当孔位加抗体稀释液作为阴性对照)130μl/孔,37℃,2小时。酶标板洗3×3min,加酶标二抗(1:200,体积分数)100μl/孔,1小时。酶标板用洗液洗5×3min。加底物溶液(10mg OPD),加25ml底物缓冲液,加37μl 30% $H_2O_2$,100μl/孔,37℃,15分钟,然后加2mol/L$H_2SO_4$,40μl/孔,以终止显色反应，酶标仪 490nm 测出 $OD$ 值。

【结果计算】

试样中黄曲霉毒素 $B_1$ 的含量按下列公式进行计算

$$X = C \times \frac{V_1}{V_2} \times D \times \frac{1}{m}$$

式中，$X$：黄曲霉毒素 $B_1$ 浓度(ng/g)；$C$：黄曲霉毒素 $B_1$ 含量(对应标准曲线按数值插入法求得，ng)；$V_1$：样品提取液的体积(ml)；$V_2$：滴加样液的体积(ml)；$D$：稀释倍数；$m$：样品质量(g)。

由于按标准曲线直接求得的黄曲霉毒素 $B_1$ 浓度($C_1$)的单位为 ng/ml，而测孔中加入的样品提取的体积为 0.065ml，所以式中

$$C = 0.065\text{ml} \times C_1$$

而 $V_1 = 2\text{ml}$，$V_2 = 0.065\text{ml}$，$D = 2$，$\text{m} = 4\text{g}$，代入上述公式，则

$$X = 0.065 \times C_1 \times \frac{2}{0.065} \times 2 \times \frac{1}{4} = C_1$$

所以，在对样品提取完全按本方法进行时，从标准曲线直接求得的数值 $C_1$，即为所测样品中黄曲霉毒素 $B_1$ 的浓度(ng/g)。

(孙素霞)

## 第六节　蔬菜中有机磷及氨基甲酸酯农药残留的快速检测

【实验目的】

掌握蔬菜中有机磷和氨基甲酸酯类农药残留量的快速检测方法。

【实验原理】

有机磷和氨基甲酸酯类农药能抑制昆虫中枢和周围神经系统中乙酰胆碱酶活性，导致乙酰胆碱积累，影响正常神经冲动传导，从而使昆虫中毒死亡。根据这一昆虫毒理学原理，用于对农药残留的检测。

以乙酰胆碱(ACh)为底物，在乙酰胆碱酯酶(AChE)的作用下，乙酰胆碱水解成硫代胆碱和乙酸，硫代胆碱与二硫双对硝基苯甲酸(DTNB)反应使反应液呈黄色，在分光光度计 412nm 处有最大吸收峰，用比色法可测得胆碱酯酶的活性(用抑制率表示)。

如果蔬菜的提取液中不含有机磷或氨基甲酸酯类农药残留或残留量较低，胆碱酯酶的活性不被抑制，试验中加入的底物就被酶水解或少部分被水解，水解产物与加入的显色剂反应产生颜色。反之，如果蔬菜的提取液中含有一定量的有机磷或氨基甲酸酯类农药，胆碱酯酶的活性被抑制，试验中加入的底物就不能被胆碱酯酶水解，从而不显色或颜色变化很小，用分光光度计测定吸光值随时间的变化，计算出抑制率，就可以判断蔬菜中含有机磷或氨基甲酸酯类农药的残留情况。

【仪器与试剂】

**1. 仪器**　721 分光光度计、电子天平(准确度 0.1g)、微型样品混合器、恒温箱、移液枪、玻璃器皿。

**2. 试剂**

(1) 本方法全部使用蒸馏水,试剂为分析纯。

(2) 试剂缓冲液(样本提取液):磷酸氢二钠+磷酸二氢钾,pH 调至 8,室温保存。

(3) 胆碱酯酶(乙酰胆碱酯酶或丁酰胆碱酯酶):酶粉冷冻保存,用时溶解,溶解后分装成 3~4 个小瓶,暂时不用的酶保存在冰箱的冷冻层内,使用时解冻,解冻后的酶冷藏条件下贮存,拿出使用时,利用冰块等保证酶处于低温状态下,解冻的酶一周内用完。如用后还需重新冷冻,反复解冻不要超过 2 次。

(4) 底物:硫代乙酰胆碱,4℃冰箱保存。

(5) 显色剂:DTNB,4℃冰箱保存。

(6) 固化有胆碱酯酶和靛酚乙酸酯试剂的纸片(农药速测卡)。

**【操作步骤】**

**1. 速测卡法**(纸片法,GB/T 5009.199-2003)

(1) 表面测定法(粗筛法)

1) 擦去蔬菜表面泥土,滴 2~3 滴缓冲溶液在蔬菜表面,用另一片蔬菜在滴液处轻轻摩擦。

2) 取一片速测卡,将蔬菜上的液滴滴在白色药片上。

3) 放置 10 分钟以上进行预反应,有条件时在 37℃恒温装置中放置 10 分钟。预反应后的药片表面必须保持湿润。

4) 将速测卡对折,用手捏 3 分钟或用恒温装置恒温 3 分钟,使红色药片与白色药片叠合发生反应。

5) 每批测定应设一个缓冲液的空白对照卡。

(2) 整体测定法

1) 选取有代表性的蔬菜样品,擦去表面泥土,剪成 1cm 左右见方碎片,取 5g 放入带盖瓶中,加入 10ml 缓冲溶液,振摇 50 次,静置 2 分钟以上。

2) 取一片速测卡,用白色药片蘸取提取液,放置 10 分钟以上进行预反应,有条件时在 37℃恒温装置中放置 10 分钟。预反应后的药片表面必须保持湿润。

3) 将速测卡对折,用手捏 3 分钟或用恒温装置恒温 3 分钟,使红色药片与白色药片叠合发生反应。

4) 每批测定应设一个缓冲液的空白对照卡。

**2. 酶抑制法**(GB/T 5009.199-2002、NY/T 448-2001)

(1) 样品处理:选取有代表性的蔬菜样品,擦去表面泥土,剪成 1cm 左右见方碎片,取样品 1g,放入烧杯或提取瓶中,加入 5ml 缓冲溶液浸没菜叶,振荡 1~2 分钟,倒出提取液,静置 3~5 分钟,待测。

(2) 对照溶液测试:先于试管中加入 2.5ml 缓冲溶液,再加入 0.1ml 酶液和 0.1ml 显色剂,摇匀后于 37℃放置 15 分钟以上(每批样品的控制时间应一致)。加入 0.1ml 底物摇匀,开始显色反应,此时应立即放入仪器比色池中,于 412nm 波长下比色,记录反应 3 分钟的吸光度变化值 $A_0$。

(3) 样品溶液测试:于试管中加入 2.5ml 样品提取液,其他操作与对照溶液测试相同,记录反应 3 分钟的吸光度变化值 $A_t$。

(4) 结果的表述计算：

$$X=\frac{A_0-A_t}{A_0}\times 100$$

式中，$X$：抑制率(%)；$A_0$：对照组 3 分钟后与 3 分钟前吸光值之差；$A_t$：样本组 3 分钟后与 3 分钟前吸光值之差。

**【检测结果判断标准】**

**1. 速测卡法**(纸片法，GB/T 5009.199-2002)**结果判定**(表 4-3) 检测结果以酶被有机磷或氨基甲酸酯类农药抑制(阳性)、未抑制(阴性)表示(表 4-4)。

**表 4-3 速测卡法(纸片法，GB/T 5009.199-2002)结果判定**

| 判定结论 | 判定依据 |
|---|---|
| 强阳性结果 | 速测卡白色药片不变色，说明农药残留量较高 |
| 弱阳性结果 | 速测卡白色药片显浅蓝色，说明农药残留量相对较低 |
| 阴性结果 | 速测卡白色药片显天蓝色或与空白对照卡相同 |

**表 4-4 速测卡对部分农药的检出限**

| 农药名称 | 检出限(mg/kg) | 农药名称 | 检出限(mg/kg) | 农药名称 | 检出限(mg/kg) |
|---|---|---|---|---|---|
| 甲胺磷 | 1.7 | 乙酰甲胺磷 | 3.5 | 氧化乐果 | 2.3 |
| 对硫磷 | 1.7 | 敌敌畏 | 0.3 | 甲萘威 | 2.5 |
| 水胺硫磷 | 3.1 | 敌百虫 | 0.3 | 好年冬 | 1.0 |
| 马拉硫磷 | 2.0 | 乐果 | 1.3 | 呋喃丹 | 0.5 |

**2. 酶抑制法**(GB/T 5009.199-2003)**结果判定**(表 4-5) 酶抑制法对部分农药的检出限见表 4-6。

**表 4-5 酶抑制法的结果判定**

| 判定依据 | 说明 |
|---|---|
| 抑制率<50% | 合格 |
| 抑制率=50%-70% | 蔬菜上可能存在有机磷或氨基甲酸酯类农药残留 |
| 抑制率=70% | 超标，蔬菜中存在有机磷或氨基甲酸酯类农药残留 |

注：阳性结果的样品需要重复检测 2 次以上

**表 4-6 酶抑制法对部分农药的检出限**

| 农药名称 | 检出限(mg/kg) | 农药名称 | 检出限(mg/kg) | 农药名称 | 检出限(mg/kg) |
|---|---|---|---|---|---|
| 敌敌畏 | 0.1 | 马拉硫磷 | 4.0 | 敌百虫 | 0.2 |
| 对硫磷 | 1.0 | 乐果 | 3.0 | 灭多威 | 0.1 |
| 辛硫磷 | 0.3 | 氧化乐果 | 0.8 | 丁硫克百威 | 0.05 |
| 甲胺磷 | 2.0 | 甲基异柳磷 | 5.0 | 呋喃丹 | 0.05 |

**【注意事项】**

(1) 此方法只能检测有机磷和氨基甲酸酯类农药，不适用于其他农药残毒检测，当用此方法检测出有残毒问题的蔬菜时，如果要作为仲裁结果，应送到有关部门进一步用气相色谱等仪器进行定性和定量分析。

(2) 葱、蒜、萝卜、韭菜、芹菜、香菜、茭白、蘑菇及番茄汁液中含有对酶有影响的植物次生物质，容易产生假阳性。处理这类样品时，可采取整株(体)蔬菜浸提或表面测定法。对一些含叶绿素较高的蔬菜，也可采取整株(体)蔬菜浸提的方法，减少色素干扰。

(3) 如室温低于20℃，采用酶抑制法建议使用30℃水浴；采用纸片法时，药片加液后放置反应的时间应相对延长，延长时间的确定，应以空白对照卡用(体温)手指捏3分钟时可以变蓝，即可往下操作。

(4) 速测卡对农药非常敏感，测定时如果附近喷洒农药或使用卫生杀虫剂，以及操作者和器具沾有微量农药，都会造成对照和测定药片不变蓝。

(5) 采用纸片法时，红色药片与白色药片叠合反应时间以3分钟为准，3分钟后的蓝色会逐渐加深，24小时后颜色会逐渐褪去。

(邓　红)

## 第七节　动物性食品中盐酸克伦特罗残留量的测定

盐酸克伦特罗俗称瘦肉精，我国全面禁止畜牧行业生产、销售和使用盐酸克伦特罗。目前盐酸克伦特罗的检测方法主要包括酶联免疫法(ELISA)、高效液相色谱法(HPLC)、气相色谱/质谱法(GC-MS)等，用于筛选、定性和定量。本实验以GB/TS009.192-2003为依据，介绍HPLC和ELISA。本实验要求了解动物性食品中盐酸克伦特罗残留的主要来源，掌握动物性食品中盐酸克伦特罗残留量的测定方法。

### 一、高效液相色谱法(HPLC)

**【实验原理】**

固体试样(肌肉、肝脏或肾脏等)剪碎后用高氯酸溶液匀浆，超声加热提取后，用异丙醇，乙酸乙酯萃取，有机相浓缩，经弱阳离子交换柱进行分离，用乙醇-氨溶液洗脱，洗脱液经浓缩、流动相定容后在高效液相色谱仪上进行测定，外标法定量。在重复性条件下获得的两次独立测定结果的绝对差值不得超过算术平均值的20%。

**【仪器与试剂】**

**1. 仪器**　高效液相色谱仪。

**2.** 氯化钠、乙醇、甲醇(色谱纯)、高氯酸溶液(0.1mol/L)、氢氧化钠溶液(1mol/L)、磷酸二氢钠缓冲液(0.1mol/L，pH=6.0)、异丙醇：乙酸乙酯(40：60)、乙醇：浓氨水(98：2)、甲醇：水(45：55)、盐酸克伦特罗(纯度>99.5%)。

注：盐酸克伦特罗标准溶液的配制：准确称取盐酸克伦特罗标准品用甲醇配成浓度为250mg/L的标准贮备液，贮于冰箱中；使用时用甲醇稀释成0.5mg/L的克伦特罗标准使用液，必要时用甲醇：水(45：55)进一步稀释。

**【操作步骤】**

**1. 提取**　称取肌肉、肝脏或肾脏试样10g(精确到0.01g)，用20ml 0.1mol/L高氯酸溶液匀浆，置于磨口玻璃离心管中；然后置于超声波清洗器中超声 20 分钟，取出置于 80℃水浴中加热 30 分钟。取出冷却后离心（4500r/min）15 分钟。倾出上清液，沉淀用 5ml 0.1mol/L 高氯酸溶液洗涤，再离心，将两次上清液合并。用 1mol/L 氢氧化钠溶液调 pH 至 9.5±0.1，若有沉淀产生，再离心（4500r/min）10 分钟，将上清液转移至磨口玻璃离心管中，加 8g 氯化钠，混匀。加入 25ml 异丙醇：乙酸乙酯（40：60），置于振荡器上振荡 20 分钟，放置 5 分钟（若有乳化层稍离心一下）。用吸管将上层有机相移至旋转蒸发瓶中，用 20ml 异丙醇：乙酸乙酯（40：60）再重复萃取一次，合并有机相，于 60℃在旋转蒸发器上浓缩至近干。用 1ml 0.1mol/L 磷酸二氢钠缓冲液充分溶解残留物，经针筒式微孔过滤膜过滤，洗涤三次后完全转移至 5ml 玻璃离心管中，并用 0.1mol/L 磷酸二氢钠缓冲液定容至刻度。

**2. 净化**　依次用 10ml 乙醇、3ml 水、3ml 0.1mol/L 磷酸二氢钠缓冲液、3ml 水冲洗弱阳离子交换柱。取适量提取液至弱阳离子交换柱上，弃去流出液，分别用 4ml 水和 4ml 乙醇冲洗柱子，弃去流出液，用 6ml 乙醇：浓氨水（98：2）冲洗柱子，收集流出液。将流出液在 $N_2$-蒸发器上浓缩至干。

**3. 测定前的准备**　净化、吹干的试样残渣中加入 100～500μl 流动相，在涡旋式混合器上充分振摇，使残渣溶解，液体浑浊时用 0.45μm 针筒式微孔过滤膜过滤，上清液用于测定。

**4. 测定**　液相色谱测定参考条件：

（1）色谱：BDS 或 ODS 柱，250mm×4.6mm，5μm。

（2）流动相：甲醇：水（45：55）。

（3）流速：1ml/min。

（4）进样量：20～50μl。

（5）柱箱温度：25℃。

（6）紫外检测器：244nm。

吸取 20～50μl 标准校正溶液及试样液注入液相色谱仪，以保留时间定性，用外标法单点或多点校准法定量。

### 【结果计算】

计算按外标法计算试样中盐酸克伦特罗的含量。

$$X=\frac{A\times F}{m}$$

式中，$X$：试样中盐酸克伦特罗的含量（μg/kg 或 μg/L）；$A$：试样色谱峰与标准色谱峰的峰面积比值对应的盐酸克伦特罗的质量（ng）；$F$：试样稀释倍数；$M$：试样的取样量（g 或 ml）。

## 二、酶联免疫法（ELISA 筛选法）

### 【实验原理】

基于抗原抗体反应进行竞争性抑制测定。微孔板包被有针对盐酸克伦特罗 IgG 的抗体。盐酸克伦特罗抗体加入后，经过孵育及洗涤步骤后，加入竞争性克伦特罗-酶标记物、标准或试样溶液。盐酸克伦特罗与竞争性酶标记物竞争盐酸克伦特罗抗体，没有与抗体连接的盐酸克伦特罗-标记酶在洗涤步骤中被除去。将底物（过氧化尿素）和发色剂（四甲基联苯胺）加入到孔中孵育，结合的标记酶将无色的发色剂转化为蓝色的产物。加入反应停止液后使颜色由蓝色转变为黄色。在 450nm 处测量吸光度值，吸光度比值与盐酸克伦特罗浓度的自然对数成反比。重复性条件下获得的两次独立测定结果的绝对差值不得超过算术平均值的 20%。

**【仪器与试剂】**

**1. 仪器** 酶标仪(配备 450nm 滤光片)。

**2.** 高氯酸溶液(0.1mol/L)、氢氧化钠溶液(1mol/L)、磷酸二氢钠缓冲液(0.1mol/L,pH=6.0)、异丙醇:乙酸乙酯(40:60)、针筒式微孔过滤膜(0.45μm,水相)。

注:盐酸克伦特罗酶联免疫试剂盒,包括以下组成:①96 孔板(12 条×8 孔)包被有针对盐酸克伦特罗 IgG 的抗抗体;②盐酸克伦特罗系列标准液(至少有 5 个倍比稀释浓度水平,外加 1 个空白);③过氧化物酶标记物(浓缩液);④盐酸克伦特罗抗体(浓缩液);⑤酶底物:过氧化尿素;⑥发色剂:四甲基联苯胺;⑦反应停止液:1mol/L 硫酸。

**【操作步骤】**

**1. 提取肌肉、肝脏及肾脏试样** 提取同 HPLC 法。

**2. 测定**

(1) 试剂的准备

1) 竞争酶标记物:提供的竞争酶标记物为浓缩液。由于稀释的酶标记物稳定性不好,仅稀释实际需用量的酶标记物。在吸取浓缩液之前,要仔细振摇。用缓冲液以 1:10 的比例稀释酶标记物浓缩液(如 400μl 浓缩液:4.0ml 缓冲液,足够 4 个微孔板条 32 孔用)。

2) 盐酸克伦特罗抗体:提供的盐酸克伦特罗抗体为浓缩液,由于稀释的盐酸克伦特罗抗体稳定性变差,仅稀释实际需用量的盐酸克伦特罗抗体。在吸取浓缩液之前。要仔细振摇。用缓冲液以 1:10 的比例稀释抗体浓缩液(如 400μl 浓缩液+4.0ml 缓冲液,足够 4 个微孔板条 32 孔用)。

3) 包被有抗抗体的微孔板条:取出需用数量的微孔板及框架,将不用的微孔板放进原锡箔袋中,并且与提供的干燥剂一起重新密封,保存于 2~8℃。

(2) 试样准备:将提取物取 20μl 进行分析。高残留的试样用蒸馏水进一步稀释。

(3) 测定使用前将试剂盒在室温(19~25℃)下放置 1~2 小时。

1) 将标准和试样(至少按双平行实验计算)所用数量的孔条插入微孔架,记录标准和试样的位置。

2) 加入 100μl 稀释后的抗体溶液到每一个微孔中,充分混合并在室温孵育 15 分钟。

3) 倒出孔中的液体,将微孔架倒置在吸水纸上拍打(每行拍打 3 次)以保证完全除去孔中的液体。用 250μl 蒸馏水充入孔中,再次倒掉孔中液体,再重复操作 2 次以上。

4) 加入 20μl 的标准或处理好的试样到各自的微孔中。标准和试样至少做两个平行实验。

5) 加入 100μl 稀释的酶标记物,室温孵育 30 分钟。

6) 倒出孔中的液体,将微孔架倒置在吸水纸上拍打(每行拍打 3 次)以保证完全除去孔中的液体。用 250μl 蒸馏水充入孔中,再次倒掉孔中液体,再重复操作 2 次以上。

7) 加入 50μl 酶底物和 50μl 发色试剂到微孔中,充分混合并在室温暗处孵育 15 分钟。

8) 加入 100μl 反应停止液到微孔中,混匀后尽快在 450nm 波长处测量吸光度值。

**【结果计算】**

用所获得的标准溶液和试样溶液吸光度值与空白溶液的比值进行计算:

$$A'=\frac{B}{B_0}\times 100$$

式中，$A'$：相对吸光度值(%)；$B$：标准(或试样)溶液的吸光度值；$B_0$：空白(浓度为 0 的标准溶液)的吸光度值。

将计算的 $A'$(相对吸光度值%)对应盐酸克伦特罗浓度(ng/L)的自然对数作半对数坐标系统曲线图，校正曲线在 0.004～0.054ng(200～2000ng/L 范围内)呈线性，对应的试样浓度可从校正曲线算出：

$$X=\frac{A\times f}{m\times 1000}$$

式中，$X$：试样中盐酸克伦特罗的含量(μg/kg 或 μg/L)；$A$：试样的相对吸光度值(%)对应的盐酸克伦特罗含量(ng/L)；$F$：为试样稀释倍数；$M$：试样的取样量(g 或 ml)。

计算结果精确到数点后两位。阳性结果需要经过高效液相色谱法(HPLC)确认。

(邓　红)

# 第八节　食品中重金属(汞)污染检验

## 一、冷原子吸收法

**【实验目的】**

掌握用分光分度计测定总汞的方法，以及用冷原子吸收法测总汞的方法。

**【实验原理】**

汞蒸气对波长 253.7nm 的共振线具有强烈的吸收作用，样品经过硝酸-硫酸或硝酸-硫酸-五氧化二钒消化使汞转为离子状态，在强酸性中以氯化亚锡还原成元素汞，以氮气干燥清洁空气作为载体，将汞吸出，进行冷原子吸收测定，与标准系列比较定量。

**【仪器与试剂】**

**1. 仪器**　消化装置一套、测汞仪、汞蒸气发生器、抽气装置。

**2. 试剂**

(1) 硫酸、硝酸、无水氯化钙(干燥用)、五氧化二钒、20%盐酸羟胺溶液。

(2) 30%氯化亚锡溶液：称取 30g 氯化亚锡($SnCl_2 \cdot 2H_2O$)加少量水，再加 2ml 硫酸使溶解后，加水稀释至 100ml，放置冰箱保存。

(3) 5mol/L 混合酸液：量取 10ml 硫酸，再加入 10ml 硝酸，慢慢倒入 50ml 水中，冷后加水稀释至 100ml。

(4) 5%高锰酸钾溶液：配好后煮沸 10 分钟，静置过夜，过滤，棕色瓶中。

(5) 汞标准溶液：精密称取 0.1 354g 于干燥器干燥过的二氯化汞，加 5mol/L 混合酸溶解后移入 100ml 容量瓶中，并稀释至刻度，混匀，此溶液每毫升相当于 1mg 汞。

(6) 汞标准使用液：吸取 1.0ml 汞标准溶液，置于 100ml 容量瓶中，加 5mol/L 混合酸稀释至刻度，此溶液每毫升相当于 1μg 汞，再吸取此液 1.0ml，置于 100ml 容量瓶中，加 5mol/L 混合酸稀释至刻度，此溶液每毫升相当于 0.1μg 汞，用时现配。

【操作方法】

**1. 样品消化**

(1) 回流消化法

1) 粮食或水分少的食品:称取 10g 样品,置于消化装置锥形瓶中,加玻璃珠数粒,加 45ml 硝酸,10ml 硫酸,转动锥形瓶防止局部炭化,装上冷凝管后,小火加热,待开始发泡即停止加热,发泡停止后,加热回流 2 小时。如加热过程中溶液变棕色,再加 5ml 硝酸,继续回流 2 小时,放冷后从冷凝管上端小心加 20ml 水,继续加热回流 10 分钟,放冷,用适量水冲洗冷凝管,洗液并入消化液中,将消化液经玻璃棉过滤于 100ml 容量瓶内,用少量水洗锥形瓶,滤器,洗液并入容量瓶内,加水至刻度混匀,取与消化样品相同量的硝酸、硫酸,按同一方法做试剂空白试验。

2) 植物油及动物油脂:称取 5.0g 样品,置于消化装置锥形瓶中,加玻璃珠数粒,加入 7ml 硫酸,小心混匀至溶液颜色变为棕色,然后加 40ml 硝酸,装上冷凝管后,以下按 1) 自"小火加热"起依法操作。

3) 薯类、豆制品:称取 20g 捣碎混匀的样品(薯类须预先洗净晾干),置于消化装置锥形瓶中,加玻璃珠数粒及 30ml 硝酸、5ml 硫酸,转动锥形瓶防止局部炭化,装上冷凝管后,以下按 1) 自"小火加热"起依法操作。

4) 肉、蛋类:称取 10g 捣碎混匀的样品,置于消化装置锥形瓶中,加玻璃数粒及 30ml 硝酸,5ml 硫酸,转动锥形瓶防止局部炭化,装上冷凝管以下按自 1)"小火加热"起依法操作。

5) 牛乳及乳制品:称取 20g 牛乳或酸牛乳,或相当于 20g 牛乳的乳制品(2.4g 全脂乳粉,8g 甜炼乳),置于消化装置锥形瓶中,加玻璃珠数粒及 30ml 硝酸,牛乳或酸牛乳加 10ml 硫酸,乳制品加 5ml 硫酸,转动锥形瓶防止局部炭化。装上冷凝管后,以下按 1)"小火加热"起依法操作。

(2) 五氧化二钒消化法:本法适用于水产品、蔬菜、水果。

1) 取可食部分、洗净,晾干、切碎、混匀,取 2.50g 水产品或 10g 蔬菜,水果,置于 50~100ml 锥形瓶中,加 50mg 五氧化二钒粉末,再加 8ml 硝酸,振摇,放置 4 小时,加 5ml 硫酸,混匀,然后移至 140℃砂浴上加热,开始作用较猛烈,以后渐渐缓慢,待瓶口基本上无棕色气体逸出时,用少量水冲洗瓶口,再加热 5 分钟,放冷。加入 5ml 5%高锰酸钾溶液,放置 4 小时(或过夜),滴加 20%盐酸羟胺溶液使紫色褪去,振摇,放置数分钟,移入容量瓶中,并稀释至刻度,蔬菜、水果为 25ml,水产品为 100ml。

2) 取与消化样品相同量的五氧化二钒,硝酸,硫酸按同一方法进行试剂空白试验。

**2. 测定**

(1) 用回流消化法制备的样品消化液

1) 吸取 10.0ml 样品消化液,置于汞蒸气发生器内,连接抽气装置,沿壁迅速加入 2ml 30%氯化亚锡溶液,立即通入流速为 1.5L/min 的氮气或经活性炭处理的空气,使汞蒸气经过氯化钙干燥管进入测汞仪中,读取测汞仪上最大读数,同时做试剂空白实验。

2) 吸取 0.00、0.10、0.20、0.30、0.40、0.50ml 汞标准使用液(相当 0、0.01、0.02、0.03、0.04、0.05μg 汞)置于试管中,各加 10ml 15mol/L 混合酸,以下按测定 1) 自"置于汞蒸气发生器内"起依法操作,绘制标准曲线。

3) 计算:

$$X=\frac{(A_1-A_2)\times 1000}{\left(m\times\frac{V_2}{V_1}\right)\times 1000}$$

式中，$X$：样品中汞的含量(mg/kg)；$A_1$：测定用样品消化液中汞的含量(μg)；$A_2$：试剂空白液中汞的含量(μg)；$m$：样品质量(g)；$V_1$：样品消化液总体积(ml)；$V_2$：测定用样品消化液体积(ml)。

(2) 用五氧化二钒消化法制备的样品消化液

1) 吸取10.0ml样品消化液，以下按回流消化法的测定(1)的方法操作。

2) 吸取0.0、0.1、0.2、0.3、0.4、0.5ml汞标准使用液(相当0、0.1、0.2、0.3、0.4、0.5μg汞)，置于6个50ml容量瓶中，各加1ml硫酸、1ml 15%高锰酸钾溶液，加20ml水，混匀，滴加20%盐酸羟胺溶液使紫色褪去，加水至刻度混匀，分别吸取10.0ml(相当0.00、0.02、0.04、0.06、0.08、0.10μg汞)，以下按回流消化法1)自“置于汞蒸气发生器内”起依法操作，绘制标准曲线。

3) 计算同前。

## 二、双硫腙法

### 【实验原理】

样品经消化后，汞离子在酸性溶液中可与双硫腙生成橙色络合物，溶于三氯甲烷，与标准系列比较定量。

### 【仪器与试剂】

**1. 仪器**　消化装置、分光光度计。

**2. 试剂**

(1) 硝酸、硫酸、氨水、三氯甲烷(不应含有氧化物)。

(2) 1mol/L硫酸：量取5ml硫酸、缓缓倒入150ml水中，冷却后加水至180ml。

(3) 5%硫酸：量取5ml硫酸，缓缓倒入90ml水中，冷却后加水至98ml。

(4) 溴麝香草酚蓝指示液：0.1%乙醇溶液。

(5) 20%盐酸羟胺溶液：吹清洁空气，可使含有的微量汞挥发除去。

(6) 双硫腙-三氯甲烷溶液(0.5g/L)，保存于冰箱中，必要时需进行纯化。

(7) 双硫腙使用液：吸取1.0ml二硫腙溶液，加三氯甲烷至10ml，混匀。用1cm比色杯，以三氯甲烷调节零点，于波长510nm处测吸光度($A$)，用下列公式算出配制100ml二硫腙使用液(70%透光率)所需二硫腙溶液的毫升数($V$)。

$$V=\frac{10(2-\lg 70)}{A}=\frac{1.55}{A}$$

(8) 汞标准溶液：精密称取0.1 354g经干燥器干燥过的二氯化汞，加1mol/L硫酸使其溶解后，移入100ml容量瓶中，并稀释至刻度。此溶液每毫升相当于1ml汞。

(9) 汞标准使用液：吸取1.0ml汞标准溶液，置于100ml容量瓶中，加1mol/L硫酸稀释至刻度，此溶液每毫升相当于10μg汞。再吸取此液5.0ml于50ml容量瓶中，加1mol/L硫酸稀释至刻度，此溶液每毫升相当于1μg汞。

### 【操作方法】

**1. 样品消化**

(1) 粮食或水分少的食品：称取20g样品，置于消化装置锥形瓶中，加玻璃珠数粒及80ml硝酸、15ml硫酸、转动锥形瓶，防止局部炭化。装上冷凝管后，小火加热，待开始发泡即停止加热,发泡停止后加热回流 2 小时。如加热过程中溶液变棕色,再加 5ml 硝酸,继续回流 2 小时,放冷,用适量水洗涤冷凝管,洗液并入消化液中,取下锥形瓶,加水至总体积为 150ml。取与消化样品相同量的硝酸,硫酸按同一方法做试剂空白试验。

(2) 植物油及动物油脂:称取 10g 样品,置于消化装置锥形瓶中,加玻璃珠数粒及 15ml 硫酸,小心混匀至溶液变棕,然后加入 45ml 硝酸,装上冷凝管后,以下按 1)自"小火加热"起依法操作。

(3) 蔬菜、水果、薯类、豆制品:称取 50g 捣碎混匀的样品(豆制品直接取样,其他样品取可食部分洗净,晾干),置于消化装置锥形瓶中,加玻璃珠数粒及 45ml 硝酸,15ml 硫酸,转动锥形瓶,防止局部炭化,装上冷凝管后,以下按 1)自"小火加热"起依法操作。

(4) 肉、蛋、水产品:称取 20g 捣碎混匀样品,置于消化装置锥形瓶中,加玻璃珠数粒及 45ml 硝酸,15ml 硫酸,装上冷凝管后,以下按 1)自"小火加热"起依法操作。

(5) 牛乳制品:称取 50g 牛乳、酸牛乳,或相当于 50g 牛乳的乳制品(6g 全脂乳粉,20g 甜炼乳,12.5g 淡炼乳)置于消化装置锥形瓶中,加玻璃珠数粒及 45ml 硝酸、牛乳、酸牛乳加 15ml 硫酸,乳制品加 10ml 硫酸装上冷凝管后,以下按 1)自"小火加热"起依法操作。

**2. 测定**

(1) 取 1~5 消化液(全量),加 20ml 水,在电炉上煮沸 10 分钟,除去二氧化氮等,放冷。

(2) 于样品消化液及试剂空白液中各加 5%高锰酸钾溶液至溶液呈紫色,然后再加 20%盐酸羟胺溶液使紫色褪去,加 2 滴麝香草酚蓝指示液,用氨水调节 pH,使橙红色变为黄色(pH 1~2)定量转移至 125ml 分液漏斗中。

(3) 吸取 0.0、0.5、1.0、2.0、3.0、4.0、5.0、6.0ml 汞标准使用液(相当于 0.0、0.5、1.0、2.0、3.0、4.0、5.0、6.0μg 汞),分别置于 125ml 分液漏斗中,加 10ml 15%硫酸,再加水至 40ml 混匀。再各加 1ml 20%盐酸羟胺溶液,放置 20 分钟并时时振摇。

(4) 于样品消化液,试剂空白液及标准液振摇放冷后的分液漏斗中加 5.0ml 双硫腙使用液,剧烈振摇 2 分钟,静置分层后,经脱脂棉将三氯甲烷层滤入 1cm 比色杯中,以三氯甲烷调节零点。在波长 490nm 处测光度,标准管吸光度减去零管吸光度,绘制标准曲线。

**3. 计算**

$$X=\frac{(A_1-A_2)\times 1000}{m\times 1000}$$

式中,$X$:试样中汞的含量(mg/kg);$A_1$:试样消化液中汞的质量(μg);$A_2$:试剂空白液中汞的质量(μg);$m$:试样质量(g)。按表 4-7 的食品中汞限量标准对测定结果进行分析。

**表 4-7 食品中汞的限量标准**

| 食品类别 | 限量标准 |
|---|---|
| 粮食 | ≤0.02mg/kg |
| 薯类(土豆)、蔬菜、水果 | ≤0.01mg/kg |
| 牛乳、乳制品(按牛乳折算) | ≤0.01mg/kg |
| 肉、蛋、油、蛋制品(按蛋折算) | ≤0.05mg/kg |
| 鱼、其他水产食品 | ≤0.3mg/kg |

(查龙应)

# 第五章　食品加工制作

## 第一节　红葡萄酒酿造实验

**【实验目的】**

学习和掌握红葡萄酒酿造的基本原理和生产的工艺过程。

学习红葡萄酒理化分析方法。

**【实验原理】**

红葡萄酒是用新鲜的红葡萄或葡萄汁为原料，经全部或部分发酵酿造而成的含有一定酒精度的发酵酒。红葡萄酒酿造时，利用葡萄酒酵母将新鲜葡萄汁中的葡萄糖、果糖等可发酵性糖转化生成酒精和二氧化碳，同时生成高级醇、脂肪酸、挥发酸、酯类等副产物，并将原料葡萄汁中的色素、单宁、有机酸、果香物质、无机盐等所有与葡萄酒质量有关的成分带入发酵的原酒中，再经过陈酿和澄清等后处理，使酒质达到清澈透明、色泽美观、滋味醇和、芳香宜人的葡萄酒。

**【仪器与试剂】**

**1. 仪器**　台秤、玻璃或陶瓷发酵瓶、细塑料管或橡胶管、葡萄压榨机或过滤白纱布。

**2. 试剂**　市售新鲜红葡萄、白砂糖、鸡蛋。

**【操作步骤】**

**1. 工艺流程**　清洗器具→分选葡萄→除梗、破碎→装料→初发酵→后发酵→澄清→贮存。

**2. 操作要点**

(1) 清洗：将主发酵器(即玻璃坛等)充分洗干净，消毒、控干。

(2) 分选：取成熟、新鲜、无病虫、无腐烂、品质好的葡萄，去除瘪粒、小粒、青粒后，浸泡，然后冲洗干净，晾干至表面没有水珠。洗时不要用手搓，因为发酵时要利用葡萄皮上的白霜(上面有大量野生酵母)进行发酵。

(3) 除梗、破碎：把手洗净，用手将葡萄挤破，去除果梗，葡萄肉和葡萄皮挤碎后放到主发酵器中。如发酵器的口较小，可在大盆中除梗、破碎，再倒入发酵器。千万别把葡萄皮扔掉，一是葡萄皮上的野生酵母菌可以启动自然发酵，二是葡萄酒需要葡萄皮的颜色。

(4) 装料：当把葡萄装到发酵器容量的 70%左右时，停止装葡萄，盖上盖子，但不要完全拧紧。不装满的原因是发酵时会产生大量二氧化碳气体，装得过满，会使宝贵的葡萄酒汁溢出。盖子拧得过紧，可能会有发酵器爆炸的危险。另外葡萄发酵也需要微量氧气。

(5) 初发酵：将装好葡萄的发酵器放在阴凉通风处，发酵温度掌握在 20～25℃为好。葡萄装入发酵器后，大约会在 12 小时以内启动发酵，表现为葡萄汁中有较多气泡产生。红葡萄酒是带皮发酵的，发酵过程中厚厚的皮渣浮于液面，这层浮渣盖住了发酵着的液体，不利于热量的散发，但有利于酵母菌的繁衍。

为使发酵正常进行，每天需用木棒或筷子搅动几次，将浮渣压入发酵液中，盖上盖子。

为提高酒精度，发酵启动后 1～2 天内，放入相当于发酵葡萄重量 1/20 的冰糖或白糖，如5kg葡萄放0.25kg糖。将糖浸入少量葡萄汁中搅拌溶化，然后再倒入发酵器搅拌均匀。发酵启动后3～4天时，再放入相当于发酵葡萄重量1/20的冰糖或白糖，即两次放的糖的总重量为葡萄重量的1/10。发酵期长短因温度而异，一般25℃时为5～7天，20℃左右为2周，15℃左右需要2～3周。当发酵器中很少有气泡冒出，只剩下没有颜色的葡萄皮和葡萄籽，品尝酒液基本没有甜味时，说明初发酵完成了。

(6) 后发酵：初发酵完成后，利用虹吸法，用细塑料管或胶管将葡萄酒汁倒入二次发酵器，然后将剩下的葡萄皮、籽、糟等用丝袜或细纱布过滤，过滤后的酒液也混入2次发酵器中，葡萄皮、籽、糟扔掉。注意二次发酵器留有1/10空隙，盖子也不要拧的很紧。放在阴凉处。

此时的葡萄酒汁较为浑浊，颜色也不大好看，但喝起来已经是干红葡萄酒的味道了。进行第2次发酵时，会有少量洁白、细腻的泡沫上升。此过程可将残糖转化为酒精，其中的酸与酒精发生作用产生清香的酯。2～3周后，二次发酵基本完成，酒液变得清澈起来(没加澄清剂，不如买的酒清澈)。

(7) 澄清：2次发酵完成后，基本具有红葡萄酒的色、香、味，但还不够澄清、透明。自然澄清需要很长时间，可采用下胶的方法人工澄清，加快进程。下胶材料为鸡蛋清，用量为100L酒加2～3个蛋清。将蛋清放入碗中，不可混入蛋黄，按每个蛋清再加食盐1g，用筷子搅拌蛋清，最少打十几分钟，一直打到呈雪花状泡沫物，甚至倒过来也不流出为止。打好后加少量酒搅匀后，再加入酒中，充分搅拌15～20分钟，静止8～10天后用白纱布进行过滤，去除酵母泥及杂质。

(8) 过滤后尽量装满新容器瓶中，经理化指标检测和品尝鉴定后，可加满封瓶进行贮存，进入陈酿阶段；亦可立即饮用。

## 【理化检测方法及感官评价】

**1. 糖度**(可溶性固形物)**测定**　采用糖度仪测定。

**2. pH测定**　用pH酸度计测定。

**3. 总糖、总酸、二氧化硫残留量的测定**　按GB/T15038-2006葡萄酒、果酒通用试验方法进行测定

**4. 微生物指标**　大肠菌群、细菌总数按GB 4789.3-2010食品卫生微生物学检验进行测定。

**5. 感官评价**　按表5-1进行葡萄酒感官评价。

**表5-1　葡萄酒的感官评价指标与评分**

| 项目 | | 要求 | 得分 |
|---|---|---|---|
| 外观30 | 色泽15 | 具有该产品应有的色泽，自然、令人愉悦(11～15) | |
| | | 具有该产品的色泽(7～11) | |
| | | 与该产品应有的色泽略有不同，缺少自然感(3～7) | |
| | | 与该产品应有的色泽明显不符，严重失光或浑浊(0～3) | |
| | 澄清程度15 | 澄清透明，有光泽(11～15) | |
| | | 澄清透明，无明显悬浮物(7～11) | |
| | | 比较澄清透明，有少量沉淀(3～7) | |
| | | 澄清度差，沉淀明显(0～3) | |

续表

| 项目 | 要求 | 得分 |
|---|---|---|
| 香气 20 | 具有纯正、浓郁、优雅和谐的果香、酒香，诸香协调(15～20) | |
| | 具有纯正和谐的果香、酒香，诸香比较协调(10～15) | |
| | 具有该产品应有的气味，无异味(5～10) | |
| | 有明显异香、异味(0～5) | |
| 滋味 50 | 口感细腻、舒顺、酒体丰满、完整、回味绵长，具有该产品应有的怡人风格(40～50) | |
| | 口感纯正，较舒顺，较完整，优雅，回味较长，具有良好的风格(30～40) | |
| | 口感尚平衡，欠协调、完整，无明显缺陷(20～30) | |
| | 酒体寡淡、不协调(0～20) | |

**【注意事项】**

(1) 各类容器一定要洗干净，葡萄酿制过程中不能碰到油污、铁器、铜器、锡器等，但可以接触干净的不锈钢制品。

(2) 发酵时，发酵器的盖子一定不要盖死，防止爆炸。

(3) 糖不要多放，以免影响发酵过程。若想喝甜葡萄酒，可在发酵完成后饮用时加糖。

(4) 葡萄除杂后应整串清洗，不能分离成粒再清洗，以免生水进入葡萄导致酿酒失败。

（陈骁熠）

## 第二节　澄清型苹果汁饮料制作实验

**【实验目的】**

熟悉和掌握澄清型苹果汁饮料的工艺过程和生产操作。

熟悉和掌握澄清果汁的方法。

熟悉和掌握果汁调配的正交设计，以及果汁生产质量标准的检测方法。

**【实验原理】**

苹果汁饮料是由新鲜的苹果经挑选、洗涤、榨汁、澄清，并以此为基料，添加糖、酸香料和水等调配，再经装瓶、杀菌等工序而制成的保持有新鲜苹果的风味和营养价值的汁液。使用果胶酶澄清果汁，水解果汁中的果胶物质，生成乳糖醛酸和其他降解物，当果胶失去胶凝作用后，果汁中的非可溶性悬浮颗粒会聚集在一起，使果汁形成一种可见的絮状沉淀物。加入明胶与果汁中的蛋白质物质形成配合物。此外，在酸性介质中带正电荷的明胶与带负电荷的果胶、纤维素、单宁及多缩戊糖等作用，凝结沉淀，也可使果汁澄清。

**【仪器与材料】**

**1. 实验仪器**　刀、榨汁机、不锈钢盘、烧杯、调配管、糖度计、pH 计、折光仪、温度计、电子天平、碱式滴定仪、玻璃瓶、药勺、电磁炉、不锈钢锅、过滤机、脱气机。

**2. 实验材料**　苹果、砂糖、维生素 C、柠檬酸、果胶酶、明胶、95%乙醇溶液、碘液、0.1mol/L NaOH 溶液、酚酞指示剂。

**【实验步骤】**

**1. 工艺流程** 苹果选择→清洗和处理→榨汁→粗滤→澄清→精滤→调配→脱气→杀菌→装罐

**2. 操作要点**

(1) 苹果选择:采用新鲜成熟,无霉烂,无病害虫苹果。

(2) 清洗和处理:用流动水洗净,并去皮去核,并将苹果切成5mm厚薄片,并称重。

(3) 榨汁、粗滤:可采用包裹式、液压式、室式或螺旋榨汁机,并喷入适量维生素C抗氧化剂以防氧化。在榨汁过程中可通过榨汁机上的多孔金属筛网(孔径在0.5mm左右)进行粗滤,以除去粗渣、果皮,并经加热至85℃ 3分钟以钝化果汁中的氧化酶。称量果汁重量,并计算出汁率。

$$E = m_j / m_a \times 100\%$$

式中,$E$:出汁率(%);$m_j$:果汁质量(g);$m_a$:苹果质量(g)。

**3. 澄清** 采用果胶酶与明胶结合法。待果汁冷却到50℃时,量取100ml浑浊果汁加入1ml 0.4%酶制剂作用30分钟后边摇匀边缓慢加入5ml 0.5%明胶溶液,充分搅拌均匀。另取一份100ml浑浊果汁作对照,静置1小时后,观察果汁的外观,感官描述沉淀生成情况和果汁的浑浊成的。每个实验处理做2个重复。

果汁澄清程度的评价

(1) 醇实验:取上清液5ml,加入95%($v/v$)的乙醇10ml,混合,静置2小时,观察有无絮状物或沉淀形成。

(2) 碘实验:取上清液5ml,加入10g/L的碘液1ml,观察颜色变化,是否有蓝色出现。

(3) 透光率的测定:取上清液,用1ml的比色皿在640nm处测定透光率。

**4. 精滤** 澄清后的果汁,用板框式过滤机或硅藻土过滤机过滤。

**5. 调配** 一般果汁的糖酸比在(10∶1)~(15∶1),适宜于大多数人的口味,所以需要调整果汁含糖量和含酸量。一般成品含糖量为8%~14%,有机酸含量为1%~5%。含酸量一般用柠檬酸来调节。

利用$L_9(3^4)$正交试验(表5-2)通过感官评分(表5-3)确定果汁浓度、甜味剂砂糖、酸味剂柠檬酸的最佳配比,并测定最佳配比果汁的糖酸比、pH、可溶性固形物。

**表5-2 果汁调配正交试验因素水平表**

| | A果汁浓度(%) | B砂糖(%) | C柠檬酸(%) |
|---|---|---|---|
| 1 | 40 | 8 | 0.1 |
| 2 | 50 | 12 | 0.3 |
| 3 | 60 | 16 | 0.5 |

**表5-3 果汁感官指标**

| 检验项目 | 质量评定 | 评分 |
|---|---|---|
| 色泽 | 接近新鲜苹果或果汁的色泽 | 25 |
| 香气 | 具有苹果香气,香气协调柔和 | 25 |
| 滋味 | 具有苹果滋味,味感协调柔和 | 25 |
| 透明浊度 | 澄清,透明,无沉淀 | 25 |
| 总分 | | 100 |

(1) 糖度的测定:用糖度计测定最佳配比果汁的糖度。

(2) 酸度的测定:称取待测果汁 50g 于 250ml 锥形瓶内,加入 1%酚酞指示剂数滴,然后用 0.1mol/L 氢氧化钠标准溶液滴定至终点,并按下式计算:

$$X=V\times N\times 0.064\times 100\div 50$$

式中,$X$:果汁含酸量(以无水柠檬酸计,%);$V$:滴定时耗用氢氧化钠标准溶液的体积(ml);$N$:氢氧化钠标准溶液的物质的量浓度(mol/L);0.064:柠檬酸系数。

(3) pH 的测定:使用 pH 计测定最佳配比果汁的 pH。

(4) 可溶性固形物的测定:使用折光仪测定最佳配比果汁的可溶性固形物。

**6. 脱气**　使用真空脱气法脱去果汁中气体,防止其中的色素、维生素等成分氧化。

**7. 杀菌、装罐**　用巴氏杀菌或高温短时杀菌(HTST)。苹果汁的 pH 小于 4.5,杀菌可低于 100℃,也能杀灭果汁中的微生物,因此一般要用多管式或片式瞬间杀菌器加热至 95℃以上,维持 15~30 秒。杀菌后趁热罐装。

**8. 检验**　果汁的理化指标和微生物指标均需符合国家要求。

## 【实验结果与计算】

**1. 苹果的出汁率**　=果汁质量/苹果质量 * 100%

**2. 果汁的澄清效果**　见表 5-4。

**表 5-4　实验结果记录表**

| 实验项目 | 对照 | 酶处理后 |
|---|---|---|
| 醇试验(是否有沉淀或絮状物) | | |
| 碘试验(是否出现蓝色) | | |
| 透光率 T 测定(%) | | |

**3. 果汁调配正交试验**　见表 5-5。

**表 5-5　果汁调配正交试验记录表**

| 实验号 | A 果汁浓度(%) | B 砂糖量(%) | C 柠檬酸量(%) | 感官评分 |
|---|---|---|---|---|
| 1 | 40 | 8 | 0.1 | |
| 2 | 40 | 12 | 0.3 | |
| 3 | 40 | 16 | 0.5 | |
| 4 | 50 | 8 | 0.3 | |
| 5 | 50 | 12 | 0.5 | |
| 6 | 50 | 16 | 0.1 | |
| 7 | 60 | 8 | 0.5 | |
| 8 | 60 | 12 | 0.1 | |
| 9 | 60 | 16 | 0.3 | |
| K1 | | | | |
| K2 | | | | |
| K3 | | | | |
| 极差 | | | | |
| 主次顺序 | | | | |
| 优水平 | | | | |

得出最佳配比组合为:

**4. 测定最佳配比果汁的糖酸度、pH、可溶性固形物** 见表 5-6。

**表 5-6 测定最佳配比果汁的糖酸度、pH、可溶性固形物**

| | 糖度(%) | 酸度(%) | 糖酸比 | pH | 可溶性固形物(%) |
|---|---|---|---|---|---|
| | | | | | |

(陈骁熠)

## 第三节 面包的制作

### 【实验目的】

熟悉面包制作的基本原理、工艺过程和操作方法。

对一次性发酵法制作面包进行探索性实验,观察原料及辅料对面包成品品质的影响。

### 【实验原理】

面包是以小麦粉为主要原料,加以酵母、水、蔗糖、食盐、鸡蛋及食品添加剂等,经过面团调制、发酵、醒发、整形、烘烤等工序加工而成。当面团加入酵母后,酵母即可吸收面团中养分生长繁殖,产生二氧化碳气体,使面团体积增大,结构酥松,多孔且质地柔软。

### 【实验设备与原料】

**1. 实验设备** 台秤、不锈钢盆、远红外线电烤炉、和面机、烤盘、恒温培养箱、温度计、不锈钢切刀。

**2. 实验原料** 高筋面粉、砂糖、奶油、奶粉、酵母、食盐、鸡蛋、水、麦芽糖。

### 【操作步骤】

**1. 配方** 配方见表 5-7。

**表 5-7 面包的配方**

| 原料名称 | 质量(g) | 原料名称 | 质量(g) |
|---|---|---|---|
| 高筋面粉 | 1000 | 奶油 | 50 |
| 水 | 400 | 鸡蛋 | 100 |
| 酵母 | 10 | 奶粉 | 50 |
| 食盐 | 15 | 砂糖 | 150 |

**2. 工艺流程** 面粉、白砂糖、酵母、奶粉→调制面团→发酵→成型→醒发→烘烤→冷却→成品检验

**3. 工艺要点**

(1) 调粉:取面粉、奶粉、鸡蛋等原料投入和面机中,开动机器,慢速搅拌,慢慢加水,待形成面团时加糖,均匀后加入酵母,至 15 分钟左右面筋完全析出时加入奶油和盐,快速搅打面团至面筋网络形成,再改用慢速搅拌使面团稍加松弛。

搅拌成面团后待用。

(2) 发酵:面团中插入一温度计,放入 32~35℃,相对湿度为 80%~95%的恒温培养箱中,面团中心温度不超过 32℃,静置 30 分钟,至面团成熟后取出备用。

(3) 整形：发酵好的面团按要求切成每个 70g 的面坯，用手搓圆，挤压除去面团内的气体，按个人喜好制成不同形状，装入涂有一层色拉油的不锈钢烤盘中。

(4) 醒发：装有生坯的烤盘，置于恒温培养箱中，箱内温度为 32～35℃，相对湿度为 80%～90%，醒发时间为 90～120 分钟，观察生坯大小近似于成品大小即醒发成熟，立即取出。

(5) 烘烤：取出的生坯应立即置于烤盘上，推入炉温已预热至 200℃左右的烘箱内烘烤约 15 分钟后取出刷蛋水(蛋清∶麦芽糖＝1∶3 的混合液)，再放入烘箱内烘烤至面包成熟后取出。烘烤总时间一般为 15～20 分钟，注意烘烤温度在 180～200℃之间(面火 180℃，底火 220℃)。

(6) 冷却：出炉的面包待稍冷后脱出烤盘，置于空气中自然冷却至其中心温度下降至 32℃，整体水分含量为 38%～44%。

## 【成品检验】

对所生产面包，参照下列标准进行品质检验(表 5-8)。

**表 5-8　面包品质评分表**

| | | 满分/标准分 | 得分 |
|---|---|---|---|
| 外观 | 体积 | 10/8 | |
| | 面包皮色 | 10/8 | |
| | 面包皮质 | 10/8 | |
| | 外形 | 10/8 | |
| 内部质构 | 内部组织 | 10/8 | |
| | 面包瓤颜色 | 10/8 | |
| | 触感 | 10/8 | |
| | 口感 | 10/8 | |
| | 口味 | 15/12 | |
| | 气味 | 5/4 | |

**1. 外观**(40 分)

(1) 体积按比容评定：比容＝面包体积(ml)/面包重量(g)。

(2) 面包皮色：表面呈光滑性金黄色或棕黄色，四周底部呈黄色，不焦不浅，不发白。

(3) 面包皮质：圆面包外型应圆润饱满完整，表面光滑，无硬皮，无裂缝。

(4) 外形。

**2. 内部质构**(60 分)

(1) 内部组织：面包的断面呈细密均匀的海绵状组织，无大孔洞，富有弹性；蜂窝大小一致，蜂窝壁厚薄一致，以壁薄光亮者为好。

(2) 面包瓤颜色：颜色浅有光泽为好。

(3) 触感：手感柔软，有弹性者为好。

(4) 口感：柔软适口，不酸、不黏、无牙碜。

(5) 口味：具有产品的特有风味，鲜美可口无酸味、无异味，有小麦粉原有的味道。

(6) 气味：有正常面包的香味和酵母味，无异味。

## 【注意事项】

**1. 和面**　需要注意和面搅拌的温度、速度、时间。和面最佳温度为 32～35℃之间。先是用慢速把原料搅拌成团后，快速搅打面团至面筋网络形成，再改用慢速使面团稍加松弛。

面团在发酵时保存气体的能力降低，制成的面包体积小；但面团搅拌过度，会破坏面筋蛋白质的网状结构，同样会形成面包体积小，内部气 孔大而多。正确方法调制的面团，将光滑而且富有弹性的质感。

**2. 醒发** 需要注意醒发的时间，最好控制在 90～120 分钟左右。醒发过度会导致面包质地粗糙，并影响其风味。

**3. 烘焙** 需要注意烘焙时间的控制。将最后发酵好的面团入炉烤焙的时候，要注意千万不要用力触碰面团，这个时候的面团非常的柔软娇贵，轻微的力度也许就会在面团表面留下难看的痕迹，要加倍小心。

**【思考题】**

(1) 面包制作对原料面粉有何要求？

(2) 糖、油、盐等辅料对面包质量有何影响？

(3) 烘烤温度应如何控制？

（肖　南）

## 第四节　蛋糕的制作

**【实验目的】**

掌握蛋糕制作的工艺流程。

了解面团膨松原理和调制方法，以及生产蛋糕的主要原料及其对蛋糕品质的影响。

**【实验原理】**

蛋糕的制作原理是利用了蛋白的发泡性，蛋白在打蛋器的高速搅打下，蛋液卷入大量空气，形成了许多被蛋白质胶体薄膜所包围的气泡。随着搅打不断进行，空气的卷入量不断增加，蛋糊体积不断增加。刚开始气泡较大而透明，并呈流动状态，空气泡受高速搅打后不断分散，形成越来越多的小气泡，蛋液变成乳白色细密泡沫，并呈不流动状态。气泡越多越细密，制作的蛋糕体积越大，组织越细致，结构越疏松柔软。

**【实验设备】**

实验设备包括食品搅拌机（打蛋器）、远红外线电烤炉、烤盘、台秤、手套、刷子。

**【操作步骤】**

**1. 配方** 配方见表 5-9。

**表 5-9　蛋糕的配方**

| 原料 | 数量(g) | 原料 | 数量(g) |
|---|---|---|---|
| 鸡蛋 | 500 | 低筋面粉 | 400 |
| 白砂糖 | 250 | 水 | 150 |
| 泡打粉 | 10 | 奶粉 | 50 |
| 奶油 | 100 | 食盐 | 5 |

**2. 工艺流程**

(1) 分蛋法：

A：蛋黄、白砂糖→手动搅拌→加融化的奶油、奶粉、水→加低筋面粉、食盐、泡打粉→轻柔翻拌后成光滑蛋黄糊

B：白砂糖、蛋清→快速搅打→制成蛋白糊备用

取 1/3 蛋白糊放入蛋黄糊中→混合均匀→再与剩余 2/3 的蛋白糊混匀→装盘烘烤(可在干燥的烘盘上刷层油后，撒少许面粉)→出炉→冷却→成品

(2) 全蛋法：原料称重→鸡蛋液、白砂糖→高速搅打起泡→加融化的奶油→加奶粉和水→加低筋粉、食盐、泡打粉拌匀→放入烤盘→(面火温度 180℃，底火温度 160℃)烘烤(烤箱预热 180℃)→出炉→冷却→成品

**3. 工艺要点**

(1) 打蛋：鲜鸡蛋去壳后，加糖在打蛋机中混合，使糖粒基本溶化，再用高速搅打至蛋液呈乳白色，有泡沫出现，加少许水继续搅打至泡沫稳定、呈黏稠状时停止搅打，打发的程度比原容积增加约 1.5～2 倍，时间约为 15～25 分钟。

(2) 调糊：将泡打粉、小麦粉低筋面粉过筛，再将泡打粉、小麦粉低筋粉小心地拌入蛋浆至无粉块即可。

(3) 注模：将调好的蛋糊注入已涂过油的烤盘中，高度约占烤盘的 2/3。

(4) 烘烤：将注入蛋糊的烤盘放入已预热至 180℃的烤箱中烘烤。面火温度 180℃，底火温度 160℃，烘烤时间为 15～20 分钟，烘烤至棕黄色即成。

(5) 冷却：烘烤结束后立即取出，出炉后冷却，脱盘。

## 【结果检验】

**1. 感官评定**　见表 5-10。

**表 5-10　蛋糕的感官评定评分表**

| | 评分标准 | 满分(分) | 得分 |
|---|---|---|---|
| 形态 | 蛋糕制品形态要规范，厚薄要均匀，无塌陷和隆起(平整、圆整) | 20 | |
| 色泽 | 蛋糕制品表面应呈金黄色，内部呈微黄色，色泽要均匀一致 | 20 | |
| 组织 | 蛋糕制品的糕坯不发黏，膨松适度，气孔均匀而有弹性，无面粉、糖、蛋疙瘩 | 20 | |
| 口味 | 蛋糕制品应松软可口，甜味适度，有蛋糕香味 | 20 | |
| 质感 | 细腻、有弹性、气孔小，糕坯不发黏，像海绵一样 | 20 | |

**2. 品质分析**　对所制作蛋糕的营养成分和化学组分如水分、蛋白质、灰分、糖分进行分析，对产品质量进行评定。

## 【注意事项】

(1) 蛋液的打发程度为比原容积增加约 1.5～2 倍，打蛋速度和时间应根据蛋的品质和温度而异，蛋的黏度越低，气温越高，转速越快，时间越短；反之则时间越长。打蛋温度一般在 25℃左右，时间 20 分钟左右。

(2) 面粉宜采用低筋粉，使用的鸡蛋要新鲜。

(3) 打蛋要顺着一个方向搅打，有利于空气顺利而均匀地吸入。打蛋时，蛋液必须和糖一起搅打，糖的加入能使蛋白膜黏稠而富有弹性，不易破裂，提高了泡沫的稳定性。

(4) 油脂有消泡作用，能使气泡破裂，影响起发，因此打蛋时蛋液、搅打工具和容器不能沾油。

(5) 蛋糊打好后，进行调粉（拌粉）制成蛋糕糊，低筋面粉应预先过筛以打散其中的团块，泡打粉与低筋面粉轻轻地混合均匀后注入蛋糊，如搅拌速度过快，时间过长，面粉容易起筋，制成的蛋糕内部存在无孔隙的僵块，外表不平。调制出的蛋糕糊要均匀，无白粉块存在，又不能起筋。

(6) 面糊入炉前，烤炉要预热到所需要的烘烤温度。烘烤过程中，要避免剧烈地震动，防止面糊下陷，影响胀发成熟。烘烤蛋糕的温度和时间与蛋糕糊的配料密切相关。

(7) 蛋糕焙烤时不宜多次拉出炉门做焙烤状况的判断，以免面糊受热胀冷缩的影响而使面糊下陷，因此可由下列辅助判断法来测试：

1) 眼试法：烤焙过程中待面糊中央，已微微收缩下陷，有经验者可以收缩比率判断。

2) 触摸法：当眼试法无法正确判断时，可借手指检验触击蛋糕顶部，如有沙沙声及硬挺感，此时应可出炉。

3) 探针法：初学者最佳判断法，此法是取一个竹签直接刺入蛋糕中心部位，当竹签拔出时，竹签无生面糊粘住时即可出炉。

**【思考题】**

(1) 制作蛋糕时为什么要用低筋面粉？调粉时为什么不宜用力搅拌？

(2) 打蛋时为什么不能先加水？

(3) 焙烤时的温度应如何控制？

(4) 针对各自产品对出现的问题进行分析并提出解决方案？

（肖　南）

## 第五节　酸奶的制作

**【实验目的】**

了解酸奶的实验原理和普通凝固型酸奶的制作工艺流程。

掌握普通凝固型酸奶制作的操作要点。

**【实验原理】**

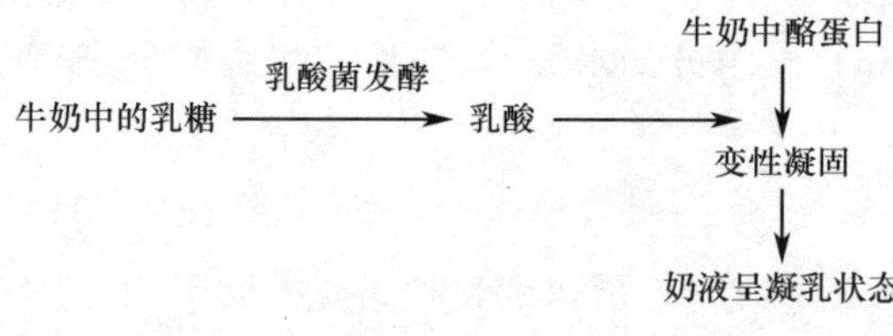


图 5-1　乳酸菌发酵牛奶原理示意图

酸奶（yogurt）是以牛奶等为原料，经乳酸菌发酵而成的一种具有较高营养价值和特殊风味的发酵乳制品。乳酸菌将牛奶中的乳糖发酵成乳酸使其中 pH 降至酪蛋白等电点（4.6）附近（4.0～4.6）从而使牛奶形成凝胶状；其次，乳酸菌还会促使部分酪蛋白降解、形成乳酸钙和产生一些脂肪、乙醛、双乙酰和丁二酮等风味物质。基本原理示意图如图 5-1。

【仪器与试剂】

**1. 仪器**　无菌奶瓶、量筒、封口膜、不锈钢勺、玻璃棒、温度计、高压灭菌锅、电子天平、酒精灯、恒温培养箱、冰箱、pH 试纸。

**2. 试剂**　牛乳、蔗糖、发酵剂(市售原味凝固性酸奶)。

【操作步骤】

**1. 工艺流程**　工艺流程见图 5-2。

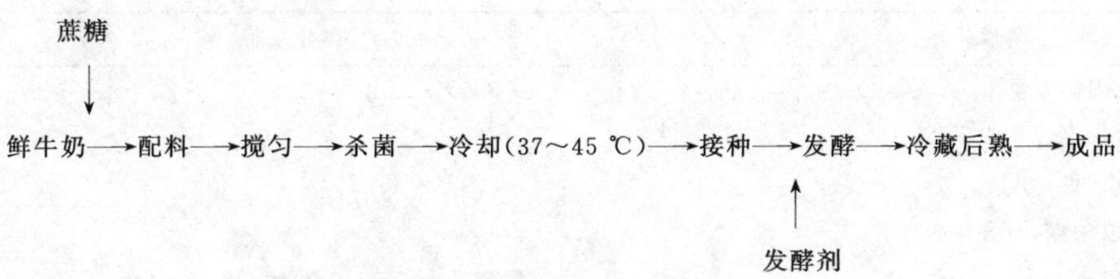


图 5-2　酸奶工艺流程示意图

**2. 操作要点**

(1) 原料乳选择:选用鲜牛奶或者奶粉(本实验采用燕塘鲜牛奶)。

(2) 原料乳的质量要求:生产酸乳的原料乳不得使用病畜乳和残留抗生素、杀菌剂、防腐剂的牛乳。要求含脂量在 3.7%左右,总干物质含量不得低于 11.5%,其中非脂乳固体不低于 8.5%,否则会影响蛋白质的胶凝状态。

(3) 配料:在洁净的无菌奶瓶中,加入 200ml 鲜牛奶,再添加 6%～10%蔗糖(本实验采用 6.5%的加糖量),不断 搅匀(也可用全脂奶粉按照 1∶7 比例加水配制成还原奶,然后加 6%～10%蔗糖后搅匀)。

(4) 杀菌:将装好原料奶的奶瓶置于高压灭菌锅中,采用 90℃,杀菌 5 分钟,对原料乳进行杀菌。

(5) 冷却:将杀菌后的乳冷却至 42～45℃后,准备接种。

(6) 接种:接种量可根据菌种活力、发酵方法等的不同而定。

本实验接种方法与接种量:用洁净的灭菌勺,去掉市售原味酸乳表层的 1～2cm 后,按照 2.5%～5%的比例将发酵剂(本实验发酵剂使用燕塘凝固型酸奶)接入冷却牛奶中,充分搅拌。要求无菌操作,避免空气中的杂菌污染牛奶。

(7) 发酵:发酵剂混匀后,迅速置于 41～42℃恒温箱中培养,发酵时间一般在 3～5 小时。达到凝固状态时,即可终止发酵。发酵终点一般可依据如下条件来判断:①滴定酸度达到 60～70°T 以上;②pH 低于 4.6;③表面有少量水痕;④倾斜酸奶瓶或杯,奶变黏稠。

(8) 冷藏后熟:发酵结束后,应立即移入 0～5℃的冰箱中,终止发酵过程,冷藏 12～24 小时使其后熟,使酸乳的特征(质地、口味、酸度等)达到所设定的要求。

(9) 其他添加剂:为了调节酸奶的不同风味,可以在酸奶中添加各种符合国家要求的食品添加剂,如食用香精、甜味剂、营养强化剂等。

【酸奶的质量标准】

酸奶质量从感官指标、理化指标及微生物指标三个方面进行评价,详细内容见表 5-11、表 5-12 和表 5-13。

表 5-11 酸奶感官指标

| 项目 | 感官指标 |
|---|---|
| 滋味和气味 | 具有酸甜适中、可口的滋味和酸奶特有风味，无酒精发酵味、霉味和其他不良气味 |
| 组织状态 | 凝块均匀细腻，无气泡，允许有少量乳清析出 |
| 色泽 | 色泽均匀一致，呈乳白色或稍带微黄色 |

表 5-12 酸奶理化指标

| 项目 | 理化指标 |
|---|---|
| 非脂乳固体含量 | ≥8.5% |
| 脂肪含量 | ≥3.2% |
| 蛋白质含量 | ≥3.3% |
| 总糖(以蔗糖计)含量 | ≥8.0% |
| 酸度(以 pH 计) | 发酵后 4.5～5.0；冷藏后 3.5～4.0 |

表 5-13 酸奶微生物指标

| 项目 | 微生物指标 |
|---|---|
| 大肠菌群(个/L) | ≤ 90 |
| 致病菌 | 不得检出 |

## 【结果与计算】

**1. 感官评定** 观察酸奶的颜色、状态、均匀程度、凝结程度，闻其气味，并品尝滋味，对其口感、酸度、甜度进行评价，并作实验记录，记录于表 5-14。品尝前要先用清水漱口。

表 5-14 感官评定表

| 项目 | 感官评分(1～10 分) |
|---|---|
| 色泽 | |
| 滋味和气味 | |
| 组织状态 | |

注：越接近感官评价标准越高分

**2. 理化指标** 测定酸奶的脂肪含量、非乳固体含量、蛋白质含量、总糖含量和 pH，记录于表 5-15。

表 5-15 理化指标测定表

| 脂肪含量(%) | 非乳固体含量(%) | 蛋白质含量(%) | 总糖含量(%) | pH |
|---|---|---|---|---|
| | | | | |

**3. 微生物指标** 采用 GB/T 4789.3-2008《食品卫生微生物学检验：大肠菌群计数法》，测定酸奶的大肠菌群数。

## 【注意事项】

(1) 在接种发酵剂时注意无菌操作。

(2) 发酵过程中应注意：避免震动，否则会影响组织状态；发酵温度应恒定，避免忽高忽低；发酵室内温度上下均匀；掌握好发酵时间，防止酸度不够或过度以及乳清析出。

（陈骁熠）

## 第六节　溏心皮蛋的制作

**【实验目的】**

皮蛋是我国一种常见的蛋制品，在很多地方都有生产，又称为松花蛋、变蛋。其制作原料多为鸭蛋，但鸡蛋、鹌鹑蛋也可用来加工。通过本实验了解皮蛋加工的工艺过程及加工要点，掌握皮蛋的加工方法。

**【实验原理】**

禽蛋中的蛋白质遇到料液（或料泥）中的碱（NaOH）后，发生分解、变性而凝固，形成具有弹性的蛋白凝胶体，同时蛋白质的氨基与糖的羰基在碱性环境下发生美拉德反应，使蛋白形成棕褐色，蛋白质分解产生的硫化氢和蛋黄中的金属离子结合使蛋黄产生各种颜色，另外，由于蛋白质的分解产生氨，使皮蛋具有一种刺激性的氨味。鲜蛋在碱（NaOH）及其他辅料的作用下由鲜蛋变为皮蛋的整个变化过程包括：化清期、凝固期、成色期和成熟期四个阶段。

**【实验原料及设备】**

**1. 原料**　水、NaOH、$Na_2CO_3$、硫酸锌、硫酸铁、食盐、鸭蛋、红茶。

**2. 设备**　陶缸、保鲜膜、台秤、照蛋器、酸碱滴定管、玻璃器皿。

**【操作步骤】**

**1. 配方**（按 35 枚蛋计算）　1500ml 水、NaOH(4.2%)、$Na_2CO_3$(3%)、硫酸锌(0.2%)、硫酸铁(0.1%)、食盐(4.2%)、红茶(2.0%)。

**2. 工艺流程**

选蛋→清洗→装缸
配料→验料→调整 } →灌料→腌制→检验→出缸→涂膜→成熟→成品

**3. 工艺要点**

(1) 原料蛋的选择：选用新鲜鸭蛋为原料。在加工前要认真选择原料，并按大小分级，按级别进行腌制。

(2) 配料：将除红茶外的其他辅料放入容器中，红茶加水煮茶汁，过滤茶渣，趁热将茶汁冲入放辅料的容器中，充分搅拌溶解，冷却待用。

(3) 验料：采用滴定法检验料液中碱的含量，具体步骤为：准确吸取 4ml 料液，加入三角瓶中，加入 100ml 蒸馏水稀释，再加入 10%的 $BaCl_2$ 溶液 10ml，摇匀，静止片刻后，加入 3～5 滴酚酞指示剂，用 1.0mol/L 的标准 HCl 溶液滴定至粉红色褪去，所用 1.0mol/L 的标准 HCl 溶液的 ml 数即为料液 NaOH 的百分含量。一般在 4.2%～4.5%之间为宜，可根据蛋的大小及气温的高低进行适当调整。

(4) 装缸、灌料：用缸腌制时，把选好的蛋放在缸内，缸底最好用稻草或谷壳铺底，防止蛋被压破。蛋打横摆放，上面加盖竹片，防止蛋上浮。将调整好碱度的料液灌入，将蛋全部淹没，放在 20～25℃的室内腌制。

(5) 检查:在浸泡腌制过程中,通常需要进行 3 次检查。一般每周检查一次,观察蛋的变化情况,包括蛋白的化清、凝固变色及蛋黄的凝固、变色、气味等情况。临近出缸时要多加注意检查,经检查已成熟的皮蛋可以出缸。一般情况下夏天约需 21～25 天,冬季约需 25～30 天。

第一次检查时间为鲜蛋下缸后第 7 天。用灯光透视时,蛋黄贴蛋壳一边,类似鲜蛋的红搭壳、黑搭壳,蛋白呈阴暗状,说明凝固良好。剥开,可见蛋已凝固,但颜色未变。如还像鲜蛋一样,说明料液太淡,要及时补料。如整个蛋大部分发黑,说明料液过浓,必须提早出缸。

第二次检查时间为鲜蛋下缸后第 15 天左右,可以剥壳检查,此时蛋白已经凝固,蛋白表面光洁,褐中带青,全部上色,蛋黄已变成褐绿色。

第三次检查时间为鲜蛋下缸后第 20 天左右剥壳检查,蛋白凝固很光洁,不粘壳,呈墨绿色和棕褐色,蛋黄呈绿褐色,蛋黄中线呈淡黄色溏心。此时如发现蛋白烂头和粘壳现象,说明料液太浓,必须提早出缸。如发现蛋白软化,不坚实,表示料性较弱,宜推迟出缸时间。

(6) 出缸、包泥或涂膜

1) 出缸:蛋白凝固硬实,颠抛时有弹性,色泽为茶红色,蛋黄约有 1/3～1/2 凝固,溏心颜色不再有鲜蛋的黄色时即可出缸。

2) 涂膜:出缸后洗净晾干(应避光),用涂膜剂涂膜,装入纸箱或用小盒包装,室温下避光贮藏。

## 【成品检验】

通过颠抛、摇晃、手弹、透视、品尝的方法对优质皮蛋的品质进行检验:

**1. 颠抛** 即将皮蛋放在手中抛颠起数次,好蛋有轻微弹性,反之则无。

**2. 摇晃** 即用手摇法,用拇指、中指捏住皮蛋的两端,在耳边上下摇动,若听不出什么声响则说明是优质蛋,若听到内部有水流的上下撞击声,即为水响蛋,若听到只有一端发出水荡声则说明是烂头蛋。

**3. 手弹** 用手指轻弹皮蛋两端,若发出柔软的“特”、“特”的声音则为优质蛋,若发出比较生硬的“噔”、“噔”声即为劣质蛋(包括水响蛋、烂头蛋等)。

**4. 透视** 用灯光透视,如照出皮蛋大部分呈黑色(墨绿色),蛋的小头呈棕色,而且稳定不动者,即为优质蛋。如蛋内有水泡阴影来回转动,即为水响蛋。如蛋内全部呈黄褐色,并有轻微移动现象,即为未成熟的皮蛋。如蛋的小头蛋白过红,即为碱伤蛋。

**5. 品尝** 随机抽取样品皮蛋剥壳检验,先观察外形、色泽、硬度等情况。再用刀纵向剖开,观察其内部的蛋黄、蛋白的色泽、状态。最后用鼻嗅、嘴尝,评定其气味、口味。依据表 5-16 感官指标评定评分溏心皮蛋的质量。

**表 5-16 溏心皮蛋感官评定表**

| 离壳性 | 蛋白 | 蛋黄 | 外观 | 风味 |
|---|---|---|---|---|
| 较好 | 凝固好,弹性较好,深褐色,少数出现松花 | 四层色环,溏心黏稠,胶状,墨黄色,大小适中,已成熟 | 皮蛋有少许黑斑,无裂纹 | 滋味清香爽口,稍有苦涩味 |
| 好 | 凝固好,弹性好,茶褐色 | 四层色环,溏心较黏稠,胶状,墨黄色,大小适中,已成熟 | 皮蛋无黑斑,无裂纹 | 滋味清香爽口,无苦涩味 |
| 较差 | 凝固较差,弹性较差,茶褐色 | 四层色环,质地不佳,溏心较稀薄,橙黄色,未成熟 | 皮蛋有大量黑斑,无裂纹 | 有碱味、苦涩味 |
| 差 | 凝固差,弹性差,茶红色 | 两层色环,凝固层较薄,溏心大而稀薄,鲜黄色,未成熟 | 皮蛋有大量黑斑,有裂纹 | 碱味、苦涩味较浓 |

**【注意事项】**

(1) 选蛋按大小分级，便于投料，保证成熟一致，剔除霉蛋、异味蛋，砂壳蛋、破壳蛋、陈旧蛋、裂纹蛋、薄壳蛋、钢壳蛋等。

(2) 液缓慢注入缸，防止溅出，缸口用塑料薄膜扎封，并在缸上贴上标签，注明时间、数量。

(3) 制作过程中陶缸不能移动。

**【思考题】**

针对各自产品对出现的问题进行分析并提出解决方案？

（肖　南）

## 第七节　广式腊肠的加工

**【实验目的】**

了解广式腊肠的加工工艺过程及加工工艺要点。

掌握广式腊肠的加工方法。

**【实验原理】**

腊肠俗称香肠，是指以猪肉为主要原料，经切绞成丁，配以辅料，灌入动物肠衣，经晾晒或烘焙而成的肉制品。因经长时间晾晒或烘焙成熟，使组织蛋白质和脂肪在适宜温湿度下经微生物自然发酵，产生独特风味。

**【实验原料及设备】**

**1. 原料**　新鲜猪肉、酱油、白糖、食盐、白酒、亚硝酸钠、味精。

**2. 设备**　绞肉机、灌肠机、烘箱、不锈钢盆、不锈钢刀、砧板、肠衣、麻绳、晾晒架、排针。

**【操作步骤】**

**1. 配方**　瘦肉(70%)、肥肉(30%)、其他调料(按肉重)、食盐(2%)、亚硝酸钠(0.01%)、蔗糖(12%)、酒(2%)、味精(0.2%)。

**2. 加工工艺**　原料肉选择→切肉丁→拌料腌制→灌制→漂洗→晾晒或烘烤→成品

**3. 工艺要点**

(1) 原料肉选择：符合卫生标准、无伤痕的新鲜猪肉。

(2) 切丁：肥、瘦肉分开，切成 0.6～1.0cm$^3$ 大小的肉丁，肥肉丁用 50℃温水漂洗，去浮油、污物，滤水，与瘦肉丁分开。

(3) 拌料腌制：将配料与肉丁拌匀，搅拌时加入 16%～20%左右的温水，调节黏度和硬度，放置 1～2 小时，加入白酒。

(4) 肠衣准备：天然干肠衣，用 50℃温水泡软 10 分钟后直接套进灌肠管。

(5) 灌制：用灌肠机灌制，掌握好松紧程度，不能过松或过紧。

(6) 扎针排气，用排针进行扎针，利于排出空气和干燥过程中的水分蒸发。

(7) 捆线结扎：根据产品的长短，用细麻绳打结。

(8) 漂洗：用 35～40℃温水漂洗，洗去肠衣表面的油污，挂杆。

(9) 晾晒或烘烤：日光下暴晒 2～3 天，或 40～60℃烘房烘 48～72 小时，在阴凉通风的场所晾挂 10～15 天即为成品，成品腊肠的水分含量需要在 20%以下。

(10) 包装：内包装需抽真空包装，要求包装内的腊肠齐整一致，包装美观。

## 【成品检验】

依据表 5-17 中所列的感官招标与分级对腊肠的品质进行检验，判定分级。

表 5-17　腊肠感官指标与分级

| 项目 | 一级鲜度 | 二级鲜度 |
| --- | --- | --- |
| 色泽 | 切面肉馅有光泽，肌肉灰红至玫瑰红色，脂肪白色或稍带红色 | 部分肉馅有光泽，肌肉深灰或咖啡色，脂肪发黄 |
| 外观 | 肠衣干燥完整，紧贴肉馅，无黏液霉点，坚实有弹性 | 肠衣干燥完整，紧贴肉馅，无黏液霉点，坚实有弹性 |
| 组织状态 | 切面坚实 | 切面齐，有裂隙，周缘部分有软化现象 |
| 气味 | 具有香肠特有的风味 | 脂肪有轻度酸味，有时肉馅带酸味 |

## 【注意事项】

(1) 原料肉选择，瘦肉以腿臀肉最好，肥肉以背膘为好，瘦肉与肥肉的比例大约在 7∶3 的较好。

(2) 拌料时要控制好加水的量，调节好黏度和硬度。

(3) 晾晒或烘烤时控制好时间，成品腊肠的水分含量应在 20%以下。

## 【思考题】

针对各自产品对出现的问题进行分析并提出解决方案？

(肖　南)

# 第六章　现代食品安全检测技术

## 第一节　高效液相色谱法测定蜂蜜中残留的四环素

### 【实验目的】

掌握高效液相色谱法测定蜂蜜中残留的四环素的原理。

熟悉高效液相色谱法测定蜂蜜中残留的四环素的实验方法。

了解高效液相色谱仪的基本结构与使用方法。

### 【实验原理】

四环素是一种广谱抗生素，可用于治疗和预防一些动物性疾病，但如果长期使用，将导致四环素类药物在动物类组织中的残留。残留在动物类组织中的四环素类药物会影响食用者的健康。四环素类药物的毒性反应主要表现为对胃、肠、肝脏的损害及牙齿的染色等，还会造成过敏反应、二重感染、致畸胎作用。因此应严格控制其在食品中的残留量。

用酸性的 $Na_2$EDTA-Mcllvaine 缓冲溶液将蜂蜜中蛋白质沉淀，同时将四环素提取出来，以草酸与乙腈为流动相，$C_{18}$ 柱作为色谱柱，反相分离，紫外检测器检测，在四环素的标准曲线的线性范围内，依据其测得的峰面积与其含量间的线性关系进行定量分析。

### 【仪器与试剂】

**1. 仪器**　高效液相色谱仪、紫外检测器、涡旋混合器、离心机、天平。

**2. 试剂**　甲醇、乙腈、乙酸乙酯、磷酸二氢钠、盐酸、柠檬酸、乙二胺四乙酸二钠、草酸。

### 【操作步骤】

**1. 提取**

(1) 称取 5g 试样，置于 50ml 离心管中，加入 30ml 0.1mol/L $Na_2$EDTA-Mcllvaine 溶液，快速涡旋混合 1 分钟，以 3500r/min 离心 10 分钟，上清液移入另一离心管中。

(2) 将上清液通过固相萃取柱，用 2ml$Na_2$EDTA-Mcllvaine 溶液冲洗，再用 20ml 水洗，弃去全部流出液，减压抽干 10 分钟，用 4ml 流动相洗脱，定容至 4ml，供液相色谱-紫外检测器测定。

**2. 标准溶液的配制**　称取四环素 10mg，用甲醇溶解，并转移至 100ml 量瓶中，用甲醇稀释至刻度，得四环素储备液(0.1mg/ml)。准确移取该溶液 1ml 置于 10ml 量瓶中，用甲醇稀释至刻度，得 0.01mg/ml 四环素溶液。准确移取该溶液 0.05、0.10、0.20、0.40、0.80ml 于 10ml 量瓶中，用甲醇稀释至刻度，摇匀。得四环素标准溶液的浓度分别为 0.05、0.10、0.20、0.40、0.80μg/ml。

**3. 测定**

(1) 色谱条件

1) 色谱柱：$C_{18}$ 色谱柱，150mm×4.6mm，5μm。

2) 流动相：0.01mol/L 草酸水溶液(pH＝2.5)－乙腈(80：20)。

3) 流速：1ml/min。

4）柱温：室温。

5）紫外检测器：检测波长 355nm。

(2)将上述已制备好的不同浓度的四环素标准系列溶液一次进样 20μl，依据四环素的峰面积定量。以标准系列溶液的浓度为横坐标，其相应的峰面积为纵坐标，绘制标准曲线，并计算回归方程。

(3)样品测定：取已处理好的样品溶液 20μl 分析，根据峰面积带入回归方程中计算。

**【结果计算】**

按下式可计算出蜂蜜中四环素的含量

$$X=\frac{C\times V}{m}$$

式中，$X$：试样中四环素的含量（μg/g）；$C$：从标准曲线计算得到的被测组分溶液浓度（μg/ml）；$V$：试样溶液定容体积（ml）；$M$：试样溶液所代表的试样质量（g）。

**【注意事项】**

(1) 流动相使用前必须经过脱气。如果流动相中含有气体，在较高的柱压下会产生气泡，使流动相流动受阻，对分离样品产生不利影响。

(2) 固相萃取柱使用前应用 5ml 甲醇和 10ml 水活化。

（陈凌云）

## 第二节　液相色谱-串联质谱法测定水产品中的氟苯尼考

**【实验目的】**

熟悉现代食品安全检测技术中高效液相色谱-串联质谱联用技术的测定方法和特点。

了解液质联用技术的基本原理以及在食品安全检测中的重要性。

**【实验原理】**

氟苯尼考又名氟洛芬、氟甲砜霉素，分子式为 $C_{12}H_{14}Cl_2FNO_4S$；分子量为 358.2127；结构式为 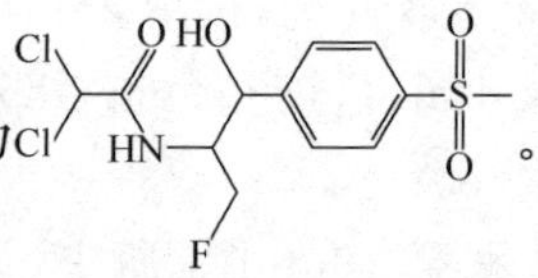 。氟苯尼考是一种兽用抗菌药，用于敏感细菌所致的猪、鸡及鱼的细菌性疾病，尤其对呼吸系统感染和肠道感染疗效显著。

样品中的氟苯尼考在碱性条件下，用乙酸乙酯提取，提取液经旋转蒸发挥干，残渣以水溶解，经正己烷液-液萃取脱脂。液相色谱-串联质谱仪，以氘代氯霉素（$d_5$-氯霉素）为内标，MRM 离子对方式检测，内标法定量。

**【仪器与试剂】**

**1. 仪器**　液相色谱-串联质谱仪，API 4000 Qtrap，配电喷雾电离离子源，ESI，分析天平（感量 0.01mg 和 0.001g），离心机（≥4000r/min），小型台式离心机（13 000r/min），组织捣碎机，匀浆机，减压旋转蒸发仪，涡旋振荡器，聚丙烯离心管（带盖，50ml，1.5ml），鸡心瓶（25ml），具塞比色管等。

**2. 试剂** 甲醇(HPLC)、乙酸乙酯(AR)、正己烷(AR)、氨水(AR,25%～28%)、无水硫酸钠(AR)、氟苯尼考和氘代氯霉素($d_5$-氯霉素)标准物质(纯度>99%)、超纯水。

## 【操作步骤】

**1. 标准溶液配制**

(1) 100μg/ml 标准储备液的配制:称取适量氟苯尼考标准物质,用甲醇配成 100μg/ml 的标准储备液,于-18℃冰箱保存备用。

(2) 1μg/ml 标准储备液的配制:准确吸取 1.00ml 100μg/ml 标准储备液于 100ml 容量瓶中,用甲醇稀释至刻度,于-18℃冰箱保存备用。

(3) 内标标准溶液:氘代氯霉素($d_5$-氯霉素),100μg/ml,溶剂为乙腈,氘化度≥98%。

(4) 1μg/ml 内标标准储备液:准确吸取 1.00ml 内标标准溶液于 100ml 容量瓶中,用甲醇稀释、定容至刻度,于-18℃冰箱保存备用。

(5) 20ng/ml 内标标准中间液:准确吸取 1.00ml 内标标准储备液于 50ml 容量瓶中,以超纯水稀释至刻度,于 4℃冰箱保存备用。

(6) 标准工作溶液的配制:分别准确吸取一定量的标准储备液和内标标准中间液,以空白基质溶液配成 10、50、100、200、500ng/ml,含内标 10ng/ml 的标准工作溶液。

**2. 样品的制备**

(1) 标记:从所取样品中,取出有代表性的可食部分约 500g,用组织捣碎机充分捣碎均匀,装入洁净容器,密封,并标明标记。

(2) 提取:称取 5g 充分捣碎均匀的试样,精确至 0.001g,置于 50ml 聚丙烯离心管中,加入内标标准中间液 75.0μl,加入 25ml 乙酸乙酯,0.75ml 氨水,3g 无水硫酸钠,匀浆提取 30 秒,4000r/min 离心 5 分钟,上清液转移至 50ml 比色管中。另取一 50ml 离心管,加入 20ml 乙酸乙酯,0.60ml 氨水,洗涤匀浆刀 10 秒,洗涤液转移至第一支离心管中,用玻棒搅动残渣,涡旋振荡提取 1 分钟,超声波振荡提取 5 分钟,4000r/min 离心 5 分钟,上清液合并至 50ml 比色管,乙酸乙酯定容至 50.0ml。混匀后移取 10.0ml 乙酸乙酯提取液于 25ml 鸡心瓶,45℃减压旋转浓缩至干。

(3) 净化:鸡心瓶中的残渣用 2.00ml 水溶解,涡旋振荡混匀,超声 5 分钟,加入 3ml 正己烷涡旋振荡混合 30 秒,静置分层,弃掉上层的正己烷,再加 3ml 正己烷涡旋振荡混合 30 秒,静置分层,移取部分下层的水相至 1.5ml 的聚丙烯离心管中,13 000r/min 离心 5 分钟,0.2μm 滤膜过滤后,供液相色谱-串联质谱测定。

(4) 空白基质溶液的制备:称取 5g 空白样本,精确至 0.001g,除不加入内标标准中间液,其他按照样品制备、净化的步骤进行。

**3. 液相色谱条件**

(1) 色谱条件

1) 色谱柱:安捷伦 Zorbax XDB C-18,5μm,150mm×2.1mm 或相当。

2) 柱温:40℃。

3) 流动相:甲醇-水(4/1)。

4) 流速:0.40ml/min。

5) 进样量:10μl。

(2) 质谱条件

1) 离子源:电喷雾电离离子源(ESI)。

2）扫描方式：负离子。

3）检测方式：多反应选择离子检测（MRM）。

4）质谱条件的优化：以 1μg/ml 的氟苯尼考和氘代氯霉素内标溶液，针泵直接进样，流速 5μl/min，分别进行 $MS^1$、$MS^2$ 的优化，确定相应质谱参数，选择合适的检测离子对。

5）电喷雾电压（IS）：－4200V；辅助气温度（TEM）：600℃，其他参数见下表 6-1：

**表 6-1　氟苯尼考、氘代氯霉素（$d_5$-氯霉素）质谱参数**

| 名称 | 定性离子对（m/z） | 定量离子对（m/z） | 采集时间（ms） | 去簇电压 DP（V） | 碰撞能量 CE（V） |
|---|---|---|---|---|---|
| 氟苯尼考 | 356.0/336.0 | 356.0/336.0 | 200 | －75 | －15 |
| | 356.0/185.0 | | | | －25 |
| 氘代氯霉素 | 326.0/157.0 | 326.0/157.0 | | －55 | －26 |

## 【结果计算】

以内标法定量，在优化的最佳条件下，对基质标准工作溶液进样，以标准溶液中被测组分的峰面积与氘代氯霉素峰面积的比值为纵坐标，标准溶液中被测组分的浓度（或被测组分浓度与氘代氯霉素浓度的比值）为横坐标绘制标准工作曲线，用标准工作曲线对样品进行定量，得提取液的含量 $C$。

按下式计算出样品中被测组分的含量

$$X = C \times \frac{V}{m} \times \frac{1000}{1000}$$

式中，$X$：试样中被测组分残留量（μg/kg）；$C$：从标准工作曲线得到的被测组分溶液浓度（ng/ml）；$V$：样品溶液最终的定容体积（ml）；$m$：称取试样的质量（g）。

## 【注意事项】

(1) 样品采集要均匀、具有代表性，避免样品污染。

(2) 试样要捣碎、匀浆彻底。

(3) 流动相要过滤、脱气，并现时配制。

(4) 色谱柱要充分平衡。

（马安德）

# 第三节　电感耦合等离子体质谱法检测茶叶中铅、砷及镉含量

## 【实验目的】

掌握电感耦合等离子体质谱法（ICP-MS）测定元素含量的原理、基本分析步骤以及分析过程中的各项干扰情况及其消除方法。

熟悉电感耦合等离子体质谱仪的基本构造及操作。

掌握元素（总量）分析的样品前处理方法。

## 【实验原理】

ICP-MS 由进样系统、离子源和质谱仪三个主要部分构成。样品溶液经过雾化由载气

送入ICP炬焰中，经过蒸发、解离、原子化、电离等过程，转化为带正电荷的正离子，经离子采集系统进入质谱仪，质谱仪根据质荷比进行分离。对于一定的质荷比，质谱积分面积与进入质谱仪中的离子数成正比。即样品的浓度与质谱的积分面积成正比，通过测量质谱的峰面积来测定样品中元素的浓度。

## 【仪器与试剂】

**1. 仪器** Thermo fisher XSeriesⅡ电感耦合等离子体质谱仪，Millipore超纯水制备仪，美国CEM Mars微波消解仪及配套消解管和架子，精确控温电热消解器，千分之一天平，100μl、1、5ml可调移液器各一支，以及相应吸头若干，100ml容量瓶11个、1000ml烧杯1个、10ml量筒1个、1000ml量筒1个。

**2. 试剂** 硝酸(优级纯)，$H_2O_2$(优级纯)，纯水(电阻率大于18.0 MO · cm)，铅(Pb)、砷(As)、镉(Cd)混合标准使用溶液(10mg/L)，锗(Ge)、铟(In)、铋(Bi)内标溶液(100μg/L)。

## 【操作步骤】

**1. 仪器开机预热** 以下步骤基于实验老师将仪器预先调整到Vacuum ready状态下进行。①检查Ar气压力是否在0.6～0.7MPa范围内，排风是否正常，电源是否稳定；②打开计算机，启动Windows，打开循环冷却水的电源；③双击“Plasma Lab” 图标，进入操作软件主窗口；④检查蠕动泵、ICP炬管、雾化室，关闭ICP等离子体发生器窗门；⑤点击on点火；⑥待仪器点火后，预热。

**2. 标准溶液系列的制备**

(1) 于1000ml烧杯中加入594ml去离子水，再定量吸取6ml浓硝酸加入烧杯中，搅拌、冷却，配制成(1＋99)的硝酸溶液；

(2) 于5个100ml的容量瓶中分别加入0、50、200、1000和2500μl的铅(Pb)、砷(As)、镉(Cd)混合标准使用溶液(10mg/L)，用(1＋99)的硝酸溶液定容至刻度，配制成浓度浓度分别为0、5、20、100、250μg/L标准溶液系列。

**3. 样品处理**

(1) 称取0.5g茶叶样品，记下样品具体重量(精确到小数点后第三位)，平行样品数为三份

(2) 将称量好的三份平行样分别放入3支微波消解管中，再取3支微波消解管作制备试剂空白用；每支消解管中分别加入5ml浓硝酸和1ml $H_2O_2$，盖上消解管瓶塞及盖子；6支消解管对称放入微波消解架上，放入微波消解仪中，按照表6-2消解程序进行样品消解。

表6-2 茶叶样品微波消解程序

| 功率 | 爬升时间 | 温度 | 保持 |
|---|---|---|---|
| 800W | 5min | 178℃ | 5min |

(3) 波消解程序结束后，将消解管放到精确控温电热消解器上进行赶酸操作，温度设定100℃，加热10小时。

(4) 试剂空白及样品分别转入6个100ml容量瓶中，每支消解管用少量超纯水清洗3～5次，清洗液也转移至容量瓶中，用超纯水定容至刻度，制备成样品溶液剂试剂空白。

**4. 测定**

(1) 使用调谐液调整仪器各项指标，使仪器灵敏度、氧化物、双电荷分辨率等各项指标达到测定要求，仪器参考条件如下：RF功率为1400W，载气流量为0.93L/min，采样深度为150mm，雾

化器为同心雾化器、采样锥类型为镍锥,具体仪器条件应该以实际调整所获条件为主。

(2) 编辑测定方法、干扰方程、选择各测定元素及内标元素、选择校准方法、输入标准系列浓度。

(3) 引入在线内标溶液,观测内标灵敏度、待内标信号稳定后分别测定试剂空白、标准系列、样品溶液。

(4) 绘制标准曲线、计算回归方程、获取试剂空白及样品溶液浓。

**5. 关机** 测定完毕,分别用5%硝酸溶液、超纯水冲洗样品管和内标管直至仪器响应值回到基线;点击 off 熄火,关闭循环水及 Ar 气,将进样系统的蠕动泵管放松,关闭计算机。

## 【结果计算】

茶叶样品中各待测元素的含量由以下公式计算:

$$W=\frac{(C_{样}-\overline{C_{空}})\cdot 100}{1000\cdot m}$$

式中,$W$:茶叶样品中各待测元素的含量(μg/g);$C_{样}$:仪器所测定的样品溶液浓度(μg/L);$\overline{C_{空}}$:仪器所测定的试剂空白浓度的平均值(μg/L);$m$:为茶叶样品重量(g)。

最终茶叶样品中各待测元素的含量应以三个平行样品的含量均值来表示:$\overline{W}\pm s$。其中$\overline{W}$为茶叶样品中各待测元素的含量均值;$s$为标准偏差。

## 【注意事项】

**1. 干扰及其消除** 电感耦合等离子体质谱法测定复杂样品时常存在以下干扰,在试验过程中应该注意消除干扰影响。

(1) 同量异位素干扰:相邻元素间的异位素有相同的质荷比,不能被四极质谱分辨,可能引起异位素严重干扰,选择待测元素时应避免选择有同量异位素干扰的元素。

(2) 丰度较大的同位素对相邻元素的干扰:丰度较大的同位素会产生托尾峰,影响相邻质量峰的测定。可调整质谱仪的分辨率以减少这种干扰。

(3) 多原子(分子)离子干扰:由两个或三个原子组成的多原子离子,并且具有和某些待测元素相同的质荷比所引起的干扰,本实验中可能存在的多原子(分子)离子干扰见表 6-3。多原子(分子)离子干扰很大程度上受仪器操作条件的影响,通过调整或者干扰校正方程可以减少这种干扰。

**表 6-3 常见的分子离子干扰**

| 分子离子 | 质量 | 受干扰元素 |
|---|---|---|
| $^{40}Ar^{35}Cl^{+}$ | 75 | As |
| ZrO | 106～112 | Cd |
| MoO | 108～116 | Cd |

本实验中,氧化物的干扰可通过调整仪器参数、降低氧化物生成来减少干扰;而 As 的干扰可以通过干扰校正方程来消除,校正方程为:

$$^{75}\mathrm{As}={}^{75}M-x\cdot[{}^{82}M-y\cdot({}^{83}M-z\cdot{}^{83}\mathrm{Kr})]$$

其中,$x$、$y$、$z$ 的参考值分别为 3.1285、0.8740、1.0074,具体数值以 77ArCl、82Se 和 83Kr 的实际仪器响应来计算。

(4) 物理干扰:包括检测样品标准溶液的黏度、表面张力和溶解性总固体的差异所引起的干扰。用内标物可校正物理干扰。

(5) 基体抑制(电离干扰):易电离的元素增加将大大增加电子数量而引起等离子体平衡转变,通常会减少分析信号,称基体抑制。用内标法可以校正基体干扰。

(6) 记忆干扰:经常清洗样品导入系统以减少记忆干扰。

**2. 仪器稳定性监测**　测定过程中,应随时留意内标元素的仪器响应情况,如内标元素仪器响应出现大幅度波动,应查明原因再重新测定。

**3. 样品制备**　由于样品赶酸过程较长,样品制备应提前进行。

(刘洪涛)

## 第四节　离子色谱法测定自来水中氟离子、氯离子含量

### 【实验目的】

掌握离子色谱法测定自来水中氟离子、氯离子含量的基本原理及实验方法。

熟悉离子色谱仪的测定方法。

了解化学抑制的工作原理。

### 【实验原理】

样品通过进样阀注入仪器,并随碳酸盐-重碳酸盐淋洗液进入离子交换柱系统(由保护柱和分离柱组成),由于样品中各种阴离子对分离柱中阴离子交换树脂的亲和力不同,移动速度亦不同,从而进行分离。已分离的阴离子流经阳离子交换柱或抑制器系统转换成具高电导度的强酸,淋洗液则转变为弱电导度的碳酸。由电导检测器测量出各阴离子组分的电导率,以相对保留时间和峰高或面积定性和定量。

### 【仪器与试剂】

**1. 仪器**　离子色谱仪、全自动进样器、阴离子分离柱、超声波清洗器、超纯水系统、真空泵、过滤器、十万分之一分析天平、滤膜(0.22μm)、聚乙烯塑料容量瓶。

**2. 试剂**　氟标准储备液(1000mg/L)、氯标准储备液(1000mg/L)、碳酸钠(分析纯)、碳酸氢钠(分析纯)、硫酸(优级纯)、去离子水。

### 【操作步骤】

**1. 水样预处理**　吸取10ml自来水样过0.22μm孔径的微滤膜过滤除去浑浊物质,然后上机待测。

**2. 溶液的配制**

(1) 氟(10.0mg/L)、氯(100.0mg/L)混合标准使用液:分别吸取将氟标准贮备液1ml,氯标准储备液10ml,置于100ml容量瓶中,然后用去离子水稀释至刻度,摇匀。

(2) 氟、氯标准溶液的绘制:准确吸取1、2、5、10、20ml氟、氯混合标准使用液分别置于100ml容量瓶中,最后用去离子水稀释至刻度,摇匀。

(3) 淋洗液的配制(碳酸钠1.8mmol/L/碳酸氢钠1.7mmol/L):准确称取碳酸钠0.1908g/L、碳酸氢钠0.1428g/L(于105℃下烘干2小时,保存在干燥器内),溶于去离子水中,并转移到1000ml容量瓶中,用去离子水稀释至刻度,摇匀,经真空泵过滤、除气,备用。

(4) 再生液的配制(50mmol/L):准确吸取3ml硫酸到1000ml容量瓶中,用去离子水

稀释至刻度，摇匀。

(5) 冲洗液：去离子水。

**3. 仪器的条件** 柱温（室温）、淋洗液流速（1.0ml/min）、进样量（20μl）。

**4. 样品测定**

(1) 装上淋洗液，依次打开全自动进样器、主机、连接色谱工作站的电脑开关。

(2) 调节淋洗液和再生液流速，使仪器达到平衡，并指示稳定的基线。

(3) 建立测定方法。

(4) 待基线走稳后，用氟离子、氯离子的混合标准系列溶液进样（可分别得到两种离子的工作曲线）绘制标准曲线。

(5) 将预处理后的自来水样品注入色谱仪进样系统，记录峰高或峰面积。

(6) 测量完毕后，冲洗柱子。

(7) 关泵。

**【结果计算】**

根据测出的样品峰面积，仪器可直接在标准曲线上查得各阴离子的质量浓度（mg/L）。如有稀释需乘以稀释倍数。

$$C_{样} = C_{检} \times 稀释倍数$$

式中，$C_{样}$：样品的质量浓度（mg/L）；$C_{检}$：标准曲线上查出的质量浓度（mg/L）。

**【注意事项】**

(1) 由于进样量很小，操作中必需严格防止纯水、器皿以及水样预处理过程中的污染，淋洗液应用去离子水配制，不宜配制太多、放置时间太长。

(2) 为了防止保护柱和分离柱堵塞，样品必须过 0.22μm 孔径的微滤膜。

(3) 每次开机后，观察白色的再生液和冲洗液的废液管是否有液体流出，是否塞堵。

(4) 离子色谱仪长期不用时也要定期用超纯水清洗或将柱子卸下密封保存。

（沈　梅）

## 第五节　气相色谱-质谱法测定蔬菜中的敌敌畏和甲拌磷含量

**【实验目的】**

了解气相色谱-质谱联用仪的基本结构、原理，及使用方法。

了解蔬菜中有机磷农药的提取方法。

熟悉气相色谱-质谱法的定性、定量方法。

掌握内标标准曲线法的定量方法。

**【实验原理】**

样品中加入乙腈匀浆后过滤，滤液盐析后离心，取上清液经固相萃取柱净化，用乙腈＋甲苯（3＋1）洗脱，洗脱液浓缩后，用气相色谱-质谱仪测定。

气相色谱-质谱仪工作原理：样品中各组分经气相色谱分离后进入质谱仪，被离子源轰击成不同质荷比（$m/z$）的碎片离子，碎片离子经质量分析器的分离，由离子流检测器检测，以离子流强度为纵坐标，保留时间为横坐标输出色谱图，同时获得每个时间点的质谱图。利用组分的保留时间和质谱图进行定性分析，用峰面积或峰高进行定量分析。

内标标准曲线法：将待测组分的纯物质配制成不同浓度系列的标准溶液（$C_i$），分别加入等量的内标物质，在相同实验条件下分析，测得待测组分的峰面积 $A_i$ 及内标的峰面积 $A_s$，以 $A_i/A_s$ 对 $C_i$ 作图得内标标准曲线 $y=ax+b$。再将同样量的内标物加入待测样品中，同样条件下分析，得 $A_x/A_s$，由标准曲线求得待测组分的含量。

**【仪器与试剂】**

**1. 仪器** GC-MS(QP 2010Plus，日本岛津公司)，自动固相萃取仪或手动固相萃取仪，均质器，离心机，电子天平（精度分别为 0.001g 和 0.000 01g），旋转蒸发仪，氮气吹干仪，100μl/1000μl 可调移液器，鸡心瓶（250ml），试管（5ml），微量进样器。

**2. 试剂**

(1) 乙腈、甲苯、正己烷、氯化钠：均为优级纯。

(2) 无水硫酸钠：分析纯，用前在 650℃煅烧 4 小时，贮于干燥器中冷却备用。

(3) Envi-18 和 Envi-Carb 活性炭固相萃取小柱（3ml，0.5g）。

(4) 敌敌畏、甲拌磷和环氧七氯标准品：纯度＞95％，国家标准物质研究中心。

(5) 敌敌畏、甲拌磷和环氧七氯标准母液（1.0mg/ml）：精确称取 10.00mg 标准物质于 10.0ml 容量瓶中，用正己烷定容。

(6) 敌敌畏和甲拌磷的混合标准溶液：准确移取敌敌畏和甲拌磷标准母液各 1.00ml 置于 10ml 量瓶中，用正己烷稀释至刻度，得含 0.1mg/ml 敌敌畏和甲拌磷的混合标准溶液。准确移取该溶液 0.00、0.0050、0.010、0.020、0.040、0.10ml 于 6 个 10ml 的容量瓶中，由空白基质提取液定容，得含敌敌畏和甲拌磷均为 0、0.05、0.10、0.20、0.40、1.00μg/ml 的标准工作液。

(7) 内标环氧七氯标准工作溶液（40.0μg/ml）：准确移取 1.00ml 环氧七氯母液于 25ml 量瓶中，用正己烷稀释至刻度。

**【操作步骤】**

**1. 仪器操作步骤**

(1) 确认仪器处于正常工作状态。

(2) 对仪器进行调谐，获得调谐报告。

(3) 将标准溶液和样品溶液放于自动进样器样品盘中。

(4) 编辑检测方法，将检测方法发送给仪器，等待仪器达到设定好的条件。

(5) 编辑样品测定序列。

(6) 仪器稳定后，开始测试。

(7) 样品测定完毕后，进行数据分析。

**2. 检测条件**

(1) 色谱条件

1) 色谱柱：Rxi-5ms，30m×0.25mm×0.25μm。

2) 色谱柱温度程序：50℃保持 2 分钟，以 50℃/min 程序升温至 180℃，再以 5℃/min 升温至 280℃，保持 1 分钟，再以 50℃/min 升温至 300℃，保持 1 分钟。

3) 载气：氦气，纯度＝99.999％。

4) 流速：1.0ml/min。

5）隔垫吹扫流量：3ml/min。

6）进样口温度：250℃。

7）进样量：1μl。

8）进样方式：无分流进样，4.5分钟后打开分流阀，分流比30。

（2）质谱条件

1）电子轰击源电压：70eV。

2）离子源温度：250℃。

3）GC-MS接口温度：250℃。

4）扫描方式：选择离子监测（SIM）。监测离子见表6-4：

**表6-4 待测组分及内标的定量离子和定性离子**

| 化合物名称 | 定量离子（强度） | 定性离子（强度） | 驻留时间/s |
|---|---|---|---|
| 敌敌畏 | 109(100) | 185(22),145(6) | 0.15 |
| 甲拌磷 | 260(100) | 121(429),231(110) | 0.15 |
| 环氧七氯 | 353(100) | 355(80),351(53) | 0.15 |

**3. 样品处理**

（1）提取：称取20g试样（精确至0.01g）于50ml离心管中，加入40ml乙腈，用均质器以15 000r/min的速度匀浆提取1分钟，加入5g氯化钠，再匀浆提取1分钟，将离心管放入离心机，在3000r/min下离心5分钟，取上清液20ml（相当于10g试样量），待净化。

（2）净化

1）将Envi-C18柱放入固定架上，加样前先用10ml乙腈预洗柱后，下接鸡心瓶，移入上述20ml提取液，并用15ml乙腈洗涤萃取柱，将收集的提取液和洗涤液在40℃水浴中旋转浓缩至约1ml，备用。

2）在Envi-Carb柱中加入约2cm高无水硫酸钠，将该柱连接到Sep-Pak氨丙基柱顶部，将串联柱下接鸡心瓶放在固定架上。加样前先用4ml乙腈＋甲苯（3＋1）预洗柱，当液面到达硫酸钠的顶部时，迅速将上述浓缩液转移至净化柱上，再每次用2ml乙腈＋甲苯（3＋1）洗涤浓缩瓶三次，并将洗涤液移入柱中。在串联柱上加上50ml贮液器，用25ml乙腈＋甲苯（3＋1）洗涤串联柱，收集所有流出物于鸡心瓶中，并在40℃水浴中旋转浓缩至约0.5ml。每次加入5ml正己烷在40℃水浴中旋转蒸发，进行溶剂交换两次，最后使样液体积为1ml，加入40μl内标溶液，混匀，用于气相色谱-质谱测定。

## 【结果计算】

**1. 定性分析** 进行样品测定时，如果检出的色谱峰的保留时间与标准样品相一致，并且在扣除背景后的样品质谱图中，所选择的离子均出现，离子丰度比与标准样品的离子丰度比相一致（相对丰度＞50％，允许±10％偏差；相对丰度＞20％～50％，允许±15％偏差；相对丰度＞10％～20％，允许±20％偏差；相对丰度＝10％，允许±50％偏差），则可判断样品中存在这种农药或相关化学品。如果不能确证，应重新进样，以扫描方式（有足够灵敏度）或采用增加其他确证离子的方式或用其他灵敏度更高的分析仪器来确定。

**2. 定量分析** 分别以敌敌畏、甲拌磷及内标的定量离子的质量色谱图进行面积积分，获得标准系列中待测组分的峰面积 $A_i$ 及内标的峰面积 $A_s$，以 $A_i/A_s$ 对 $C_i$ 作图得内标标

准曲线 $y=ax+b$。再测得样品中待测组分的峰面积 $A_x$ 及内标的峰面积 $A_{xs}$，计算 $A_x/A_{xs}$，由标准曲线求得待测组分的含量。

**3. 含量计算**　按下式计算出蔬菜中被测组分的含量：

$$X=C\times V_2\times\frac{V_0}{V_1}\times\frac{1000}{1000}$$

式中，$X$：蔬菜试样中敌敌畏或甲拌磷的含量(mg/kg)；$C$：从标准曲线计算得到的被测组分溶液浓度(μg/ml)；$V_0$：试样提取液的总体积(ml)；$V_1$：试样提取上清液的分体积(ml)；$V_2$：上机样液的体积(ml)；$m$：试样溶液所代表的试样质量(g)。

**【注意事项】**

(1) 为减少基质的影响，标准溶液通常采用空白基质提取液配制。

(2) 在进行测定前，常进样一针溶剂空白，以检查仪器的状况。

（周枝凤）

## 第六节　原子吸收光谱法测定水中的锌和铜

**【实验目的】**

掌握火焰原子吸收光谱法测定水中锌、铜的基本原理和操作技术。

熟悉原子吸收分光光度计的工作原理。

**【实验原理】**

在使用锐线光源条件下，基态原子蒸汽对共振线的吸收符合朗伯-比尔定律，即：

$$A=\lg\frac{I_0}{I}=0.4343\times K_0\times L$$

式中，$A$ 为中心频率处的吸光度；$L$ 为原子蒸气的厚度；$K_0$ 峰值吸收系数。

在试样原子化时，火焰温度低于 3000 K 时，对大多数元素来讲，原子蒸汽中基态原子的数目实际上十分接近原子总数。在一定实验条件下，待测元素的原子总数目与该元素在试样中的浓度呈正比。则 $A=k\cdot c$ 用 $A$-$c$ 标准曲线法或标准加入法，可以求算出元素的含量。

**【仪器与试剂】**

**1. 仪器**　原子吸收分光光度计，锌、铜空心阴极灯，电热板。

**2. 试剂**　不同浓度的锌、铜标准溶液，硝酸(优级纯)，纯水(电阻率大于 18.0MΩ · cm)水样。

**【操作步骤】**

**1. 锌、铜系列标准溶液的配制**

1%硝酸配制锌系列标准溶液：0.100，0.200，0.300，0.400，0.500μg · ml$^{-1}$。

1%硝酸配制铜系列标准溶液：0.200，0.400，0.600，0.800，1.000μg · ml$^{-1}$。

**2. 工作条件的设置**　仪器参数设置见表 6-5。

表 6-5 仪器参数的设置

| 测试元素 | 锌 | 铜 |
|---|---|---|
| 工作模式 | 火焰 | 火焰 |
| 空心阴极灯电流(mA) | 8 | 8 |
| 空心阴极灯预热时间(min) | 20 | 20 |
| 狭缝宽度(nm) | 0.4 | 0.7 |
| 波长(nm) | 213.8 | 324.5 |
| 喷头高度(mm) | 7 | 7 |
| 测定方法 | 浓度自续 | 浓度自续 |
| 工作曲线 | 直线回归 | 直线回归 |
| 计算方式 | 积分 | 积分 |
| 测定时间 | 3 | 3 |
| 重复次数 | 3 | 3 |
| 标准品数量 | 5 | 5 |
| 浓度单位 | μg/ml | μg/ml |
| 背景校正 | 否 | 否 |
| 样品数 | 3 | 3 |
| 延迟时间 | 0 | 0 |

**3. 锌、铜的测定** 1%硝酸为空白,测定锌、铜系列标准溶液和未知水样的吸光度 A。

**4. 实验结束** 用 1%硝酸喷洗原子化系统 5 分钟,按关机程序关机。最后关闭乙炔钢瓶阀门,旋松乙炔稳压阀,关闭空压机和通风机电源。

**5. 绘制标准曲线,计算锌、铜含量** 绘制锌、铜的 A-c 标准曲线,由未知样的吸光度 A,求算出锌、铜含量(μg/ml),按一元线性回归计算程序,计算锌、铜的含量。

### 【注意事项】

乙炔为易燃易爆气体,必须严格按照操作步骤工作。在点燃乙炔火焰之前,应先开空气,后开乙炔;结束或暂停实验时,应先关乙炔,后关空气。乙炔钢瓶的工作压力,一定要控制在所规定范围内,不得超压工作。必须切记,保障安全。

(韩伟立)

## 第七节 气相色谱法检测饮料中的防腐剂苯甲酸

### 【实验目的】

掌握气相色谱氢火焰离子化(FID)分析方法的原理和实验操作技术。

熟悉内标标准曲线法的定量分析方法。

### 【实验原理】

食品防腐剂因具有杀灭或抑制微生物增殖的作用,而被广泛应用于各类食品、饮料中,防止食品变质及延长食品的保质期,但过量食用对人体有一定毒性,所以有必要对其进行检测监控。

气相色谱法的工作原理：是利用试样中各组分在流动相和固定相间的分配系数不同，当汽化后的试样被载气带入色谱柱中运行时，组分就在其中的两相间进行反复多次分配，由于固定相对各组分的吸附或溶解能力不同，因此各组分在色谱柱中的保留时间不同，便彼此分离，按顺序离开色谱柱进入检测器，产生的离子流讯号经放大后，在记录器上描绘出各组分的色谱峰。利用保留时间对样品中的组分进行定性分析，用峰面积进行定量分析。

内标标准曲线法：一定实验条件下，待测组分含量 $m$ 或浓度 $C$ 与样品峰面积 Ai/内标峰面积 As 成正比例。先用待测组分的标准品配置一系列已知浓度标准溶液，加入相同量的内标物；再将同样量的内标物加入到同体积的待测样品溶液中，分别进样，测 Ai/As，作 Ai/As—m 或 Ai/As—C 图，由 Ai(样)/As 即可从标准曲线上查得待测组分含量。

食品中苯甲酸先经乙醚萃取，以正十一烷酸作内标，采用内标标准曲线法定量。

## 【仪器与试剂】

**1. 仪器**　GC-7900 气相色谱仪；FID 检测器；2010 双通道色谱工作站；中惠普 NHA-300S 气源发生器；微量进样器。

**2. 试剂**

(1) 正十一烷酸，乙醇，乙醚，苯甲酸（国家标准物质研究中心提供），食品防腐剂标准工作液（1.0g/L，用乙醇配制），正十一烷酸内标溶液（3.0g/L，用乙醇配制）。

(2) 盐酸（1∶1）：取 100ml 盐酸，加蒸馏水稀释至 200ml。

## 【操作步骤】

**1. 气相色谱仪操作步骤**

(1) 确认所需使用检测器，并相应的安装好分析柱。FID 使用 $N_2$ 做载气；开机前需先打开 $N_2$ 气瓶总阀，开通载气。

(2) 打开仪器及计算机电源。运行 D-7900 色谱工作站。

(3) 确认装了分析柱的载气气路有流量压力且正常。设置进样口，检测器（FID＝120℃）及柱箱的温度。

(4) 在进样口、检测器、柱箱温度达到设定温度后，打开氢气发生器电源开关旋钮，观察流量和压力显示是否正常，打开 Air 气瓶总阀；按【点火】按键，点火，待基线稳定后即可进样分析。

(5) 测试完毕后，关闭 $H_2$，Air 气瓶总阀，设置进样口、检测器、柱箱温度为室温，仪器自动降温；待进样口、检测器、柱箱温度降至 80℃以下，即可关闭色谱仪电源。关闭计算机电源，最后关闭载气气瓶总阀。

**2. 色谱条件**

(1) 色谱柱：TM-MX 0.32mm×30m，0.25μm 毛细管柱。

(2) 柱温：130℃，进样口和 FID 检测器温度均为 250℃。

(3) 载气：高纯氮。

(4) 柱流速：1.0ml/min（恒流）。

(5) 分流比 30∶1。

(6) 进样量 1μl。

**3. 样品处理**　称取 5.0ml 的样品，置于 25ml 具塞量筒中，1.0ml 正十一烷酸内标液，加 0.5ml 盐酸（1∶1）酸化，用 20、15ml 乙醚提取两次，每次振摇 1 分钟，将上层乙醚提取液通过装有无水硫酸钠三角漏斗(漏斗颈内塞少许脱脂棉)滤入 100ml 具塞三角瓶中，再用 10ml 乙醚分两次洗涤无水硫酸钠，置 40℃水浴上挥干，加 200μl 乙醇溶解残渣，供色谱测定。用保留时间定性，内标标准曲线法定量。

**4. 标准曲线制备** 准确量取标准工作液 0、1.0、2.0、3.0、4.0 和 5.0ml 于 6 个 10ml 容量瓶中，各加入 1.0ml 内标液，用乙醇定容，进行色谱分析。使浓度在 0～0.5g/L 范围，以标准物的浓度比为横坐标，对应峰面积比为纵坐标作线性回归分析，并根据信噪比 S/N=3，计算最低检测浓度。

**5. 样品中苯甲酸的检测** 取实验样品，按上述气相色谱法测定，记录苯甲酸和内标物的峰面积。

## 【结果计算】

(1) 根据保留时间对样品中苯甲酸进行定性分析。

(2) 标准曲线的绘制：由标准系列色谱图分别测量各标准液中苯甲酸的峰面积，计算苯甲酸与内标的峰面积之比，以峰面积之比对浓度作图，得到苯甲酸的内标标准曲线。

(3) 根据样品色谱图苯甲酸的峰面积，计算苯甲酸与内标的峰面积之比，从苯甲酸的工作曲线中查得苯甲酸的浓度。

## 【注意事项】

(1) 检测器温度＞100℃，以防结水，影响电极绝缘而使基线不稳。实际温度一般应高于柱温 30～50℃，在启动仪器加热升温过程中，应先升检测器温度后升柱箱温度，待升温过程基本完成，温度稳定，最后再开 $H_2$ 点火，并保证火焰是点着的。氢气和空气的比例应 1∶10，当氢气比例过大时 FID 检测器的灵敏度急剧下降，在别的条件不变的情况下，灵敏度下降要检查一下氢气和空气流速。

(2) 判断 FID 检测器是否点着：不同的仪器判断方法不同，有基流显示的看基流大小，没有基流显示的用带抛光面的扳手凑近检测器出口，观察其表面有无水汽凝结。

(3) 密封垫的更换：更换密封垫不要拧得太紧，一般更换时都是在常温，温度升高后会更紧，密封垫拧得太紧会造成进样困难，常常会把注射器针头弄弯。

（杨雪梅）

# 第二部分　食品安全快速检测

## 第七章　食品安全快速检测概述

建立灵敏、高效、可靠、简便的食品安全快速检测技术是目前我国食品安全的迫切需求，对我国的食品工业发展具有重要意义。

### 第一节　食品安全快速检测的基本要求

#### 一、食品安全快速检测的定义和特点

**1. 食品安全快速检测的定义**　食品安全快速检测是一种包括样品制备在内，能够在短时间内出据检测结果的行为。针对“短时间”，目前达成的共识是，若是食品安全的理化检测项目，能够在2小时以内得到结果，即可视为实验室快速检测方法；用于现场检测能够在30分钟（少于10分钟则比较理想）内得到检测结果，即可视为现场快速检测方法；对于微生物检测，在准确的前提下，与传统检测方法相比，可以“大幅度”缩短检测时间，即可视为快速检测方法。

快速检测方法首要的是缩短了检测时间，并在样品制备、实验准备、操作过程等方面简化了方法，如实验准备过程简化，使用的试剂较少；样品经简单前处理后即可进行测试或采用高效快速的样品处理方式；简单、快速和准确的分析方法，能对处理好的样品在很短的时间内测试出结果。

**2. 食品安全快速检测的特点**　与常规方法相比，快速检测在准确性的基础上，应具有明显的便捷性和简单、经济。

(1) 快速：一是实验准备简化，将实验用试剂、设备做成标准化专用产品；二是样品经简单前处理后即可测试，对操作人员要求低；三是简单、快速和准确的分析方法，样品在很短时间内测试出结果。

(2) 方便：仪器容易操作，结果容易判读等。

(3) 经济：节约成本。

此外，食品安全快速检测要求尽量做到检测的食品种类多，范围广。

#### 二、食品安全快速检测的基本原则和要求

**1. 食品快速检测的基本原则**

(1) 检测质量有保证：要求食品安全快速检测技术能保证检测质量，方法成熟、稳定，具有较高的精密度、准确度和良好的选择性，保证试验数据和结论的科学性、可信性和重复性。

(2) 方法安全：要求食品安全快速检测技术所使用的方法不能对操作人员造成危害和

环境污染。

(3) 快速:食品安全快速检测目的多为现场快速检验或对大量样品的筛选,因此,要求食品安全快速检测技术使用的检验方法反应速度快、检测效率高。

**2. 食品快速检测的基本要求**

(1) 必须有空白试验:此处空白试验是指除不加样品外,采用完全相同的分析步骤、试剂和用量,进行平行操作所作的试验及得到的结果。

(2) 检验方法的选择:同一检测项目,如有两个或两个以上检验方法时,可根据不同条件选择使用,但必须以国家标准方法的第一方法为仲裁方法。

此外,很多食品安全快速检测为定性或半定量试验,当检测结果为阳性时,应当尽量采用定量方法加以确证。

# 第二节　常见食品安全快速检测方法及其特点

## 一、化学比色分析法

化学比色分析法是目前应用比较普遍的成熟方法,被广泛应用于各类食品分析中。

原理:根据食品中待测成分的化学特点,将待测食品通过化学反应法,使待测成分与特定试剂发生特异性显色反应,通过与标准品比较颜色或在一定波长下与标准品比较吸光度值得到最终结果。

化学比色分析法的优点是操作相对简便,结果显示直观,检测灵敏度高。不足之处是此类分析法会破坏食品,不能实现无损检测,只能用于抽样检测,无法对每一个样品都实行检测;此外,此类方法对化学反应自身条件依赖性较强,检测过程中受到的干扰因素较多。

化学比色分析法分为利用普通化学原理与利用生物化学原理两大类。常用的化学比色法包括各种检测试剂和试纸,随着检测仪器的不断发展,与其相配套的微型检测仪器也相应出现。目前,研制出的试纸条有,测有机磷含量的农药速测卡、测硝酸盐的硝酸盐试纸条;速测仪有芥酸、油菜芥酸和硫糖苷的定量速测仪。在重金属的检测方面,试纸法有速检测环境中痕量重金属镉、汞的浓度试纸、快速检测食品中的霉菌纸片。

在微生物检测方面,美国3M公司petrifilmTMPlate系列微生物测试片,可分别检测菌落总数、大肠菌群计数、霉菌和酵母计数。petrifilm纸片已通过国际组织AOAC认可。

## 二、近红外和傅里叶变换红外光谱法

近红外检测技术目前在线检测产品中的水分、蛋白质、脂肪含量等指标方面已有较成熟的应用,已能检测的产品包括粮食、肉制品、牛奶、蔬菜水果、油脂、饮料等。

原理:利用红外光线的穿透能力比较强,而试样中的含氢基团对不同频率的近红外光存在选择性吸收,因而透射的红外光就携带有有机物结构和组分的信息,通过检测器分析透射或反射光线的光密度确定该组分的含量。

优点是检测成本低,分析速度快;不需前处理,免去了化学反应中的诸多影响因素,并避免了对环境的污染;实现了样品的无损检测,能够对样品的多个组分同时检测。缺点是不适于痕量分析,灵敏度较比色法低,且需要建立相关的模型数据库,要大量的前期工作。

## 三、免疫学分析法

免疫学分析法常用于检测有害微生物、农药残留、兽药残留及转基因食品等。

原理：利用抗原与抗体的高度专一性特异反应来进行检测。抗原抗体的反应是一种非共价键特异性吸附反应，即通常情况下，抗原只和它自己诱导产生的抗体发生反应。

免疫学分析法的优点是特异性和灵敏度都比较高，对于现场初筛有较好应用前景。不足是由于抗原抗体的反应专一性，针对每种待测物都要建立专门的检测试剂和方法，为此类方法普及带来难度，若食品在加工过程中抗原被破坏，则检测结果准确性将受影响。

免疫学分析法在实际工作中应用最多的有两种方法，酶联免疫法（ELISA）和试纸条法。此外，胶体金免疫层析检测技术近年来在药物残留、饲料原料掺假、饲料添加剂的安全性评估等方面应用较多。

**1. 酶联免疫法**（ELISA） ELISA 法是将酶标记在抗体/抗原分子上，形成酶标抗体/酶标抗原，也称为酶结合物，将抗体抗原反应信号放大，提高检测灵敏度，之后该酶结合物的酶作用于能呈现出颜色的底物，通过仪器或肉眼进行辨别。目前，ELISA 方法常用的固相载体是 96 孔聚苯乙烯酶标板，常用的酶是辣根过氧化物酶，常用的底物是邻苯二胺和四甲基联苯胺等。

**2. 试纸条法** 试纸条法是将特异的抗体交联到试纸条上和有颜色的物质上，当纸上抗体和特异抗原结合后，再和带有颜色的特异抗原进行反应时，就形成了带有颜色的三明治结构，并且固定在试纸条上，如没有抗原，则没有颜色。目前，国内外已经有相当成熟的利用免疫学分析法的商业化试纸条，如能够检测牛奶中的磺胺二甲基嘧啶、β-内酰胺、四环素等抗生素残留的试纸条，检测牛奶和谷物食品中黄曲霉毒素的试纸条，以及检测火锅汤料、调料中的阿片生物碱、有害微生物、农药残留、兽药残留及转基因食品。

**3. 胶体金免疫层析快速检测技术** 胶体金免疫层析速检测技术是在胶体金标记技术和免疫层析技术发展的基础上，结合单克隆抗体技术和新材料技术发展起来的一项新型体外诊断技术。应用于预测鱼、虾、贝类等水产动物系列病害、药物残留、饲料原料掺假、饲料添加剂的安全性快速评估、抗体水平、激素水平、性别鉴定等多种用途的检测试纸，并可以进行定性、半定量和定量检测。

原理：以胶体金为标记物，利用特异性抗原抗体反应，在层析反应过程中，通过带颜色的胶体金颗粒来放大免疫反应系统，使反应结果在固相载体上直接显示出来。

优点是测时间仅需数分钟、无需任何附加试剂和设备、操作简单等特点，解决了传统检测方法费时、成本高、操作复杂等问题，实现了“快速、简便、特异、敏感”的目标。

## 四、多重 PCR 检测技术（M-PCR）

聚合酶链反应（PCR）是近年来应用最广的分子生物学方法，在食源性致病菌的检测中均是以其遗传物质高度保守的核酸序列设计特异引物进行扩增，进而用凝胶电泳和紫外核酸检测仪观察扩增结果。

原理：M-PCR 是指在同一个反应体系中，加入多对特异性引物，如果存在与各引物对特异性互补的模板，即可同时在同一反应管中扩增出一条以上的目的 DNA 片段，实现了一次性检测多种致病菌的目的。

M-PCR 的优点是保留了常规 PCR 的特异性、敏感性，并减少了操作步骤及试剂；缺点是扩增效率不高、敏感性偏低、扩增条件需摸索与协调和可能出现引物间干扰等。

## 五、放射测量法

放射测量法应用于定量测量并同时用常规法计数细菌总数，适合大批量样品的细菌数检验，以及各类物品的无菌监测，其优点是较常规法快速、灵敏。

原理：根据细菌在生长繁殖过程中利用培养基中的“C”标记的碳水化合物或盐类的底物，代谢产生 $CO_2$，通过仪器测量 $CO_2$ 的含量增加与否，进而确定样品中有无细菌存在。

## 六、阻　抗　法

阻抗法应用于细菌检测、食品质量与病原体检测、工业生产中的微生物过程控制及环境卫生细菌学研究，如美国首台基于阻抗法的连续监测细菌代谢生长的仪器。

原理：微生物在生长过程中，可把培养基中的电惰性底物代谢成活性底物，从而使培养基中的电导性增大，培养物中的阻抗随之降低；同时，微生物在培养基中可产生具有作为诊断依据的特征性阻抗曲线，根据电阻改变图形，对检测的细菌做鉴定。

## 七、生物芯片检测法

生物芯片有免疫芯片、基因芯片等，主要用于微生物检测以及转基因农产品、盐酸克仑特罗、链霉素、磺胺二甲嘧啶等转基因成分或抗生素残留等检测。

**1. 基因芯片检测方法**　基因芯片技术检测水和食品中常见致病细菌及其毒素、真菌毒素、病毒、支原体、衣原体、立克次氏体等微生物。

基因芯片是指按照预定位置固定在固相载体上很小面积内的千万个核酸分子所组成的微点阵列。其工作原理是利用已知序列的核酸对未知序列的核酸序列进行杂交检测。

基因芯片技术由于同时将大量探针固定于支持物上，所以可以一次性对样品大量序列进行检测和分析。优点是自动化程度高，能够实现同时检测多种目标分子的目的，而且检测效率高，检测周期短。缺点是前期需要大量已测知的 DNA 片段信息，检测费用仍偏高。

**2. 免疫芯片**　免疫芯片是一种特殊的蛋白芯片，芯片上的探针蛋白可根据研究目的选用抗体、抗原、受体等具有生物活性的蛋白质。芯片上的探针点阵，通过特异性免疫反应捕获样品中的靶蛋白，然后通过专用激光扫描系统和软件进行图像扫描、分析及结果解释，具有高通量、自动化、灵敏度高和多元分析等优点。

近年来免疫芯片的研制多采用共价结合法进行抗原或抗体的固定，常用的材料包括玻璃片、硅片、金片、聚丙烯酰胺凝胶膜、尼龙膜等。在众多的共价固定材料中，通常采用的是玻璃片及聚丙烯酰胺凝胶膜。

在免疫芯片中常用的标记物有放射性同位素、酶、荧光物质等，依据标记物的不同采用不同的检测方法。采用放射性同位素标记抗原或抗体具有特异性强、敏感性高的优点，但由于该方法放射性污染且需要专门的检测设备，其应用受到了一定的限制。采用酶及荧光物质（Cy3、Cy5）标记抗原或抗体具有敏感、简便、快速的优点，这两种标记方法克服了放射性同位素标记法的不足，已成为免疫芯片中常用的标记物，抗原与抗体反应结束后用扫描仪进行荧光信号的检测。

## 八、ATP 生物发光检测法

该法是近年发展较快的一种用于食品生产加工设备洁净度检测的快速检测方法。

原理:利用细菌细胞裂解时释放出 ATP,ATP 自细菌细胞释放出来后，使用荧光虫素和荧光虫素酶可使之释放出能量,这些能量产生磷光,光的强度就代表 ATP 的量,从而推断出菌落总数。

利用 ATP 生物发光分析技术检测肉类食品细菌污染状况或食品器具的现场卫生学检测,能够达到快速适时的目标。国内外均有成熟的 ATP 发光快速检测系统产品出售。如美国 CharmScience Inc 有系列通过检测细菌的 ATP 量来控制不同食品卫生安全的产品，如检验食物表面的 PoctetSwab Plus、检测水产品表面的 WaterGiene™、检测生肉的 Charm CHEF 等，操作方法都是使用专用药签刮抹待测部位，然后将药签装入笔形管内，插入便携检测仪读数即可。

## 九、生物传感器检测技术

生物传感器检测技术应用于 *L*-抗坏血酸、抗氧化剂、胆碱、谷氨酸盐、卵磷脂和亚硫酸盐测定。在食品安全现场快速检测领域,生物传感器检测技术与比色法、免疫胶体金试纸、ELISA 等检测方法相比还未得到普遍应用。

原理:生物传感器是将生物感应元件的专一性与能够产生和待测物浓度成比例的信号传导器结合起来的一种分析装置。根据生物识别元件和生物功能膜的不同,生物传感器可分为酶传感器、免疫传感器、微生物传感器.组织传感器、细胞器传感器、类脂质膜传感器、DNA 杂交传感器等。

与传统的化学传感器和离线分析技术(如 HPLC 或 MS)相比,生物传感器具有高选择性、高灵敏度、较好的稳定性、低成本、可微型化、便于携带、可以现场检测等优点,作为一种新的检测手段发展迅猛。

（邓　红）

# 第八章　常见食品理化快速检测方法

目前，国内进行现场食品安全快速检测，主要通过成套配置的食品安全快速检测箱或检测试剂开展工作，食品安全快速检测箱中相关检测指标的检测原理和方法大致相同。本实验主要以中国疾病控制中心营养与食品研究所研制的食品安全理化快速检测箱，介绍常见食品安全理化快速检测方法。

## 第一节　有机磷和氨基甲酸酯类农药的快速检测方法

农药按其化学结构大致可分为有机磷类，氨基甲酸酯类，拟除虫菊酯类和有机氯类等。一定剂量的农药可引起急性中毒，小剂量、长期摄入时引起慢性中毒。目前，我国允许使用的有机磷类农药有 30 余种、氨基甲酸酯类农药有 10 余种。本方法是对食品中的有机磷类和氨基甲酸酯类农药残留进行检测。

**【原理】**

胆碱酯酶可催化靛酚乙酸酯（红色）水解为乙酸与靛酚（蓝色），有机磷或氨基甲酸酯类农药对胆碱酯酶有抑制作用，使催化、水解、变色的过程发生改变，由此可判断出样品中是否有高剂量有机磷或氨基甲酸酯类农药的存在。

**【主要器材与试剂】**

农药速测卡、农药浸提液、天平、农药残留速测仪（农药速测卡配备）、超声波提取器。

**【检测方法】**

采用国家标准快速检验方法 GB/T5009.199-2003。本方法除适合于蔬菜水果中农药残留的快速检测外，也适用于急性中毒残留物及胃内容物中残留农药的快速筛选检测。

**1. 表面测定法**（粗筛法）　擦去蔬菜表面泥土，滴 2～3 滴浸提液在蔬菜表面，用另一片蔬菜在滴液处轻轻摩擦。取一片速测卡，将蔬菜上的液滴滴在白色药片上，放置 10 分钟进行预反应；将速测卡对折后，用手捏 3 分钟，打开与空白对照卡比对。

**2. 整体测定法**　选取有代表性的蔬菜样品，擦去表面泥土，剪成 1cm 左右见方碎片，取 5g 放入带盖瓶中，加入 10ml 浸提液，震摇 50 次（有条件时，可将提取瓶放入超声波提取器中震荡 30 秒），静置 2 分钟以上。取一片速测卡，在白色药片上滴上 2～3 滴提取液，放置 10 分钟进行预反应，将速测卡对折后，用手捏 3 分钟时，打开与空白对照卡比对。

**3. 仪器测定法**　将速测卡插入仪器中，将提取液 2～3 滴于速测卡白色药片上，同时作一片空白实验，启动仪器自动运行预反应 10 分钟，盖上仪器盖，3 分钟时仪器报警，打开仪器观察结果。白色药片变为天蓝色或与空白对照卡相同，为阴性结果。白色药片略有浅蓝色为弱阳性，白色药片不变色为强阳性。

**【注意事项】**

（1）葱、蒜、萝卜、韭菜、芹菜、香菜、茭白、蘑菇及番茄汁液中，含有对酶有影响的植物次生物质，容易产生假阳性。处理这类样品时，可采取整株（体）蔬菜浸提或采用表面测定法。对一些含叶绿素较高的蔬菜，采取整株（体）蔬菜浸提的方法，减少色素的干扰。

(2) 使用速测卡法检出蔬菜样品为农药阳性时，即可视为有机磷或氨基甲酸酯类农药超标。有条件时可用气相色谱仪或质谱仪对阳性试样重复实验，确定哪种农药及含量。

(3) 每次测定均应设一个洗脱液或纯净水的空白对照卡，注意样品放置的时间应与空白对照放置的时间一致才有可比性。

(4) 空白对照卡不变色的可能原因：①药片表面缓冲溶液加得太少，特别是夏天时、表面不够湿润；②温度太低。

(5) 农药速测卡在常温条件下有效期为 1 年，贮存要求阴凉、干燥和避光处，有条件放于 4℃冰箱中最佳。农药速测卡开封后最好在三天内用完，一次用不完可存放在干燥器中。

## 第二节　鼠药类的检测：毒鼠强的快速检测方法

我国食物中毒事件中，毒鼠强中毒占相当大比例，是食物中毒和预防检测中主要检测项目之一。毒鼠强主要经消化道及呼吸道吸收。哺乳动物口服最低致死剂量为 0.10mg/kg。口服 6～12mg 可致人死亡。本法适用于食物、水及中毒残留物毒鼠强的快速检测。

**【原理】**

毒鼠强的快速测定可采用变色算法，其原理是毒鼠强用硫酸分解后为甲醛和二甲磺胺，在一定的温度下，毒鼠强与显色剂发生反应变为淡紫红色，浓度高时变为深紫红色，由此可作为定性方法之一。

**【主要器材与试剂】**

毒鼠强显色剂及检测试剂、优级纯硫酸、检测用速测管或试管、乙酸乙酯、过滤器材、水浴锅。

**【操作方法】**

**1. 饮用水或无色液体**　取 6 滴（约 0.25ml）样品到速测管中，加入 1 滴毒鼠强显色剂，轻轻摇匀，小心加入 15～20 滴毒鼠强检测试剂，速测管中的溶液颜色变为淡紫红色为毒鼠强弱阳性反应，深紫红色为毒鼠强强阳性反应。

**2. 固体或半固体样品**　取 1～2g 样品放入比色管中，加入 5ml 乙酸乙酯，充分振摇，静置后用滤纸过滤，或用离心机分离出上清液（乙酸乙酯）。取处理后的样品清液（乙酸乙酯）1ml 于试管中或表面皿上，在 90℃左右水浴中加热挥干，放至室温后，加入 1 滴毒鼠强显色剂，湿润残渣，小心加入 20 滴毒鼠强检测试剂，溶液颜色变为淡紫红色为毒鼠强弱阳性反应，深紫红色为毒鼠强强阳性反应。

## 第三节　甲醇的快速检测方法

酒中微量甲醇可引起人体慢性损害，高剂量时可引起人体急性中毒。正规酒厂生产的市售酒中甲醇含量超标的情况较少，作坊式生产的酒样中甲醇含量超标的情况较多，尤其是以工业酒精配制的酒中常含有急性中毒剂量的甲醇。我国发生的多次酒类中毒，大多是因为饮用了含有高剂量甲醇的工业酒精配制的酒。

甲醇中毒剂量的个体差异较大，有的 7～8ml 即可引起失明，30～100ml 可致死亡。国家卫生部 2004 年第 5 号公告中指出，摄入甲醇 5～10ml 可引起中毒，30ml 可致死。

【原理】

利用酒醇速测仪或甲醇速测盒进行甲醇的快速检测。

【主要器材与方法】

**1. 酒醇速测仪检测甲醇**

(1) 主要仪器与试剂:玻璃浮计、酒醇速测仪、乙醇对照液。

(2) 方法

1) 环境温度20℃时的操作方法:用玻璃浮计测定样品的酒精度数后,再用酒醇速测仪测定样品的酒精度,二者的差值即为甲醇浓度。

2) 环境温度非20℃时的操作方法:先用玻璃浮计测定样品的酒精度数,再用玻璃浮计选取一个与样品酒精度数相同的乙醇对照液,用酒醇速测仪分别测定二者的酒精度,若有差值,其差值即为甲醇浓度。

**2. 甲醇速测盒检测甲醇**

(1) 器材与试剂:装有甲醇速测试剂的试管、乙醇对照液。

(2) 方法:将装有甲醇速测试剂的试管插入速测盒盖上的插槽中,加入6滴样品于试管中,按照说明分次加入试剂,显色后与比色卡对比定量。

## 第四节　亚硝酸盐、硝酸盐的快速检测方法

亚硝酸盐主要指亚硝酸钠(钾),味微咸,易溶于水,外观及滋味与食盐相似,在食品工业中广为使用,如肉类制品中允许作为发色剂限量使用。亚硝酸盐具有较强的毒性,食入0.3~0.5g的亚硝酸盐即可引起中毒甚至死亡。亚硝酸盐能使血液中正常携氧的低铁血红蛋白氧化成高铁血红蛋白,因而失去携氧能力而引起组织缺氧,造成慢性、急性中毒。此外,长期过量摄入亚硝酸盐,亚硝酸盐与食品中、人体内的胺类化合物反应生成具有强致癌性的亚硝胺类化合物,亚硝胺类化合物除致癌外,还可经胎盘对胎儿产生致畸和毒性作用。

【原理】

采用国家标准方法GB/T 5009.33-2003《食品中亚硝酸盐与硝酸盐的测定方法》,食品中的亚硝酸盐与亚硝酸盐速测管中所含试剂对氨基苯磺酰胺重氮化后,再与盐酸N-(1-萘基)乙二胺偶合,形成玫瑰红色偶氮染料,颜色越深,表示其亚硝酸盐的含量越高。

【器材与试剂】

亚硝酸盐速测管、蒸馏水。

【测定方法】

**1. 检测样品**　腌腊肉制品类(咸肉、腊肉、板鸭、中式火腿),酱肉制品类,熏、烧、烤肉类,油炸肉类,肉灌肠类,发酵肉制品类,肉罐头类,西式火腿(熏烤、烟熏、蒸煮火腿)。

**2. 亚硝酸盐速测管中含有检测试剂**　液体样品直接加入速测管中,固体样品取代表性样品1g,剪碎,溶解到10ml蒸馏水中,从中取1ml加入速测管中,比色测定。

【结果判断】

(1) 若无明显的颜色变化则说明不含亚硝酸盐。

(2) 若呈现明显紫红色或红色,且颜色越深说明亚硝酸盐含量越高,与色卡对照,颜色

最接近的即为相应亚硝酸盐浓度。检测结果超标的样品建议送实验室进一步定量检测。

**【注意事项】**

(1) 取样时，肉制品应取有代表性的瘦肉或其他可食用部分，对亚硝酸盐浓度超标的样品建议重复实验一次。

(2) 实验用水不得使用自来水或矿泉水。

(3) 亚硝酸盐的国家限量标准：《食品添加剂使用卫生标准》(GB2760-2007)。

1) 腌腊肉制品类(咸肉、腊肉、板鸭、中式火腿)、酱肉肉制品类、熏、烧、烤肉类；炸肉类；肉灌肠类；发酵肉制品类残留量为≤30mg/kg。

2) 肉罐头类残留量为≤50mg/kg。

3) 西式火腿(熏烤、烟熏、蒸煮火腿)残留量为≤70mg/kg。

## 第五节　水发水产品中甲醛的快速检测方法

37%的甲醛溶液俗称福尔马林，医学上用于尸体和标本防腐，由于福尔马林具有延长食品保质期和改善食品外观、口感的特性，部分食品生产、经管者在生产和储藏过程中将水产品及水发食品原料浸泡在高浓度甲醛溶液，再进行加工，以获取利益。甲醛被国际癌症研究所(IARC)等列为可疑致癌物，进入人体的甲醛会抑制细胞功能甚至杀灭细胞，并对人体肝、肾和中枢神经造成损害。甲醛是国家明令禁止添加到食品中的非食品添加剂。

**【原理】**

残留于食品中的甲醛在一定条件下与间苯三酚在碱性条件下发生特异性反应，生成红色的产物，在一定范围内，红色的深浅与甲醛的浓度成正比，颜色越深，甲醛含量越高。本方法主要是针对人为加入甲醛的测定，当人为加入甲醛时，本方法可迅速检测出来，本方法最低检测限(以甲醛计)为 20μg/5ml，相当于 4mg/L。

**【主要器材与试剂】**

甲醛检测管、甲醛检测试剂。

**【检测方法】**

**1. 检测样品**

(1) 水产品及其加工制品：各种鱼类、虾蟹、海蛎、鱿鱼干和其他水产加工制品等。

(2) 水发食品：牛百叶、海蜇、海参、鱼皮、牛筋、牛肚、鸭鹅掌、鸭鹅肠和猪蹄筋等。

**2. 步骤**　直接将水发产品浸出液加入到检测管中(约 1ml)，加入 2 滴甲醛检测试剂，如果样品中含有少量甲醛，在试剂与样品接触的局部会出现橙红色，并在 1 分钟左右颜色退去。如果甲醛含量较多，试剂与样品接触的局部颜色会较深，甚至整体样品溶液都会变为橙红色。

**3. 结果判断**

(1) 呈明显的红色，表示被检样品浸泡过“福尔马林”，且颜色越深表示其浓度越高，也可与标准色卡对照比较，颜色最接近的浓度为样品甲醛含量。

(2) 呈淡黄色或很淡的红色，可判断为无人为添加甲醛；也可再次实验，延长样品提取时间和推迟添加检测液，如结果颜色较明显表示样品有低浓度的甲醛。

(3) 无变化或呈现其他颜色，表示样品不含甲醛。

【注意事项】

(1) 根据 NY5172-2002《无公害食品 水发水产品》规定,水产品甲醛含量应≤10.0mg/kg,因此对于结果为弱阳性的水发品(≤10.0mg/kg),考虑到水产品的本底值,可判断为不超标。

(2) 实验用水不得使用自来水或矿泉水。

(3) 现场检测结果超标的样品留样,送实验室进一步定量检测。

# 第六节 生产加工环节关键控制点的检测

## 一、食品中心温度和煎炸油温度的快速测定方法

【目的意义】

温度对于食品的质量起着重要作用。细菌生长最适宜的温度在 10～60℃范围之内。因此,具有潜在危害食品的储存温度应控制在 10℃以下。

【方法】

采用食品中心温度计和红外线瞬时测温仪可进行有效监控。

【标准】

国家卫生部《餐饮业食品卫生管理办法》中对各环节温度控制有明确规定。食品加工应烧熟煮透,其中心温度应在 70℃以上并保持一定时间才可杀灭细菌。在烹饪后至食用前超过 2 小时的食品,应在高于 60℃或低于 10℃的条件下存放。需要冷藏的熟制品,应放凉后在 0～10℃之间冷藏。煎炸食品时,油温最高不得大于 250℃,一般不得超过 190℃。

## 二、餐饮具和食品加工器具表面洁净度的快速检测方法

【基本原理(ATP 荧光测定法)】

ATP 是能量转化产物, ATP 的存在预示着有生物或植物存在,由此可用 ATP 荧光仪来测定食品容器或器械的表面洁净度或估算细菌总数。

【方法】

目前市场上有两类多种型号的 ATP 荧光测定仪。一类是测洁净度,另一类是除了可以测洁净度外,还可以用试剂将植物细胞裂解过滤出去,最终测定生物细胞的 ATP,由此估算细菌数量。检测时间一般 20 分钟,此方法在测量某些特定食物中微生物的数量上与国标法具有可比性。

## 三、消毒间紫外线辐照强度的快速测定方法

【目的意义】

通过测定紫外线灯辐照强度,评价其杀菌性能是否达到合格标准。

【方法】

采用紫外线灯辐照强度测定仪进行有效监控。

【检测标准】

卫生部消毒技术规范规定:普通型或低臭氧型直管紫外线灯(30W),新灯管辐照度值

在灯管下方垂直 1m 的中心处，应≥ 90μW/cm²。使用中的灯管辐照度值应≥ 70μW/cm²。异型（非直管型）、高强度型，或非 30W 功率等紫外线灯管的检测距离和辐照度值合格标准，随产品用途和使用方法而定。原则上不应低于产品使用说明书注明的辐照度值。

## 四、消毒液有效氯的快速测定

**【目的意义】**

消毒液在食品加工过程中使用广泛，控制其有效浓度是保证消毒效果可靠的重要环节。

**【方法】**

目前使用较多的是含氯消毒液，测定有效氯的方法有两种试纸法：

（1）测试范围 0～300ppm，同时可用于二氧化氯测试。

（2）测试范围 0～2000ppm，同时可用于双氧水测试。

**【标准】**

国家食品药品监督局规定：用于餐饮具和食品加工器具消毒的含氯消毒液的有效氯含量不得低于 250mg/L。

## 五、游离性余氯的快速检测方法

**【目的意义】**

通过测试游离性余氯的含量，了解餐用具的消毒效果是否安全可靠、所用消毒液浓度是否合理。

**【方法】**

采用邻联甲苯胺比色法，将样品直接加入到显色池中，向显色池中加入检测试剂邻联甲苯胺，盖上盖后上下摇动，1～3 分钟后从正面观察，与色卡对比找出相同的色阶即为游离性余氯的含量。

**【检测标准】**

国家标准规定：在加氯消毒的管网生活饮用水中，加氯消毒 30 分钟后，水中游离性余氯的含量不应低于 0.3mg/L。管网末梢水中游离性余氯的含量不应低于 0.05mg/L。人工游泳池水中游离性余氯的标准值为 0.3～0.5mg/L。用含氯洗消剂消毒后的食（饮）具表面游离性余氯的含量应小于 0.3mg/L。

**【注意事项】**

邻联甲苯胺比色法不能满足低温水中游离性余氯的测定要求，测定中规定样品温度为 15～20℃，低于此温度，应放入温水浴中反应，提高到 15～20℃立即比色，测游离性余氯。

（邓　红）

# 第九章　食品中微生物快速检测方法

## 第一节　菌落总数的快速测定

### 【实验目的】

菌落总数测定是反映样品被污染的程度或细菌在样品中的动态变化，尤其是食品生产企业可作为产品质量检测的重要项目，快速检测其产品指标是否符合国家标准，或监控生产线各关键控制点，对保证产品质量具有重要的意义。本实验旨在对各类食品及饮用水中的菌落总数进行快速测定。

### 【实验原理】

将培养基、凝胶和酶显色剂等加载在试纸片，经加样、培养后，细菌菌落在纸片上显现出红色菌斑，通过计数报告结果。

### 【材料与试剂】

**1. 材料**　玻璃瓶（均质袋）、吸管（1ml）、检验纸片（中卫牌食品安全快速检测箱配套试剂）、玻璃棒、自封袋、小型恒温培养箱。

**2. 试剂**　无菌水。

### 【操作方法】

(1) 无菌称取样品 25g（或 25ml）放入含有 225ml 无菌水的玻璃瓶（均质袋）内，经充分振摇（均质）做成 1∶10 的稀释液。用 1ml 灭菌吸管吸取 1∶10 稀释液 1ml，注入含有 9ml 灭菌生理盐水的试管内，用 1ml 灭菌吸管反复吸吹制成 1∶100 的稀释液。依此类推，做出 1∶1000 等稀释度的稀释液，每个稀释度更换一支灭菌吸管。

(2) 一般食品选 3 个稀释度进行检测，含菌量少的液体样品（如食用纯水和矿泉水等）可直接用原液检测。将检验纸片放在水平台面上，揭开上面的透明薄膜，用灭菌吸管吸取样品原液或稀释液 1ml，均匀加到中央的圆圈内，轻轻将上盖膜放下，静置 5 分钟。

(3) 从中间向周围轻轻推刮，使水分在圆圈内均匀分布，并将气泡赶走。

(4) 将加了样的检验纸片每 6 片叠放在一起，放入自封袋中，平放在 37℃ 培养箱内培养 15～24 小时。取出纸片观察结果。

### 【结果判断与计数】

**1. 结果判断**　细菌在纸片上生长后会显示红色斑点，选择菌落数适中（10～100 个）的纸片进行计数，乘以稀释倍数后即为每克（或毫升）样品中所含的细菌菌落总数。菌落数在 100 以内时，按实有数报告。大于 100 时，用二位有效数字，二位有效数字后面的数字，以四舍五入方法计算，并以 10 的指数来表示。

**2. 计数原则与报告方式**

(1) 通常选择菌落在 10～100 个的纸片进行计数，乘以稀释倍数报告之（表 9-1 中例次 1）。国家标准菌落总数报告方式术语为 cfu/g 或 cfu/ml，cfu 含义为菌落形成单位。

(2) 若有两个稀释度的菌落数在 10～100 个之内，两者的比值小于 2，则取其平均数，若大于 2,则采用稀释度小者报告(见表 9-1 中例次 2 和例次 3)。

(3) 若三个稀释度的菌落数都在 10～100 个之内时,应选择二个低数值的平均数(见表 9-1 中例次 4)。

(4) 若三个稀释度的菌落数均小于 10 个或大于 100 个时,应重新试用更低或更高的稀释度进行菌落计数;或采用均小于数量标准的最小值,或采用均大于数量标准的最大值(见表 9-1 中例次 5 和例次 6)。

**表 9-1　样品稀释度与纸片计数方式**

| 例次 | 稀释度 | | | 两稀释度之比 | 选定计数稀释度 | 报告方式(个/g)或(个/ml) |
|---|---|---|---|---|---|---|
| | $10^{-1}$ | $10^{-2}$ | $10^{-3}$ | | | |
| 1 | 158 | 76 | 5 | — | $10^{-2}$ | $7.6\times10^3$ |
| 2 | 208 | 68 | 12 | 1.8 | $10^{-2}$、$10^{-3}$ | $9.4\times10^3$ |
| 3 | 265 | 82 | 50 | 6.1 | $10^{-2}$ | $8.2\times10^3$ |
| 4 | 98 | 50 | 15 | — | $10^{-1}$、$10^{-2}$ | $3.0\times10^3$ |
| 5 | 8 | 5 | 1 | — | $10^{-1}$ | $8.0\times10$ |
| 6 | 295 | 174 | 106 | — | $10^{-3}$ | $1.1\times10^3$ |

**【注意事项】**

使用过的纸片上带有活菌,需及时按照生物安全废弃物处理原则进行处理。

## 第二节　大肠菌群的快速测定

**【实验目的】**

大肠菌群是一群能发酵乳糖、产酸产气、需氧和兼性厌氧的革兰阴性无芽孢杆菌,多存在于温血动物粪便、人类经常活动的场所以及有粪便污染的地方,大肠菌群数的高低,表明了食品及食品生产过程中受粪便污染的程度。食品中大肠菌群数系以 100ml(g)检样内大肠菌群最可能数(MPN)表示,是评价食品卫生质量的重要指标之一,目前已被广泛应用于食品卫生工作中。本实验旨在对各类食品、纯净水等样品中的大肠菌群数进行快速测定。

### (一) 纸片法

**【方法原理】**

将乳糖、显色剂和选择性培养基加载在纸片上,经培养后能够在纸片上生长并发酵乳糖产酸的即为大肠菌群阳性,记录每个稀释度大肠菌群阳性纸片数,根据大肠菌群 MPN 表(见表 9-2)查出相应的大肠菌群数。

**【材料与试剂】**

玻璃瓶(或均质袋),玻璃珠,试管(10ml),吸管(1ml),无菌生理盐水,试纸片(中卫牌食品安全快速检测箱配套试剂):每份由三片大纸片(两片重叠放在一个袋中算作一片)和六片小纸片组成,小型恒温培养箱。

**【操作方法】**

(1) 无菌称取样品 25g(或 25ml)放入含有 225ml 灭菌生理盐水或其他稀释液的玻璃瓶

内(瓶内置适当数量的玻璃珠)或均质袋中,经充分振摇做成 1∶10 的均匀稀释液,用 1ml 灭菌吸管吸取 1∶10 稀释液,注入含有 9ml 灭菌生理盐水或其他稀释液的试管内,振摇试管制成 1∶100 的稀释液。依此类推,每个稀释度更换一支灭菌吸管。

(2) 选取两个稀释度进行检测,通常,饮料和饮用水采用原液和 1∶10 两个稀释度,其他食品采用 1∶10 和 1∶100 这两个稀释度。用 10ml 灭菌吸管吸取 l0ml 原液或第一个稀释度的稀释液加到含有大纸片的塑料袋中,吸透后平放,重复做三个,再用 1ml 灭菌吸管吸取 1ml 同一稀释度的稀释液涂布到含有小纸片的塑料袋中,重复做三个。再取一支 1ml 灭菌吸管吸取第二个稀释度的 1ml 稀释液涂布到含有小纸片的塑料袋中,重复做三个。

(3) 将接种好的纸片(可叠放)放入 37℃培养箱中培养 15～24 小时。

## 【结果判断与计数】

(1) 阳性:纸片变黄或在黄色背景上呈现红色斑点。

(2) 阴性:纸片保持紫蓝色不变或在紫蓝色背景仁呈现红色斑点,但周围没有黄色。

(3) 记录每个稀释度大肠菌群阳性纸片数,根据大肠菌群 MPN 表(表 9-2)查出相应大肠菌群数。如接种的第一个稀释度稀释液为原液,应将表上查出的结果除以 10,依此类推。

**表 9-2 食品、饮料中大肠菌群(MPN)检索表**

| 阳性管数 | | | MPN/100ml(g) | 95%可信限 | |
|---|---|---|---|---|---|
| 1ml(g)×3 | 0.1ml(g)×3 | 0.01ml(g)×3 | | 下限 | 上限 |
| 0 | 0 | 0 | <30 | | |
| 0 | 0 | 1 | 30 | <5 | 90 |
| 0 | 0 | 2 | 60 | | |
| 0 | 0 | 3 | 90 | | |
| 0 | 1 | 0 | 30 | | |
| 0 | 1 | 1 | 60 | <5 | 130 |
| 0 | 1 | 2 | 90 | | |
| 0 | 1 | 3 | 120 | | |
| 0 | 2 | 0 | 60 | | |
| 0 | 2 | 1 | 90 | | |
| 0 | 2 | 2 | 120 | | |
| 0 | 2 | 3 | 160 | | |
| 0 | 3 | 0 | 90 | | |
| 0 | 3 | 1 | 130 | | |
| 0 | 3 | 2 | 160 | | |
| 0 | 3 | 3 | 190 | | |
| 1 | 0 | 0 | 40 | | |
| 1 | 0 | 1 | 70 | <5 | 200 |
| 1 | 0 | 2 | 110 | 10 | 210 |
| 1 | 0 | 3 | 150 | | |

续表

| 阳性管数 | | | MPN/100ml(g) | 95%可信限 | |
|---|---|---|---|---|---|
| 1ml(g)×3 | 0.1ml(g)×3 | 0.01ml(g)×3 | | 下限 | 上限 |
| 1 | 1 | 0 | 70 | | |
| 1 | 1 | 1 | 110 | 10 | 230 |
| 1 | 1 | 2 | 150 | 30 | 360 |
| 1 | 1 | 3 | 190 | | |
| 1 | 2 | 0 | 110 | | |
| 1 | 2 | 1 | 150 | 30 | 360 |
| 1 | 2 | 2 | 200 | | |
| 1 | 2 | 3 | 240 | | |
| 1 | 3 | 0 | 160 | | |
| 1 | 3 | 1 | 200 | | |
| 1 | 3 | 2 | 240 | | |
| 1 | 3 | 3 | 290 | | |
| 2 | 0 | 0 | 90 | | |
| 2 | 0 | 1 | 140 | 10 | 360 |
| 2 | 0 | 2 | 200 | 30 | 370 |
| 2 | 0 | 3 | 260 | | |
| 2 | 1 | 0 | 150 | | |
| 2 | 1 | 1 | 200 | 30 | 440 |
| 2 | 1 | 2 | 270 | 70 | 890 |
| 2 | 1 | 3 | 340 | | |
| 2 | 2 | 0 | 210 | | |
| 2 | 2 | 1 | 280 | 40 | 470 |
| 2 | 2 | 2 | 350 | 100 | 1500 |
| 2 | 2 | 3 | 420 | | |
| 2 | 3 | 0 | 290 | | |
| 2 | 3 | 1 | 360 | | |
| 2 | 3 | 2 | 440 | | |
| 2 | 3 | 3 | 530 | | |
| 3 | 0 | 0 | 230 | | |
| 3 | 0 | 1 | 390 | 40 | 1200 |
| 3 | 0 | 2 | 640 | 70 | 1300 |
| 3 | 0 | 3 | 950 | 150 | 3800 |
| 3 | 1 | 0 | 430 | | |
| 3 | 1 | 1 | 750 | 70 | 2100 |
| 3 | 1 | 2 | 1200 | 140 | 2300 |
| 3 | 1 | 3 | 1600 | 300 | 3800 |

续表

| 阳性管数 | | | MPN/100ml(g) | 95%可信限 | |
|---|---|---|---|---|---|
| 1ml(g)×3 | 0.1ml(g)×3 | 0.01ml(g)×3 | | 下限 | 上限 |
| 3 | 2 | 0 | 930 | 150 | 3800 |
| 3 | 2 | 1 | 1500 | 300 | 4400 |
| 3 | 2 | 2 | 2100 | 350 | 4700 |
| 3 | 2 | 3 | 2900 | | |
| 3 | 3 | 0 | 2400 | 360 | 13000 |
| 3 | 3 | 1 | 4600 | 710 | 24000 |
| 3 | 3 | 2 | 11000 | 1500 | 48000 |
| 3 | 3 | 3 | =24000 | | |

注:1. 本表采用 3 个稀释度[1、0.1 和 0.01ml(g)],每稀释度三管

2. 表内所列检样量如改用 10、1 和 0.1ml(g)时,表内数字应相应降低 10 倍;如改用 0.1、0.01 和 0.001ml(g)时,则表内数字应相应增加 10 培。其余可类推

**【注意事项】**

如果样品的酸碱度在 pH 7 以下,应先用 20%～30%灭菌 $Na_2CO_3$ 溶液调至中性,避免因 pH 的原因导致纸片变黄而影响结果观察。

## (二) 试剂盒法

**【方法原理】**

本方法采用包被技术,将乳糖胆盐双料、乳糖胆盐单料浓缩至试剂盒培养孔内进行检测。经培养后能够在发酵培养管内生长并产酸产气的即为大肠菌群阳性,记录每个稀释度大肠菌群阳性管数,根据大肠菌群 MPN 表(见表 9-2)查出相应的大肠菌群数。

**【材料与试剂】**

三角烧瓶、吸管(1ml)、试管(10ml)、无菌生理盐水、检测试剂盒(中卫牌食品安全快速检测箱配套试剂)、小型恒温培养箱。

**【检验步骤】**

**1. 检样稀释** 称取样品 25g(或 25ml)放入含 225ml 灭菌生理盐水的三角瓶内,充分振摇制成 1∶10 稀释液。用 1ml 灭菌吸管吸取 1∶10 稀释液 1ml,注入含有 9ml 灭菌水的试管内,用 1ml 灭菌吸管反复吹吸做成 1∶100 稀释液。依此类推,每次换一支吸管。根据食品卫生标准要求或对检样污染情况的估计,选择三个稀释度,每个稀释度接种 3 管。

**2. 乳糖发酵试验**

(1) 加样:将试剂盒放在水平台面上,打开盒盖,用 10ml 的灭菌吸管取 3 个 1∶10 样品稀释液各 10ml 分别注入到标号为 1、2、3 的大发酵培养基孔内。用 1ml 灭菌吸管吸取 3 个 1∶10 样品稀释液各 1ml 分别注入到标号为 4、5、6 的小发酵培养基孔内。另用 1ml 灭菌吸管吸取 3 个 1∶100 的样品稀释液各 1ml 分别注入到标号为 7、8、9 的小发酵培养基孔内,标号为 10 的小发酵培养基孔作为培养基阴性对照孔。

(2) 排气泡:加样后,集气窗内如有气泡可将试剂盒以 30～45℃角倾斜,必要时可轻轻用力在桌面敲击数下,排出产气窗内气泡。

(3) 培养:将加样后的试剂盒置(36±1)℃温箱内,培养(18±2)小时。

**3. 结果判断与计数**

(1) 从正面观察 3 个大发酵培养基管(孔)产酸产气情况(气泡可从集气窗中观察),后面观察 6 个小发酵培养基管(孔)产酸产气情况,如所有乳糖胆盐发酵管都不产酸、不产气,则可报告为大肠菌群阴性,如有产酸产气者报告为阳性。

(2) 根据证实为大肠杆菌阳性的管数,查 MPN 表,报告每 100ml(100g)大肠菌群 MPN 值。

**【注意事项】**

(1) 加样操作时可用灭菌吸管,也可使用一次性无菌吸管,将样品稀释液注入至试剂盒所标刻度处。

(2) 加入样品后不需摇匀,平拿平放。

(3) 在培养箱中取试剂盒时平托出来不要倾斜以免由于试剂盒的倾斜将阳性管产气窗中的气泡排出而影响结果。

(4) 试剂盒为一次性无菌包装用品,供一次性使用。

(5) 试剂盒应避光保存于阴凉干燥处,最佳温度 2~8℃,即开即用。

## 第三节　沙门菌的快速检验

**【实验目的】**

沙门菌广泛存在于自然界中,是重要的肠道致病菌,可引起传染和流行。传统的分离鉴定沙门菌,包括健康人群带菌调查和体检工作中,应用增菌、分离、生化、血清学鉴定等传统分离鉴定方法,全过程需时 4~7 天。人们一直在寻找着一种快速的检测方法,即尽量不采取增菌步骤,一步培养就可对病原菌进行定性和初筛的方法。本实验旨在对各类食品中沙门菌进行定性和初筛检测,满足突发事件应急检测需要。

**【方法原理】**

将选择性培养基中加入专一性的酶显色剂,并将其加载在纸片上,通过培养,如果样品中含有沙门菌,即可在纸片上呈紫红色的菌落。

**【材料与试剂】**

沙门菌选择性培养基(中卫牌食品安全快速检测箱配套试剂)、试纸片(中卫牌食品安全快速检测箱配套试剂)、生理盐水、玻璃瓶、棉签、吸管(1ml)、小型恒温培养箱。

**【操作步骤】**

**1. 样品前处理**

(1) 食品样品的处理方法:无菌称取待测样品 25g(或 25ml)放入含有 225ml 无菌生理盐水的玻璃瓶内,经充分振摇做成 1∶10 的稀释液。

(2) 人体样品的处理方法:取从业人员体检肛拭或粘有病人粪便的棉签放入 5ml 灭菌 SC 增菌液中,经充分振摇后,于 37℃增菌 18~24 小时。

**2. 样品接种**　将测试片水平放在台面上,揭开上盖膜,用灭菌吸管吸取稀释液 0.5ml,均匀加到吸水滤纸上,然后轻轻将盖膜放下。

**3. 样品培养**　将加了样的测试片平放在 37℃培养箱内培养 15~24 小时。

**4. 结果观察**　观察测试片,呈紫红色的菌落为沙门菌;呈蓝色的菌落为其他大肠菌。

**【注意事项】**

(1) 对于经过烘烤加热或冷冻的食品样品,最好先用SC增菌液进行预增菌,使"致伤"、冷冻的沙门菌复苏,然后再行检测。

(2) 注意使用过的纸片上带有活菌,需及时按照生物安全废弃物处理原则进行处理。

(3) 目前,从对国内沙门菌检测纸片的验证结果来看,当样品中含沙门菌10～99个范围内时可以检出,占平板计数的20%左右,可用于中毒样品中沙门菌的快速筛选。当样品中含沙门菌0～9个范围内时,纸片无显色反应。因此,当样品中含沙门菌量较低的情况时,一步培养的检测效果仍不够理想。

## 第四节　金黄色葡萄球菌的快速检验

**【实验目的】**

金黄色葡萄球菌(简称金葡菌)是食物中毒最常见的致病菌之一,其侵袭力很强,能产生多种致病物质如:肠毒素、凝固酶等;可引起化脓性炎症、毒素性疾病及葡萄球菌性肠炎。在自然界中普遍存在,食品受其污染的机会很多,人误食了含有毒素的食品,就会发生食物中毒,这已成为世界性的公共卫生问题。我国每年金葡菌引起的食物中毒事件屡有报道,在细菌性食物中毒事件中仅次于沙门菌和副溶血弧菌,对人类健康具有确定危害,对食品中金黄色葡萄球菌进行定性和定量检测具有实际意义。本实验旨在对各类食品中金黄色葡萄球菌污染进行快速检测,满足突发事件应急需要。

**【实验原理】**

将选择性培养基中加入专一性的酶显色剂,并将其加载在纸片上,通过培养,如果样品中含有金黄色葡萄球菌,即可在纸片上呈现紫红色的菌落。

**【材料与试剂】**

选择性培养基(中卫牌食品安全快速检测箱配套试剂)、专一酶显色剂(中卫牌食品安全快速检测箱配套试剂)、试纸片(中卫牌食品安全快速检测箱配套试剂)、7.5% NaCl肉汤、灭菌罐(或均质袋)、无菌生理盐水、棉签、小型恒温培养箱、研钵(或均质器)。

**【操作步骤】**

**1. 样品前处理**

(1) 食品样品的处理方法:无菌操作取25g(25ml)样品于灭菌罐或均质袋中,加入225ml灭菌生理盐水,固体样品研磨或置均质器中制成混悬液,静置片刻。

(2) 人体样品的处理方法:取从业人员体检肛拭或粘有病人粪便的棉签放入5ml 7.5% NaCl肉汤中,经充分振摇后,37℃培养6小时,制成增菌液。

**2. 样品接种**　将测试片水平放在台面上,揭开上盖膜,用灭菌吸管吸取1ml样品上清液或增菌液,均匀加到中央的滤纸片上,然后轻轻将上盖膜放下,静置5分钟。

**3. 样品培养**　将加了样的测试片每6～8片叠放在一起,放入原来的自封袋中,平放在37℃培养箱内培养15～24小时。

**4. 结果观察**　对测试片进行观察,呈紫红色的菌落为金黄色葡萄球菌;呈蓝色的菌落为非金黄色葡萄球菌。

**【注意事项】**

(1) 对于一些经过烘烤加热或冷冻的食品样品，最好也先用7.5%NaCl肉汤进行预增菌，使“致伤”、冷冻的金黄色葡萄球菌复苏，然后再进行检测。

(2) 试验后纸片应及时按生物安全要求进行无害化处理。

(3) 当使用新一批培养基和试纸片时，建议同时作阴性和阳性对照，以保证结果的准确性。出现阳性菌落的样本，最好用其他更为可靠的方法进行验证，没有条件的话至少再取样重复检验一次。

## 第五节　李斯特菌的快速检验

**【实验目的】**

李斯特菌引起的食源性疾病已经引起广泛的关注，该菌广泛分布于污水、青储饲料、牛奶、土壤等中，动物可能是重要宿主，粪便污染食品经口传播是主要途径，母婴传播也是该菌的主要特点，易感人群主要为孕妇、婴儿、肿瘤患者、免疫力低下者等，引起食物中毒一般初期症状为脑膜炎、流产、产期败血症等，临床不易快速作出诊断。李斯特菌的检验对预防食物中毒具有重要意义。本实验旨在对食品及环境中李斯特菌进行快速鉴定[增菌-免疫色谱(速测卡)法]，其完成对李斯特菌的检测和初步鉴别只需43小时。

**【实验原理】**

利用Half Fraser Broth Plus和缓冲富集培养液对李斯特菌选择性培养，使用Reveal检测装置，42小时培养对于李斯特菌鞭毛表达及检测能够达到最好效果。将部分二次富集培养物(135μl)滴加到检测卡的样品孔内，样品通过毛细作用渗过含李斯特菌特异性抗体的试剂区。如果样品中存在李斯特菌抗原，它将与蓝色乳胶标记的抗体结合，从而显示一条可见的线，由此表明李斯特菌的存在与否。

**【试剂与材料】**

Reveal检测试剂盒(中卫牌食品安全快速检测箱配套试剂)、单独包装的李斯特菌检测装置、移液管、Half Fraser Broth Plus培养基、无菌袋、量杯、缓冲李斯特菌肉汤(BLEB)、无菌水、小型恒温培养箱、试管、小型水浴锅、塑料移液器。

**【操作步骤】**

**1. 样品准备和培养**

(1) 将1瓶Half Fraser Broth Plus培养基倒入无菌袋中，使用提供的量杯加入225ml无菌水，抓牢袋子顶部并用力混匀，直到溶解。

(2) 将25g样品(或取样棉球)加到含有Half Fraser Broth Plus培养基的无菌袋中，抓紧袋子顶部，用一边到另一边的方式剧烈晃动袋子，混匀样品。

(3) 松散地紧闭袋子，30℃温育至少21小时，但不要超过24小时。

(4) 预先从温箱中取出袋子，加入10ml无菌水来水化一瓶BLEB培养基，拧紧瓶盖且摇动瓶子使培养基溶解。

(5) 从无菌袋中取出0.1ml(4滴)培养液到水化了的BLEB培养基内。

(6) 松开BLEB瓶盖，30℃下再温育21小时，但不要超过24小时。

**2. 检测**

(1) 从培养箱中小心取出样品瓶，不要打乱任何食品碎片，从培养液上层取出2ml倒入一个小玻璃试管内。

(2) 将玻璃试管放置在80℃水浴或加热块内20分钟。

(3) 冷却至室温。

(4) 从冷藏条件下取出必要数量的Reveal检测装置,使用之前回复至室温(25℃)。

(5) 打开锡箔袋,取出检测装置放于平面上,并为检测装置做上标记。

(6) 用塑料移液器取样品(不要旋涡、搅拌或摇动样品,不要搅动样品底部的颗粒,只移取液体样品)。

(7) 将移液器垂直于检测装置的样品孔上方,滴加6滴到样品孔中,或使用一个定量移液器加入135μl样品到样品孔内。

(8) 20分钟内观察并记录结果。由于过度显色,20分钟后观察结果不准确。

**3. 结果判断**

(1) 检测窗口出现一条蓝线指示在BLEB中存在李斯特菌鞭毛抗原,这是阳性结果;质控窗口出现一条蓝线指示该装置工作正常。

(2) 检测和质控窗口内蓝线强度的差异不会影响结果的解释,检测窗口内很强的蓝线而质控窗口没有线,表明有过多的鞭毛抗原,该结果极少见(有代表性的为少于1%)。如果对已经完成测试的验证是必要的,用一个稀释步骤来对样品重新检测,热的浸出物应该用新的BLEB稀释1~10倍,用另外检测装置测试。

(3) 如果20分钟内在检测或质控窗口内没有出现任何线,用另一个检测装置对同一培养浸出物进行检测,规定不要超过1小时。

**4. 结果确认**

(1) 用Reveal富集培养鉴定为阳性的样品应该用涂布平板法确认。方法是将样品培养物涂布于BAM或FSIS平板上进行,平板的选择取决于样品的种类。

(2) 用BAM或FSIS方法检测一个"复制"的"亚样品"的结果并不一定与Reveal检测的结果一致,细菌并不是均匀地分布于样品中(对于固体或干的样品更是如此),因此,复制的亚样品可能不含有李斯特菌。

(3) 局限性:如果提取抗体的数量小于检测的最低灵敏度,或者温育温度高于30℃,会出现阴性结果。

(4) 用该方法对浓缩的酵母材料检测时可能得到假阴性结果,可以通过延长前增菌和二次增菌到24~26小时的温育时间来改进。

## 【注意事项】

(1) 不要对Half Fraser Broth Plus高压灭菌,不要使用过期的培养基。

(2) 打开小袋前,让检测装置温度升至室温。

(3) 水化前增菌及二次增菌干粉培养基后同一天使用。

(4) 培养时间和温度尤为重要,否则会导致错误结果。

(5) 培养时样品袋不能扎得过紧,便于空气交换,对李斯特菌生长及抗原表达很重要。

(6) 检测应在培养后的8小时内完成。

(7) 适当采用良好微生物实验室操作规程。

(8) 检测装置不用时应储存于2~8℃,切勿冷冻。干粉培养基储存在室温下15~30℃。

(查龙应)

# 第三部分　综合性实验

## 第十章　营养调查与分析

### 第一节　膳食调查与评价

**【实验目的】**

进一步巩固学习膳食调查的目的、意义和方法，学习膳食计算的一般步骤和方法等；掌握膳食营养状况评价的方法并提出适当的改进意见。

**【膳食调查目的】**

营养调查是运用科学手段来了解某一人群或个体的膳食和营养水平，以此判断其膳食结构是否合理和营养状况是否良好的重要手段。

全面的营养调查包括四个方面的内容：膳食调查、体格测量、营养状况实验室检查和营养相关疾病临床检查。

膳食调查是营养调查中最重要、最基础的部分。膳食调查是调查被调查对象一定时间内通过膳食所摄取的能量和各种营养素的数量和质量，以此来评定该调查对象正常营养需要能得到满足的程度。

膳食调查的目的是通过各种不同的膳食调查方法对膳食摄入量进行评估，从而了解在一定时期内人群膳食摄入状况以及人们的膳食结构、饮食习惯，评价营养需要得到满足的程度。

**【膳食调查与评价的步骤】**

**1. 调查对象和样本量的确定**　调查对象及抽样方法的确定是取决于膳食调查的目的，通常包括两个方面。

(1) 特定人群的抽样调查：调查对象多是既定条件范围内人员，如：儿童、中学生、运动员、农民、飞行员等。调查人数通常根据允许误差确定。

(2) 一定地区范围内全民的抽样调查：通常是指对全国、全省、全市、全县等一定地区范围内全民的营养状况进行调查。调查样本是以家庭为单位，抽样方法采用多阶段分层整群随机抽样的方法。

**问题一：简述全国性营养调查采用的多阶段分层整群随机抽样的方法。**

**2. 膳食调查方法的确定**　膳食调查的方法有多种，比如：称重法、记账法、24 小时回顾法、食物频数法、电话调查法、化学分析法等。进行膳食调查时，膳食调查方法的确定将根据研究目的和研究对象的不同、对方法准确性的要求及研究经费和研究时间的保障情况而定，这些方法可单独进行也可联合应用。

(1) 称重法：是运用日常的各种测量工具对食物量进行称重或估计，从而了解被调查家庭当前食物消耗的情况；通常由调查对象或看护者（如母亲为孩子作记录）在一定时间内完成。称重法膳食调查的天数一般为 3～7 天，4 次/年（1 次/季、至少春冬、夏秋各一次）。

(2) 记账法:是由调查对象或研究者称量记录一定时期内调查对象的食物消耗总量,研究者通过这些记录并根据同一时期进餐人数,计算每人每日各种食物的平均摄入量。记账法膳食调查的天数一般较长,可以是 1 个月,也可以长达 1 年,这种情形通常用于了解慢性病与饮食关系。

(3) 24 小时膳食回顾法:也叫询问法,此法由接受过培训的调查员通过访谈形式,让受试者尽可能准确地回顾调查前一段时间,如前一日至数日的食物消耗量。询问调查前一天的食物消耗情况,称为 24 小时膳食回顾法。膳食调查天数通常为连续 3 天(调查员每天入户让受试者回顾 24 小时进餐情况)。24 小时膳食回顾法既适用于大型的全国膳食调查也适合小型的课题研究。询问方式包括面对面询问、电话、计算机等。

**问题二:膳食调查的方法有哪些?如何选择?**

**3. 膳食调查的记录** 膳食调查时除记录调查期间被调查者所摄入的一切食物包括零食、小吃与饮料,还要根据不同的调查目的了解被调查者的一般情况,如:姓名、年龄、性别、职业、文化程度、民族、经济收入等,以及调查时间和调查员、审核员,在设计调查表时应包含上述项目,为利于数据处理可对调查表上各项目进行编码。表 10-1~表 10-3 是几种不同膳食调查方法常用的记录表。

**表 10-1 称重法膳食调查记录表**

姓名＿＿＿＿＿ 性别＿＿＿＿＿ 出生年月＿＿＿＿＿ 职业＿＿＿＿＿

住址＿＿＿＿＿＿＿＿＿＿ 联系电话＿＿＿＿＿ 编号＿＿＿＿＿

| 餐次 | 食物名称 | 生重(kg) | 熟重(kg) | 生熟比 | 食物剩余量(kg) | 实际消耗量 | | 就餐人数 |
|---|---|---|---|---|---|---|---|---|
| | | | | | | 熟重(kg) | 生重(kg) | |
| 早餐 | | | | | | | | |
| | | | | | | | | |
| | | | | | | | | |
| | | | | | | | | |
| | | | | | | | | |
| 午餐 | | | | | | | | |
| | | | | | | | | |
| | | | | | | | | |
| | | | | | | | | |
| | | | | | | | | |
| | | | | | | | | |
| | | | | | | | | |
| 晚餐 | | | | | | | | |
| | | | | | | | | |
| | | | | | | | | |
| | | | | | | | | |
| | | | | | | | | |
| | | | | | | | | |

调查员 审核员 调查日期

**表 10-2 记账法膳食调查表**(家庭食物量记录表)

户主姓名____________

家庭住址______省______市/县______区/乡______居委会/村______调查户______

入户调查时间____________ 家庭编码____________

| 食物名称 | | | | | | | | | | |
|---|---|---|---|---|---|---|---|---|---|---|
| 食物编码 D1 | | | | | | | | | | |
| 结存量(g)D2 | | | | | | | | | | |
| | 购进量或自产量(g) D3 | 废弃量(g) D4 | 购进量或自产量(g) D3 | 废弃量(g) D4 | 购进量或自产量(g) D3 | 废弃量(g) D4 | 购进量或自产量(g) D3 | 废弃量(g) D4 | 购进量或自产量(g) D3 | 废弃量(g) D4 |
| 第 1 日 | | | | | | | | | | |
| 第 2 日 | | | | | | | | | | |
| 第 3 日 | | | | | | | | | | |
| 第 4 日 | | | | | | | | | | |
| 总量(g)D5 | | | | | | | | | | |
| 剩余总量(g)D6 | | | | | | | | | | |
| 实际消费量(g)D7 | | | | | | | | | | |

调查员签名 审核员签名

**表 10-3 24 小时膳食回顾法调查表**

姓名________性别________年龄________地址____________联系方式________

当日人数____________ 第________日 编号________

| 食物名称 | 原料名称 | 原料编码 D20 | 原料重量(两)D21 | 进餐时间 D22 | 进餐地点 D23 |
|---|---|---|---|---|---|
| | | | | | |
| | | | | | |
| | | | | | |
| | | | | | |
| | | | | | |
| | | | | | |
| | | | | | |
| | | | | | |
| | | | | | |
| | | | | | |
| | | | | | |
| | | | | | |

注:D22:1. 早餐 2. 上午小吃 3. 午餐 4. 下午小吃 5. 晚餐 6. 晚上小吃

D23:1. 在家 2. 单位/学校 3. 饭馆/摊点 4. 亲戚/朋友家 5. 幼儿园 6. 其他

**问题三:膳食调查表应包含哪些内容?设计调查表格时应注意哪些问题?**

**4. 膳食调查计算** 根据调查目的,对膳食调查资料整理后,主要计算得到以下几方面的膳食信息(表 10-4):

(1) 平均每人每日食物摄入量的计算:各类食物摄入量统计的食物重量为食物生重。食物归类时,有些食物的重量需要进行折算后才能相加。

奶类及其制品摄入量按照每100g各种奶制品中蛋白质的含量与100g鲜奶中蛋白质的含量(3.0g)相比,折算成鲜奶的量。

豆类及其制品摄入量按照每100g各种豆制品中蛋白质的含量与100g黄豆中蛋白质的含量(35.1g)相比,折算成黄豆的量。

**表 10-4 各类食物摄入量统计**

| 食物类别 | 摄入量(g) | 中国居民平衡膳食宝塔建议量(g) |
|---|---|---|
| 谷薯类 | | 250～400 |
| 蔬菜类 | | 300～500 |
| 水果类 | | 200～400 |
| 畜禽肉类 | | 50～75 |
| 水产类 | | 50～100 |
| 蛋类 | | 25～50 |
| 奶类 | | 300 |
| 豆类 | | 30～50 |
| 油脂类 | | 25～30 |

若是调查了解某个地区某个时期食物的消费情况,则可按表10-5进行统计。

**表 10-5 各类食物摄入量统计**

| 食物类别 | 米及其制品 | 面及其制品 | 其他谷类 | 干豆类 | 豆制品 | 蔬菜 | 腌菜 | 水果 | 干果 | 猪肉 | 其他畜肉 | 动物内脏 | 禽肉 | 奶及其制品 | 蛋及其制品 | 鱼虾 | 植物油 | 动物油 | 淀粉及糖 | 食盐 | 酱油 |
|---|---|---|---|---|---|---|---|---|---|---|---|---|---|---|---|---|---|---|---|---|---|
| 重量(g) | | | | | | | | | | | | | | | | | | | | | |

(2) 平均每人每日热能与营养素摄入量计算:平均每人每日热能与营养素摄入量是依据食物量(可食部重量)及食物成分表中各种食物的能量和营养素的含量用下式计算出来的,并填于表10-6中。

食物中某营养素含量=食物量(g)×每100g食物中该营养素含量÷100

**表 10-6 食物营养成分计算表**

姓名: 编号:

| 餐次 | 食物名称 | 重量(g) | 热量(kcal) | 蛋白质(g) | 脂肪(g) | 碳水化合物(g) | 膳食纤维(g) | 维生素A(μgRE) | 硫胺素(mg) | 核黄素(mg) | 尼克酸(mg) | 抗坏血酸(mg) | 钙(mg) | 铁(mg) | 磷(mg) |
|---|---|---|---|---|---|---|---|---|---|---|---|---|---|---|---|
| 早餐 | | | | | | | | | | | | | | | |
| | | | | | | | | | | | | | | | |
| | | | | | | | | | | | | | | | |
| | | | | | | | | | | | | | | | |
| | | | | | | | | | | | | | | | |
| | | | | | | | | | | | | | | | |
| | | | | | | | | | | | | | | | |
| 小计 | | | | | | | | | | | | | | | |

续表

| 餐次 | 食物名称 | 重量(g) | 热量(kcal) | 蛋白质(g) | 脂肪(g) | 碳水化合物(g) | 膳食纤维(g) | 维生素A(μgRE) | 硫胺素(mg) | 核黄素(mg) | 尼克酸(mg) | 抗坏血酸(mg) | 钙(mg) | 铁(mg) | 磷(mg) |
|---|---|---|---|---|---|---|---|---|---|---|---|---|---|---|---|
| 午餐 | | | | | | | | | | | | | | | |
| | | | | | | | | | | | | | | | |
| | | | | | | | | | | | | | | | |
| | | | | | | | | | | | | | | | |
| | | | | | | | | | | | | | | | |
| | | | | | | | | | | | | | | | |
| | | | | | | | | | | | | | | | |
| | | | | | | | | | | | | | | | |
| 小计 | | | | | | | | | | | | | | | |
| 晚餐 | | | | | | | | | | | | | | | |
| | | | | | | | | | | | | | | | |
| | | | | | | | | | | | | | | | |
| | | | | | | | | | | | | | | | |
| | | | | | | | | | | | | | | | |
| | | | | | | | | | | | | | | | |
| | | | | | | | | | | | | | | | |
| | | | | | | | | | | | | | | | |
| 小计 | | | | | | | | | | | | | | | |
| 总计 | | | | | | | | | | | | | | | |

注：①查食物成分表，计算所摄入各种食物的热能和营养素的含量。食物成分表通常是每100g可食部食物的营养素含量，所以必须根据摄入量进行折算，再将相关数据填入表10-6中。

②小计和总计：小计是按每餐分别汇总各类营养素尤其是热能的摄入量；总计是将全天的热能和营养素摄入量计算出来并填入总计栏中。

③热量的法定计量单位为J或kJ，本文为便于与DRIs比较，均用kcal作为热量单位，1kcal＝4.184kJ。

(3) 计算蛋白质来源百分比：将表10-6中来源于动物类、豆类的蛋白质的摄入量累计相加，再与蛋白质摄入总量相除，即可得到优质蛋白质的百分比，一般要求优质蛋白质的摄入率至少达到蛋白质摄入总量的三分之一。

(4) 计算三大营养素占总热量的百分比：将表10-6中蛋白质、脂肪的摄入量总计分别填入表10-7中“摄入量”栏内，乘以相应的能量折算系数，即可计算出蛋白质和脂肪占总热量的百分比，碳水化合物的供能比＝100％－蛋白质的供能比－脂肪的供能比。

**表10-7　三大营养素供热百分比**

| 营养素 | 摄入量(g) | 占热能的百分比(％) | 标准(％) |
|---|---|---|---|
| 蛋白质 | | | 10～15 |
| 脂肪 | | | 20～30 |
| 碳水化合物 | | | 55～65 |
| 合计 | | | |

(5) 计算一日三餐热能分配比：将表10-6中三餐热量摄入量分别填入表10-8，并计算各餐占总热量的百分比。

表 10-8　一日三餐热能分配比

| 餐次 | 热能(kcal) | 占总热能百分比(%) | 标准(%) |
|---|---|---|---|
| 早餐 | | | 25～30 |
| 午餐 | | | 30～40 |
| 晚餐 | | | 30～40 |
| 合计 | | | 100 |

**问题四：根据以上膳食计算结果，通常从哪几方面评价膳食营养状况？**

**5. 膳食营养评价分析**

(1) 膳食构成的评价：根据《中国居民膳食指南》和《中国居民平衡膳食宝塔》的要求与建议，评价该被调查群体或该调查个体每日膳食摄入的五大类食物是否齐全？是否做到食物种类多样化？该群体或该调查者每日膳食摄入各类食物的量是否充足？

(2) 能量、各营养素摄入量的评价：通常根据《中国居民膳食参考摄入量(DRIs)》对被调查对象平均每日摄入的热能和营养素的量进行评价，以此来评定该调查对象正常营养需要得到满足的程度。

(3) 摄入蛋白质质量评价：通过被调查对象优质蛋白质的摄入率评价其摄入蛋白质质量好坏或优质蛋白质是否足量。

(4) 三大营养素供热百分比的评价和三餐热能分配比的评价：根据营养均衡理论，评价该被调查对象三大产能营养素提供的能量比例以及三餐热能分配比例是否合理。

## 【膳食改进建议】

**问题五：如何根据膳食评价结论，客观地对调查中所发现的膳食营养问题提出解决措施？膳食改进措施如何做到可操作性？**

**问题六：要求应用24小时膳食回顾法对学生本人上课前1天或连续3天的膳食情况进行调查评价，针对存在问题提出膳食改进建议。**

**附：**主副食分量换算表(见表10-9、表10-10)

表 10-9　主食类分量换算表(均为可食部重量)

| 食物名称 | 重量(份) | 每份所含食物生重(克) | | 食物名称 | 重量(份) | 每份所含食物生重(克) | |
|---|---|---|---|---|---|---|---|
| 1. 大米饭 | 1 | 稻米 | 50 | 8. 蛋糕 | 1 | 小麦粉 | 50 |
| 2. 稀饭 | 1 | 稻米 | 15 | | | 鸡蛋 | 50 |
| 3. 炒米粉 | 1 | 稻米 | 75 | | | 白糖 | 15 |
| 4. 馒头 | 1 | 小麦粉 | 50 | 9. 葱花卷 | 1 | 小麦粉 | 50 |
| 5. 发糕 | 1 | 小麦粉 | 50 | | | 小葱 | 10 |
| | | 白糖 | 10 | 10. 糖花卷 | 1 | 小麦粉 | 50 |
| 6. 烙饼 | 1 | 小麦粉 | 50 | | | 白糖 | 8 |
| | | 白糖 | 10 | 11. 马蹄卷 | 1 | 小麦粉 | 50 |
| 7. 面包 | 1 | 小麦粉 | 50 | | | 白糖 | 5 |
| | | 白糖 | 5 | 12. 肉沫卷 | 1 | 小麦粉 | 50 |

续表

| 食物名称 | 重量(份) | 每份所含食物生重(克) | | 食物名称 | 重量(份) | 每份所含食物生重(克) | |
|---|---|---|---|---|---|---|---|
| | | 瘦肉 | 10 | | | 红豆 | 25 |
| 13. 油条 | 1 | 小麦粉 | 50 | | | 白糖 | 15 |
| | | 白糖 | 5 | 18. 肉包 | 1 | 小麦粉 | 50 |
| 14. 油饼 | 1 | 小麦粉 | 50 | | | 五花猪肉 | 15 |
| | | 白糖 | 5 | 19. 肉菜包 | 1 | 小麦粉 | 50 |
| 15. 糖包 | 1 | 小麦粉 | 50 | | | 瘦肉 | 10 |
| | | 白糖 | 25 | | | 白萝卜 | 25 |
| 16. 花生糖包 | 1 | 小麦粉 | 50 | 20. 菜包 | 1 | 小麦粉 | 50 |
| | | 花生 | 10 | | | 白萝卜 | 25 |
| | | 白糖 | 10 | 21. 肉夹 | 1 | 小麦粉 | 50 |
| 17. 豆沙包 | 1 | 小麦粉 | 50 | | | 瘦肉 | 15 |

**表 10-10 副食类分量换算表**(均为可食部重量)

(肉鱼蛋类)

| 名称 | 重量(份) | 每份所含食物生重(克) | |
|---|---|---|---|
| 1. 炒猪肉 | 1 | 瘦猪肉 | 65 |
| 2. 红烧猪肉 | 1 | 五花猪肉 | 65 |
| 3. 红烧排骨 | 1 | 猪排骨 | 70 |
| 4. 红烧丸子 | 1 | 五花猪肉 | 50 |
| | | 富强粉 | 25 |
| 5. 炒猪肝 | 1 | 猪肝 | 50 |
| 6. 凉拌猪头肉 | 1 | 猪头肉 | 70 |
| 7. 凉拌猪耳 | 1 | 猪耳 | 75 |
| 8. 红烧肥肠 | 1 | 猪大肠 | 100 |
| 9. 炒牛肉丝 | 1 | 瘦牛肉 | 75 |
| 10. 红烧鱼 | 1 | 胖头鱼 | 150 |
| 11. 辣椒小鱼干 | 1 | 鱼干 | 50 |
| | | 辣椒 | 20 |
| 12. 卤鸡排 | 1 | 鸡 | 75 |
| 13. 炒蛋 | 1 | 鸡蛋 | 75 |
| 14. 咸鸭蛋 | 1 | 鸭蛋 | 70 |
| 15. 烧猪血 | 1 | 猪血 | 150 |
| 16. 清蒸鱼 | 1 | 草鱼 | 100 |
| 17. 炸鱼 | 1 | 鲅鱼 | 100 |

（素菜类）

| 名称 | 分量 | 每份所含食物生重（克） | | 名称 | 分量 | 每份所含食物生重（克） | |
|---|---|---|---|---|---|---|---|
| 1. 炒小白菜 | 1 | 小白菜 | 200 | 16. 炒生菜 | 1 | 生菜 | 150 |
| 2. 炒包菜 | 1 | 洋白菜 | 150 | 17. 炒空心菜 | 1 | 空心菜 | 150 |
| 3. 炒豆芽 | 1 | 绿豆芽 | 200 | 18. 炒豆角 | 1 | 豇豆 | 150 |
| 4. 炒菜心 | 1 | 油菜心 | 200 | 19. 煮海带 | 1 | 海带（水发） | 150 |
| 5. 炒大白菜 | 1 | 大白菜 | 200 | 20. 炒豆芽 | 1 | 黄豆芽 | 150 |
| 6. 烧土豆 | 1 | 马铃薯 | 150 | 21. 炒花菜 | 1 | 花菜 | 150 |
| 7. 烧芋头 | 1 | 芋头 | 150 | 22. 炒芥兰 | 1 | 芥兰 | 150 |
| 8. 烧冬瓜 | 1 | 冬瓜 | 150 | 23. 炒芹菜 | 1 | 芹菜 | 150 |
| 9. 炒青瓜 | 1 | 黄瓜 | 150 | 24. 炒白萝卜 | 1 | 白萝卜 | 100 |
| 10. 炒白瓜 | 1 | 白瓜 | 150 | 25. 炒红萝卜 | 1 | 红萝卜 | 100 |
| 11. 炒丝瓜 | 1 | 丝瓜 | 150 | 26. 炒元椒 | 1 | 元椒 | 100 |
| 12. 炒毛瓜 | 1 | 毛瓜 | 150 | 27. 炒菠菜 | 1 | 菠菜 | 150 |
| 13. 炒苦瓜 | 1 | 苦瓜 | 150 | 28. 炒韭菜 | 1 | 韭菜 | 100 |
| 14. 炒南瓜 | 1 | 南瓜 | 150 | 29. 炒黄花菜 | 1 | 黄花菜 | 150 |
| 15. 炒茄瓜 | 1 | 茄瓜 | 150 | | | | |

（混合类）

| 名称 | 分量 | 每份所含食物生重（克） | | 名称 | 分量 | 每份所含食物生重（克） | |
|---|---|---|---|---|---|---|---|
| 1. 香干炒肉 | 1 | 豆腐干 | 50 | 12. 洋葱炒肉 | 1 | 洋葱头 | 100 |
| | | 瘦猪肉 | 50 | | | 瘦猪肉 | 40 |
| 2. 青瓜炒肉 | 1 | 青瓜 | 150 | 13. 洋葱炒蛋 | 1 | 洋葱头 | 100 |
| | | 瘦猪肉 | 40 | | | 鸭蛋 | 60 |
| 3. 粉丝炒肉 | 1 | 粉丝 | 50 | 14. 芥兰炒肉 | 1 | 芥兰头 | 100 |
| | | 瘦猪肉 | 40 | | | 瘦猪肉 | 40 |
| 4. 白菜炒肉 | 1 | 大白菜 | 200 | 15. 芹菜炒肉 | 1 | 芹菜 | 100 |
| | | 瘦猪肉 | 40 | | | 瘦猪肉 | 40 |
| 5. 炒三丁 | 1 | 花生 | 25 | 16. 韭菜炒肉 | 1 | 韭菜 | 100 |
| | | 白萝卜 | 150 | | | 瘦猪肉 | 40 |
| | | 瘦猪肉 | 40 | 17. 菠菜炒肉 | 1 | 菠菜 | 100 |
| 6. 辣椒炒肉 | 1 | 辣椒 | 100 | | | 瘦猪肉 | 40 |
| | | 瘦猪肉 | 40 | 18. 生菜炒肉 | 1 | 生菜 | 100 |
| 7. 蒜苗炒肉 | 1 | 蒜苗 | 100 | | | 瘦猪肉 | 40 |
| | | 瘦猪肉 | 40 | 19. 豇豆炒肉 | 1 | 豇豆角 | 100 |
| 8. 土豆丝炒肉 | 1 | 马铃薯 | 150 | | | 瘦猪肉 | 40 |
| | | 瘦猪肉 | 40 | 20. 四季豆炒肉 | 1 | 四季豆 | 100 |
| 9. 西红柿炒蛋 | 1 | 西红柿 | 150 | | | 瘦猪肉 | 40 |
| | | 鸡 蛋 | 60 | 21. 茄瓜炒肉 | 1 | 茄瓜 | 100 |
| 10. 萝卜炒肉 | 1 | 白萝卜 | 150 | | | 瘦猪肉 | 40 |
| | | 瘦猪肉 | 40 | 22. 木耳炒肉 | 1 | 木耳 | 10 |
| | | | | | | 瘦猪肉 | 40 |
| 11. 西红柿炒肉 | 1 | 西红柿 | 100 | 23. 木耳炒蛋 | 1 | 木耳（干） | 10 |
| | | 瘦猪肉 | 40 | | | 鸡蛋 | 60 |

（豆制品类）

| 名称 | 重量(份) | 每份所含食物生重(克) | |
|---|---|---|---|
| 1. 豆腐泡 | 1 | 豆腐南 | 150 |
| 2. 红烧豆腐 | 1 | 豆腐南 | 200 |
| 3. 炒香干 | 1 | 豆腐干 | 80 |
| 4. 炒粉丝 | 1 | 粉丝 | 50 |

（卢晓翠）

## 第二节　食谱编制

**【食谱编制的目的和意义】**

将每日各餐主、副食品的种类、数量和烹调方法排列成表即称为食谱。根据合理膳食的原则，把一天或一周各餐中主、副食的品种、数量、烹调方式、进餐时间做详细的计划并编排成表格形式，称为食谱编制。食谱编制的目的和意义主要体现在三个方面：

(1) 食谱编制是为了把《膳食营养素参考摄入量》和《中国居民膳食指南》的原则与要求具体化并落实到用餐者的一日三餐，使其按照人体的生理需要摄入适宜的能量和各种营养素，以达到合理营养、促进身体健康的目的。在某些情况下，还可针对特殊的群体编制食谱，以纠正和预防营养缺乏病的发生。

(2) 对正常人而言，食谱编制可达到保证其合理营养的目的；对营养性疾病或其他疾病患者而言，食谱编制则可作为重要的治疗或辅助治疗措施之一。

(3) 通过编制食谱，可指导食堂管理人员有计划地管理食堂膳食，也有助于家庭有计划地管理家庭膳食，并且有利于成本核算。

**【食谱编制的原则】**

食谱编制要依据《膳食营养素参考摄入量》、《中国居民膳食指南》、《中国居民平衡膳食宝塔》、《食物成分表》的基本理论进行，具体原则如下：

**1. 平衡膳食合理营养**

(1) 按照《中国居民膳食指南》的要求，膳食应满足人体需要的能量、蛋白质、脂肪以及各种矿物质和维生素。不仅食物品种要多样，而且数量要充足，膳食既要能满足就餐者需要又要防止过量。对于一些特殊人群，如儿童、青少年、孕妇和乳母，还要注意易缺乏营养素如钙、铁、锌等的供给。

(2) 各营养素之间的比例要适宜。膳食中能量来源及其在各餐中的分配比例要合理。要保证膳食蛋白质中优质蛋白质占适宜的比例。要以植物油作为油脂的主要来源，同时还要保证碳水化合物的摄入。各矿物质之间也要配比适当。

(3) 食物的搭配要合理。注意主食与副食、粗粮与精粮、荤与素等食物的平衡搭配。

(4) 膳食制度要合理。膳食中能量来源及其在各餐中的分配比例要合理。一般应定时定量进餐，成人一日三餐，儿童三餐以外再加一次点心，老人也可在三餐之外加点心。

**2. 注意饮食习惯和饭菜的口味**　在可能的情况下，既要膳食多样化，又要兼顾就餐者的膳食习惯，还要注重烹调方法，做到色香味俱佳。

**3. 考虑季节和市场供应情况**　主要是熟悉市场可供选择的原料，并了解其营养特点。

**4. 兼顾经济条件** 既要使食谱符合营养要求，又要使进餐者在经济上有承受能力，才会使食谱具有实际意义。

## 【食谱编制的方法】

在食谱编制的工作中，目前常用的方法有两种：计算法和食物交换份法。

### 1. 计算法

(1) 确定用餐对象全日能量供给量：能量是维持生命活动正常进行的基本保证，能量不足，人体内糖下降，就会感觉疲乏无力，进而影响工作、学习效率；另一方面能量若摄入过多则会在体内贮存，体重增加，并引起多种疾病。因此，食谱编制时首先应该考虑摄入适宜的能量。

用膳者一日三餐的能量供给量可参照《膳食营养素参考摄入量》中能量的推荐摄入量(RNI)，根据用餐对象的劳动强度、年龄、性别等确定。例如，办公室男性职员按轻体力劳动计，其每日所需能量供给量为2400kcal。集体就餐对象的能量供给量标准可以以就餐人群的基本情况或平均数值为依据，包括人员的平均年龄、平均体重，以及80%以上就餐人员的活动强度。如就餐人员的80%以上为中等体力活动的男性，则每日所需能量供给量标准为2700kcal。

(2) 计算能量营养素一日应提供的能量：能量的主要来源为蛋白质、脂肪和碳水化合物，为达到平衡膳食的目的，三种能量营养素提供的能量占总能量的比例应适宜：一般蛋白质占10%～15%，脂肪占20%～30%，碳水化合物占55%～65%。由此可计算出三种能量营养素的一日能量供给量。例如，已知某人每天能量需要量为2700kcal，若三种能量营养素供能占总能量的比例分别为蛋白质15%、脂肪25%、碳水化合物60%，则三种能量营养素各应提供的能量如下：

蛋白质　　2700kcal×15%＝405kcal

脂肪　　2700kcal×25%＝675kcal

碳水化合物　　2700kcal×60%＝1620kcal

(3) 计算能量营养素的每日需要量：知道了三种能量营养素的能量供给量，还需将其折算为需要量，即具体的质量，这是确定食物品种和数量的重要依据。食物中能量营养素的产热系数分别为：1g碳水化合物产生能量4.0kcal，1g脂肪产生能量9.0kcal，1g蛋白质产生能量4.0kcal。根据能量营养素的能量供给量及其产热系数，可求出一日蛋白质、脂肪、碳水化合物的需要量。

蛋白质　　405kcal÷4kcal/g＝101.25g

脂肪　　675kcal÷9kcal/g＝75.00g

碳水化合物　　1620kcal÷4kcal/g＝405.00g

(4) 计算三种能量营养素每餐需要量：计算出三种能量营养素全日需要量后，即可根据一日三餐的能量分配比计算出三种能量营养素每餐需要量(表10-11)。一般三餐能量的适宜分配比例为：早餐30%，午餐40%，晚餐30%。

表10-11　三种能量营养素每餐需要量

| | 蛋白质(g) | 脂肪(g) | 碳水化合物(g) |
|---|---|---|---|
| 早餐(30%) | 30.38 | 22.50 | 121.50 |
| 午餐(40%) | 40.49 | 30.00 | 162.00 |
| 晚餐(30%) | 30.38 | 22.50 | 121.50 |
| 合计 | 101.25 | 75.00 | 405.00 |

(5) 确定主、副食品种和数量：已知三种能量营养素的需要量，根据食物成分表，可确定主食和副食的品种和数量，即一日食谱，填写表 10-12，并计算各种食物营养成分含量填写表 10-13。

表 10-12　一日食谱

| 早餐 | | | 午餐 | | | 晚餐 | | |
|---|---|---|---|---|---|---|---|---|
| 食谱 | 食物名称 | 重量(g) | 食谱 | 食物名称 | 重量(g) | 食谱 | 食物名称 | 重量(g) |
| | | | | | | | | |

表 10-13　食物营养成分计算表

| 餐次 | 食物名称 | 用量(g) | 能量(kcal) | 蛋白质(g) | 脂肪(g) | 碳水化合物(g) | 钙(mg) | 铁(mg) | VA($\mu g$) | 硫胺素(mg) | 核黄素(mg) | 膳食纤维(g) | 胆固醇(mg) |
|---|---|---|---|---|---|---|---|---|---|---|---|---|---|
| 早餐 | | | | | | | | | | | | | |
| | | | | | | | | | | | | | |
| | | | | | | | | | | | | | |
| | | | | | | | | | | | | | |
| | | | | | | | | | | | | | |
| 小计 | | | | | | | | | | | | | |
| 午餐 | | | | | | | | | | | | | |
| | | | | | | | | | | | | | |
| | | | | | | | | | | | | | |
| | | | | | | | | | | | | | |
| | | | | | | | | | | | | | |
| 小计 | | | | | | | | | | | | | |
| 晚餐 | | | | | | | | | | | | | |
| | | | | | | | | | | | | | |
| | | | | | | | | | | | | | |
| | | | | | | | | | | | | | |
| | | | | | | | | | | | | | |
| 小计 | | | | | | | | | | | | | |
| 总计 | | | | | | | | | | | | | |

1) 确定主食品种和数量：由于粮谷类是碳水化合物的主要来源，因此主食的品种、数量主要根据各类主食原料中碳水化合物的含量确定。主食的品种主要根据用餐者的饮食习惯来确定，北方习惯以面食为主，南方则以大米居多。根据上一步的计算，午餐中应含有碳水化合物 162.00g，若以米饭为主食，查食物成分表得知，每 100g 稻米含碳水化合物 77.9g，则：

所需稻米的重量＝162.00g÷(77.9/100)＝207.96g

2) 确定副食品种和数量：根据三种能量营养素的需要量，首先确定了主食的品种和数量后，接下来需要考虑蛋白质的食物来源。蛋白质广泛存在于动植物性食物中，除了谷类食物能提供的蛋白质，各类动物性食物和豆制品是优质蛋白质的主要来源。因此副食品种和数量的确定应在已确定主食用量的基础上，依据副食应提供的蛋白质质量确定。计算步骤如下：

A. 计算主食中含有的蛋白质重量。仍以上一步的计算结果为例，已知该用餐者午餐应含蛋白质40.49g、碳水化合物162.00g。由食物成分表得知，100g稻米含蛋白质7.4g，主食中蛋白质含量＝207.96g×(7.4/100)＝15.39g

B. 用应摄入的蛋白质重量减去主食中蛋白质重量，即为副食应提供的蛋白质重量。副食中蛋白质含量＝40.49g－15.39g＝25.10g

C. 设定副食中蛋白质的2/3由动物性食物供给，1/3由豆制品供给，据此可求出各自的蛋白质供给量。

动物性食物应含蛋白质重量＝25.10g×66.7%＝16.74g

豆制品应含蛋白质重量＝25.10g×33.3%＝8.36g

D. 查食物成分表并计算各类动物性食物及豆制品的供给量。若选择的动物性食物和豆制品分别为猪肉(里脊)和豆腐干(香干)，由食物成分表可知，每100g猪肉(里脊)中蛋白质含量为20.2g，每100g豆腐干(香干)的蛋白质含量为15.8g，则：

猪肉(脊背)重量＝16.74g÷(20.2/100)＝82.87g

豆腐干(熏)重量＝8.36g÷ (15.8/100)＝52.91g

E. 设计蔬菜的品种和数量。确定了动物性食物和豆制品的重量，就可以保证蛋白质的摄入。最后是选择蔬菜的品种和数量。蔬菜的品种和数量可根据不同季节市场的蔬菜供应情况，以及考虑与动物性食物和豆制品配菜的需要来确定。

F. 确定纯能量食物的量。脂肪的摄入应以植物油为主，包含一定量动物脂肪。因此以植物油作为纯能量食物的来源。由食物成分表可知每日摄入各类食物提供的脂肪含量，将需要的脂肪总含量减去食物提供的脂肪量即为每日植物油供应量。

(6) 食谱的评价与调整：根据以上步骤设计出营养食谱后，还应对食谱进行评价，确定编制的食谱是否科学合理。根据食谱的制订原则，食谱的评价应包括以下几个方面：①与中国居民膳食宝塔进行比较，食谱中所含五大类食物是否齐全，是否做到了食物种类多样化以及各类食物的量是否充足；②与膳食营养素参考摄入量(DRIs)比较，评价全天能量和各种营养素摄入量是否适宜；③三餐能量分配是否合理，早餐是否保证了能量和蛋白质的供应；④优质蛋白质占总蛋白质的比例是否恰当；⑤三种能量营养素(蛋白质、脂肪、碳水化合物)的供能比是否适宜；以下是评价食谱是否科学、合理的具体过程：

1) 首先按类别将食物归类排序，并计算出每种食物的数量填写表10-14，与中国居民平衡膳食宝塔进行比较，评价各大类食物的种类和数量是否适宜。

**表10-14 一日食物种类及重量**

| 中国居民膳食宝塔 | | 一日食物种类及重量 | |
|---|---|---|---|
| 食物种类 | 重量(g) | 食物种类 | 重量(g) |
| 谷、薯类及杂豆 | 250～400 | | |
| 蔬菜类 | 300～500 | | |
| 水果类 | 200～400 | | |

续表

| 中国居民膳食宝塔 | | 一日食物种类及重量 | |
|---|---|---|---|
| 食物种类 | 重量(g) | 食物种类 | 重量(g) |
| 畜禽肉类 | 50～75 | | |
| 鱼虾类 | 50～100 | | |
| 蛋类 | 25～50 | | |
| 奶类及奶制品 | 300 | | |
| 大豆类及坚果 | 30～50 | | |
| 油 | 25～30 | | |
| 盐 | 6 | | |

2）从食物成分表中查出每100g食物所含营养素的量，算出每种食物所含营养素的量，填写表10-13，计算公式为：

食物中某营养素量＝食物量(g)×可食部分比例×100g食物中营养素含量/100

3）将所有食物中的各种营养素分别累计相加，计算出一日食谱中能量营养素及其他营养素的量。

4）将计算结果与中国营养学会制订的《中国居民营养素参考摄入量》中同年龄同性别人群的水平比较填写表10-15，进行评价。若每种营养素的计算结果与DRIs相差在 ± 10%之内，可认为该食谱设计合理，否则要进行调整。

**表10-15　一日膳食各种营养素摄入量**

| | 能量(kcal) | 钙(mg) | 铁(mg) | 维生素A(μg) | 硫胺素(mg) | 核黄素(mg) | 膳食纤维(g) | 胆固醇(mg) |
|---|---|---|---|---|---|---|---|---|
| 实际摄入量 | | | | | | | | |
| DRIs | | | | | | | | |
| 比值(%) | | | | | | | | |

5）根据蛋白质、脂肪、碳水化合物的能量产热系数，分别计算出蛋白质、脂肪、碳水化合物三种营养素提供的能量及占总能量的比例填写表10-16，评价其是否在适宜范围内。

**表10-16　三种能量营养素供能比**

| 营养素 | 摄入量(g) | 产生能量(kcal) | 占总热能百分比(%) | 参考摄入量(%) |
|---|---|---|---|---|
| 蛋白质 | | | | 10～15 |
| 脂肪 | | | | 20～30 |
| 碳水化合物 | | | | 55～65 |
| 合计 | | | | 100 |

6）计算出动物性及豆类蛋白质占总蛋白质的比例。一般优质蛋白占总蛋白质的适宜比例应在1/3以上。

7）计算三餐提供能量的比例。将早、中、晚三餐所有食物提供的能量分别按餐次累计相加，得到每餐摄入的能量，然后分别除以全日摄入的总能量，计算出每餐提供能量占全天总能量的比例填写表10-17，评价其是否合理。

表 10-17　一日三餐供能比

| 餐次 | 能量(kcal) | 占总能量百分比(%) | 参考摄入量(%) |
|---|---|---|---|
| 早餐 | | | 25～30 |
| 午餐 | | | 30～40 |
| 晚餐 | | | 30～40 |
| 合计 | | | 100 |

(7) 编排一周食谱:一日食谱确定后,可根据用餐者的饮食习惯、当地食物供应情况等因素在同类食物中更换品种和烹调方法,编排一周食谱。

**2. 食物交换份法**　食物交换份法是将常用食物按照营养价值和营养特点进行分类,计算出每类食物每份所含的营养素含量,不同类食物交换份的能量提供值可以不同,但为使用和比较方便,常将产生 90kcal 能量食物重量作为一个交换份。下面是以此为标准的各类食物每单位食物交换份的代量表(表 10-18～表 10-22),用于制定食谱时各类食物之间的互换。

表 10-18　等值谷薯类食物交换表

| 食物名称 | 市品重量(g) | 食物名称 | 市品重量(g) |
|---|---|---|---|
| 稻米或面粉 | 25 | 烙饼 | 35 |
| 面条(挂面) | 25 | 烧饼 | 30 |
| 面条(切面) | 30 | 油条 | 23 |
| 米饭 | 籼米 75,粳米 55 | 面包 | 28 |
| 米粥 | 190 | 饼干 | 20 |
| 馒头 | 40 | 鲜玉米(市品) | 175 |
| 花卷 | 40 | 红薯、白薯(生) | 95 |

注:每份谷薯类提供蛋白质 2g、碳水化合物 20g,能量 90kcal

表 10-19　等值蔬菜类食物交换表

| 食物名称 | 市品重量(g) | 食物名称 | 市品重量(g) |
|---|---|---|---|
| 萝卜 | 500 | 菠菜、油菜、小白菜 | 500 |
| 莴笋 | 500 | 圆白菜 | 500 |
| 西红柿 | 500 | 大白菜 | 500 |
| 绿豆芽 | 500 | 花菜 | 350 |
| 黄瓜 | 500 | 南瓜 | 350 |
| 茄子 | 500 | 蒜苗 | 250 |
| 冬瓜 | 500 | 藕 | 150 |
| 韭菜 | 500 | 芋头 | 100 |

注:每份蔬菜类提供蛋白质 5g、碳水化合物 17g,能量 90kcal

表 10-20　等值水果类食物交换表

| 食物名称 | 市品重量(g) | 食物名称 | 市品重量(g) |
|---|---|---|---|
| 柿子 | 150 | 苹果 | 200 |
| 香蕉 | 150 | 梨 | 200 |
| 桃 | 200 | 草莓 | 300 |
| 柑橘、橙 | 200 | 猕猴桃 | 200 |
| 葡萄 | 200 | 西瓜 | 500 |

注:每份水果类提供蛋白质 1g、碳水化合物 21g,能量 90kcal

表 10-21　等值肉蛋类食物交换表

| 食物名称 | 市品重量(g) | 食物名称 | 市品重量(g) |
|---|---|---|---|
| 半肥半瘦猪肉 | 25 | 鸡蛋(一大个带壳) | 60 |
| 熟叉烧肉(无糖) | 35 | 鸭蛋(一大个带壳) | 60 |
| 带骨排骨 | 50 | 鹌鹑蛋(六个带壳) | 60 |
| 瘦猪、牛、羊肉 | 50 | 鸡蛋清 | 150 |
| 鸭肉 | 50 | 带鱼、鲤鱼 | 80 |
| 鹅肉 | 50 | 草鱼 | 80 |
| 兔肉 | 100 | 大黄鱼 | 100 |
| 熟酱牛肉 | 35 | 虾、水浸鱿鱼 | 100 |
| 鸡蛋粉 | 15 | 蟹肉 | 100 |

注:每份肉蛋类提供蛋白质 9g、脂肪 6g,能量 90kcal

表 10-22　等值大豆类食物交换表

| 食物名称 | 重量(g) | 食物名称 | 重量(g) |
|---|---|---|---|
| 腐竹 | 20 | 豆腐丝 | 50 |
| 大豆 | 25 | 北豆腐 | 100 |
| 大豆粉 | 25 | 南豆腐 | 150 |
| 豆腐干 | 50 | 豆浆 | 400 |

注:每份大豆类提供蛋白质 9g、脂肪 4g、碳水化合物 4g,能量 90kcal

食物交换份法制定食谱简便易行,是编制和调整食谱的简单粗略的方法,是完成一周食谱最简便快速高效的方法。但应注意,一般是同类食品进行互换,当然也可在各组之间互换,如果是跨类互换将影响平衡膳食原则。另外,水果一般不和蔬菜互换,坚果类脂肪含量高,如食用少量则应减少烹调油用量。在实际应用中,可将计算法与食物交换份法结合使用,首先用计算法确定食物的需要量,然后用食物交换份法确定食物的种类及数量。

(孙素霞)

## 第三节 营养教育对不同人群营养知识、态度、行为的影响

**【目的要求】**

世界卫生组织(WHO)把营养教育定义为:通过改变人们的饮食行为而达到改变营养状况目的的一种有计划的行为。营养教育的目的在于使教育对象通过营养知识的学习,提高其对营养与健康的认识,懂得如何合理选择食物,调配平衡膳食,从而改善人群的健康状况,提高生活质量。目前,营养教育已被各国政府和营养学家作为改善人民营养状况的主要手段。营养教育通常是针对目标人群的营养与健康状况调查结果所采取的干预措施,是防治营养相关性疾病的一项行之有效的手段。例如,2002 年第四次中国居民营养与健康状况调查结果表明,我国 18 岁及以上居民原发性高血压患病率为 18.8%,达 1.6 亿。而人群高血压知晓率、治疗率和控制率分别为 30.2%、24.7%和 6.1%。在高血压的防治上,膳食干预是疾病综合治疗最基本最有效的手段,通过营养教育改善高血压者的膳食结构,是有效控制血压,降低致残率和致死率的根本保障。

本次实验要求同学们熟悉营养教育项目设计中包括的内容,能够针对人群中存在的不同营养问题,通过查阅文献和小组互相讨论的方式,制定一份营养教育计划。

**【内容提要】**

营养教育活动程序主要包括以下步骤:①设计营养教育计划;②选择教育途径和资料;③准备教育资料和预实验;④实施营养教育计划;⑤评价营养教育计划;⑥撰写营养教育评价报告。下面以社区中老年人高血压营养教育为例,学习营养教育的主要过程和方法。

**1. 设计** 好的营养教育计划的设计是营养教育取得成功的首要条件。首先了解教育对象的需要和接受能力,通过专题小组讨论制定出一个完善、合理和有针对性教育计划,以保证营养教育活动达到预期目标。营养教育的设计中应考虑以下六个方面因素:

(1) 教育对象的选择及其特征。

(2) 分析产生该营养问题的深层次原因,如是否与人们的营养知识及健康行为缺乏有直接关系,该营养问题是否经常发生等。

(3) 确定教育计划的目标,包括总体目标和具体目标。

(4) 计划将哪些营养相关知识传播给教育对象,关于这些知识,教育对象了解多少。

(5) 制定传播、教育、干预策略和实施计划,包括确定与分析目标人群、制定干预策略、组织实施人员和实施机构及安排活动日程等。

(6) 制定评价计划,包括评价方法、评价指标、实施评价的机构和人员等。

**问题一:本次中老年人高血压的营养教育计划的设计中,应重点对哪几方面进行设计?**

**2. 选择营养教育途径和资料** 营养教育计划设计完成后,根据实际情况特别是教育对象的特征选择适宜的途径和教育材料。

**3. 营养宣教材料的选择和制作** 选择和制作宣教材料之前,有必要对教育对象的特征加以描述。例如,对于调查的中老年人群体,应知道他们的文化水平、识字情况,能否阅读印刷材料,是否有收音机或电视机甚至是电脑等等。当然,还可以收集已有的材料(如与本次高血压营养教育相关的宣传小册子、传单、宣传画、光盘等)。

**4. 选择最佳的营养宣教途径** 选择的营养宣教途径要与宣教内容相协调。一般来说,

教育途径主要分为面对面方式如家访、演示、上课，大众传媒如广播、电视、报纸、杂志等，或是联合应用这两种方式。在选择交流途径时，要结合中老年人群体的生理特点选择一些合适的方式，到最佳的宣传效果。

**5. 准备营养教育材料及预实验**　在教育材料的准备中，应注意内容重点突出并有说服力，同时应采用通俗易懂的语言加以阐述，避免过多使用专业术语。教育材料准备齐备后，应将这些材料在一定数量的教育对象中进行预实验，以判断这些材料是否易于理解、有无吸引力、能否被教育对象记住；同时还有助于教育内容的调整和完善。根据预实验的结果对教育材料进行修改和完善，然后再进行预实验，再修改，重复多次后定稿。

**6. 实施营养教育计划**　实施营养教育计划，包括印刷宣传材料、安排日程，并让培训合格的工作人员按照事先确定的传播途径把计划内容传播给教育对象。在此过程中，应时刻观察教育对象的反应，是否愿意接受这些新知识，如果有抵触情绪，应尽快查明原因以便及时纠正。

**问题二：通过开展营养教育活动，你认为应使中老年人了解和掌握哪些相关的营养知识？**

**7. 营养教育的效果评价**　在营养教育活动结束时，应对本次活动的结果进行评价，以客观分析项目的执行情况及产生的效果，主要围绕以下几方面的内容进行具体评价：

(1) 是否达到了预期目标？

(2) 实施营养教育产生了哪些效果？

(3) 分析营养教育活动有效或无效的原因。

(4) 总结本次营养教育的成功经验。

**8. 撰写营养教育评价报告**　撰写评价报告对于本次营养教育活动及将来指导社区营养教育工作的开展都是非常有意义的。在评价报告中应重点总结目标人群的营养知识、态度、信息和行为的变化。

**问题三：请简要阐述营养教育中的知一信一行理论。**

（楚心唯）

# 第十一章　食品安全卫生调查与分析

## 第一节　外在因素对食用油脂氧化性的影响研究

**【研究背景】**

油脂在人们日常生活和化学工业上都占有十分重要的地位，而且随着食用油脂生产及加工技术的不断进步，油脂的应用范围已越来越广泛。作为食品工业的主要原料之一，其品质及抗氧化稳定性直接影响到食品质量的好坏。随着人民生活的不断改善，对食品质量的要求也日益提高。因此，深入了解和认识油脂的氧化作用过程，研究和开发延续油脂抗氧化作用的方法就显得十分重要。

影响油脂氧化的因素很多，主要可分为内在和外在两大因素。其中内在因素主要是：脂肪酸的不饱和程度；亚甲基的位置；天然抗氧化剂的含量；色素；共轭双键与隔离双键的存在；顺式与反式异构体等等。外在因素主要是：温度升高会加速氧化的进程；光线波长越短，强度越大的光对油脂越是加剧其氧化，紫外线尤为突出；高湿度将导致油脂水解，游离脂肪酸易氧化，水分能促使氧化物分解：微生物也会造成油脂的氧化酸败；主要是脂解酶和氧化酶等生物酶导致油脂的氧化酸败；某些杂质和金属及其盐类能促使油脂氧化等等。

**【实验目的】**

通过实验让学生了解影响食用油脂氧化性的常见因素。

进一步掌握国家标准规定的食用油质量检测指标与检测技术及相关卫生标准。

学会根据实验结果综合分析温度、光线及食用油脂种类对食用油脂氧化性的影响特点。

**问题一：简述食用油脂质量检测指标及其意义。**

**【实验内容与方法】**

**1. 样品选择**　选择市售、生产日期较近的食用植物油数种：花生油、大豆油、芝麻油、调和油等。

**2. 样品处理**

(1) 每种样品各取4份置于100ml三角烧瓶中，每份30g，放在60℃烤箱中连续烘烤，分别烤0、5、10、20天。

(2) 每种样品各取4份置于100ml三角烧瓶中，每份30g，放在20℃烤箱中连续烘烤，分别烤0、5、10、20天。

(3) 每种样品各取4份置于100ml三角烧瓶中，每份30g，放在日光灯箱中连续照射，分别照射0、5、10、20天。

(4) 每种样品各取4份置于100ml三角烧瓶中，每份30g，放在紫外灯箱中连续照射，分别照射0、5、10、20天。

**3. 测定指标**　过氧化值、酸价。

**4. 测定方法**　过氧化值和酸价的测定方法依据国家标准方法《食用植物油卫生标准分析方法》(GB/T5009.37-2003)，详见本书第四章第三节《食用油脂的卫生检验》。

**5. 试剂器材**　详见本书第四章第三节《食用油脂的卫生检验》。

**6. 评价标准**　学生自己查最近的有关食品安全国家标准。

**7. 数据处理**　采用 SPSS 对结果进行 $t$ 检验和 Dunnett-t 检验。

**问题二：实验前应进行实验方案的设计，实验方案应包含哪些内容？**

**【实验结果】**

（1）温度对食用油氧化性的影响。

（2）光线对食用油氧化性的影响。

用表格的形式将实验结果呈现出来，并将统计结果标注在相应的数据上，注意规范化表达实验结果。

**问题三：为了便于数据的统计处理，实验测定次数应该如何设计？**

**问题四：如何做好实验结果的记录？如何在实验过程中发现实验结果的非正常差异，以便及时补做或重做实验。**

**问题五：影响实验结果准确性的因素有哪些？如何保障实验结果的准确？**

**【分析与讨论】**

**问题六：根据实验结果，查阅文献，从以下几方面分析讨论。**

（1）不同温度及不同加热时间对食用油氧化性的影响。

（2）不同波长光线与不同光照时间对食用油氧化性的影响。

（3）温度、光线对不同种类食用油氧化性的影响。

（4）就本次实验结果提出防止食用油氧化的措施。

（卢晓翠）

## 第二节　乳及乳制品中常见掺伪物质的检测

**【背景】**

乳及乳制品是营养素种类齐全、组成比例适宜、容易消化吸收、营养价值较高的优质天然食品，对于提高人体钙和优质蛋白质的供给，增强国民体质具有重要意义。我国乳业在九十年代后得到快速发展，乳品企业竞争激烈，乳品掺伪问题是乳品工业遇到的一个严峻问题。为了牟取暴利，不法经营者在牛奶中掺水，但掺水后牛奶变稀薄，为了增加乳的稠度，掺伪者又常向乳中加入淀粉、米汁或豆浆等胶体物质，达到掩盖掺水的目的。乳及乳制品营养丰富，容易酸败，为了掩盖牛乳的酸败，降低牛乳的酸度，掺伪者向生鲜牛乳中加入少量的碱，加碱后的牛奶滋味不佳，也宜于腐败菌生长，同时还破坏乳中某些维生素。此外为了掩盖乳中掺水或牛乳酸败，掺伪者还会向牛乳中掺入中性盐或弱碱性盐，如食盐、芒硝、碳酸铵等，从而增加乳的比重或中和牛乳的酸度。非电解质晶体物质尿素和蔗糖也是乳中常见的掺伪物质，这些物质在水中不发生电离，当掺入牛乳后虽然可使牛乳相对密度调至正常，但冰点、酸度、脂肪含量均低于正常值。尽管我国规定鲜牛乳中不得加入任何防腐剂，但为了防止生鲜牛乳酸败，化学防腐剂甚至是食品卫生标准中没有列入的物质，也常常在乳中检测出来。

我国 2004 年的“阜阳劣质奶粉事件”是乳制品掺入常见掺伪物质的典型事件，导致国产乳及乳制品受到了严峻的考验。随着科技的进步，乳中新出现的掺伪物质也为乳品安全带来新的挑战，如 2008 年三鹿奶粉的“三聚氰胺事件”，表明我国乳品安全任重而道远。我国乳品掺伪现象普遍，种类繁多，方法多样，乳中掺入这些物质不仅降低乳品营养价值，而且严重危害人体健康。因此，检测乳及乳制品是否掺假掺杂对于保障乳品安全具有重要意义。

## 【目的】

通过本实验熟悉乳及乳制品常见掺伪物质、检测方法及判断标准，了解新出现的掺伪物质的检测方法。

## 【常见掺伪物质的检测】

### 乳中掺水的检测

**1. 联苯胺法**

(1) 原理：正常乳完全不含硝酸盐，而水(包括河水及井水)中所含的硝酸盐与硫酸作用后生成的硝酸，可使联苯胺氧化而呈蓝色物。

(2) 试剂与仪器

1) 试剂：20%氯化钙溶液；联苯胺硫酸溶液：取 20mg 联苯胺溶解于 20ml 稀硫酸(1∶3)中，再用硫酸加至 100ml。

2) 仪器：锥形瓶、量筒、酒精灯。

(3) 操作步骤

1) 取 20ml 乳样于 100ml 锥形瓶中，加入 0.5ml 20%氯化钙溶液，加热至凝固，冷却，过滤，滤液备用。

2) 在白瓷皿中加入 2ml 联苯胺硫酸溶液，取上述过滤液沿瓷皿边缘滴入 2～3 滴，观察两液体接触处颜色变化。

(4) 结果判定：若两液体接触处呈蓝色，说明待检乳中存在硝酸盐，可判定为掺水乳。

**2. 硝酸银法**

(1) 原理：正常乳中氯化物含量很低(一般不超过 0.14%)，但天然水中含有较多氯化物，故掺水乳中氯化物含量随掺水量增多而增高，根据硝酸银与氯化物发生化学反应生成白色 AgCl 可进行检测。检验前先在被检乳中加入 2 滴 10%重铬酸钾溶液，硝酸银与乳中氯化物反应完后，剩余的硝酸银便与重铬酸钾反应生成黄色的重铬酸银，由于氯化物含量不同导致反应后的颜色差异，鉴别乳中是否掺水。其中反应式如下：

$$AgNO_3 + Cl^- \longrightarrow AgCl\downarrow + NO_3^-$$

$$2AgNO_3 + K_2Cr_2O_7 \longrightarrow Ag_2Cr_2O_7 + 2KNO_3$$

(2) 试剂与仪器

1) 试剂：10%重铬酸钾溶液、0.5%硝酸银溶液。

2) 仪器：吸管、试管。

(3) 操作方法：取 2ml 乳样放入试管中，加入 2 滴 10%重铬酸钾溶液，摇匀，再加入 4ml 0.5%硝酸银溶液，摇匀，观察颜色，同时取正常乳作对照。

(4) 结果判定：正常乳呈柠檬黄色；掺水乳呈现不同程度的砖红色，此法反应比较灵敏，在乳中掺水 5%即可检出。

**3. 乳清比重的测定**

(1) 原理：牛乳中乳糖和矿物质含量比较稳定，变化较小，一般牛乳的乳清比重为 1.027～1.030，若降至 1.027 以下，便可估计为掺水。

(2) 试剂：20%醋酸

(3) 仪器：与第一部分第四章第一节中乳品相对密度测定方法相同。

(4) 操作方法

1) 样品处理：取 200ml 乳样于烧杯中，加入 4ml 20％的醋酸溶液，在 40℃下放置使乳中酪蛋白凝固，用两层纱布和一层滤纸抽滤，其乳清待测。

2) 测定：与第四章第一节乳品相对密度测定方法相同。

(5) 结果判定：乳清比重低于 1.027 者为掺水乳。

**4. 计算法**

(1) 原理：利用测得乳样的比重和含脂率，计算出总固体和非脂固体，再采牛舍乳样测得其比重和含脂率，计算出总固体和非脂固体，两者相比较，即可确定市售乳掺水情况。

(2) 结果计算：按下面公式进行计算。

$$X=\frac{(E-E_1)}{E}\times 100$$

式中，$X$：乳中掺水量(％)；$E$：牛舍乳样或标准规定的非脂固体含量；$E_1$：被测乳样中的非脂固体含量。

### 掺淀粉(米汁)和豆浆乳的检验

掺水后牛奶变稀薄，为了增加乳的稠度，掺伪者常向乳中加入淀粉、米汁或豆浆等胶体物质，从而达到掩盖掺水的目的。

**1. 掺淀粉和米汁乳的检测**

(1) 原理：一般淀粉中都存在着直链淀粉与支链淀粉两种结构，其中直链淀粉可与碘生成稳定的深蓝色络合物，据此可对乳中加入的淀粉或米汁进行检测。

(2) 试剂与仪器

1) 试剂：碘溶液(将 2g 碘和 4g 碘化钾溶解并定容至 100ml)、20％醋酸。

2) 仪器：试管、吸管。

(3) 操作方法

甲法：适用于加入淀粉或米汁较多的情况。取 5ml 乳样入试管中，稍煮沸，待冷却后，加入 3～5 滴碘溶液，观察试管内颜色变化。

乙法：适用于加入淀粉、米汁较少的情况。取 5ml 乳样注入试管中，再加入 0.5ml 20％醋酸，充分混合后过滤于另一试管中，适当加热煮沸，以后操作同甲法。

(4) 结果判定：若牛奶掺有淀粉、米汁，则出现蓝色或蓝青色；如掺入糊精类，为紫红色。

**2. 掺豆浆乳的检测方法**

(1) 原理：豆浆中含有皂角素，可溶于热水或酒精中，然后可与氢氧化钠(或氢氧化钾)生成黄色化合物，据此进行检测。

(2) 试剂与仪器

1) 试剂：醇醚混合液(乙醇和乙醚等量混合)、25％氢氧化钠(钾)溶液。

2) 仪器：试管、吸管。

(3) 操作方法：取 2ml 乳样于试管中，加入 3ml 醇醚混合液，充分混匀，加入 5ml 25％氢氧化钾(钠)液，混匀，在 5～10 分钟内观察颜色变化。同时用纯牛乳做对照实验。

(4) 结果判定：如掺入 10％以上豆浆，则试管中液体呈微黄色；纯牛乳呈乳白色。

### 牛乳中掺碱的检测

为了掩盖牛乳的酸败，降低牛乳的酸度，掺伪者向生鲜牛乳中加入少量的碱，但加碱后的牛奶滋味虽然不变，但宜于腐败菌生长，同时还破坏乳中某些维生素，因此，对生鲜牛乳中掺碱的检测具有一定的卫生学意义。

**1. 玫瑰红酸定性法**

(1) 原理：鲜牛乳中加碱后，氢离子浓度发生变化，可使酸碱指示剂变色，根据颜色不同判断加碱量的多少。

(2) 试剂与仪器

1) 试剂：0.05%玫瑰红酸乙醇溶液。

2) 仪器：试管、吸管。

(3) 操作方法：取5ml乳样于试管中，加入5滴玫瑰红乙醇溶液，用手指堵住管口，摇匀，观察结果，同时用已知未掺碱乳做空白对照试验。

(4) 结果判定：掺入碱时呈玫瑰红色，且掺入越多，玫瑰色越深；未掺碱者呈黄色。

**2. 牛乳灰分碱度测定法**

(1) 原理：牛乳中加入的碳酸钠和有机酸钠盐经高温灼烧后，均能转化为氧化钠，溶于水后形成氢氧化钠，其含量可用标准酸滴定求出。

(2) 试剂与仪器

1) 试剂：0.1mol/L 盐酸标准溶液、1%酚酞指示液。

2) 仪器：高温电炉(1000℃)、电热恒温水浴锅、瓷坩锅、锥形瓶、玻璃漏斗。

(3) 操作方法

1) 取20ml乳样于瓷坩锅中，水浴蒸干后在电炉上灼烧成灰。

2) 灰分用50ml热水分数次浸渍，并用玻璃棒捣碎灰块，过滤，滤纸及灰分残块用热水冲洗。

3) 滤液中加入3～5滴酚酞指示剂，用0.1mol/L 盐酸标准溶液滴定至粉红色，在30秒内不褪色为止。

(4) 计算

$$X=\frac{V\times 0.0106}{25\times 1.030}\times(100-0.025)$$

式中，$X$：待测牛乳中碳酸钠的含量(%)；$V$：滴定所消耗0.1mol/L 盐酸标准溶液的体积(ml)；0.0106：1ml 0.1mol/L 盐酸标准溶液相当于碳酸氢钠的质量(g)；1.030：正常牛乳的平均比重；0.025：正常牛乳中碳酸氢钠含量。

## 牛乳中掺中性盐及弱碱性盐的检测

为了增加乳的比重或中和牛乳的酸度达到掩盖乳中掺水或酸败牛乳的目的，掺伪者会向牛乳中掺入中性盐或弱碱性盐，如食盐、芒硝、碳酸铵等。

**1. 掺食盐的检测**

(1) 原理：食盐主要成分是氯化钠，当乳中有食盐时，则氯离子含量增多，可与硝酸银发生化学反应生成氯化银沉淀，并与铬酸钾作用呈色。

(2) 试剂与仪器

1) 试剂：10%铬酸钾溶液、0.01mol/L 硝酸银溶液。

2) 仪器：试管、吸管。

(3) 操作方法：取5ml 0.01mol/L 硝酸银溶液于试管中，加2滴10%铬酸钾溶液，混匀，加被检乳1ml，充分混匀，观察试管中颜色变化，同时做空白对照试验。

(4) 结果判定：正常乳中 $Cl^-$ 含量为0.09%～0.12%。如试管中溶液呈黄色，说明牛奶中 $Cl^-$ 的含量大于0.14%。

**2. 掺芒硝的检测**

(1) 原理:掺入芒硝的牛奶中含有较多的 $SO_4^{2-}$,可与氯化钡作用,生成硫酸钡沉淀,并与玫瑰红酸钠作用呈色,本法的检出灵敏度为 100ppm。

(2) 试剂与仪器

1) 试剂:20%醋酸溶液、1%氯化钡溶液、1%玫瑰红酸钠乙醇溶液。

2) 仪器:试管、吸管。

(3) 操作方法:吸取被检乳 5ml 于试管中,加 1～2 滴 20%醋酸,4～5 滴 1%氯化钡溶液,2 滴 1%玫瑰红酸钠乙醇溶液,混匀,静置,观察试管中颜色变化,同时做空白对照试验。

(4) 结果判定:掺芒硝的牛乳呈玫瑰红色,而不含芒硝的牛乳为淡褐黄色。

**3. 掺碳酸铵的检测**

(1) 原理:牛乳中的 $NH_4^+$ 或 $NH_3$ 与碘化钾和碘化汞的复盐试液(纳氏试剂)生成黄色的碘化二亚汞镀化合物。本法检测灵敏度为 600ppm。

(2) 试剂与仪器

1) 纳氏试剂:称取 45.5g 碘化汞,34.9g 碘化钾溶于约 100ml 水中,在另一大烧瓶内加约 500ml 水,加 112g 氢氧化钾,混匀,使溶解,此液发热,待冷至室温时将上述两液混合,并用水补足至 1 000ml,静置 2～3 天后,取上清液贮于聚乙烯塑料瓶中,备用。

2) 仪器:试管、吸管。

(3) 操作方法:取 5ml 被检测牛乳于试管中,加 6～7 滴纳氏试剂,摇匀,观察颜色及混浊情况。同时做空白对照试验。

(4) 结果判定:如牛奶中掺有碳酸铵,则试管中溶液呈黄色或淡橙色,正常乳颜色无变化。

**牛乳中掺牛尿、尿素、蔗糖等非电解质的检测**

尿素、蔗糖是非电解质晶体物质,在水中不发生电离。当这些物质掺入牛乳后虽然可使牛乳相对密度调至正常,但冰点、酸度、脂肪含量均低于正常值。

**1. 掺牛尿的检测**

(1) 原理:牛尿中含有肌酐,乳样经去蛋白质后,在碱性条件下(pH 12),肌酐与苦味酸盐作用,生成橙红色的苦味酸肌酐,本法灵敏度为 2%。

(2) 试剂与仪器

1) 试剂

A. 钨酸蛋白沉淀剂:依次将 0.34mol/L 硫酸 100ml、85%磷酸 0.1ml 和 10%钨酸钠 10ml 加入到 800ml 水中,混合均匀。

B. 10%氢氧化钠溶液

C. 碱性苦味酸盐试剂:取 5ml 饱和苦味酸,加 1ml 10%氢氧化钠溶液,临用前混合。

2) 仪器:离心机、吸管、试管等。

(3) 操作方法

1) 取 5ml 乳样于试管中,加 5ml 钨酸蛋白沉淀剂,摇匀,离心,取上清液 5ml 于另一试管中,加 4～5 滴 10%氢氧化钠溶液。

2) 再加 0.5ml 碱性苦味酸盐试剂,充分混匀,放置 15 分钟,观察试管中液体颜色变化。同时做空白对照试验。

(4) 结果判定:如牛乳中掺入牛尿,则呈红褐色,正常乳仍为苦味酸试剂固有的黄色。

**2. 掺尿素的检测**

(1) 原理:在酸性条件下,乳样中的尿素与亚硝酸钠作用,生成黄色物质。而当乳样中无尿素时,亚硝酸钠与对氨基苯磺酸发生重氮反应,其产物与萘胺起偶氮作用,生成紫红色。

(2) 试剂与仪器

1) 试剂

A. 1%亚硝酸钠溶液、浓硫酸。

B. 格里斯试剂:称取 89g 酒石酸、10g 对氨基苯磺酸和 1g 萘胺,混合研磨成粉末,贮存于棕色试剂瓶中,暗处保存。

2) 仪器:试管、吸管。

(3) 操作方法

1) 取 3ml 待检乳于试管中,加 1ml 1%亚硝酸钠溶液,1ml 浓硫酸,摇匀放置 5 分钟。

2) 待泡沫消失后,加 0.5g 格里斯试剂,摇匀,观察试管中液体颜色的变化,同时作空白对照试验。

(4) 结果判定:如牛乳中掺有尿素,则试管中颜色呈黄色,正常牛乳试管中颜色为紫红色。

**3. 掺蔗糖的检测**

**甲法——联苯胺法**

(1) 试剂

1) 醋酸铅-氨水溶液:将 250g 醋酸铅溶解于 600ml 水中,再加入 250ml 15%的氢氧化铵。

2) 联苯胺试剂:10ml 10%联苯胺酒精溶液、25ml 醋酸及 65ml 浓盐酸混合即成。

3) 费林液

甲液:取 34.64g 硫酸铜溶于水中,加入 0.5ml 浓硫酸,加水至 500ml。

乙液:取 173g 酒石酸钾钠及 50g 氢氧化钠溶解于水中,稀释至 500ml,静置 2 天后过滤,备用。

(2) 仪器:试管、吸管。

(3) 操作方法:取 30ml 牛乳,在水浴上加热到 80~90℃,加入 30ml 醋酸铅-氨水溶液,用力摇动 30 秒,过滤。取无色透明滤液 3ml,加入等体积的联苯胺试剂,摇匀,并在沸水浴上保持 10 分钟后观察结果。

(4) 结果判定:若乳中掺有蔗糖,则变为深蓝色。当在水浴中保持时间超过 10 分钟以上时,痕量的乳糖存在也可能出现淡蓝色。为了排除乳糖等还原糖的干扰,可设对照,即取 4ml 滤液,加入等体积的费林液置沸水浴内加热,如果联苯胺的反映明显(呈蓝色),而没有还原费林氏液的颜色时,则证明有蔗糖存在,此法可检测出 0.1%~1.0%的蔗糖。

**乙法——间苯二酚法**

(1) 原理:在酸性条件下,乳样中的蔗糖与间苯二酚作用,呈红色。

(2) 试剂:浓盐酸;间苯二酚。

(3) 仪器:试管、吸管。

(4) 操作方法。取 30ml 乳样于 50ml 锥形瓶中,加入 2ml 浓盐酸混合,过滤。取滤液 15ml,加入 1g 间苯二酚,置于沸水浴中 5 分钟,观察颜色变化,同时做空白对照试验。

(5) 结果判定:如牛奶中掺蔗糖,则试管中液体呈红色。

**丙法——蒽酮法**

(1) 试剂:称取 0.1g 蒽酮,溶于 100ml $H_2SO_4$(3∶1)中,临用时配制。

（2）仪器：试管、吸管。

（3）操作方法及判定：取 1ml 乳样，加 2ml 蒽酮试剂，摇匀观察颜色变化。

（4）结果判定：如牛奶中掺蔗糖，5 分钟内溶液显透明绿色。

**牛乳中掺防腐剂的检测**

我国规定，鲜牛乳中不得加入任何防腐剂。但有人为了防止生鲜牛乳酸败滥用化学防腐剂，尤其是食品卫生标准中没有列入的，严重危害到人类健康。因此，检测牛乳中是否掺有防腐剂具有重要的卫生学意义。

**1. 硼酸、硼砂的检测**

（1）原理：姜黄试纸被硼酸或其盐类的酸性溶液润湿后烘干时，有棕红色的斑点出现。加酸时，斑点的颜色不改变，加碱时由变为蓝绿色或墨绿色。

（2）试剂

1）6mol/L 盐酸、4％碳酸钠溶液、0.1mol/L 氢氧化钠溶液。

2）姜黄试纸：称取 20g 姜黄粉末，用冷水浸渍 4 次，每次各 100ml，除去水溶性物质后，残渣在职 100℃干燥，加 100ml 乙醇，浸渍数日，过滤，取 1cm×8cm 滤纸条，浸入溶液中，取出，于空气干燥，贮于有色玻璃瓶中。

（3）仪器：瓷坩锅、电炉、水浴锅、表面皿。

（4）操作方法

1）取 20ml 乳样于瓷坩锅中，加入 4％碳酸钠溶液至呈碱性，置水浴上蒸干。

2）移至电炉上小火炭化，再移至高温炉（500℃）中灰化，取出冷却，加 10ml 水后加热煮沸，使残渣溶解，放冷，过滤，滤液滴加 6mol/L 盐酸使其酸性。

3）把姜黄试纸浸入酸性的滤液中，片刻后取出，将试纸置于表面皿上，置 60℃干燥，观察颜色变化，在其变色部分熏以氨水，再观察颜色变化。

（5）结果判定：如牛乳中有硼酸、硼砂存在时，第一次试纸显红色或橙红色，第二次试纸显墨绿色。此外结果判定也可采取焰色反应。在瓷坩锅中，加硫酸及乙醇各数滴，直接点火，如有硼酸或硼砂存在时，火焰呈绿色。

**2. 水杨酸、苯甲酸的检测**

（1）试剂：10％氢氧化钠溶液、盐酸、无水乙醚、无水硫酸钠、1∶1 氨水、1％氯化铁溶液、10％亚硝酸钾溶液、50％醋酸溶液、10％硫酸铜溶液。

（2）仪器：水浴锅、200ml 锥形瓶、分液漏斗、吸管、试管等。

（3）操作方法

1）取 100ml 乳样于锥形瓶中，加 5ml 10％氢氧化钠溶液，搅匀，再加 10ml 硫酸铜溶液，搅匀。

2）过滤，收集于分液漏斗中，加 5ml 盐酸，75ml 乙醚，用力振摇 2 分钟，收集乙醚层于另一分液漏斗中，加 5ml 水洗涤乙醚层，反复几次，经无水硫酸钠脱水，微温除去乙醚。

3）残渣加 1ml 1∶1 氨水溶解，置水浴锅上蒸干，加 2ml 水溶解。

4）取残留物溶解水溶液 1ml 于试管中，加数滴 1％三氯化铁溶液，观察液体颜色变化。

（4）结果判定

1）初步判定：如试管中液体呈肉色沉淀，疑有苯甲酸，如产生深紫色，则疑有水杨酸。

2）确证试验：取残渣溶于少量热水中，冷后加 4～5 滴 10％亚硝酸钾溶液，4～5 滴 50％醋酸溶液，1 滴 10％硫酸铜溶液，混匀，煮沸 30 分钟，放置片刻，如有水杨酸时呈血红色，苯甲酸不显色。

**3. 甲醛的检测**

**甲法——变色酸法**

(1) 原理:在硫酸溶液中,乳中的甲醛与变色酸作用生成紫红色化合物,本法灵敏度为0.1ppm。

(2) 试剂:浓硫酸

(3) 操作方法:称取2.5g 1,8-二羟基萘-3,6二碘酸溶于水中,稀释至25ml,如有沉淀,过滤除去。取1ml乳样于试管中,加0.5ml变色酸液和6ml浓硫酸,充分混匀,于沸水浴上放置30分钟,冷却,观察颜色变化,同时做空白对照实验。

(4) 结果判定:如牛乳中有甲醛,则溶液显紫红色。

**乙法——溴化钾法**

(1) 试剂:稀硫酸(水:浓硫酸=1:5)、溴化钾结晶

(2) 操作方法:取3ml稀硫酸于试管中,加溴化钾结晶一小粒,摇匀,立即沿管壁加牛乳1ml,观察颜色变化,同时做空白对照试验。

(3) 结果判定:牛乳中有甲醛存在,则显紫色环带,本法灵敏度为20ppm。

**4. 过氧化氢的检测**

**甲法——碘化钾(淀粉法)**

(1) 试剂:碘化钾淀粉溶液:将3g淀粉用5～10ml凉水混匀,然后边搅拌边加沸水至100ml,在此溶液内溶入3g纯碘化钾,此试剂极不稳定,不宜贮存。

(2) 操作方法:取5ml检样乳于试管中,加0.5ml碘化钾淀粉溶液,混匀后,观察颜色变化。

(3) 结果判定:如10分钟后乳仍为白色,则表示乳中无过氧化氢,如乳略变蓝色,则表示乳中有过氧化氢。

(4) 注意:假如乳中有微量的过氧化氢存在,则应将乳放在80～85℃的温度下加温数分钟,然后重新用上述方法检查。

**乙法——五氧化二钒法**

(1) 试剂:五氧化二钒试剂:溶解1g五氧化二钒于100ml稀硫酸中。

(2) 操作方法:取10ml乳样,加入10～20滴五氧化二钒试剂,混合后观察颜色变化。

(3) 结果判定:若液体呈粉红色或红色,说明溶液中有过氧化氢存在。

**5. 次氯酸盐及氯胺的检测**

(1) 试剂

1) 碘化钾溶液:溶解7g碘化钾于100ml水中,临用前配制。

2) 稀盐酸:100ml浓盐酸与200ml水混合均匀。

3) 淀粉液:取1g淀粉置于烧杯中,用少量水搅匀后,缓慢倾入100ml沸水中,随加随搅拌,煮沸2分钟,冷却。

(2) 操作方法

1) 取5ml乳样,置于试管中,加入1.5ml碘化钾溶液,充分摇匀,注意观察牛乳的颜色。

2) 如无颜色变化,加入4ml稀盐酸,用玻璃棒充分搅匀,注意观察凝乳的颜色。

3) 然后将试管置入85℃的水浴中,保温10分钟,取出迅速置于冷水中冷却,注意观察凝乳与液体的颜色变化。

4) 最后将0.5～1ml淀粉液加到凝乳下面液体中,再应注意观察颜色变化。

(3) 结果判定:根据表11-1,判定检测结果。

表 11-1　次氯酸盐及氯胺检测的反应结果

| 有效氯浓度 | 1/1000 | 1/2000 | 1/5000 | 1/10 000 | 1/25 000 | 1/50 000 |
| --- | --- | --- | --- | --- | --- | --- |
| 操作 1 | 淡黄褐 | 深黄 | 微黄褐色 | — | — | — |
| 操作 2 | 淡黄褐 | 深黄 | 浅黄 | — | — | — |
| 操作 3 | 淡黄褐 | 深黄 | 黄色 | 黄色 | 微黄 | 淡黄 |
| 操作 4 | 蓝紫 | 蓝紫 | 蓝紫 | 暗红紫 | 红紫 | 微红紫 |

**6. 重铬酸钾的检测**

(1) 试剂:2%硝酸银溶液。

(2) 操作方法:取 2ml 乳样注入试管中,加等量 2%硝酸银溶液,混匀后观察其颜色变化,同时做空白对照试验。

(3) 结果判定:若溶液呈淡红色或红黄色,则表示乳中含有重铬酸钾。

**牛乳中掺石灰水、洗衣粉的检测**

**1. 掺石灰水的检测**

(1) 原理:正常牛乳含钙量小于 1%,加入硫酸钠溶液、玫瑰红酸钠溶液及氯化钡溶液后呈现红色,如牛乳中掺有石灰水,则生成硫酸钙沉淀,呈白土色。

(2) 试剂:1%硫酸钠溶液;1%氯化钡溶液;1%玫瑰红酸钠溶液。

(3) 操作方法:取 5ml 乳样于试管中,加入 1%硫酸钠溶液、1%氯化钡溶液;1%玫瑰红酸钠溶液各 1 滴,观察颜色变化,同时做空白对照试验。

(4) 结果判定:正常牛乳呈红色,掺石灰水牛乳呈白土色沉淀,本法灵敏度为 100ppm。

**2. 掺洗衣粉的检测**

(1) 原理:牛乳中掺洗衣粉后,十二烷基苯磺酸钠在紫外线下发荧光。

(2) 仪器:紫外线分析仪(365nm)。

(3) 操作方法:取 10ml 乳样于蒸发皿上,在暗室中置于波长工 365nm 的紫外线分析仪下观察荧光,同时做空白对照试验。

(4) 结果判定:如牛乳中掺洗衣粉,则发出银白色荧光,正常牛乳无荧光,呈乳黄色,此法检测的灵敏度为 0.1%。

**【思考题】**

目前我国乳中常见的掺伪物质主要有哪些?这些物质会使牛乳出现怎样的改变?

(楚心唯)

## 第三节　食品安全现场快速检测及应急处理

**【目的意义】**

熟悉食品安全快速检测和样品采集的基本知识。

掌握农药、鼠药、突出有害物质的理化快速检测方法。

了解各类食物中容易存在的问题物质,掌握各类食品主要安全问题及参考检测项目。

熟悉微生物快速检验方法、快速检测辅助设备的选择使用。

【主要内容】

**1. 现场快速检测与实验室快速检测区别与联系** 快速检测一般指包括样品制备在内，能够在短时间内出据检测结果的行为。理化快速检验方法，包括样品制备在内，能够在两小时以内出具检测结果，即可视为实验室快速检测方法。如果方法能够应用于现场，在30分钟内出具检测结果，即可视为现场快速检测方法。

现场快速检测是实验室常规检测的有益补充，能提高实验室检测的针对性，也是现场食品安全监管人员的有力工具。现场的快速检测是利用一切可以利用的手段对样品进行快速检测。实验室的快速检测是利用一切可以利用的仪器设备对样品进行快速检测。实验室快速检测着重于挖掘现有设备潜力、更新仪器设备以及改变样品前处理方式。现场快速检测着重于将一切可以利用的手段从实验室拿到现场使用。

**2. 现场快速检测项目分类及方法**

(1) 检测项目分为：理化检测和微生物快速检测两类，理化检测项目分为急性中毒、慢性伤害、劣质食品及关键控制点等项目。急性中毒物质指毒性较强的物质，如毒鼠强、甲胺磷、砷、汞、氰化物、甲醇、亚硝酸盐等，当人体摄入一定剂量后，在几分钟或数小时即可出现中毒症状。慢性伤害物质指与急性中毒物质相比在同等剂量情况下毒性弱一些的物质，当人体摄入同等剂量时不会很快出现中毒症状，当毒性物质在人体中积累到一定程度时才显现出不良体征。化学性急性中毒与慢性伤害物质是以 $LD_{50}$ 加以区分的。

1) 急性中毒物质的快速检测：农药、鼠药、亚硝酸盐、甲醇、砷、汞、钡、金属化合物、氰化物、酸败油脂、毒性植物油、矿物油、生豆浆、真菌毒素、病原菌等。

2) 慢性伤害物质及劣质食品的快速检测：硝酸盐、二氧化硫、硼酸和硼砂、苏丹红等油溶性非食用色素、孔雀石绿等水溶性非食用色素、水产品鲜度、水发水产品酸碱度、水发水产品中甲醛、水发水产品中双氧水、畜禽肉鲜度与病害肉、注水肉、瘦肉精(盐酸克伦特罗)、牛乳新鲜度、牛乳掺水量、牛乳中碱性物质、牛乳中尿素、乳品中淀粉和麦芽糊精、乳品中蛋白质、酱油中总酸与氨基酸态氮、味精中谷氨酸钠、食醋游离矿酸、食醋中总酸、碘盐含碘量、蜂蜜浓度和水分、蜂蜜酸度、蜂蜜中糊精或淀粉、大米及米制品新鲜度、大米中石蜡或矿物油、米面粉中吊白块、面粉中滑石粉或石膏粉、鸡蛋新鲜度、木耳吸水量与pH、饮用纯净水等。

3) 食品加工、贮藏和运输关键控制点的快速测定：食品中心温度和煎炸油温度、食品表面和环境温度、餐饮具和食品加工器具表面洁净度、消毒间紫外线辐照强度、消毒液有效氯浓度、游离性余氯等。

(2) 检测方法和标准：具体检测方法和标准参考相关现场快速检测箱内说明指导。

**3. 现场食品安全快速检测的采样要点**

(1) 为了监测总体样品的安全卫生状况，应注意采样的代表性原则，均衡地，不带主观倾向性、不加选择地从全部批次的各部分随机性采样。

(2) 为了检验样品掺假、投毒或怀疑中毒的食物等，应注意采样的典型性原则。根据已掌握的情况有针对性地采样。如怀疑某种食物可能是食物中毒的原因食品，或者感官上已初步判定出该食品存在卫生质量问题，而进行有针对性的选择采样。

(3) 当检出阳性样品或不合格样品时，应考虑采样方法是否正确。

(4) 对检出阳性样品或不合格样品，如需送实验室确认，应按常规采样数量采样送检。

**4. 食品安全事故现场应急处理措施** 根据《中华人民共和国突发事件应急预案》、《中华人民共和国食品安全法》、《中华人民共和国食品安全法实施条例》以及《国家重大食品安全事故应急预案》和《餐饮服务食品安全监督管理办法》等法律法规和规章要求，食品安全事故现场应采取及时高效、合理有序的处理措施。

(1) 及时报告：发生食品安全事故后，有关人员立即向食品安全事故应急处置领导小组报告；立即停止生产经营活动，封存导致或可能导致食品安全事故的食品及原料、工具、设备设施和现场。自事故发生之时起2小时内向县级人民政府卫生行政部门及相关监督管理部门报告，报告内容有：发生食品安全事故的单位、地址、时间、中毒人数及死亡人数，主要临床表现，可能引起中毒的食物等，并按照相关部门的要求采取控制措施。

(2) 立即抢救：在第一时间组织人员，立即将中毒者送医院抢救。

(3) 保护现场：发生食物中毒后，在向有关部门报告的同时要保护好现场和可疑食物，病人吃剩的食物不要急于倒掉，食品用工具容器、餐具等不要急于冲洗，病人的排泄物(呕吐物、大便)要保留，提供留样食物。

(4) 负责人及有关工作人员，要配合食品安全监督管理部门进行食品安全事故调查处理如实反映食品安全事故情况。将病人所吃的食物、进餐总人数，同时进餐而未发病者所吃的食物，病人中毒的主要特点，可疑食物的来源、质量、存放条件、加工烹调的方法和加热的温度、时间等情况如实向有关部门反映。

(5) 事故责任追究：对事故延报、谎报、瞒报、漏报或处置不当的，要追究当事人责任；食品安全事故应急处置领导小组力量做好中毒人员的安抚工作，确保不让事态扩大，任何人不得自行散布事故情况信息，造成严重后果的要追究其法律责任。

**【思考题】**

(1) 实验室快速检测与现场快速检测的不同之处是什么？

(2) 简述急性食物中毒后的快速筛查与日常监测参考方案。

(邓　红)

## 第四节　高校集体食堂卫生学调查与评价

**【背景】**

随着国家、社会发展及高等教育体制改革，尤其是高校后勤社会化及高校大规模扩招趋势的发展，高校餐饮空间的变化非常显著，无论是学校还是参与高校食堂工作人员对如何搞好高校学生食堂的规划和建设，都投入了很大的精力。但目前国内学校食物中毒事件仍屡有发生，对师生健康安全、教学秩序和社会稳定造成不良影响。为保护学生的身体健康，防止食物中毒事件发生，加强高校学生食堂的卫生监督管理，各卫生行政部门和卫生监督机构要根据《中华人民共和国食品安全法》、《学生集体用餐食品安全监督办法》等相关法律法规的规定，进一步加强对高校集体食堂的卫生监督管理，对集体食堂的卫生许可证、卫生管理组织、制度、食品及原料索证、加工场所卫生、食品储存卫生条件、从业人员卫生、餐饮具消毒等情况进行全面检查。对不符合卫生标准和要求的要责令立即整改，彻底消除食物中毒隐患；对存在食物中毒隐患且不能按要求整改的单位，一律责令其停业整顿。

**问题一：查阅了解餐饮业和集体食堂卫生监督管理的相关法律法规有哪些？**

**【目的】**

了解集体食堂卫生监督的相关法律法规。

熟悉集体食堂卫生监督检查内容与项目，掌握集体食堂卫生学调查与评价程序。

了解如何预防和控制群发性学生食物中毒事件的发生。

掌握常用的食品卫生检测技术。

## 【内容与方法】

**1. 调查对象** 某高校学生集体食堂。

**2. 仪器与设备** 高压蒸气灭菌器，恒温培养箱，玻璃平皿（直径 9cm）60 个，中卫牌餐饮具卫生现场检测箱（卷尺、温度计、食物中心温度计等），电冰箱，酒精灯，玻璃棒，100、1000ml 量筒，药勺，300ml 烧杯 2 个，镊子 2 个等。

**3. 试剂与材料** 空气细菌总数快速检验纸片 50 份、大肠菌群快速检验纸片 45 份。

**4. 调查内容与方法**

（1）调查项目：包括功能用房配备，卫生制度管理情况，卫生设施配备，原材料采购，个人卫生，空气卫生状况，餐具消毒及其效果。

1）功能用房配备：烹饪间，餐具消毒间，蔬菜切配间，肉类切配间，更衣室，原料仓库等。

2）卫生制度管理情况：卫生许可证，卫生管理制度，采购验收制度，食物留样制度，蔬菜浸泡制度，防虫、防蝇、防蟑螂和防鼠害措施等。

3）从业人员卫生：健康证，培训合格证，及其他相关卫生要求。

4）卫生设施配备情况：冷藏设备，防护设施，专用洗涤池，餐具消毒设施，餐具保洁设施，垃圾容器是否加盖。

5）空气卫生状况：进行空气细菌总数测定。

6）餐具消毒及其效果：包括食（饮）具消毒程序是否规范及餐具消毒效果检测。

**问题二：集体食堂卫生监督检查的项目有哪些？**

（2）调查方法

1）一般项目调查：应用食堂卫生调查表调查。

2）空气卫生状况——空气细菌总数测定

方法：采用自然沉降法。

结果判定标标准：沉降法，≤40 个/皿 （《饭馆（餐厅）卫生标准》（GB16153-1996））。

3）餐具消毒及其效果

A. 食（饮）具消毒程序：食（饮）具根据不同的消毒方法，应按其规定的操作程序进行消毒、清洗。严格执行一洗、二清、三消毒、四保洁制度。

热力消毒一般按除渣→洗涤→清洗→消毒程序进行。化学消毒，消毒后必须用洁净水清洗，消除残留的药物。一般按除渣→洗涤→消毒→清洗程序进行。

B. 餐具消毒效果检测

方法：食（饮）具消毒效果检测采用专用的大肠菌群快速检验纸片法（规格 5cm×5cm）。

采样方法：随机抽取消毒后准备使用的各类食具（碗、盘、杯等），采样 40 件，每件贴纸片两张，每张纸片面积 $25cm^2$（5cm×5cm）用无菌生理盐水湿润大肠菌群检测用纸片后，立即贴于食具内侧表面，30 秒后取下，置于无菌塑料袋内。

将已采样的纸片置 37℃ 培养 16～18 小时，若纸片保持紫蓝色不变为大肠菌群阴性，纸片变黄并在黄色背景上呈现红色斑点或片状红晕为阳性。

结果判定标准：大肠菌群（个/50cm），不得检出；致病菌不得检出（《食（饮）具消毒卫生标准》（GB14934-1994））。

**问题三:集体食堂餐具消毒程序与制度?**

**问题四:集体食堂空气卫生调查,采样点如何布置?**

**问题五:集体食堂餐饮具消毒的采样方法?**

(3) 人员安排与分工:集体食堂卫生监督检查各项目均需安排专人进行。

## 【结果与评价】

将调查结果用文字或规范的统计表格呈现出来,并依据相关的卫生标准进行评价,针对监督检查中发现的问题,提出严格的整改措施和期限。

**问题六:高校集体食堂的卫生监督管理中,应注意哪些问题?**

附表:食堂卫生调查表与结果记录表(表 11-2～表 11-5)

**表 11-2　集体食堂一般卫生状况调查结果记录**

| 检查项目 | | 结果 |
|---|---|---|
| 环境卫生 | 布局是否按原料进入,原料处理,半成品加工,成品供应的流程合理布局 | |
| | 厨房内墙壁、天花板、门窗等是否有涂层脱落或破损 | |
| | 食品生产经营场所环境是否整洁 | |
| | 防蝇、防鼠、防尘设施是否有效(门窗,防尘防鼠防虫害设施,灭蝇设施,距地＞2m;防鼠类,孔径＜6mm 的金属隔栅或网罩) | |
| | 废弃物处理是否符合要求(不得有不良气味或有害/有毒气体溢出,应防止有害昆虫的孳生,防止污染食品、食品接触面、水源及地面;废弃的食用油脂应集中存放在有明显标志的容器内) | |
| | 功能用房配备(是否有独立的烹饪间、餐具消毒间、蔬菜切配间、肉类切配间、更衣间、原料仓库) | |
| 食品生产经营过程 | 卫生制度管理是否健全(包括卫生许可证、卫生管理制度、采购验收制度、留样制度、蔬菜浸泡制度) | |
| | 加工用设施、设备工具是否清洁(取样培养) | |
| | 食物热加工中心温度是否大于 70℃ | |
| | 10～60℃存放的食物,烹调后至食用前存放时间是否未超过 2 小时;存放时间超过 2 小时的食用前是否经充分加热 | |
| | 用于原料、半成品、成品的容器、工具是否明显区分,存放场所是否分开、不混用 | |
| | 食品原料、半成品、成品存放是否存在交叉污染 | |
| | 专间操作是否符合要求(室内温度不得高于 25℃,紫外线灯消毒＞30 分钟) | |
| | 垃圾容器是否加盖 | |
| 餐饮具、直接入口食品容器 | 使用前是否经有效清洗消毒 | |
| | 清洗消毒水池是否专用于清洗、是否与其他用途水池混用 | |
| | 消毒后餐具是否贮存在清洁专用保洁柜内 | |
| 个人卫生 | 有无健康证、培训合格证而上岗操作 | |
| | 是否有有碍食品卫生的病症、是否定期进行健康体检(周期) | |
| | 从业人员操作时是否穿戴清洁工作衣帽,专间操作人员是否规范佩戴口罩 | |
| | 从业人员操作前及接触不洁物品后是否洗手,接触直接入口食品之前是否洗手、消毒 | |
| | 从业人员操作时是否有从事与食品加工无关的行为 | |
| | 从业人员是否留长指甲或涂指甲油、戴戒指 | |
| | 从业人员上厕所前是否在厨房内脱去工作服 | |

续表

| 检查项目 | | 结果 |
|---|---|---|
| 食品采购 | 是否索取销售发票，批量采购是否索取卫生许可证、卫生检验检疫合格证明 | |
| | 食品及原料是否符合食品卫生要求 | |
| | 库房存放食品是否离地隔墙(10cm以上) | |
| | 冷冻、冷藏设施是否能正常运转，贮存温度是否符合要求 | |
| | 食品贮存是否存在生熟混放 | |
| | 食品或原料是否与有毒有害物品存放在同一场所(保持清洁，无霉斑、鼠迹、苍蝇、蟑螂，不得存放有毒、有害物品，如：杀鼠剂、杀虫剂、洗涤剂、消毒剂等，及个人生活用品) | |
| 违禁食品 | 是否生产经营超过保质期食品 | |
| | 是否生产经营腐败变质食品 | |
| | 是否生产经营其他违禁食品 | |

**表 11-3　推荐的场所布局要求**

| | 加工经营场所面积($m^2$)切配烹饪场所累计面积 | 凉菜间累计面积 |
|---|---|---|
| 食堂 | 供餐人数100人以下食品处理区面积不小于$30m^2$，100人以上每增加1人增加$0.3m^2$，1000人以上超过部分每增加1人增加$0.2m^2$。切配烹饪场所占食品处理区面积50%以上 | $\geqslant 5m^2$ |

注：1. 上表中所示面积为实际使用面积或相对使用面积

2. 全部使用半成品加工的餐饮业经营者以及单纯经营火锅、烧烤的餐饮业经营者，食品处理区与就餐场所面积之比在上表基础上可适当减少

3. 表中“加工”指对食品原料进行粗加工、切配

**表 11-4　集体食堂空气细菌总数测定结果记录表**

| 地点 | 细菌总数(cfu/平皿) |
|---|---|
| 凉菜间 | |
| 热菜间 | |
| 面食间 | |
| 饭菜供应厅 | |
| 就餐大厅 | |

**表 11-5　集体食堂餐具大肠菌群检测结果记录表**

| 样品 | 样品数 | 大肠杆菌 | |
|---|---|---|---|
| | | 合格数 | 合格率(%) |
| 盘子 | 10 | | |
| 碗 | 10 | | |
| 勺子 | 10 | | |
| 凉菜间(刀，盆，盘子，拌勺等) | 10 | | |
| 合计 | | | |

（卢晓翠）

# 第十二章　创新性实验

## 第一节　概　　述

**【创新性实验的目的意义】**

创新性实验也称研究性实验，是指学生在教师指导下，在选定的学科方向，针对某一或某些选定研究目标所进行的具有研究、探索性质的实验。创新性实验注重依托科研资源，是学生早期参加科学研究，教学与科研相结合的一种重要实验教学形式。

创新性实验的目的是在深化学生综合设计能力的基础上，着重培养学生的大胆质疑、敢于探索、勇于创新的能力。通过创新性实验培养出具有创新思维能力，较强动手能力，良好科研素质的人才。

**【创新性实验的实施步骤】**

**1. 建立创新性实验小组**　浓厚的兴趣是创新性实验小组坚持不懈、长期奋斗和团结协作的保证，因此建议采用自我报名、自我组合的原则建立创新性实验小组，根据组员的不同爱好，实现项目组内部的分工。每个项目配备指导教师，起辅导作用。

**2. 选题**　正确的选题是创新性实验成功的关键。可鼓励学生根据兴趣自主设计选题，或者在教师的指导下进行选题。选题要求内容新颖，目标明确，具有创新性、探索性和可行性；选题要有科学意义和实际应用价值，符合社会需求和相关专业发展的需要。选题范围和形式力求多样，可以是实验研究、产品研发或调查研究等。

**3. 文献查阅及综述撰写**　文献是知识和信息的载体，正确的选题和实施方案的制定都建立在查阅大量文献资料的基础之上。应通过图书馆、因特网等进行信息检索，查阅各种专著、期刊、会议论文汇编等文献资料，了解与实验项目有关的背景，研究现状和发展前景等，并对文献资料进行综合分析、归纳整理，写出综述报告。

**4. 制定实验方案**　良好的实验方案是使研究获得预期成果的重要保证。实验方案的制定要求做到科学性、严密性、合理性和可行性。实验设计要围绕研究目标来制定，可行性不仅包括理论上的可行性，还要考虑现有的实验条件及可操作性等。实验方案一般包括实验目标、实验内容、实验方法、实验步骤、实验所需条件、实施进度安排、经费预算等。由小组成员制定初步的实验方案，指导教师帮助修改并加以完善。

**5. 实验方案实施**　实验方案一旦确立，即应按照所制定的方案组织实施，以取得相应数据。要以严谨、科学的态度开展实验研究，一般按以下步骤进行：

(1) 实验准备阶段：主要包括实验动物、实验试剂和器材、相关仪器设备的准备，调查表的设计等。

(2) 预试验阶段：正式实验前要进行预实验或预调查，熟悉实验方法，肯定所用的实验方法的可靠性和可重复性，了解相关影响因素，对原实验方案中存在的问题进行及时修正。

(3) 正式实验阶段：在取得较稳定的预实验结果后，即可按实验方案开展正式实验。在整个实施研究的过程中应注意原始数据的积累，要客观、真实、全面、及时地记录实验结果。

**6. 实验数据整理和分析**　实验数据规律性的揭示有赖于统计学处理。实验结束后，应选择合适的统计学方法对数据进行正确的分析处理，排除偶然，发现必然，得到有价值的实验结果，得出正确的结论。

**7. 论文写作** 与一般的基础性实验训练不同，在创新性实验中要求学生学写科研论文，有益于创新实验的总结及同行间的交流。科研论文一般包括以下几部分：标题、作者、作者单位、摘要、关键词、引言、材料与方法、结果、讨论、结论、致谢、参考文献等。

（毛丽梅）

# 第二节 选题指南

## 一、微波烹饪与传统烹饪对食物中亚硝酸盐含量的影响

**【研究背景】**

亚硝酸盐和硝酸盐广泛存在于土壤、水域及植物中，如绿色蔬菜中的甜菜、莴苣、菠菜、芹菜及萝卜等硝酸盐含量较高，硝酸盐在某些细菌的还原作用下可变成亚硝酸盐。

亚硝酸盐还是一种允许使用的食品添加剂，在食品生产中用作食品着色剂和防腐剂。添加亚硝酸盐可以使肉制品呈现鲜红色，对保持腌肉香味的稳定性也有显著作用。腌制蔬菜时，一般也要用亚硝酸盐来防腐。

国家食品标准对不同食品的亚硝酸盐含量有不同的规定，亚硝酸盐只要控制在安全范围内使用不会对人体造成危害。但长期大量食用含亚硝酸盐的食物有致癌的隐患，因为亚硝酸盐在胃肠道的酸性环境下与蛋白质中的胺类结合生成亚硝胺或亚硝酰胺，亚硝胺有强致癌作用。

控制硝酸盐及亚硝酸盐的摄入量，对于维护人体健康至关重要。如何消除食品中的亚硝酸盐，阻断亚硝胺合成或消除亚硝胺是防止癌病产生的有效途径之一，并已列入当前食品科技研究的热点之中。

**【目的要求】**

通过实验研究，了解不同烹饪方式尤其微波烹饪对食物中亚硝酸盐含量的影响，致力探索更为合理的能减少食物中亚硝酸盐含量的烹饪方式，以指导人们的饮食生活。

**【研究内容提要】**

（1）选择亚硝酸盐含量较高的蔬菜、腌肉、腌菜等，按照国家标准方法检测其亚硝酸盐含量。

（2）分别用传统方法和微波方法烹饪所选食物，对其烹饪前后亚硝酸盐含量进行测定。

（3）对比评价不同烹饪方法对食物亚硝酸盐含量的影响，筛选能更好祛除食物中亚硝酸盐的烹饪方法。

（卢晓翠）

## 二、市售农产品中转基因成分 PCR 快速检测分析

**【研究背景】**

转基因食品（genetically modified food，GMF）是指通过基因工程技术将一种或几种外

源性基因转移至某种特定生物体，改变基因组构成，使其在性状（如抗性、产量、成熟期）或品质等方面有所改变。转基因食品的问世给全球带来了巨大的经济效益。

转基因食品与传统食品相比，区别在于：首先它含有利用转基因技术导入的外源基因，绝大多数转基因食品的外源基因结构包括启动子、目的基因和终止子三部分；其次可能存在外源基因在受体内的表达产物。由于对这两种成分的不确定性以及由此引起的次级效应，对人类健康产生了潜在的危害。

目前检测转基因食品的方法主要有：基于特异性DNA片断的PCR检测技术和基于特异性蛋白的ELISA检测方法。前者特异性DNA片断包括外源启动子、终止子、报告基因和目的基因。后者特异性蛋白主要是外源目的蛋白和一些报告基因所表达的蛋白。两种方法的出发点不同，各有优缺点。一般来说，PCR法可将食品中残存的DNA增幅到100万倍以上，检出灵敏度高，但操作不当易产生假阳性现象。

**【目的要求】**

了解转基因食品研究的国内外背景，熟悉转基因食品可能存在的危害及其管理方法；

通过实验掌握用PCR技术检测转基因食品成分的方法及其影响因素。

**【研究内容提要】**

(1) 选择市售的不同种类农产品，提取DNA备用。

(2) 建立和优化PCR法检测转基因食品成分的实验条件。

(3) 分析和比较所选择不同种类农产品中转基因成分存在情况，讨论转基因农产品流入市场的途径（是否有标识?）及对如何管理提出建议。

（查龙应）

## 三、急性食物中毒后的快速筛查与日常监测参考方案制定

**【研究背景】**

在日常生活中、大型活动时或重大自然灾害发生后，食物中毒发生后如何快速筛查中毒因子？日常活动中如何预防食物中毒？是一个长久的课题。

快捷的筛选方法与先进的技术密切结合有助于快速筛查判定中毒因子。掌握多种食物中毒因子快速检测方法，熟悉常见食物中毒类型与中毒因子之间、中毒残留物与中毒因子之间、中毒因子与快速检测筛查方法之间以及食物类型与不安全因素之间的关系尤为重要。食品安全宣传教育有助于社区人群掌握预防食物中毒的基本知识，而日常食品安全监测方案的制定有利于提高食品安全监管部门预防食物中毒能力。

**【目的要求】**

熟悉主要急性中毒物质和急性食物中毒后的快速筛查方法。

掌握各类食品主要安全问题及快速检测项目。

了解并掌握日常食品安全监测方案制定依据和方法。

**【研究内容提要】**

(1) 弄清哪些物质容易导致急性食物中毒?

(2) 熟悉急性食物中毒后的快速筛查方法。

(3) 分析目前我国引发食品安全问题的主要原因。

(4) 制定日常食品安全监测参考方案。

（邓　红）

## 四、丁酸受体 GPR109A 功能的初步研究

**【研究背景】**

大肠癌是世界范围内最常见恶性肿瘤之一，发病率仅次于肺癌和乳腺癌，排第三位。随着我国经济快速发展，生活饮食习惯的西方化，大肠癌发病率以每年 4.2%的速度上升。故大肠癌作为一种常见恶性肿瘤严重危害人类的生命健康，阻碍经济的发展。

丁酸作为膳食纤维在肠道中发酵产生的主要短链脂肪酸，在抑制肿瘤细胞增殖并促进其凋亡的过程中发挥重要作用，但其具体的作用机制尚未清楚。

G 蛋白偶联受体(GPR109A)是存在于细胞膜上的一种配体，丁酸可通过与其结合介导其促大肠癌细胞凋亡作用。因此，GPR109A 可能是大肠癌的一种潜在的治疗药物，对大肠癌的治疗具有重要意义。

**【研究目的】**

了解大肠癌发病情况及其防治的研究背景，熟悉丁酸促大肠癌细胞凋亡机制的研究进展，掌握 GPR109A 的背景知识及其研究进展情况。

掌握细胞培养、基因表达、质粒构建、细胞凋亡检测等基本实验操作方法。

**【研究内容提要】**

(1) 选择几种大肠癌细胞株，提取 DNA 并扩增 GPR109A，检测 GPR109A 在不同大肠癌细胞中的表达丰度，确定合适的大肠癌细胞株。

(2) 研究下调或阻断 GPR109A 的表达对丁酸诱导大肠癌细胞凋亡率的影响。

(3) 探讨上调 GPR109A 的表达对丁酸诱导大肠癌细胞凋亡率的影响。

(4) 初步确定 GPR109A 在丁酸促大肠癌细胞凋亡中的作用，为 GPR109A 作为大肠癌治疗药物作用靶点提供理论基础，为丁酸促大肠癌细胞的凋亡机制研究提供线索。

（孙素霞）

## 五、FTO rs9939609 基因多态性与中小学生肥胖的关系研究

**【研究背景】**

肥胖是全世界流行的营养性疾病，随着社会经济的发展，肥胖率一直处于上升趋势，成为当今世界各国面临的重要公共卫生问题。近年来研究认为，绝大多数肥胖发生是环境和遗传因素协同作用的结果。目前已经发现了许多与肥胖相关的基因，其中脂肪质量与肥胖相关基因(fat mass and obesity-associated gene，FTO)是 GWAS 新鉴定的一个基因，FTO rs9939609 基因多态性在欧美成人肥胖中得到了很好的重复，但是该基因变异在儿童肥胖尤其亚洲人群中研究较少。因此，本研究以中国肥胖儿童为研究对象，探讨 FTO rs9939609 基因多态性与中小学生肥胖的关系，从而为合理的治疗和预防策略提供科学依据。

【研究目的】

通过从分子水平上研究疾病的基因多态性，探讨营养性疾病的遗传学基础，从而将微观和宏观研究充分结合，全面了解疾病的发生机制，以个体化原则指导人们合理膳食。

【研究内容提要】

(1) 选取样本(肥胖病例和对照)人群，确定样本量。

(2) 设计调查问卷。

(3) 提取人细胞 DNA。

(4) 采用 PCR-RFLP(polymerase chain reaction-restriction fragment length polymorphism)技术对样本进行基因分型。

(5) 数据分析和论文整理。

(楚心唯)

## 六、脂肪酸构成对脂肪细胞脂联素表达的影响

【研究背景】

脂联素是一个由脂肪细胞分泌的具有降低血脂水平、改善胰岛素抵抗、抗炎和抗动脉粥样硬化等有益作用的细胞因子，已被普遍认为是肥胖及其相关代谢性疾病防治的极有价值的分子靶点。

目前有关膳食脂肪酸构成对脂联素表达影响的系统研究尚无人涉及。本研究拟通过体外细胞培养实验，着重从不同(*n*-6)/(*n*-3)多不饱和脂肪酸构成对脂联素表达和分泌的影响这一角度来开展较为系统的研究，寻找能提高脂联素的表达和分泌，利于肥胖及相关代谢性疾病防治的适宜(*n*-6)/(*n*-3)多不饱和脂肪酸构成比。其研究结果将为该类疾病的预防和治疗提供新的思路和科学依据，同时也为确定膳食中(*n*-6)/(*n*-3)多不饱和脂肪酸最佳比值提供新的重要的理论依据，有极大的理论价值和现实意义。

【目的要求】

根据课题内容查阅相关文献，提出自己的观点，完成课题设计。

掌握课题相关实验原理及具体的实验流程和方法。

掌握科研论文写作的要点和方法。

【研究内容提要】

以 3T3-L1 脂肪细胞作为研究的靶细胞进行体外培养，观察(*n*-6)、(*n*-3)PUFA 及不同(*n*-6)/(*n*-3)PUFA 构成对脂肪细胞脂联素及其受体表达和分泌的影响，分析时间效应和剂量效应关系。探讨何种(*n*-6)/(*n*-3)PUFA 构成能够上调脂联素及其受体表达。

(毛丽梅)

# 第四部分　食品安全相关案例分析

## 第十三章　食物中毒案例分析

### 第一节　食物中毒案例一

**【实验目的】**

通过对副溶血弧菌引起的“一起学生集体食物中毒”案例分析，使学生了解、熟悉食物中毒的现场调查方法、诊断程序、应急处理方法，以及相关的行政处罚。

**【案例介绍】**

2000年9月20日早上8:00，某中学校医室接到第一批病人，共9人，主诉肚子不舒服、恶心、呕吐、拉水样便，医生给常规抗菌素等治疗并未纪录。21日凌晨2:00～6:00陆续有学生到校医室就诊，7:30市医院向市防疫站报告时发病已达30多人。晚21:00发病已经达100人以上。省监督所于21日晚组织食品卫生监督、流行病学、微生物及理化实验室等部门人员，赴现场直接介入开展调查处理工作。至9月22日凌晨2:00点，在校医室就诊人数达238人，被送医院入院治疗的中毒学生为219人。

**【案例讨论】**

**1. 现场调查及采样**　现场流行病学调查，填写食物中毒个案调查表219份，包含学生发病、进餐、食谱等信息；病人呕吐物、病人及厨工肛拭子；剩余及留样食物、厨工用具棉拭子等210份样品实验室检测结果等。

讨论问题1:现场食物采样有哪些要求?

**2. 样品分析方法**　样品按《食品卫生微生物学检验》等国家标准进行沙门菌、志贺菌、金黄色葡萄球菌、溶血性链球菌、致泻大肠埃希菌、副溶血性弧菌、溶藻弧菌、蜡样芽胞杆菌、变形杆菌、霍乱弧菌等致病菌的培养和鉴定。应用SPSS数据统计软件对流行病学调查资料进行统计学处理。

讨论问题2:在中毒性质不明确的情况下，实验室检测应包括哪些内容?

**3. 诊断标准**　根据现场流行病学调查、病人潜伏期、临床症状以及实验室检测结果，依据《食物中毒诊断标准及技术处理总则》(GB14938-1994)和《副溶血性弧菌食物中毒诊断标准及处理原则》(WS/T81—1996)、《食品卫生微生物学检验副溶血性弧菌检验》判断食物中毒原因。《食品卫生微生物学检验副溶血性弧菌检验》(GB/T 4789.7—1994)(注:该标准已更新为GB/T 4789.7—2008)。

**4. 调查结果分析**

(1) 流行病学调查:①中毒潜伏期短,最短 6 小时,最长 72 小时,一般集中在 10～14 小时;②发病急剧,病程较短,1～3 天;③中毒学生都有同食堂进食史;④所有中毒学生的临床表现基本相似;⑤无人与人之间的直接传染。

(2) 现场卫生学调查:①食堂布局不合理,卫生设施不完善,食品从业人员操作不规范,食品卫生安全管理存在较大隐患;②食堂 5 个师傅中三人分别于 9 月 19 日下午 15:00 至 9 月 21 日下午 15:00 发生腹痛、腹泻、拉水样便,2～4 次,但他们却坚持上班。其中炊事员龙某曾于 9 月 16 日回老家看望父母,在家曾经进食海产品,17 日下午回食堂上班。9 月 19 日下午 15 时开始发病,腹泻多次。

(3) 实验室检测结果:在采集的病人肛拭、呕吐物、学校及配送公司留样食品、工具棉拭等样品中。①发病住院学生 7 例,厨房炊事员 8 例粪检副溶血性弧菌阳性;②食堂的 1 个砧板副溶血性弧菌阳性。

(4) 副溶血性弧菌食物中毒的临床表现:由副溶血性弧菌引起的食物中毒一般表现为急发病,潜伏期 2～24 小时,一般为 10 小时发病。主要的症状为腹痛,优势腹痛在脐部附近剧烈。腹痛是本病的特点,多为阵发性绞痛,并有腹泻、恶心、呕吐、畏寒发热,大便似水样。便中混有黏液或脓血,里急后重不明显,重症患者因脱水,使皮肤干燥及血压下降造成休克。少数病人可出现意识不清、痉挛、面色苍白或发绀等现象,若抢救不及时,呈虚脱状态,可导致死亡。由于吐泻,患者常有失水现象,重度失水者可伴声哑和肌痉挛,个别病人血压下降、面色苍白或发绀以至意识不清。发热一般不如菌痢严重,但失水则较菌痢多见。近年来国内报道的副溶血弧菌食物中毒,临床表现不一,可呈典型、胃肠炎型、菌痢型、中毒性休克型或少见的慢性肠炎型。本病病程 1～6 天不等,可自限,一般恢复较快。

**5. 食物中毒的诊断**　根据现场流行病学调查、病人的潜伏期、临床症状以及实验室检测结果,依据《食物中毒诊断标准及技术处理总则》(GB14938-1994)和《副溶血性弧菌食物中毒诊断标准及处理原则》(WS/T81—1996)、《食品卫生微生物学检验副溶血性弧菌检验》(GB/T 4789.7—1994),诊断确认该事件为副溶血性弧菌食物中毒。学生食堂炊事员染病后带病从事食品制作,使提供给学生的饭菜受到污染而引发的一起副溶血性弧菌重大食物中毒。

讨论问题 3:细菌性食物中毒诊断的主要依据包括哪些方面?其中,实验室检测有何重要作用?

**6. 事故后续处理**　安抚家长和中毒学生,稳定社会秩序。

**7. 事故涉及的经济损失**　中学食物中毒学生住院抢救治疗 219 人,治疗 2～3 天不等,抢救、治疗费平均每人 500 元,医药费共计 10.9 万元。学校食堂停业整改期间送餐造成损失 3 万元。食物中毒监测与体检费 2.3 万元。其他营养费、家长旅差费、陪护误工费、管理费等无法计算。此次中毒事件涉及的可计算的直接经济损失约 16.5 万元。

讨论问题 4:食物中毒的危害有哪些?

**8. 中毒单位的自身管理和卫生行政部门的监督管理状况**　食物中毒前,学校对学生食品卫生安全重视不足,食堂简陋卫生设施不完善,卫生管理制度不健全,卫生检查不落实,学校卫生管理人员责任不清,无责任追究制度,卫生管理几乎处于自由放任状态。

当地卫生行政部门发证后存在日常卫生监督不力等失职行为;21 日上午接到食物中毒报告后未采取严厉的控制措施阻止食堂继续经营中晚餐。

讨论问题 5:造成食物中毒的食品生产经营单位应当采取哪些相应措施?

讨论问题 6:卫生行政部门监管人员失职是否应收到处罚？如何处罚？

**9. 行政处罚和行政管理责任追究** 该中学发生学生食物中毒引起社会很大的反响，省卫生厅除了对该中学停业整顿和罚款外，市卫生局也对相关管理人员进行了行政处罚。

该中学对学校负责后勤事务的党委书记、学校副校长给予免职处分，其他相关人员也做出相应处理。

讨论问题 7:对造成食物中毒事故的单位和个人有哪些处罚措施？

**10. 食物中毒的经验和教训** 炊事人员发病携带致病性病原菌未及时调离工作岗位继续从事食品加工，造成食品被致病菌污染引发食物中毒 。

9 月 20 日的发病并未引起学校的重视，既未报告也未采取控制措施。发病的炊事员与服务员继续从事食品制作，以致造成 9 月 21 日发生大批学生中毒，出现更大的食物中毒蔓延。由此可见，食物中毒的发现和及时报告、监督机构、疾控机构的应急处理对食物中毒的控制都非常关键!

讨论问题 8:涉及食物中毒事故处理的相关文书有哪些？如何书写食物中毒事故调查报告？

（柳春红）

## 第二节　食物中毒案例二

### 【实验目的】

了解食物中毒的概念、诊断标准、种类，熟悉各类食物中毒的潜伏期、常见中毒食物、流行病学特点、临床表现和急救措施等，在此基础上重点掌握食物中毒调查处理工作的内容、方法及步骤。

### 【食物中毒案例分析】

**1. 食物中毒发病情况** 某市人民政府卫生行政部门于某年 9 月 11 日 16 时接到某学校值班医生关于发生疑似食物中毒的报告，据了解该学校卫生处共收到 20 余名疑似食物中毒病人，病人均为该校学生。卫生行政部门值班人员认真填写《食物中毒报告登记表》，并通知报告人采取保护现场、留存病人粪便、呕吐物等事项，并立即向主管领导汇报食物中毒报告登记情况。主管领导立即下达命令，尽快成立调查组，该调查组由经验丰富的专业技术人员、卫生监督人员、检验人员、流行病学医师等组成，携带平日准备好的调查用品，包括急救箱、现场检测采样用品、调查登记本、取证工具等，迅速奔赴现场。

讨论问题 1:卫生行政部门应建立怎样的食物中毒报告制度？

讨论问题 2:卫生行政部门接到食物中毒报告时应做哪些工作？

**2. 组织开展现场调查**

(1) 妥善安置病人:调查组到达现场后，了解到该校卫生设施有限，不能满足现有病人的救治工作，并且不断出现新的病人，于是向市卫生局汇报，由卫生局协调当地的医疗机构将病人安置到附近的一家医院，所有病人都得到妥善安置，医院对病人的救治措施基本符合食物中毒急救方法，于是调查组工作人员转向其他工作。

讨论问题 3:调查组到达现场后对病人负有什么责任，如何开展工作？

(2) 对病人和进食者进行调查：调查人员在协助安排救治病人的同时，向病人详细了解有关发病情况，包括各种临床症状、体征及诊治情况，认真填写《食物中毒事故个案调查登记表》。从登记表中了解到本次中毒首例病人出现在 9 月 11 日 15 时，经 27 小时后(12 日 18 时)发病达高峰，末例病人发生在 9 月 14 日 15 时，发病曲线呈单峰。共出现 242 名病人，临床表现相似，主要表现为恶心、呕吐、发热、腹痛、腹泻等症状。其中出现高热、惊厥 3 例，休克 3 例。该校有 5 个公共食堂和数百个家庭，共用一个自来水系统，病例集中在学生食堂就餐者。初步判断是一起细菌性食物中毒，同时提醒医院医生参考细菌性食物中毒进行治疗。

讨论问题 4：调查人员对病人和其他未发病的进食者应做哪些调查？目的是什么？

(3) 对可疑餐次、可疑中毒食物及其加工过程进行调查：调查人员了解到，该校学生食堂在 9 月 11 日中午会餐，所有病例都是参加会餐者，没有参加会餐的本食堂学生无一人发病。首例病人出现在 9 月 11 日 15 时，由此向前推算最短潜伏期(4 小时)，即 9 月 11 日 11 时为引起此次暴发的暴露时间，与食堂会餐的时间相吻合。因此，致病餐是 9 月 11 日午餐。9 月 11 日午餐，两食堂的食谱都是 8 菜 1 汤，其中只有烧鸡、桔子罐头、小香槟酒是相同的。由于两食堂均有病例发生，那么致病食物必然是相同食物。根据 128 名就餐者进餐食物与发病关系的分析，93 人吃过烧鸡，84 人发病，25 人未吃烧鸡无一发病，7 名未参加会餐者吃了会餐者带回的烧鸡也发病。由此确定烧鸡是可疑中毒食物。

讨论问题 5：调查人员如何确定可疑餐次和可疑中毒食物？

经调查，烧鸡购于个体食品经营者，其加工厂所窄小，设备简陋，整鸡经油炸后放入大型铝桶内卤制至出售，短时间内赶制出 200 余只烧鸡于 9 月 10 日 17 时送到该校两个食堂，此时烧鸡尚温热，食堂工作人员将其存放于室温，9 月 11 日中午未做任何加热处理于午餐时食用。据就餐者反映，有的烧鸡尚未熟透。调查时食堂还剩 5 只烧鸡，已就地封存。

讨论问题 6：为保证食品安全事故的再次发生，对中毒食物应做何处理？

讨论问题 7：为保证食品安全对于学校食堂和个体食品经营者，应有哪些要求？他们对这起食物中毒事件应负什么责任？

(4) 样品的采集与检验：检验人员以无菌操作方式，采集了食堂剩余的烧鸡 2 份、呕吐物 15 份、粪便 18 份、病人发病时血液及同一人 2 天后血液各 16 份。以上样品均经加注标签、编号、严密封袋，并附加采样时间、条件等，签字后送至实验室。细菌学检验结果显示，从 2 份食物样品烧鸡中分离出沙门菌 2 株，从 15 份病人呕吐物标本中分离出沙门菌 7 株，从 18 份病人粪便标本中分离出沙门菌 9 株，该沙门菌经实验室鉴定为肠炎沙门菌。16 份病人血清对本菌凝集效价均比发病当时显著升高，均增至 1 ∶ 320～1 ∶ 80。

讨论问题 8：在食物中毒调查过程中，应怎样注意采样时机？如何采样？采取哪些样本？对细菌性食物中毒，实验室要做哪些项目的检验？

(5) 调查资料的技术分析

1) 根据中毒发生经过、临床表现、可疑中毒食物等确定食物中毒病例数。

2) 根据确定病例数、可疑中毒食物的加工过程等分析该事件的可能病因。

3) 根据实验室检查结果，结果临床表现、流行病学资料、可以食物加工制作情况等进行汇总分析后，确认本次事件是由污染了肠炎沙门菌的烧鸡引起的细菌性食物中毒，中毒原因是个体食品经营者和学校食堂违反《食品安全法》第四章第三十一条：餐饮服务提供者应当制定并实施原料采购控制要求，确保所购原料符合食品安全标准。餐饮服务提供者在制作加工过程中应当检查待加工的食品及原料，发现有腐败变质或者其他感官性状异常的，不得加工或者使用。

讨论问题 9：本次食物中毒的确诊依据是什么？是否充分？

(6) 事件控制和处理

1) 封存学校食堂剩余的烧鸡并销毁。凡接触过烧鸡的工具、容器以及加工场所均进行彻底消毒处理。对病人吐泻物及其污染场所，用 20%石灰乳混合处理。

2) 经市卫生局裁定，当事者同意，按照《食品安全法》第九十六条，个体食品经营者和学校各承担病人 5600 元的损害赔偿。市食品卫生监督检验所依据《食品安全法》第八十五条，对个体食品经营者和学校各罚款 6000 元。

3) 撰写食物中毒调查专题总结报告，留作档案备查并按规定报告有关部门。

讨论问题 10：你认为本次食物中毒的调查处理是否合理？对个体食品经营者和学校的损害赔偿和罚款依据是否充分？

附表：1. 食物中毒报告登记(表 13-1)

2. 食物中毒事故个案调查登记表(表 13-2)

**表 13-1　食物中毒报告登记表**

食物中毒发生单位：　　　　　　　　　　地点：

发病时间：　　日　　时　　分　　　　进食时间：　　日　　时　　分

发病人数：　　进食人数：　　死亡人数：　　进食地点：

可疑中毒食品：1.　　　　2.　　　　3.

临床表现：

1. 恶心　2. 呕吐　(　次/天)　3. 腹痛　4. 腹泻　(　次)

5. 头痛　6. 头晕　7. 发热　(　℃)　8. 脱水

9. 抽搐　10. 青紫　11. 呼吸困难　12. 昏迷

若有腹痛，部位在：1) 上腹部　2) 脐周　3) 下腹部　4) 其他

腹痛性质：1) 绞痛　2) 阵痛　3) 隐痛　4) 其他

若有腹泻，腹泻物性状：1) 洗肉水样　2) 米泔水样　3) 糊状　4) 其他

其他症状：

治疗情况：

做好病人呕吐及腹泻物的留样

诊断：

就诊或所处地点：

治疗和用药情况：

治疗效果：

交通情况：

报告人姓名：　　　　住址：　　　　电话：

其他事项：

处理情况记录：

记录人：　　　　记录时间：　　年　　月　　日

**表 13-2　食物中毒事故个案调查登记表**

被调查人姓名：　　　　　　　　　　性别：　　　　　　　　　　年龄：

家庭住址：　　　　　　　　　　家庭电话：

工作单位：　　　　　单位地址：　　　　　单位电话：　　　　　调查地点：

调查时间：　　年　　月　　日　　时　　发病时间：　　月　　日　　时

主要体症：(在横线上打√或填写具体描述，空余项打×)

　　发热　（℃）　恶心　呕吐　次/天　腹痛　腹泻　头痛　头晕　持续时间

若有腹痛，部位在：　上腹部　　脐周　　下腹部　　其他

　　腹痛性质：绞痛　　阵痛　　隐痛　　其他

若有腹泻，腹泻　　次/天，腹泻伴随体症

腹泻物性状：洗肉水样　　米泔水样　　糊状　　其他

其他症状：脱水　　抽搐　　青紫　　呼吸困难　　昏迷

治疗情况：

1）治疗单位：

临床诊断：

用药情况(药物名称及剂量)：

2）自行服药(药物名称及剂量)：

3）未治疗：

**发病前 72 小时内摄入的食品调查**(自发病时间向前推溯 72 小时)

| 进食情况 | 当天（　月　日） | | | 昨天（　月　日） | | | 前天（　月　日） | | |
|---|---|---|---|---|---|---|---|---|---|
| | 早餐 | 午餐 | 晚餐 | 早餐 | 午餐 | 晚餐 | 早餐 | 午餐 | 晚餐 |
| 食物名称及数量 | | | | | | | | | |
| | | | | | | | | | |
| | | | | | | | | | |
| | | | | | | | | | |
| | | | | | | | | | |
| | | | | | | | | | |
| | | | | | | | | | |
| 时间 | | | | | | | | | |
| 场所 | | | | | | | | | |

其他可疑的食品：　　　进食时间：　　　进食场所：　　　进食数量：

**临床及实验室检验结果**(没有进行临床或者实验室检验的可以不填)

| 样品名称及检验项目 | 检验结果 | 意义(有、无、可疑) |
|---|---|---|
| | | |
| | | |

若实验室检验结果有意义，可疑致病因素为：

被调查人签字：　　　　调查人(2 人)签名：　　　　调查日期：　　年　　月　　日

（孙素霞）

# 第十四章　食品污染案例分析

## 第一节　德国"二噁英食品污染事件"

**【目的意义】**

通过对德国发生的"二噁英食品污染事件"案例分析，了解如何追踪调查化学污染物导致的食品污染事件，以及食品污染事件对社会、政府、公众、经济等各层面带来的不同影响。

**【案例介绍】**

2010年12月底，在一次定期抽检中，德国食品安全管理人员在一些鸡蛋中发现超标的致癌物质——二噁英。随后，相关机构对数千枚鸡蛋进行了检验，结果发现许多农场的鸡蛋都含有超标的二噁英。二噁英包括210种化合物，毒性十分大，国际癌症研究中心已将2、3、7、8-四氯代二苯并二噁英列为人类一级致癌物。二噁英常以微小的颗粒存在于空气、土壤和水中，主要产生于化工冶金、垃圾焚烧、造纸以及生产杀虫剂等过程中。鸡蛋中竟然检验出二噁英，这立即引起了德国舆论的极大关注。对这一事件的特别报道一时间充斥该国各种媒体。而一场食品安全危机也由此爆发。数万德国民众走上街头，举行大规模示威，要求政府采取措施，确保食品安全。1月22日，成千上万德国人走上柏林街头举行抗议示威。这次示威活动的组织者称，当天参加示威的人数达到了2.2万。参与示威的德国地球之友协会成员雷因希尔德·本宁说："过去几年来，我们的环境标准和畜牧标准都在放松，这危及了消费者的安全，就像现在一样，我们看到了二噁英丑闻。"

**【案例讨论】**

**1. 调查分析**　舆论的压力推动了"毒鸡蛋"的调查工作。随着调查深入，有关机构发现，鸡蛋含有超标二噁英的根源在于有问题的养鸡饲料。而通过对有毒饲料的追查，最终的焦点锁定在了石勒苏益格-荷尔施泰因州的一家饲料原料提供企业——哈勒斯和延彻公司身上。正是这家公司将受到工业原料污染的脂肪酸提供给生产饲料的企业。事实上，该公司从2010年3月就知道其生产的脂肪酸受到了二噁英污染，但是没有立即停止生产并报告给德国农业部。石勒苏益格-荷尔施泰因州农业部公布的检验结果显示，该公司生产的部分脂肪酸中二噁英的含量超过法定含量的77倍。而从2010年3月到2010年12月，这家公司把大约3000吨受到二噁英污染的脂肪酸出售给了位于德国各地的数十家饲料企业。

讨论问题1：如何开展化学性食品污染的调查？

讨论问题2：目前有哪些食品污染源溯源技术？这些技术在污染调查中有什么作用？食品污染源溯源技术在应用中可能存在哪些问题？

**2. 解决措施**　2011年1月初，哈勒斯和延彻公司被正式提出刑事指控。为了控制污染，德国政府不得不采取措施隔离了4700个养猪场和家禽饲养场，超过8000只鸡被强制宰杀。尽管如此，德国下萨克森州政府1月12日证实，在政府对相关农场实施隔离和关闭之前，已经有一些可能被污染的猪肉流入了市场，其中部分猪肉已经出口。德国农业部长艾格内尔随即要求各州政府立即回收任何可能被污染的猪肉。对二噁英污染食品的恐慌迅速蔓延。韩国、斯洛伐克等已经禁止销售从德国进口的动物产品，英国、荷兰的有关当局也开始调查含有德国鸡蛋的食品是否安全。在德国国内,消费者不断缩小购买蛋类和肉禽类食品的比例。自新闻曝出后,德国的鸡蛋、鸡肉和猪肉销量都出现了下滑,其中鸡蛋销量减少了 20%,鸡肉和猪肉销量分别减少了 10%。德国农民要求就这一事件造成的损失获得赔偿。据估计,德国农民因为这一事件遭受的损失每周高达 6000 万欧元。消费者组织施压政府,但德国农业部表示,到目前为止,还没有接到二噁英污染食品导致健康问题的报告。消费者组织要求,政府不应只是说服消费者相信这次食品事件没有重大健康威胁,更应当对动物饲料行业实施更严格的规范措施。德国消费者权益组织"食品监督"发言人格罗斯说:"每个饲料制造商都应被强制进行二噁英检测,并向政府报告结果。"此外,消费者组织也纷纷敦促修改德国食品安全法。德国消费者组织联合会发言人弗朗查克说:"我们需对食品行业建立集中控制体系,实施更严格的规范和惩罚。"

面对民众的愤怒和消费者组织的压力,德国政府做出承诺,将对食品和饲料行业实施更加严厉的规范和监控,以保障消费者的健康。1 月 10 日,德国农业和消费事务部部长艾格内尔与德国饲养业代表举行了危机会议,并对消费者的呼声作出了回应。艾格内尔承诺,作为预防措施,所有购买了受影响饲料公司产品的农场都将被隔离,无论是否被污染。在这次会议后,艾格内尔还公布了一项动物饲料和食品安全计划。这项计划要求对违法行为实施更加严厉的惩罚。艾格内尔同时表示,"我们将大幅提高安全标准,并加强监管和通报的责任,这是消费者的期望,我们将满足他们的期望。"

讨论问题 3:德国政府在此次污染事件中的举措是否完善?还有其他处理措施吗?

**3. 事件的影响** 此次事件推动食品安全法的修改,推动了相关的法律进程。德国农业和消费事务部公布的"动物饲料和食品安全计划"指出:"今天,像二噁英丑闻这样的事件已经不仅仅是地方性的了,在公共卫生和经济方面,这样的事件会产生地区性、甚至全球性影响。为此,消费者保护组织和司法等部门将一起研究调整现行法律的必要性。"新计划将对饲料生产商提出新的责任,要求他们检验饲料成分,并将检验结果送交有关部门。这一计划还呼吁实施更加严格的注册制度,并要求严格分离动物饲料原料与其他工业原料。此外,政府将研究把食品和饲料安全的相关规定列入刑法,违反者可能会承担刑事责任而非民事责任。为了保证在食品安全问题上的透明度,德国政府还计划建立一个预警系统,把二噁英检验结果纳入数据库,若发现二噁英,各级政府必须立即公之于众。

讨论问题 4:为预防此类事件再次发生,应从哪方面预防二噁英环境污染和食品污染?

讨论问题 5:如何预防各类不同的食品化学污染?可以采用哪些控制技术?

(柳春红)

## 第二节 婴幼儿奶粉三聚氰胺污染事件

**【目的意义】**

了解各类食品污染物的来源、种类、途径等;熟悉各类食品污染的预防措施;掌握食品污染案例的调查、分析和处理过程。

**【三鹿牌婴幼儿奶粉污染案例及其调查分析】**

2008 年 6 月 28 日,位于甘肃省兰州市的中国人民解放军第一医院泌尿科收到首例婴儿患有“双肾多发性结石”和“输尿管结石”的病例。截至9月8日，该院共收治14名患有同样疾病的婴儿。经各方调查发现，患儿有近似的经历，即长期食用三鹿牌婴幼儿奶粉。9月8日，甘肃媒体曝光了这一事件。9月11日，卫生部调查证实石家庄三鹿集团生产的婴幼儿配方奶粉受三聚氰胺污染，由此揭出三鹿婴幼儿奶粉违法添加三聚氰胺事件，震惊全国。9月13日，党中央、国务院对严肃处理三鹿婴幼儿配方奶粉事件做出部署，立即启动国家重大食品安全事故Ⅰ级响应，并成立应急处置领导小组案例分析。

讨论问题1：在发现三鹿牌婴幼儿奶粉中添加三聚氰胺后，国家采取什么紧急措施？开展哪些工作？

“毒奶粉”风暴越刮越猛，22家企业69批次产品被检出了含量不同的三聚氰胺。没有出厂的立即就地封存，不得出厂；已经进入流通领域的，立即下架、封存；已经售出的全部召回。要采取措施确保所有问题奶粉不再流入市场，对出现问题的，要查明原因，查清责任，依法严肃处理。凡购买了这69批次有问题奶粉的，可以向经营者和生产者要求换货或退货。国家工商总局对此已下发了紧急通知。

讨论问题2：有问题的69批次婴幼儿奶粉如何处理？

截至2008年12月2日，全国因三鹿牌婴幼儿奶粉事件累计筛查婴幼儿2210.1万次，累计报告因食用三鹿牌奶粉和其他问题奶粉导致泌尿系统出现异常的患儿29.4万人；累计住院患儿52019人，累计收治重症患儿154人。婴幼儿食用三鹿牌婴幼儿奶粉3至6个月，特别是出现不明原因的哭闹、呕吐、发热、尿液混浊、血尿、少尿或无尿等症状，应立即就近到医疗机构筛查就诊。食用含有三聚氰胺的其他品牌婴幼儿奶粉，只有出现上述症状时，才需要立即到医院筛查就诊。

讨论问题3：对食用问题奶粉的婴幼儿采取哪些措施？

卫生部下发患儿诊疗方案，并对各地医务人员进行培训。同时国家制定免费诊疗政策，内容包括：一是对患儿实行免费诊治，所需费用由接诊医疗机构先行垫付，保证患儿得到及时诊治。二是医疗机构垫付确有困难的，可由同级财政垫付。三是事故责任查明后，医疗救治费用由相关责任主体按法律法规赔偿。四是对于医疗卫生机构开展医疗救治所需必要设备购置等费用，同级财政要安排资金保障，确有困难的中央财政予以适当支持。

讨论问题4：国家在患儿医疗救治方面采取了哪些措施？

三鹿牌奶粉属国家免检产品。2001年12月4日，国家质检总局颁发新《产品免于质量监督检查管理办法》，第二条规定：“国家质量技术监督局对符合本办法规定条件产品实行免于政府部门实施的质量监督检查(以下简称免检)制度。”这里包含两层含义：一是某家企业某种产品获得免检资格后，免检有效期内，国家、省(市)县各级政府均不得对其进行质量监督检查；二是无论是在生产领域，还是在流通领域，也均不得对其进行质量监督检查。

讨论问题5：为何相关检验部门直到婴幼儿出现相关疾病后才查出三鹿牌婴幼儿奶粉添加三聚氰胺？

三鹿牌婴幼儿奶粉污染事件是一起重大食品安全事故。共21名犯罪嫌疑人分别“以危险方法危害公共安全罪”和“生产、销售有毒、有害食品罪”受审。其中以生产、销售伪劣产品罪判处田文华无期徒刑，原三鹿高管王玉良、杭志奇、吴聚生分别被判处有期徒刑15年、8年和5年。

讨论问题6：该事件是什么性质的食品安全事故，相关责任人应如何承担法律责任？

（孙素霞）

# 第十五章　食品安全监管相关案例分析

## 第一节　食品安全法相关案例分析

**【目的意义】**

熟悉并掌握《中华人民共和国食品安全法》有关内容。

**【案例介绍】**

**案例1**　2009年某月，某县接连发生饮用散装白酒导致人员伤亡事件，造成4人死亡，19人入院救治。通过调查了解，假酒来自该县某镇一个酒水批发部，店老板叫王某某。他承认，为了赚钱，这批酒是他用甲醇勾兑的。调查发现，由于价格便宜，散装白酒在当地有相当大的市场，该县几乎每个村都有造酒小作坊，这些家庭式作坊非常简陋，有的甚至没有执照。警方调查发现，王某某此次共勾兑假酒6500公斤，已经销售3000多公斤。

事件发生后，省、市政府非常重视，该县迅速启动食品卫生应急预案三级响应，一方面通过广播、电视、手机短信发布信息，对散装白酒一律实行就地封存、临时禁售，一方面全力追缴已经流入市场的3000多公斤假酒。经过努力，事态得到控制，没有新增死亡和病例发生。流入市场的假酒绝大多数也已追回，当地有关部门已核实未销出库的问题假酒为2966公斤，追回已销售假酒3360多公斤，还有近170公斤尚在追缴中，入院治疗者绝大部分已经出院。

事后，该县公安局以涉嫌生产销售有毒有害食品罪，对生产销售散装白酒致4人死亡、数十人中毒的王某某等3名犯罪嫌疑人进行刑事拘留。王某某交代，他从某市一家日化商店购进工业酒精3740公斤，直接勾兑假酒6500公斤，售出3500多公斤，主要销往乡镇农村。初步化验表明，这批假酒甲醇含量超标500倍，但其不法行为从未被监管部门发现。

当地有关部门承认，此次事件暴露出了一些管理漏洞，表示要采取新的办法和措施，避免再发生类似事件。该县假酒事件发生后，湖北省酒类专卖管理局也发出紧急通知，要求加强酒类流通管理，对散装白酒进行一次彻底的清理和排查。

讨论问题：

(1) 该假酒案件违反了我国食品安全法哪些内容？

(2) 如何加强我国食品生产加工小作坊食品安全管理？县级以上地方人民政府在食品生产加工小作坊管理方面应承担什么样的责任？

(3) 根据《中华人民共和国食品安全法》第八章 食品安全法律责任的相关内容，王某某等3名犯罪嫌疑人应承担哪些法律责任？是否应追究其刑事责任？

**案例2**　2006年某月，某市工商执法人员在一家小商品市场查获了一批劣质奶瓶。执法人员发现标称为“××宝”的奶瓶看起来发黄、有杂质，而且是块状的，有气泡。更严重的是，有关部门从奶瓶中竟然检测出了有害化学物质——酚，是标准值的近两倍。

酚是公认的有毒化学物质，一旦被人吸收就会蓄积在各脏器组织内，很难排出体外，当体内的酚达到一定量时就会破坏肝细胞和肾细胞，造成慢性中毒，使人出现不同程度的头昏、头痛、皮疹、精神不安、腹泻等症状。酚对孩子的危害很大，由于孩子的解毒能力比成人低，如果小量多次接触这种毒物，可能产生积蓄，慢慢中毒，从而影响到孩子的生长发育和身体功能，同时对这个孩子到了青少年期，以至于到了成人期，甚至于到了老年期都会受到损伤和影响。因此《化学试剂目录手册》中特别强调，“酚接触皮肤或吞入时有毒，应防止儿童接近”。我国对包括奶瓶在内的食用器皿中酚的含量作了严格的限制，规定奶瓶在蒸馏水中浸泡 6 小时后，1 L 溶液中酚的含量不得高于 0.05mg。

既然酚有毒不宜儿童接触，奶瓶中的酚超标又是怎么造成的呢？调查发现该市有相当一部分奶瓶生产企业所用的原料几乎都是回收塑料。由于有杂质，所以奶瓶发黄、有气泡和污点。调查发现，该邻近市的一些塑料加工厂将回收来的光盘，粉碎后用硫酸进行“漂白”，经过“挑拣”后装进白砂糖的袋子成为“回料”，这些“回料”被卖到该市的一些“奶瓶厂”用来生产婴儿“奶瓶”。尽管厂家心知肚明国家严禁使用“回收塑料”和工业级的塑料生产奶瓶，但是使用“回料”能够节省成本，一年能带来至少几百万元的利润。通过调查，该市生产的塑料奶瓶主要销往邻近的十几个省市，目前有关部门已经开始追查有毒奶瓶的流向，并将对违规生产企业进行查处。

讨论问题：

(1) 该市的部分奶瓶生产企业用旧光盘废塑料生产奶瓶事件违反了《中华人民共和国食品安全法》哪些规定？

(2) 该事件中相关职能部门应承担哪些监管责任？

(3) 根据《中华人民共和国食品安全法》第八章 食品安全法律责任体系相关内容，对违规生产企业应进行哪些处罚？

（邓　红）

# 第二节　食品风险评估案例分析

**【目的意义】**

了解食品安全风险评估的意义。

掌握食品安全风险评估概念、方法和相关法律法规。

**【案例介绍】**

2006 年 11 月 12 日——央视播报了北京市个别市场和经销企业售卖来自河北石家庄等地用添加苏丹红的饲料喂鸭所生产的“红心鸭蛋”，并在该批鸭蛋中检测出苏丹红。15 日，卫生部下发通知，要求各地紧急查处红心鸭蛋。北京、广州、河北等地相继停售“红心鸭蛋”。

苏丹红学名苏丹，偶氮系列化工合成染色剂，主要应用于油彩、汽油等产品的染色。共分为Ⅰ、Ⅱ、Ⅲ、Ⅳ号，都是工业染料。比起苏丹红Ⅰ号，苏丹红Ⅳ号不但颜色更加红艳，毒性也更大。国际癌症研究机构将苏丹红Ⅳ号列为三类致癌物，其初级代谢产物“磷氨基偶氮甲苯”和“磷甲基苯胺”均列为二类致癌物，食用后可能致癌。苏丹红具有致突变性和致癌性，我国禁止使用于食品。

2006 年 11 月 14 日——北京市政府食品安全办公室于当天下午公布了北京市场“红心鸭蛋”检测结果，其中 6 个“红心鸭蛋”样本被检出苏丹红，含量从 0.041ppm（毫克/千克，百万分之一）到7.18ppm。有关方面已对检测确认含有苏丹红的咸鸭蛋生产企业立案调查，并监督销售单位采取召回措施，对不合格产品实施销毁。北京共暂扣红心鸭蛋1158.7kg。

到14日17时，河北省集中对平山、井陉两个重点养鸭县进行检查，通过逐户排查，共发现可疑鸭场7个、存栏鸭9000只，查封可疑饲料800kg、可疑鲜鸭蛋510kg、咸鸭蛋70kg。在对安新县68家禽蛋制品加工企业排查过程中，初步发现有3家企业产品可疑。

2006年11月15日——继大连市于11月15日发现标称江苏泰州市第二食品加工厂生产的"梅香"牌咸鸭蛋含有苏丹红Ⅳ号后，相关负责部门依据相关线索，对该品牌的蛋类制品进行了跟踪清理检查。累计查扣"梅香"系列蛋制品28506个。

2006年11月16日——广州当日起全城禁售"红心鸭蛋"。相关负责部门15日发出禁令，从16日开始，全市禁止向消费者出售红心鸭蛋。不管是在批发零售市场还是餐饮市场，一律禁止销售。

"红心鸭蛋"事件查实石家庄市有7个鸭场（养鸭户）在饲料中添加苏丹红，并对所有涉红饲料、鸭、鸭蛋等进行了焚烧、深埋、消毒和无害化处理。排查保定安新县、涿州市禽蛋加工企业145家，采样送检54个批次。结果显示，7家企业8个批次的产品涉嫌含有苏丹红，按照法定程序查处了加工点，查获并没收了问题鸭蛋。石家庄市政府责令负有领导责任的井陉、平山两县政府写出检查，责令安新县质监局做出检查，取消2006年的评优资格，并在质监系统内通报批评。

讨论问题：

(1) 请分析总结"红心鸭蛋"事件发生的可能原因。

(2) 请讨论并提出预防此类事件发生的措施。

(3) 什么是食品安全风险评估？

(4) 食品安全风险评估的基本框架是什么？

(5) 我国食品安全法对食品安全风险评估的规定如何？

(6) 国家建立食品安全风险评估制度的意义何在？

(7) 能进行食品安全风险评估的主体有哪些？

(8) 食品安全风险评估后发现食品不安全应如何处理？

（查龙应）

## 第三节　食品企业危机管理案例分析

### 【目的意义】

了解食品企业危机管理的含义和特征。

掌握食品企业危机管理的禁忌、原则和常用解决方法。

### 【案例介绍】

2005年6月6日，河南电视台经济生活频道披露了光明乳业郑州子公司——郑州光明山盟乳业有限公司将未经任何消毒措施的过期牛奶重新回炉加工，投放市场的消息。随后，这一消息被各大媒体争相转载，光明开始面对公众的信任危机。

在节目播出第二天，光明乳业的董事长王佳芬就接受了《每日经济新闻》就“光明被指加工回奶事件”的专访。在采访中，王佳芬董事长对光明郑州子公司涉嫌加工回奶事件矢口否认，并指国内的乳业生产企业都拥有回奶罐。随后，光明特别发布告消费者书，声明郑州光明山盟乳业有限公司仅存在管理漏洞，并未生产回奶。

6 月 9 日，浙江省质量技术监督局对光明乳业在杭州唯一的特约生产厂商进行了突击检查。在检查中发现，该厂在生产日期标注等方面存在很大问题。检查人员发现，该厂所生产的光明系列奶都是提前一到四天不等标注生产日期，品种涉及光明盒装等所有系列。短短三天内，接连两起负面事件被曝光，两种针对消费者的不同欺诈行为让公众的耐心达到了极限。光明在北京、重庆、广东、山东等地的销量直线下降，在回炉奶事发地郑州，光明更是失去了 90%的市场。6 月 13 日，光明牛奶长春供货商在超市中对光明牛奶违规加贴 QS(quality safety)认证标签一事再度被媒体曝光，导致光明牛奶在部门卖场撤架和光明在长春最大的经销商辞职。

面对危机，6 月 23 日，光明乳业在其网站上挂出《光明乳业诚致广大消费者》书，首次就郑州事件向消费者表示道歉，同时表示将停止郑州子公司的生产。但是，光明在“致消费者书”中再次重申未发现“从市场上回收牛奶再利用生产”的问题，并且否认了公司存在“早产奶”事件。光明试图说服消费者“你们在媒体上看到的不是真的”。这个错误使光明错过了与消费者坦诚沟通的机会，也使光明错过了暑假这个牛奶销售的旺季。在 8 月份，光明乳业山盟公司恢复生产后，其市场份额只有原来的一成。

讨论问题：

(1) 何为食品企业危机管理？有何特征？

(2) 食品企业危机管理通常有哪些原则？

(3) 危机管理的禁忌有哪些？该公司处理此次食品危机事件的做法有哪些不妥之处？

(4) 解决食品企业危机的常用方法有哪些？如果你是光明乳业公司的管理者，你将会如何处理此次食品危机事件？

（查龙应）

# 第五部分　现场参观实习

## 第十六章　生猪屠宰场参观实习

### 第一节　概　　述

猪肉是我国绝大多数居民的主要肉品来源，已成为普通老百姓的基础消费品。中国是养猪和猪肉生产第一大国，2009 年全国生猪出栏 6.52 亿头，占世界出栏商品猪的 48.82%，猪肉产量 4890.5 万吨，占世界猪肉总量的 46.86%。作为传统的刚性消费行业，生猪的养殖、屠宰、加工、消费不仅仅是衡量一个国家文明程度和人民生活质量的重要标志，同时也在中国农业经济和进出口贸易中占有举足轻重的作用，生猪养殖、屠宰业的稳定发展直接影响到国家方针策略的制定。

生猪屠宰是指将符合质量标准的肉用生猪初加工成安全卫生猪肉的过程，即击晕、刺杀放血、烫毛、刮毛或剥皮、去内脏、胴体整理、劈半、冲洗、检疫等一系列处理过程。屠宰环节在很大程度上决定猪肉的质量，因为屠宰前的检疫和屠宰后的肉品品质检验能够保证猪肉健康，防止染病猪肉流入市场。生猪屠宰是我国实行严格市场准入的行业之一，承担着服务"三农"、满足居民猪肉消费需求、保障肉品卫生和质量安全的产业功能和社会责任。

1998 年我国颁布实施了《生猪屠宰管理条例》，该条例禁止任何单位和个人未经许可从事生猪屠宰活动（农村地区个人自宰自食的除外）。同时，该条例对生猪屠宰的检疫及其监督等诸方面都作出规定。并且，对销售、使用非生猪定点屠宰厂（场）屠宰的生猪产品、未经肉品品质检验或者经肉品品质检验不合格的生猪产品，以及注水或者注入其他物质的生猪产品的，由工商、卫生、质检部门，依据各自职责给以处罚。

《生猪屠宰管理条例》的实施标志着我国生猪屠宰行业已进入依法管理的新阶段，极大提高了猪肉卫生和质量安全，随着生猪定点屠宰制度的落实，私屠滥宰现象得到有效遏制，食用猪肉引起的食品安全事件明显减少。

目前，我国的生猪屠宰加工企业主要有三类：一是纳入国家统计局统计范围的规模以上（特指年销售额 500 万元以上）的企业，这些企业一般都是机械化、现代化的屠宰加工厂。2008 年全国规模以上定点屠宰企业有 2205 家，约占全国定点屠宰企业总数的 10%，年屠宰量已占全部定点屠宰量的 68%。如双汇、雨润、金锣等全国性知名品牌，以及四川高金、顺鑫农业、河南众品、新希望、天津宝迪等区域品牌。二是由县以上各级政府批准的畜禽定点屠宰企业，据商务部统计约 30000 多家，其中工厂化屠宰率仅占上市成交量的 25%左右，目前主要还是半机械化屠宰和手工屠宰。三是农民自宰自食和非法屠宰加工，这类屠宰加工数量上超过肉类总产量的 40%。

虽然我国生猪屠宰行业管理法规和标准体系逐步得到完善，行业技术水平进一步提高，但总体而言，我国的生猪屠宰行业仍存在屠宰操作规范和检验检疫制度未完全落实、产能过剩、行业布局和结构不合理、产业集中度偏低、产品形态同质化、忽视品牌建设、行业恶性竞争严重等突出问题。如2008年的统计数据表明，全国生猪屠宰量为6.3亿头，龙头企业屠宰集中度不足10%，而美国生猪屠宰场仅900家，年产猪肉1000多万吨，前15家大型屠宰场产量占全国95%，猪肉加工4强企业占全国加工能力的50%以上。荷兰猪肉加工3强企业的加工能力占全国的74%，丹麦最大猪肉加工企业的加工能力占全国的80%。

2008年8月1日，我国颁布施行了新的《生猪屠宰管理条例》，从五个方面进一步规范了生猪定点屠宰管理工作。一是完善生猪定点屠宰厂(场)设置规划制度。二是适当上收审查确定生猪定点屠宰厂(场)的权限，将生猪定点屠宰厂(场)由原条例规定的"市县人民政府"修改为"设区的市级人民政府"。三是增加生猪定点屠宰厂(场)名单公布和备案制度。四是明确生猪定点屠宰厂(场)的退出机制，规定对定点屠宰厂(场)不再具备本条例规定条件的，应责令其限期整改，逾期达不到规定条件的，取消其生猪定点屠宰厂(场)资格。五是实行国家推行定点屠宰厂(场)分级管理制度，规定国家根据生猪定点屠宰厂(场)的规模、生产和技术以及质量安全管理状况，推行生猪定点屠宰厂(场)分级管理制度。

我国经济社会发展进入了新的阶段，生猪养殖方式、居民消费结构发生了积极变化，交通运输状况得到极大改观，同时资源节约、环境保护的压力越来越大，全社会对猪肉卫生和质量安全的关切也越来越高，《食品安全法》也对食品安全工作提出了更高的要求。面对新形势，商务部于2009年制定了《全国生猪屠宰行业发展规划纲要(2010-2015)》，这更有利于加强对生猪屠宰行业发展的规划指导，优化行业布局，提升管理水平，促进资源合理配置，切实保障肉品质量安全。

## 第二节 参观实习

### 【实验目的】

猪肉是常见的肉食品，是我国居民买肉时的首选，其安全问题一直备受关注。我国对生猪实行定点屠宰，集中检疫，由动物防疫监督机构实施屠宰检疫。加强生猪屠宰管理是保证生猪产品质量安全，保障人民身体健康的大事。

本实习通过参观规范化屠宰企业，在企业讲解员的讲解和指导下，了解生产加工工序，感受不同岗位工人将流水线上的整猪逐渐变成可供应到市场的成品的全过程，重点掌握生猪屠宰过程的工艺流程和检验检疫规程，并思考如何全程监管做好猪肉的安全保障。

### 【生猪屠宰加工工艺流程】

生猪屠宰加工工艺流程参见图16-1。

### 【生猪屠宰加工工艺】

**1. 待宰圈管理**

(1) 活猪进屠宰厂的待宰圈后，在卸车前必须索取产地动物防疫监督机构开具的合格证明，并临车仔细观察，如未见异常，证货相符后准予卸车。

(2) 卸车后，检疫人员必须逐头观察活猪的健康状况，按检查的结果进行分圈、编号，合格健康的生猪赶入待宰圈休息；可疑病猪赶入隔离圈，继续观察；病猪和伤残猪送急宰间处理。

(3) 对检出的可疑病猪，经过饮水和充分休息后，恢复正常的可以赶入待宰圈；症状仍不见缓解的，送往急宰间处理。

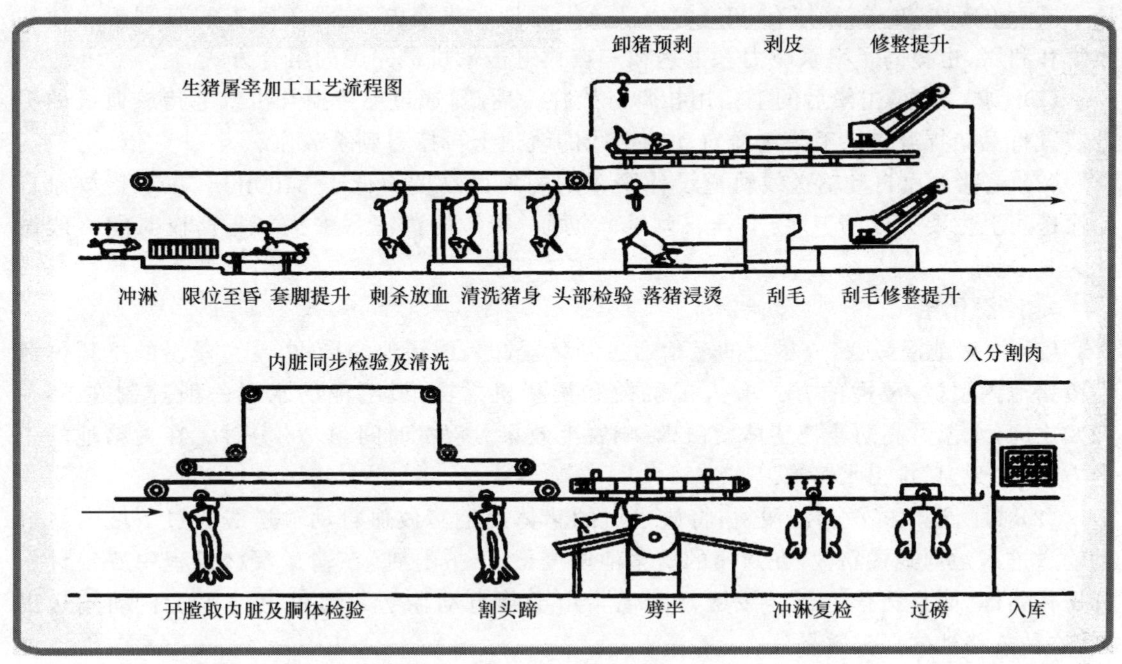


图 16 1　生猪屠宰加工工艺流程图

(4) 待宰的生猪送宰前应停食静养 12～24 小时，以便消除运输途中的疲劳，恢复正常的生理状态，在静养期间检疫人员要定时观察，发现可疑病猪送隔离圈观察，确定有病的猪送急宰间处理，健康的生猪在屠宰前 3 小时停止饮水。

(5) 生猪进屠宰车间之前，首先要进行淋浴，洗掉猪体上的污垢和微生物，同时也便于击晕，淋浴时要控制水压，不要过急以免造成猪过度紧张。

(6) 淋浴后的生猪通过赶猪道赶入屠宰车间，赶猪道一般设计为"八"型，开始赶猪道可供 2～4 头猪并排前进，逐渐只能供一头猪前进，并使猪体不能调头往回走，此时赶猪道宽度设计为 380～400mm。

**2. 击晕**

(1) 击晕是生猪屠宰过程中的一重要环节，采用瞬间击晕的目的是使生猪暂时失去知觉，处于昏迷状态，以便刺杀放血，确保刺杀操作工的安全，减少劳动强度，提高劳动生产效率，保持屠宰厂周围环境的安静，同时也提高了肉品的质量。

(2) 手麻电器是目前小型屠宰厂的常用麻电设备，这种麻电设备在使用前，操作工必须穿戴绝缘的长筒胶鞋和橡皮手套，以免触电，在麻电前应将麻电器的两个电极先后浸入浓度为 5%的盐水，提高导电性能，麻电电压：70～90V，麻电时间：1～3 秒钟。

(3) 三点式自动电击晕机是目前最先进的一种麻电设备，活猪通过赶猪道进入麻电机的输送装置，托着猪的腹部四蹄悬空经过 1～2 分钟的输送，消除猪的紧张状态，在猪不紧张的情况下瞬间脑、心麻电，击晕时间：1～3 秒种，击晕电压：150～300V，击晕电流：1～3A，击晕频率：800Hz。这种击晕方式没有血斑，没有骨折，延缓 pII 的下降，大人改善了猪肉的品质，同时也改善了动物福利。

**3. 刺杀放血**

(1) 卧式放血：击晕后的毛猪通过滑槽滑入卧式放血平板输送机上持刀刺杀放血，通过

1～2 分钟的沥血输送，猪体有 90%的血液流入血液收集槽内，这种屠宰方式有利于血液的收集和利用，也提高了宰杀能力。也是和三点式电击晕机最完美的组合方式。

(2) 倒立放血：击晕后的毛猪用扣脚链拴住一后腿，通过毛猪提升机或毛猪放血线的提升装置将毛猪提升进入毛猪放血自动输送线的轨道上再持刀刺杀放血。

(3) 毛猪放血自动输送线轨道设计距车间的地面高度不低于 3400min，在毛猪放血自动输送线上主要完成的工序：上挂、(刺杀)、沥血、猪体的清洗、(去头)等，沥血时间一般设计为 5 分钟。

**4. 浸烫刨毛**

(1) 烫猪池浸烫：将放尽血的毛猪通过卸猪器卸入烫猪池的接收台上，慢慢的把猪体滑入烫猪池内浸烫，浸烫的方式有人工翻烫和烫猪机摇烫，烫毛池的水温一般控制在 58～62℃之间，水温过高防止把猪体烫白，影响脱毛效果。浸烫时间：4～6 分钟。在烫猪池的正上方设计“天窗”排出水蒸汽。

(2) 封闭运河式烫猪池浸烫：将放尽血的猪体由毛猪放血自动输送线通过下坡弯轨自动输送进入运河式烫猪池，在封闭的烫猪池内浸烫 4～6 分钟，在输送浸烫过程中要设计压杆压住猪体，防止猪体上浮。浸烫好的毛猪由毛猪自动输送线通过上坡弯轨自动输送出来，这种烫猪池的保温效果好。

(3) 隧道式蒸汽烫毛系统：将放尽血的毛猪悬挂在毛猪放血自动输送线上进入隧道烫毛，这种烫毛方式大大降低了工人的劳动强度，提高了工作效率，实现毛猪烫毛的机械化操作，同时避免了猪体间交叉感染的弊端，使肉质更加卫生。这种烫毛方式是目前最先进、最理想的烫毛形式。

(4) 卧式刨毛：这种刨毛方式主要采用 100 型刨毛机、200 型机械(液压)刨毛机、300 型机械(液压)刨毛机，用捞耙把浸烫好的毛猪从烫猪池内捞出自动进入刨毛机内，通过大滚筒的翻滚和软刨爪的刮毛把猪体的猪毛刨净，然后在将刨好的猪体放出来进入修刮输送机或清水池内修刮。

(5) 螺旋自动刨毛：这种形式的刨毛和运河烫、隧道式蒸汽烫配套使用，浸烫好的毛猪从放血自动输送线上通过卸猪器卸下进入刨毛机内，通过软刨爪的刮毛和螺旋推进的方式将刨毛后的猪体从刨毛机的另一端推出来，进入修刮输送机上进行修刮。

**5. 机械剥皮**

(1) 毛猪在放血自动输送线上去头后，通过卸猪器卸下进入预剥输送机上，在预剥输送机上进行去前蹄、去后蹄和预剥皮等作业。

(2) 把预剥后的猪输送到剥皮工位，用剥皮机的夹皮装置夹住猪皮通过机械剥皮机的滚筒旋转将猪体的整张猪皮剥下，剥下的猪皮自动输送或用皮张车运输到皮张暂存间。

**6. 胴体加工**

(1) 胴体加工工位：胴体修割、封直肠、去生殖器、剖腹折胸骨、去白内脏、旋毛虫检验、预摘红内脏、去红内脏、劈半、检验、去板油等，都是在胴体自动加工输送线上完成的，胴体线的轨道设计距车间地面的高度不低于 2400mm。

(2) 刨毛或剥皮后的胴体用胴体提升机提升到胴体自动输送线的轨道上，刨毛猪需要燎毛、刷白清洗；剥皮猪需要胴体修割。

(3) 打开猪的胸腔后，从猪的胸膛内取下白内脏，即肠、肚。把取出的白内脏放入白内脏检疫输送机的托盘内待检验。

(4) 取出红内脏，即心、肝、肺。把取出的红内脏挂在红内脏同步检疫输送机的挂钩上待检验。

(5) 用带式劈半锯或桥式劈半锯沿猪的脊椎把猪平均分成两半，桥式劈半锯的正上方应安装立式加快机。小型屠宰厂劈半使用往复式劈半锯。

(6) 刨毛猪在胴体劈半后，去前蹄、去后蹄和猪尾，取下的猪蹄和尾用小车运输到加工间内处理。

(7) 摘猪腰子和去板油，取下的腰子和板油用小车运输到加工间内处理。

(8) 把猪的白条进行修整，修整后进入轨道电子秤进行白条的称重。根据称重的结果进行分级盖章。

**7. 同步卫检**

(1) 猪胴体、白内脏、红内脏通过检疫输送机同步输送到检验区采样检验。

(2) 检验不合格的可疑病胴体，通过道岔进入可疑病胴体轨道，进行复检，确定有病的胴体进入病体轨道线，取下有病胴体放入封闭的车内拉出屠宰车间处理。

(3) 检验不合格的白内脏，从检疫输送机的托盘内取出，放入封闭的车内拉出屠宰车间处理。

(4) 检验不合格的红内脏，从检疫输送机的挂钩上取下来，放入封闭的车内拉出屠宰车间处理。

(5) 红内脏同步检疫输送机的挂钩和白内脏检疫输送机的托盘自动通过冷-热-冷水的清洗和消毒。

**8. 副产品加工**

(1) 合格的白内脏通过白内脏滑槽进入白内脏加工间，将肚和肠内的胃容物倒入风送罐内，充入压缩空气将胃容物通过风送管道输送到屠宰车间外约 50 米处，猪肚有洗猪肚机进行烫洗。将清洗后的肠、肚整理包装入冷藏库或保鲜库。

(2) 合格的红内脏通过红内脏滑槽进入红内脏加工间，将心、肝、肺清洗后，整理包装入冷藏库或保鲜库。

**9. 白条排酸**

(1) 将修割、冲洗后的白条进排酸间进行“排酸”，这是猪肉冷分割工艺的一重要环节。

(2) 为了缩短白条肉排酸时间，白条在进排酸间之前设计白条的快冷工艺，快冷间的温度设计为－20℃，快冷时间设计为 90 分钟。

(3) 排酸间的温度：0～4℃，排酸时间不超过 16 小时。

(4) 排酸轨道设计距排酸间地坪高度不底于 2400mm，轨道间距：800mm，排酸间每米轨道可挂 3 头猪的白条。

**10. 分割包装**

(1) 将排酸后的白条通过卸肉机从轨道上卸下来，用分段锯把每片猪肉分成 3～4 段，用输送机自动传送到分割人员的工位，再由分割人员分割成各个部位肉。

(2) 分割好的部位肉真空包装后，放入冷冻盘内用凉肉架车推到结冻库(－30℃)结冻或到成品冷却间(0～4℃)保鲜。

(3) 将结冻好的产品托盘后装箱，进冷藏库(－18 ℃)储存。

(4) 剔骨分割间温控：－15℃～10℃，包装间温控：10℃以下。

## 【生猪屠宰检疫规程】

**1. 适用范围** 本规程规定了生猪进入屠宰场(厂、点)监督查验、检疫申报、宰前检查、同步检疫、检疫结果处理以及检疫记录等操作程序。本规程适用于中华人民共和国境内生猪的屠宰检疫。

**2. 检疫对象** 口蹄疫、猪瘟、高致病性猪蓝耳病、炭疽、猪丹毒、猪肺疫、猪副伤寒、猪Ⅱ型链球菌病、猪支原体肺炎、副猪嗜血杆菌病、丝虫病、猪囊尾蚴病、旋毛虫病。

**3. 检疫合格标准**

(1) 入场(厂、点)时,具备有效的《动物检疫合格证明》,畜禽标识符合国家规定。

(2) 无规定的传染病和寄生虫病。

(3) 需要进行实验室疫病检测的,检测结果合格。

(4) 履行本规程规定的检疫程序,检疫结果符合规定。

**4. 入场(厂、点)监督查验**

(1) 查证验物:查验入场(厂、点)生猪的《动物检疫合格证明》和佩戴的畜禽标识。

(2) 询问:了解生猪运输途中有关情况。

(3) 临床检查:检查生猪群体的精神状况、外貌、呼吸状态及排泄物状态等情况。

(4) 结果处理

1) 合格:《动物检疫合格证明》有效、证物相符、畜禽标识符合要求、临床检查健康,方可入场,并回收《动物检疫合格证明》。场(厂、点)方须按产地分类将生猪送入待宰圈,不同货主、不同批次的生猪不得混群。

2) 不合格:不符合条件的,按国家有关规定处理。

(5) 消毒:监督货主在卸载后对运输工具及相关物品等进行消毒。

**5. 检疫申报**

(1) 申报受理:场(厂、点)方应在屠宰前 6 小时申报检疫,填写检疫申报单。官方兽医接到检疫申报后,根据相关情况决定是否予以受理。受理的,应当及时实施宰前检查;不予受理的,应说明理由。

(2) 受理方式:现场申报。

**6. 宰前检查**

(1) 屠宰前 2 小时内,官方兽医应按照《生猪产地检疫规程》中“临床检查”部分实施检查。

(2) 结果处理

1) 合格的,准予屠宰。

2) 不合格的,按以下规定处理。

A. 发现有口蹄疫、猪瘟、高致病性猪蓝耳病、炭疽等疫病症状的,限制移动,并按照《中华人民共和国动物防疫法》、《重大动物疫情应急条例》、《动物疫情报告管理办法》和《病害动物和病害动物产品生物安全处理规程》(GB16548)等有关规定处理。

B. 发现有猪丹毒、猪肺疫、猪Ⅱ型链球菌病、猪支原体肺炎、副猪嗜血杆菌病、猪副伤寒等疫病症状的,患病猪按国家有关规定处理,同群猪隔离观察,确认无异常的,准予屠宰;隔离期间出现异常的,按《病害动物和病害动物产品生物安全处理规程》(GB16548)等有关规定处理。

C. 怀疑患有本规程规定疫病及临床检查发现其他异常情况的,按相应疫病防治技术规范进行实验室检测，并出具检测报告。实验室检测须由省级动物卫生监督机构指定的具有资质的实验室承担。

D. 发现患有本规程规定以外疫病的，隔离观察，确认无异常的，准予屠宰；隔离期间出现异常的，按《病害动物和病害动物产品生物安全处理规程》(GB16548)等有关规定处理。

E. 确认为无碍于肉食安全且濒临死亡的生猪，视情况进行急宰。

3) 监督场(厂、点)方对处理患病生猪的待宰圈、急宰间以及隔离圈等进行消毒。

**7. 同步检疫**　与屠宰操作相对应，对同一头猪的头、蹄、内脏、胴体等统一编号进行检疫。

(1) 头蹄及体表检查

1) 视检体表的完整性、颜色，检查有无本规程规定疫病引起的皮肤病变、关节肿大等。

2) 观察吻突、齿龈和蹄部有无水疱、溃疡、烂斑等。

3) 放血后退毛前，沿放血孔纵向切开下颌区，直到颌骨高峰区，剖开两侧下颌淋巴结，视检有无肿大、坏死灶(紫、黑、灰、黄)，切面是否呈砖红色，周围有无水肿、胶样浸润等。

4) 剖检两侧咬肌，充分暴露剖面，检查有无猪囊尾蚴。

(2) 内脏检查：取出内脏前，观察胸腔、腹腔有无积液、粘连、纤维素性渗出物。检查脾脏、肠系膜淋巴结有无肠炭疽。取出内脏后，检查心脏、肺脏、肝脏、脾脏、胃肠、支气管淋巴结、肝门淋巴结等。

1) 心脏：视检心包，切开心包膜，检查有无变性、心包积液、渗出、淤血、出血、坏死等症状。在与左纵沟平行的心脏后缘房室分界处纵剖心脏，检查心内膜、心肌、血液凝固状态、二尖瓣及有无虎斑心、菜花样赘生物、寄生虫等。

2) 肺脏：视检肺脏形状、大小、色泽，触检弹性，检查肺实质有无坏死、萎陷、气肿、水肿、淤血、脓肿、实变、结节、纤维素性渗出物等。剖开一侧支气管淋巴结，检查有无出血、淤血、肿胀、坏死等。必要时剖检气管、支气管。

3) 肝脏：视检肝脏形状、大小、色泽，触检弹性，观察有无淤血、肿胀、变性、黄染、坏死、硬化、肿物、结节、纤维素性渗出物、寄生虫等病变。剖开肝门淋巴结，检查有无出血、淤血、肿胀、坏死等。必要时剖检胆管。

4) 脾脏：视检形状、大小、色泽，触检弹性，检查有无肿胀、淤血、坏死灶、边缘出血性梗死、被膜隆起及粘连等。必要时剖检脾实质。

5) 胃和肠：视检胃肠浆膜，观察大小、色泽、质地，检查有无淤血、出血、坏死、胶冻样渗出物和粘连。对肠系膜淋巴结做长度不少于 20cm 的弧形切口，检查有无淤血、出血、坏死、溃疡等病变。必要时剖检胃肠，检查黏膜有无淤血、出血、水肿、坏死、溃疡。

(3) 胴体检查

1) 整体检查：检查皮肤、皮下组织、脂肪、肌肉、淋巴结、骨骼以及胸腔、腹腔浆膜有无淤血、出血、疹块、黄染、脓肿和其他异常等。

2) 淋巴结检查：剖开腹部底壁皮下、后肢内侧、腹股沟皮下环附近的两侧腹股沟浅淋巴结，检查有无淤血、水肿、出血、坏死、增生等病变。必要时剖检腹股沟深淋巴结、髂下淋巴结及髂内淋巴结。

3) 腰肌：沿荐椎与腰椎结合部两侧肌纤维方向切开 10cm 左右切口，检查有无猪囊尾蚴。

4) 肾脏：剥离两侧肾被膜，视检肾脏形状、大小、色泽，触检质地，观察有无贫血、出血、淤血、肿胀等病变。必要时纵向剖检肾脏，检查切面皮质部有无颜色变化、出血及隆起等。

(4) 旋毛虫检查：取左右膈脚各 30g 左右，与胴体编号一致，撕去肌膜，感官检查后镜检。

(5) 复检：官方兽医对上述检疫情况进行复查，综合判定检疫结果。

(6) 结果处理

1) 合格的，由官方兽医出具《动物检疫合格证明》，加盖检疫验讫印章，对分割包装的肉品加施检疫标志。

2) 不合格的，由官方兽医出具《动物检疫处理通知单》，并按以下规定处理。

A. 发现患有本规程规定疫病的，按有关规定处理。

B. 发现患有本规程规定以外疫病的，监督场(厂、点)方对病猪胴体及副产品按《病害动物和病害动物产品生物安全处理规程》(GB16548)处理，对污染的场所、器具等按规定实施消毒，并做好《生物安全处理记录》。

3) 监督场(厂、点)方做好检疫病害动物及废弃物无害化处理。

(7) 官方兽医在同步检疫过程中应做好卫生安全防护。

**8. 检疫记录**

(1) 官方兽医应监督指导屠宰场(厂、点)方做好待宰、急宰、生物安全处理等环节各项记录。

(2) 官方兽医应做好入场监督查验、检疫申报、宰前检查、同步检疫等环节记录。

(3) 检疫记录应保存 12 个月以上。

**【主要参观内容及其关键点】**

**1. 屠宰工艺流程** 了解生猪从运抵屠宰场到屠宰完成共经历过哪些工艺步骤？每个工艺步骤的操作关键点。

**2. 生猪屠宰检验检疫规程** 在生猪屠宰的每一个环节如何进行检验检疫？检疫的结果如何进行评价和处理？

**3. 生猪屠宰过程的危害与关键控制点分析**

(1) 危害类型：生物性危害、化学性危害和物理性危害。

(2) 关键控制点：活猪接收、屠宰后检疫、预冷排酸、速冻。

(查龙应)

# 第十七章　牛奶厂参观实习

## 第一节　概　　述

牛奶富含各种营养素且比例适宜，营养价值非常高，被人们誉为“最接近完善的食物”，由于牛奶所具有的高营养价值，世界上许多国家和地区对发展奶业生产，引导奶类消费都给予了高度重视，并把鼓励奶类消费作为提高人民健康水平，增强国民身体素质的一项重要措施。国内外资料表明，奶类消费对一个民族的健康与长寿，居民身体素质、耐力、智力、体力等的提高都具有非常重要的作用。世界卫生组织把人均奶类消费量列为衡量一个国家人民生活水平的主要指标之一。

由于奶业所具有的重要战略地位，我国各级政府对奶业发展都给予了高度重视。党中央、国务院和各级政府相继出台了各种相关政策支持和鼓励奶业的发展，使我国奶业近年来以较快的速度发展。1997～2011 年间，我国奶类产量从 601 万吨增加到 3810 万吨，同期奶牛存栏从 442 万头增加到 1440 万头，增长迅速。但目前，国内人均奶类年消费量只有 32.4 千克，不到全球平均水平的三分之一。据专家预测，如果每人每天奶类蛋白质的摄入量从目前的 1.5 克增加到推荐的 15 克，全国奶类需求量将增加 10 倍。因此，我国奶类的消费将继续呈现刚性增长。巨大的消费潜力为奶业发展提供了商机。

“十二五”期间，奶业是我国农牧业领域优先发展的产业，确定了奶类产量年均 5.9%的发展目标，将跨越 4000 万吨和 5000 万吨两个大台阶。回顾奶业发展历程，20 世纪 80 年代以来，我国奶业已连续跨越 3 个 1000 万吨台阶。2008 年 9 月“三鹿牌婴幼儿奶粉事件”爆发，该事件尤如中国奶业的大地震，给中国奶业带来了巨大的冲击。消费信心受到严重影响，最直接的表现是市场上奶类消费量大幅下降。由于奶业产业链各环节之间的高度关联，受市场疲软的影响，乳品加工企业的加工量也相应减少，受影响较大的企业的部分加工厂甚至停止了生产。

当前奶业发展面临着巨大的挑战，突出表现为消费者信心受到严重影响、科技水平较低、单产水平不高、产业链利益联结机制不完善。需要同时加强全产业链的科技创新，提高育种、饲养、疫病防治、挤奶、贮运、加工等各环节的科技水平。下一个时期，奶业要持续发展，生产经营者要始终把放心奶放在心中，始终把高标准摆在眼前。集中解决几个瓶颈，其中最重要的是强化生鲜乳质量安全监管。要加强奶站标准化建设和信息化监管，做到挤奶机械、贮奶罐、冷链运输设备齐全，卫生良好，生鲜乳收购、销售、检测记录和交接单保存完整。完善生鲜乳监测指标，把霉菌毒素、重金属纳入风险评估的重点内容，积极探索建立乳品质量安全风险评估体系，将质量监管逐步从事后检测转向事前防范。

## 第二节　参观实习

**【实习目的】**

在学生掌握了专业基本理论知识之后，以牛奶厂为例，参观学习以牛奶为原料加工成各种牛奶制品的加工工艺，了解加工工艺流程及各部件的构造和作用；从实际操作中了解奶类验收、超高温瞬时杀菌(ultra-high temperature，UHT)条件、无菌灌装等重点内容。

## 【纯牛奶加工工艺流程简介】

**1. 纯牛奶生产工艺图** 纯牛奶生产工艺如图 17-1 所示。

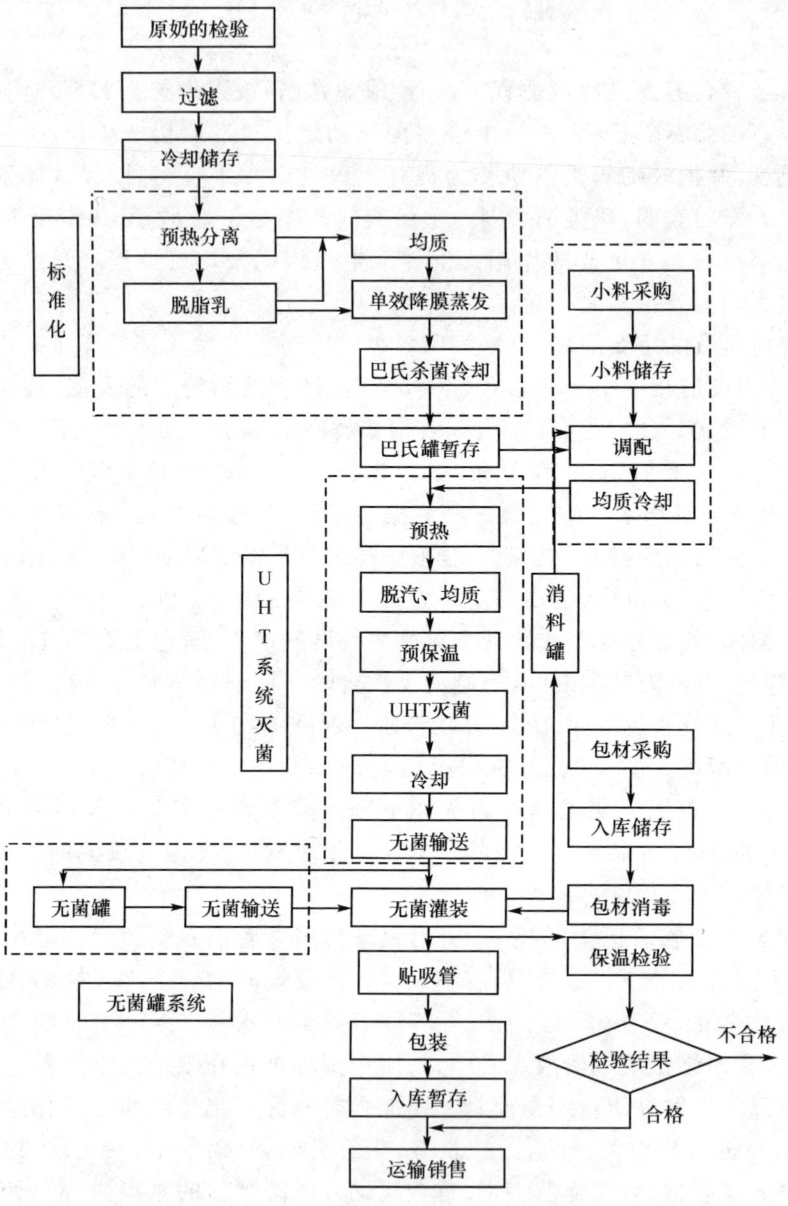


图 17-1 纯牛奶生产工艺图

**2. 纯牛奶工艺描述**

(1) 工艺规程：收奶系统(原奶过磅→原奶检验→收奶→计量→过滤→冷却)→贮存→标准化系统(预热→分离→部分均质→浓缩→巴氏杀菌→冷却)→贮存→配料系统(高钙奶、高钙低脂奶产品)→UHT 前储罐贮存→UHT 工艺段(预热→脱气→均质→预保温→UHT 灭菌→冷却)→无菌罐贮存→无菌灌装(保温实验)→贴吸管→装箱→喷码→提升→

码垛→暂存七天→出厂。

(2) 工艺说明

1) 收奶系统

A. 原奶检验:主要针对感官、酸度、脂肪、全乳固体、掺假(水、碱、淀粉、盐、亚硝酸盐)、酒精实验、煮沸实验、蛋白质等几项指标进行检测。

B. 收奶:收奶温度见《生鲜牛乳》企业标准规定,检查次批奶的时间记录。收完后要采综合样检测。注意:新奶与旧奶不能混储;生产纯牛奶的原奶与生产乳酸奶的原奶不能混储。

C. 计量:计量设备用在线体积流量计。利用在线体积流量计可直接读出收奶时的流量。

D. 过滤:原奶经过双联过滤器除去一些较大杂质。当前后压力差达到 1bar 时应切换清洗;收完奶后要将过滤器拿下检查并清洗。

E. 冷却:经过板换用冰水将收来的新鲜牛乳降温到 4 ℃以下。

F. 贮存:牛奶在原奶罐中暂存,在 24 小时内应尽早用于生产,如超过 24 小时则应进行感官指标、酸度、酒精实验检测。

2) 标准化系统

A. 预热:预热温度约为 50～55℃ 。

B. 标准化:用分离机对原奶进行乳脂肪分离,然后将部分脱脂奶与分离出的部分(或全部)稀奶油重新混合,进行均质,均质压力为 200bar,然后再与另一部分脱脂奶混合。(注:最终使浓缩后的牛奶脂肪含量符合《纯牛奶半成品质量标准》中的规定)。

C. 浓缩:如果全乳固体低于标准则要对其进行浓缩。浓缩后纯牛奶全乳固体应符合《纯牛奶半成品质量标准》中的规定。

D. 巴氏杀菌:要求杀菌条件为 80～90℃,15 秒。

E. 冷却:通过板换用冰水将牛奶冷却至 1～8℃。

F. 贮存:牛奶在奶仓中暂存,在 12 小时内应尽早用于生产,如超过 12 小时则每隔 2 小时进行感官指标、酸度、酒精实验检测。

3) 配料系统(高钙奶、高钙低脂奶产品)

A. 按配料比例将一部分标准化的牛奶直接打入纯牛奶 UHT 前贮罐内。将另一部分标准化的牛奶经过板换加热至 65～75℃,打入混料缸中。

B. 将小料通过螺旋输送器送入混料缸中,高速搅拌均匀。

C. 将混料缸中的混和料液打出经保温管 15 分钟。

D. 过滤:经双联过滤器过滤杂质。

E. 均质:将混合料液进行均质,要求均质压力为 200 bar。

F. 冷却:通过冷板,将混合料液冷却至 4 ℃以下,打入纯牛奶 UHT 前贮罐中,与已打入的标准化牛奶混合均匀。

G. 取样检验:进料结束,搅拌 5 分钟,取样按照纯牛奶半成品质量标准进行检验。

H. 贮存:贮存温度≤6 ℃,不大于 12 小时。贮存期间应将搅拌一直在低速下开启,保证物料均匀。

4) UHT 工艺段

A. 预热:此时已进入超高温杀菌工艺段,预热温度为 65～75℃。

B. 真空脱气:在脱气罐中进行,脱去空气、饲料杂味、豆腥味等。

C. 均质：均质温度为70～75℃，均质压力为250bar(先调二级压力手柄，调至50bar，再调一级压力手柄，调至250bar)。均质压力自动调整。

D. 预保温：要求90～95℃保持60秒，以增加蛋白的稳定性和杀灭酶。

E. UHT杀菌：要求137～142℃，4秒钟，具体参数要求如下：脱气前的温度：70～85℃；脱气罐压力：－0.6～－0.3bar；UHT杀菌温度：137～142 ℃保持4s；到无菌罐的温度TC 26：≤28 ℃(当生产时)、137～142℃(当升温杀菌时)

F. 冷却：用循环冷却水将牛奶冷却至20～25℃。

5) 无菌罐贮存：将UHT灭菌的牛奶打入无菌罐作为缓存，缓存温度≤28 ℃。

6) 灌装：具体步骤见车间提供的作业指导书。具体参数如下：

A. 预先消毒温度生产前：270 ℃

B. 空气过热器温度：360 ℃

C. 气刀温度：(125±5)℃

D. 过氧化氢温度：70～78℃

E. 蒸汽温度：(130±10)℃

F. 无菌空气气压：25.0～35.0kPa

G. 双氧水浓度：30%～50%

7) 包装成品工段：贴管、装箱、喷码。

8) 保温实验：为了检验产品质量，生产中按规定取样，并将所取样品放于保温室(30～35℃)存放七天，做pH和感官检验。

9) 出厂：保温实验检测合格后，产品方可投放市场。

注：1bar≈0.1mPa　　1mPa＝1000kPa

**3. 纯牛奶危害分析**　按照纯牛奶生产工艺图对每个生产步骤中可能产生的危害或潜在危害进行危害分析，并填写危害分析工作单见表17-1。

**表17-1　纯牛奶系列危害分析工作单**

| 加工步骤 | 确定本步骤引入、控制或增加的潜在危害 | 潜在的危害显著吗(是/否) | 第三栏的判断依据 | 预防措施 | CCP是/否 |
|---|---|---|---|---|---|
| 原奶验收 | 生物性：细菌总数过高 | 是 | 细菌总数过高会使原奶变质 | 原奶检验时间、温度 | 是 |
| | 细菌 | 是 | 细菌总数不高但对于成品7个月的储存期是不可接受的 | 后续有UHT灭菌 | 否 |
| | 金黄色葡萄球菌、李斯特菌、沙门菌等致病菌 | 是 | 原奶收集过程中可能会有致病菌污染，在后续的加工时间段内可能产生毒素 | 后续工序有巴氏杀菌工序 | 否 |
| | 化学性：抗生(青霉素)残留 | 是 | 奶牛在饲养过程可能患病需要青霉素治疗 | 选择合格的供应商检验 | 是 |
| | 亚硝酸盐、硝酸盐残留等 | 是 | 奶牛在饲养过程中由于饲料及水的污染致使污染物在原料奶中残留 | 每批检验 | 是 |
| | 重金属、农药残留、亚硝酸盐、硝酸盐残留等 | 否 | 合格供应商提供，从没有发生过 | | 否 |
| | 物理性：杂草、牛毛、乳块等污染 | 是 | 原奶中可能会有 | 后续步骤有分离步骤 | 否 |

续表

| 加工步骤 | 确定本步骤引入、控制或增加的潜在危害 | 潜在的危害显著吗(是/否) | 第三栏的判断依据 | 预防措施 | CCP 是/否 |
|---|---|---|---|---|---|
| 过滤 | 生物性:无 | | | | |
| | 化学性:无 | | | | |
| | 物理性:杂质 | 是 | 原奶中可能会有 | 后续步骤有分离步骤 | 否 |
| 原奶冷却储存 | 生物性:细菌 | 否 | CIP 清洗 | | |
| | 致病菌污染、细菌增殖、产毒 | 是 | 微生物可能大量繁殖导致原奶变质 | 贮藏温度≤4℃贮存时间≤24h | 是 |
| | 化学性:无 | | | | |
| | 物理性:无 | | | | |
| 分离 | 生物性:无 | | | | |
| | 化学性:无 | | | | |
| | 物理性:异物杂质 | 否 | 工艺质量要求的分离远高于控制此危害的要求 | | 否 |
| 标准化 | 生物性:无 | | | | |
| | 化学性:无 | | | | |
| | 物理性:无 | | | | |
| 巴杀 | 生物性:微生物、致病菌 | 是 | 致病菌后续储存过程可能产毒,细菌总数过高,致使奶液变质和影响后续 UHT 杀菌效果 | 控制巴杀温度和时间 | 是 |
| | 化学性:无 | | | | |
| | 物理性:无 | | | | |
| 巴氏奶暂存 | 生物性:细菌繁殖细菌,致病菌污染 | 是 | 残留细菌繁殖 CIP 清洗 | 贮藏温度≤8℃<br>贮存时间≤12h | 是 |
| | 化学性:无 | | | | |
| | 物理性:无 | | | | |
| 钙和维生素 $D_3$ 的接受 | 生物性:微生物 | | | | |
| | 化学性:有害化学物质 | 否 | 合格供应商提供并附带检测报告 | | 否 |
| | 物理性:异物杂质 | 是 | 可能混有异物 | 后有过滤 | 否 |
| 配料 | 生物性:微生物污染 | 否 | CIP 清洗 | | 否 |
| | 微生物繁殖 | 是 | 配料时间短 | | 是 |
| | 化学性:维生素 $D_3$ 添加超标 | 是 | 添加过程中可能超量添加 | 按照标准控制添加量 | 是 |
| | 物理性:异物杂质 | 是 | 可能混有异物 | 配料时有过滤 | 是 |
| 配料储存 | 生物性:微生物污染 | 否 | CIP 清洗 | 贮藏温度≤6℃ | 否 |
| | 微生物繁殖 | 是 | 储存期间微生物可能会大量繁殖 | 贮存时间≤12h | 是 |
| | 化学性:无 | | | | |
| | 物理性:无 | | | | |

续表

| 加工步骤 | 确定本步骤引入、控制或增加的潜在危害 | 潜在的危害显著吗(是/否) | 第三栏的判断依据 | 预防措施 | CCP是/否 |
|---|---|---|---|---|---|
| 预保温 | 生物性:无 | | | | |
| | 化学性:无 | | | | |
| | 物理性:无 | | | | |
| UHT灭菌 | 生物性:芽孢残留 | 是 | 灭菌不彻底造成牛奶中有残留的芽孢存活、繁殖 | 控制UHT灭菌温度、时间 | 是 |
| | 化学性:无 | | | | |
| | 物理性:无 | | | | |
| 冷却输送 | 生物性:芽孢残留微生物污染 | 是 | UHT系统灭菌不彻底,致使成品在保质期内变质系统泄露 | 控制灭菌水温度和时间保持一定系统压力差 | 是 |
| | 化学性:无 | | | | |
| | 物理性:无 | | | | |
| 无菌罐的储存/输送 | 生物性:芽孢残留微生物污染 | 是 | 无菌罐系统灭菌不彻底,致使成品在保质期内变质系统泄露 | 控制蒸汽温度和时间,保持一定系统压力差 | 是 |
| | 物理性:无 | | | | |
| | 化学性:无 | | | | |
| 内包材/封条(PPP) | 生物性:细菌总数超标微生物 | 是 | 选择合格供应商,每批检验,包材可能有微生物,致使成品在保质期内变质 | 后续工序包材、包材灭菌 | 否 |
| | 化学性:使用有毒材料 | 否 | 选择合格的供应商,供应商提供检验报告 | | |
| | 物理性:机械损伤 | 否 | 选择合格的供应商 | | |
| 吸管 | 生物性:细菌总数超标致病菌污染 | 否 | 选择合格供应商,每批检验 | | |
| | 化学性:使用有毒材料 | 否 | 选择合格供应商(热加工密封) | | |
| | 物理性:无 | 否 | 选择合格的供应商,供应商提供检验报告 | | |
| $H_2O_2$ | 生物性:微生物污染 | 否 | 本身不利于微生物生长、繁殖 | | |
| | 化学性:含有害化学物质 | 否 | 选择合格的供应商,供应商提供检验报告 | | |
| | 物理性:无 | | | | |
| 包材灭菌 | 生物性:微生物污染 | 是 | 不合适的灭菌方式造成的细菌残留 | 双氧水浓度、温度的控制 | 是 |
| | 化学性:无 | | | | |
| | 物理性:无 | | | | |

续表

| 加工步骤 | 确定本步骤引入、控制或增加的潜在危害 | 潜在的危害显著吗(是/否) | 第三栏的判断依据 | 预防措施 | CCP是/否 |
|---|---|---|---|---|---|
| 无菌灌装 | 生物性:微生物污染 | 是 | 不适当的包装机清洗、灭菌造成的细菌残留及污染封合不严密、包装渗漏造成细菌二次污染 | 1. 蒸汽障温度;2. 无菌室的正压;3. 设备的预防性维修;4. 正确的CIP清洗;5. 填料管的正确清洗和浸泡消毒;设置正常参数,人工检查密封性 | 是 |
| | 化学性:无 | | | | |
| | 物理性:无 | | | | |
| 消料 | 生物性:微生物污染 | 是 | 空气可能轻微污染 | 后续有UUHT杀菌 | 是 |
| | 微生物繁殖产毒 | 是 | 回收不及时致使消料变质 | 控制回收时间 | 是 |
| | 化学性:无 | 否 | | | |
| | 物理性:纸屑等杂质 | 是 | 可能混入 | 后续配料过滤 | 否 |
| 消料罐 | 生物性:微生物污染 | 否 | CIP清洗 | | |
| | 微生物繁殖产毒 | 是 | 处理不及时致使消料变质 | 控制时间温度 | 是 |
| | 化学性:无 | 否 | | | |
| | 物理性:无 | 否 | | | |
| 贴吸管 | 生物性:无 | 否 | | | |
| | 化学性:无 | 否 | | | |
| | 物理性:无 | 否 | | | |
| 入库暂存 | 生物性:无 | 是 | 系统灭菌不彻底,封合不良 | 留存7天保温实验 | 是 |
| | 化学性:无 | 否 | | | |
| | 物理性:无 | 否 | | | |
| 运输销售 | 生物性:无 | 否 | | | |
| | 化学性:无 | 否 | | | |
| | 物理性:无 | 否 | | | |

在危害分析的基础上可确定原料验收,储奶罐、配料缸、管道及前处理系统CIP清洗,超高温灭菌及灌装系统CIP清洗,UHT灭菌,包材灭菌,无菌灌装,封合成型等七个关键控制点,相应的关键限值、监控内容、纠偏措施、记录和验证等详细内容列入到纯牛奶HACCP计划表中见表17-2。

## 【参观主要内容及其关键点】

根据纯牛奶生产工艺图对每个生产步骤中可能产生的危害或潜在危害进行危害分析,发现原料验收,储奶罐、配料缸、管道及前处理系统CIP清洗,超高温灭菌及灌装系统CIP清洗,UHT灭菌,包材灭菌,无菌灌装,封合成型等七个关键控制点,企业对这七个关键控制点设置相应的关键限值、监控内容、纠偏措施、记录和验证等详细内容来保证生产出来的纯牛奶质量。因此参观实习的主要内容如下:

表 17-2　纯牛奶系列 HACCP 计划表

| 关键控制点 | 显著危害 | 关键限值 | 监控 | | | | | 纠偏措施 | 记录 | 验证 |
|---|---|---|---|---|---|---|---|---|---|---|
| | | | 对象 | 内容 | 方法 | 频率 | 人员 | | | |
| 原料验收 | 生物性<br>化学性 | 微生物指标符合标准;抗生素反应阴性;重金属、农药、亚硝酸盐、硝酸盐残留等符合国家标准,酒精实验、掺伪实验达到标准 | 牛乳 | 微生物、抗生素、重金属、农药残留、亚硝酸盐和硝酸盐残留、酸度、掺伪、口味等 | 微生物检验;化学实验;感官检验;索证 | 每批 | 质检员 | 根据偏离情况处理:报废、另作他用 | 供应商提供的相关证明;原料奶接受检验记录;纠偏记录 | 质量管理部门定期审查供应商提供的相关证明;定期审查原料奶接收检验记录;对纠偏处理结果检查 |
| 储奶罐、配料缸、管道及前处理系统CIP清洗 | 生物性<br>化学性 | 清水清洗;碱液清洗(2%～2.5%,90℃以上,10min);清水清洗;酸液清洗(1.5%～2.5%,90℃以上,10min);清水清洗 | 接触乳的生产设备及管道 | 清洗时间、酸碱溶液浓度、温度、流量和压力 | 电导率测定记录,时间记录,温度记录和pH记录 | 每次 | 操作员 | 重新清洗 | 清洗记录;仪器校正记录 | 检测清洗液微生物指标;检测清洗液pH;抽样检测产品微生物指标 |
| 超高温灭菌及灌装系统CIP清洗 | 生物性<br>化学性 | 清水清洗;碱液清洗(2%～2.5%,90℃以上,10min);清水清洗;酸液清洗(1.5%～2.5%,90℃以上,10min); | 接触乳的生产设备及管道 | 清洗时间、酸碱溶液浓度、温度、流量和压力 | 电导率测定记录,时间记录,温度记录和pH记录 | 每次 | 操作员 | 重新清洗 | 清洗记录;仪器校正记录 | 检测清洗液微生物指标;检测清洗液pH;抽样检测产品微生物指标 |
| UHT灭菌 | 生物性 | 灭菌温度:(140±2)℃<br>灭菌时间:4s | 牛乳 | 时间、温度 | 观察温度、流量记录 | 连续 | 操作员 | 根据偏离情况处理:重新加工;报废;另作他用 | 灭菌记录、纠偏记录 | 抽样检测产品微生物指标;质量部定期审查灭菌记录 |
| 包材灭菌 | 生物性<br>化学性 | 双氧水浓度、温度及用量符合要求 | 双氧水 | 双氧水浓度、温度、用量、包材走速 | 观察双氧水温度记录、用量情况、包材走速 | 连续 | 操作员 | 根据偏离情况处理:重新杀菌;报废;调整设备到最佳状态 | 双氧水使用记录;纠偏记录 | 质量部定期检查使用记录 |
| 无菌灌装 | 生物性<br>化学性 | 双氧水喷雾量、喷雾时间、喷雾温度符合工艺要求;包装机灭菌温度、时间符合工艺要求 | 双氧水<br>热空气 | 双氧水液位差、喷雾时间、喷射温度、灭菌温度。灭菌时间 | 观察双氧水液位差、喷雾时间、喷射温度、灭菌温度。灭菌时间 | 每次<br>连续 | 操作员 | 双氧水使用记录:灭菌记录、纠偏记录 | 质量部定期检查记录 | 政府计量部门校验,同时每月自行校验 |
| 封合成型 | 生物性 | 封口严密 | 包装产品 | 包装产品封口严密性 | 撕拉实验 | 开机检查,每10min抽样2个 | 操作员 | 根据偏离情况处理:重新加工;报废;调整设备到最佳状态 | 检验记录;纠偏记录 | 质量部定期抽测 |

**1. 原料验收**　掌握牛奶的来源、运输过程，该牛奶厂在牛奶的原料验收环节主要检测哪些指标，用何种方法，如有不合格指标如何处理原料奶。

**2. 储奶罐、配料缸、管道及前处理系统 CIP 清洗**　学习储奶罐、配料缸、管道及前处理系统清洗方法，清洗间隔时间，清洗水温，如何检验清洗是否符合标准，如清洗不合格如何处理等。

**3. 超高温灭菌及灌装系统 CIP 清洗**　了解超高温灭菌及灌装系统的清洗方法，清洗间隔时间，清洗酸碱液浓度、温度、流量，如何验证清洗效果，如清洗不合格处理手段等。

**4. UHT 灭菌**　重点掌握 UHT 灭菌的温度、持续时间，以及其关键限值，灭菌时奶的流速，当监测到温度偏离关键限值时的处理方法。

**5. 包材灭菌**　了解包材消毒方法，消毒液的浓度、温度、包材走速等。

**6. 无菌灌装**　参观无菌灌装的流水线工艺流程，了解灌装工艺流程、灌装环境和操作人员是采取何种方法达到无菌条件，以及如何进行监控、纠错等措施。

**7. 封合成型**　参观封合成型流水线，了解检查封合监控方式，以及偏离时如何进行纠偏等措施。

（孙素霞）

# 第十八章 啤酒厂参观实习

## 第一节 概 述

啤酒是人类最古老的酒精饮料，在世界上饮料消耗量排名上仅次于水和茶。在一些国家和地区，啤酒作为人们日常生活不可缺少的饮料，长久以来已形成以啤酒为主题的独特的饮食文化，如啤酒节。世界最具盛名的三大啤酒节是英国伦敦啤酒节、美国丹佛啤酒节和德国慕尼黑啤酒节，国外家喻户晓。啤酒是以大麦芽为主要原料，添加酒花和水，经酵母发酵酿制而成富含二氧化碳的低酒精度[2.5～7.5％(V/V)]发酵酒。啤酒营养丰富，提供人体需要的能量、必需氨基酸、糖、维生素、矿物质和植物化学物，适量饮用对人体有一定营养和保健作用。啤酒中营养成分都以溶解状态存在，容易消化吸收，素有“液体面包”之称。但在啤酒生产过程中，从原料选择到加工工艺等各个环节若达不到卫生学要求，就有可能产生或带入有毒有害物质，危害消费者健康。

啤酒于20世纪初传入我国，属外来酒种，啤是英语Beer的中文译名，沿用至今。我国最早建立的啤酒厂是外国人开办的，其中1903年德国人和英国人合营在青岛建立了英德啤酒公司是现在青岛啤酒厂前身。解放前全国只有七八个啤酒厂，绝大多数由外国人所控制，啤酒业发展缓慢，分布不广，产量不大。1949年全国的啤酒年产量仅还不足目前一个小型啤酒厂的产量。新中国成立以来，啤酒工业的发展经历了四个阶段。第一阶段是啤酒工业调整和发展阶段，从1953年到1962年新建一批啤酒厂，啤酒年产量的平均增长速度为38.2％。在这个时期，在啤酒科学研究、教育、人才培养等方面的工作为啤酒工业后来的确发展打下了基础。第二阶段是啤酒生产全面发展阶段。1979年后全国除西藏外，各省、市、自治区都建立了啤酒厂，啤酒厂规模越来越大。第三阶段是啤酒工业高速发展阶段。具体表现为扩建和新建啤酒厂如雨后春笋，有的省甚至每个县都建有啤酒厂，啤酒生产规模进一步扩大。同时引进国外技术和设备(如啤酒生产线)使产量翻番的时间缩短。第四阶段是啤酒工业进入旺盛成熟期阶段，啤酒工业在这个时期持续高速发展，同时啤酒质量和啤酒工业经济效益也得以重视，啤酒工业规模按照国际上的惯例，开始向大型化、集团化方向发展。2009年亚洲的啤酒产量(约5867万升)首次超越欧洲，成为全球最大的啤酒生产地。

## 第二节 参 观 实 习

**【实习目的】**

危害分析与关键控制点(hazard analysis and critical control point，HACCP)是控制食品安全危害的一种经济、有效和科学的预防控制技术，是一种重要的食品管理体系。通过到啤酒厂参观，了解啤酒生产原理，感性认识啤酒生产工艺流程，基本操作技术，原料及其作用，质量控制等，以纯生啤酒为例重点学习HACCP管理体系在啤酒工业中的应用，熟悉纯生啤酒生产中的危害分析和关键控制点及相应的措施。

## 【纯生啤酒加工工艺流程简介】

**1. 纯生啤酒生产工艺流程图**　纯生啤酒是指不经过热杀菌(即巴氏杀菌或瞬间高温灭菌),采用无菌酿造、无菌过滤和无菌包装技术生产的一种含有活性酶类,并达到一定生物稳定性的啤酒。纯生啤酒与普通啤酒的工艺流程并无显著差别,详见图 18-1。

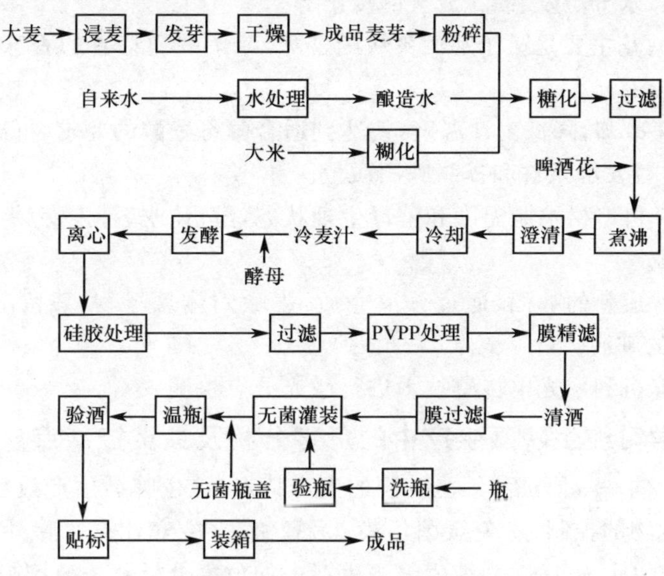


图 18-1　珠江纯生啤酒主要生产工艺流程图

**2. 纯生啤酒工艺描述**

(1) 工艺流程:啤酒生产工艺流程大致分为 4 个过程:

1) 麦芽过程:选麦—浸麦—发芽—干燥与培焦—除根

2) 糖化过程:原料的粉碎—糖化(糊化)—麦汁过滤—麦汁煮沸(加酒花)—冷却

3) 发酵过程:发酵(除酵母)—滤酒

4) 灌装过程:洗瓶—验瓶—灌酒—杀菌—贴标喷码—装箱入库

(2) 工艺说明

1) 精选大麦:要选用优质的大麦,如进口澳麦和加麦。

2) 浸麦:提高大麦的含水量,除去灰尘、杂物、微生物和其他有害物质。

3) 发芽:使麦粒内形成各种酶,部分淀粉、蛋白质、半纤维素等高分子物质分解,以满足糖化时的需要。

4) 干燥与培焦:去除麦芽中的水分,防止麦芽的腐败变质,便于储藏,同时除去麦芽的生腥味,产生麦芽的色、香、味,中止绿麦芽的生长和酶的分解。

5) 除根:根芽吸湿性强,储藏时容易吸收水分而腐烂,根芽具有不良苦味,会破坏啤酒的口味和色泽,所以应除根。

6) 原料的粉碎:原料粉碎后,增加了比表面积,可溶性物质容易浸出,有利于酶的作用,使麦芽的不溶性物质进一步分解。

7) 糖化:利用麦芽中的水解酶,将麦芽和敷料中的不溶性高分子物质分解味可溶性的低分子物质。

糊化:利用麦芽所含的各种水解酶,在适宜的条件下,将麦芽和麦芽辅助原料中的不溶性高分子物质逐步分解味可溶性的低分子物质。

8）麦汁过滤：将糖化醪中将葱原料溶出的物质与不溶性的麦糟分离以得到澄清的麦汁，并获得良好的浸出物收得率。

9）麦汁煮沸：煮沸得目的主要是稳定麦汁的成分，其作用有：酶的钝化、麦汁灭菌、蛋白质变性和絮凝沉淀、水分蒸发、酒花成分的浸出等。

加酒花：添加酒花主要是赋予啤酒爽快的苦味、赋予啤酒特有的香味、提高啤酒的非生物稳定性。

10）冷却：迅速冷却，降低麦汁温度，使达到适合酵母发酵的要求，析出和分离麦汁中的热、冷凝固物，以改善发酵条件和提高啤酒质量。

11）发酵：计算机严格控制温度和酵母生理状态，酵母“吃”掉麦芽糖，代谢出 $CO_2$ 及啤酒风味物质的过程。

12）滤酒：发酵成熟的啤酒，通过分离介质，去除固体悬浮物、残留酵母和蛋白质凝固物，得到澄清透明的啤酒。

13）验瓶：计算机利用光电传感技术进行激光分点检测。

## 【重点参观学习纯生啤酒生产中的危害分析及关键控制点】

根据 HACCP 的基本原理和纯生啤酒的生产特点，纯生啤酒生产过程中的危害分析和关键控制点是微生物的控制、避免杂菌污染、无氧酿造（冷麦汁充氧除外）以及使用技术装备较高的包装设备等。表 18-1 为纯生啤酒生产中的危害分析及关键控制点。

**表 18-1　纯生啤酒生产中的危害分析及关键控制点**

| 生产步骤 | 潜在危害 | 危害种类 | 控制措施 | CCP |
|---|---|---|---|---|
| 原料选择 | 贮藏条件不当 | 生物性 | 常温、通风下贮存 | 是 |
| | 虫害、鼠害 | 生物性 | 经常检查温、湿度变化 | 不是 |
| 麦芽粉碎 | 粉碎方法不当 | 物理性 | 采用湿法粉碎 | 不是 |
| | 粉碎度不合理 | 生物性 | 与糖化方法、过滤方法相适应 | 不是 |
| 糖化用水 | 水的硬度、有害离子、有机物等超标 | 化学性 | 采用加石膏法、离子交换法、电析法、活性炭过滤等去除 | 是 |
| | 水中存在有害微生物（致病和非致病菌） | 生物性 | 采用常规消毒和灭菌方法去除 | 是 |
| 糊化液化 | 糊化率、液化率过低 | 化学性 | 按工艺要求控制合理温度、pH 等 | 不是 |
| 麦芽糖化 | 糖与非糖比例不恰当 | 化学性 | 按工艺要求控制合理温度、pH 等 | 不是 |
| | 糖化设备未有效清洗 | 生物性 | 安装局部 CIP 清洗系统 | 是 |
| 麦汁过滤 | 过滤速度慢 | 物理性 | 趁热过滤、加压过滤、改进过滤高备性能局部 CIP 清洗系统 | 不是 |
| | 过滤麦汁易氧化 | 化学性 | 采用防氧、隔氧措施输送、贮存麦汁 | 是 |
| | 过滤设备未有效清洗 | 生物性 | 安装局部 CIP 清洗系统 | 是 |
| 酒花使用 | 不新鲜、有虫害 | 物理性 | 改善贮存条件、使用酒花制品 | 不是 |
| | 酒花霉变 | 生物性 | 坚决停止使用 | 是 |
| 麦汁煮沸 | 麦汁中存在残余杂菌 | 生物性 | 提高煮沸强度 | 是 |
| | 煮沸锅未有效清洗 | 生物性 | 安装并加强局部 CIP 清洗系统 | 不是 |
| | 麦汁质量差 | 化学性 | 缩短煮沸时间、密闭煮沸、准确添加酒花 | 不是 |

续表

| 生产步骤 | 潜在危害 | 危害种类 | 控制措施 | CCP |
|---|---|---|---|---|
| 冷却澄清 | 冷却、澄清设备清洗、消毒不彻底 | 生物性 | 立刻停止生产，安装并加强局部 CIP 清洗系统 | 是 |
| | 麦汁被杂菌污染 | 生物性 | 镜检冷却和澄清后麦汁染菌情况，否则重新煮沸、清洗设备 | 是 |
| | 操作间有污染隐患 | 生物性 | 操作现场应设置消毒设施，合理设计操作间地面排水沟 | 是 |
| 啤酒酵母 | 酵母不纯、有杂菌 | 生物性 | 分离、纯种培养，加强各级扩大培养过程 | 是 |
| 啤酒发酵 | 镜检发现发酵液中有杂菌或野生酵母 | 生物性 | 终止发酵，处理酒液，立即清洗和消毒 | 是 |
| | 发酵间卫生差 | 生物性 | 操作现场应设置消毒设施，合理设计操作间地面排水沟 | 是 |
| | $CO_2$ 排出口漏气 | 物理性 | 安装并使用 $CO_2$ 自动调节阀 | 是 |
| | 啤酒风味异常 | 生物性 | 检查并鉴定啤酒酵母性能及杂菌污染情况 | 是 |
| | 酒液混浊 | 生物性 | 发酵结束后立即排放酵母 | 是 |
| | 发酵设备未有效清洗 | 生物性 | 安装局部 CIP 清洗系统 | 是 |
| 啤酒过滤 | 已过滤酒液中残存微生物 | 生物性 | 检查并选择合理的膜过滤系统：如滤芯介质、滤芯孔径等 | 是 |
| | 过滤设备未有效清洗 | 生物性 | 膜过滤 CIP 系统的应用 | 是 |
| 啤酒包装 | 包装物染有细菌 | 生物性 | 不使用回收啤酒瓶，使用洗液分阶段清洗 | 是 |
| | 灌酒机上未考虑杀菌环节 | 生物性 | 完善杀菌制度，选择先进灌酒机 | 是 |

注：CIP 是 Clean In Place 的缩写，即原位清洗（在线清洗、就地清洗）

（楚心唯）

# 第十九章 粮食企业参观实习

## 第一节 概 述

### 一、粮食质量安全

“民以食为天,粮乃国之宝”。粮食是人类赖以生存的基本物质。我国高度重视粮食安全问题,始终把农业放在发展国民经济的首位,千方百计促进粮食增产,较好地解决了人民吃饭问题,取得了举世公认的成就,为世界粮食安全做出了巨大贡献。随着我国工业化和城镇化进程加快,环境污染日益加剧,同时,极端气候的增多,粮食在生产过程中受污染的问题越来越突出,粮食污染事件也时有报道。目前,我国粮食质量安全主要存在的质量安全问题有:大米水分和黄曲霉毒素超标;小麦粉水分、增白剂和黄曲霉毒素超标;食用植物油中酸价过高和黄曲霉毒素超标等,这些不合格的成品粮油流入市场,危害范围和危害程度较大,关系着国家经济发展和社会稳定。

粮食是整个食物链的源头,是人类和畜禽赖以生存、繁衍的基础,其安全性关系到人类以粮食为直接食品原料的安全和畜禽肉类食品的食用安全。如何保障粮食质量安全,如何建立一个科学有效的监管机制,已经成为各级政府面临的一大挑战。

### 二、影响粮食质量安全的主要因素

#### (一)粮食生产过程中存在的质量安全隐患

自然环境的污染,直接影响粮食的质量安全。有毒有害物质流进水源、渗入土壤、飘进大气,水、土壤、空气中的污染物造成粮食作物污染,进入并残留在果实中,直接威胁粮食产品的质量与安全。粮食生产过程中存在的质量安全隐患主要是农药、化肥残留。在粮食作物田间种植期间,过量使用高毒、高残留农药如甲胺磷,致使农药在收获后粮食上的残留大大超过标准。

#### (二)粮食在储藏过程中存在的质量安全隐患

粮食储藏过程中存在的质量安全隐患主要是熏蒸剂和微生物污染。存在于我国粮食上的真菌毒素主要是黄曲霉毒素、镰刀菌毒素,畜禽也可能因食用被污染的粮食而使霉菌毒素进入其乳、蛋中,从而使真菌毒素再次进入食物链,对人类的健康造成严重的影响。

#### (三)粮食在加工过程中存在的质量安全隐患

加工环境污染,粮食加工企业周围存在有害气体、烟尘、灰尘、放射性物质及其他扩散性污染源,生产车间、库房和生产设备等各项设施隐藏和孳生老鼠、蚊蝇、昆虫,从而危及成品粮油质量安全。滥用添加剂情况也屡有发生。此外,在原粮、油料中一般混有不同程度的杂质,如果加工企业缺乏筛选、磁选、风选、去石等清理过程,或者这些设备除杂效果差,磁性金属物、石头等就会混入成品粮油中造成物理性污染。辅料、包装材料不符合卫生标准、不清洁也会引起成品粮油污染。

### （四）粮食运输、销售环节存在的质量安全隐患

在运输、销售过程中，规定的储藏、运输条件（温度、湿度、敞口，与有毒物品混藏、混运）达不到要求，成品粮油可能发生物理、化学及微生物变化，缩短保质期或在保质期内发生变质。

此外，消费者购买成品粮油至食用的一段时间内，同样存在着安全性问题。消费者必须严格按产品包装上规定的储存方法储存，注意环境条件（温度、湿度），开包后尽量在产品保质期内用完等、否则也存在安全隐患。

## 第二节　参观实习

**【实习目的】**

熟悉粮食生产过程、掌握 HACCP 和 ISO9000 在粮食企业中的具体应用，提高分析解决问题和开展工作的能力。

参观实习过程中，通过实习教师的讲解以及观看粮食企业食品加工视频，根据实习内容和要求完成相关设计和评价。

**【实习内容和方式】**

在食品安全专业本科生完成基础课、专业基础课，进入相关专业课的学习期间，安排本次参观实习。

**1. 实习内容**

（1）听取企业方面的报告，了解企业概况及背景：如企业性质、在国内外的地位、企业等级和计量等级，发展历程，企业组成、重要成员，生产规模、主要产品，企业特色，发展前景等。

（2）参观工厂，了解厂区布局，对企业全貌有个初步印象：熟悉生产厂的厂址的选择、辅助车间（组成、工艺、设备等）、配套设施（水、电、汽的供应，厂房建筑、自动控制）。

（3）了解生产厂的原料、辅料和包装材料等的规格与要求，产品的形式、规格，相关的国家标准。

（4）掌握产品的工艺路线和工艺参数，了解生产企业建筑、供电、自控、供汽和给水等基本情况。根据生产实际，绘制简单的工艺流程图、平面布置图、总平面图等，并列出主要设备清单，了解参观企业 HACCP 体系的建立过程

（5）了解食品生产企业管理的内容、管理结构、管理方法和市场情况。熟悉参观企业 ISO 9000 质量管理体系建立基本情况。

（6）提出存在的问题和合理化建议。

**2. 实习方式**　以大米生产为例介绍 HACCP 在粮油食品生产的建立过程。

（1）大米的生产工艺流程及相关质量标准

1）大米的生产工艺流程：原粮验收→原粮贮存→原粮入口→圆筒初清筛→磁选器→平面回转清理筛→去石机→净谷仓→砻谷机→重力谷糙分离筛→磁选器→碾米机→白米分级回转筛→初抛光机→色选机→精抛光机→白米分级回转筛→圆筒精选机→计量包装→入库。

2）大米的质量标准：大米质量的好坏，主要从加工精度、不完善粒，杂质（糠粉、带壳稗粒、稻谷粒）、碎米、水分、色泽气味口味等几方面考虑。其质量标准按 GB1354-86《大米》规定执行。

（2）HACCP 体系的建立：依据 HACCP 体系的基本原理，进行大米生产的危害分析。

1）关键控制点（CCP）及关键限值（CL）

A. 关键控制点（CCP）是大米生产中的某一点、步骤或过程，通过对其实施控制。能预防或消除食品危害，或将危害减少到可接受的水平。CCP 的确定应以生产流程图为基础。

B. 关键限值是所有与 CCP 有关的预防措施都必须满足的要求，即区分安全与不安全的分界点。为了设定关键限值，必须弄清与 CCP 相关的所有因素，关键限值必须是一个可测量的因素。关键控制点必须能被监测，并可建立和规定控制标准。当监测结果表明未达到标准时，应能采取适当措施加以控制，予以纠正或避免更坏的后果发生。

2）监控程序及纠正措施：监控程序是一个有计划的连续监测或观察过程，它包括以下内容：监控对象、监控方法、监控频率、监控人员。当监控结果表明某一 CCP 发生偏离关键限值时，必须采取纠正措施。

3）HACCP 计划的确定：HACCP 计划的确定应根据生产流程图的要求进行，以确保所有危害、关键限值都得到控制，从而保证产品安全性。

4）HACCP 的验证与记录：HACCP 体系的验证程序是检查 HACCP 计划所规定的各种控制措施是否被有效实施。利用验证程序确定 HACCP 体系是否按预定计划运行及 HACCP 体系是否需要修改和再确认。验证分为企业内部审核和由政府机构或有资格的第三方进行的外部审核。HACCP 记录是采取措施的书面证据，一旦发生问题能迅速查明原因。

5）HACCP 计划的实施：有效的 HACCP 体系必须建立在良好操作规范（GMP）和卫生标准操作程序（SSOP）之上。SSOP 是制定和实施 HACCP 计划的前提和基础，HACCP 体系在大米生产中应用能有效控制大米的质量，同时对提高产品品质具有重要作用。

**【复习思考题】**

（1）HACCP 在粮食生产的建立过程。

（2）参观的粮食企业 ISO 9000 质量管理体系建立基本情况。

**【注意事项】**

（1）学生在参观实习期间，严格遵守学校的有关纪律规定，注意安全，任何人都不准擅自随意食用原料、半成品及成品。

（2）严格遵守工厂纪律与规章制度，爱护工厂的仪器与设备，使用前必须经现场指导人员许可，严格遵守操作规程，密切注意安全，严防事故的发生。

（邓　红）

# 参考文献


陈国元,杨克敌．预防医学实验教程[M]．武汉,湖北科学技术出版社,2010,2:82.
陈敏,王世平．食品掺伪检验技术[M]．北京:化学工业出版社,2007.
陈晓前．HACCP在纯生啤酒中的应用[J]．酿酒科技．2005,(9):62-64.
丁海滨,陈炳良,周建新．粮食质量安全存在的隐患与对策[J]．粮食与食品工业,2004,11(1):4-7
董海洲．焙烤工艺学[M]．北京:中国农业出版社,2008:142-176.
杜晓燕．卫生化学实验[M]．北京:人民卫生出版社,2007.71-75.
葛可佑．中国营养师培训教材[M]．北京:人民卫生出版社,2005.359-368.
黄国伟．食品化学与分析[M]．北京:北京大学医学出版社,2006.102-103.
黄晓钰,刘邻渭．食品化学与分析综合实验[M]．第2版,北京:中国农业大学出版社,2009.115-118.
贾丽华．食品快速检测技术应注意的问题[J]．中国公共卫生管理,2006,22(3):265-266.
黎源倩．食品理化检验[M]．北京:人民卫生出版社,2006.144-146.
李立明,饶克勤,孔灵芝等．中国居民2002年营养与健康状况调查[J]．中华流行病学杂志,2005,26(7):478-484.
李勇,孙长颢．营养与食品卫生学实习指导[M]．北京:人民卫生出版社,2007.
李援．《中华人民共和国食品安全法》解读与适用[M]．北京:人民出版社,2009.
蔺毅峰．食品工艺实验及检验技术[M]．北京:中国轻工业出版社,2005:18-24.
刘静波．食品化学与工程专业实验指导[M]．化学工业出版社,2010:201-202.
苏世荣．红葡萄酒酿造技术[J]．河北果树,2009,(4):47-48.
唐合英．HACCP在大米生产中的应用 [J],粮食加工,2009,34(3):43-48.
唐英章．现代食品安全检测技术[M]．科学出版社,2004,75-94.
王林,王晶,周景洋．食品安全快速检测技术手册[M]．北京:化学工业出版社,2008.244-278.
王学政．《中华人民共和国食品安全法》实施条例释义及热点案例分析[M]．北京:中国商业出版社,2009.
夏文水．食品工艺学[M]．北京:中国轻工业出版社,2007:446-448.
肖晶，杨大进．分光光度法测定保健食品中总黄酮的含量[J]．中国食品卫生杂志,2003,15(6)：505-507.
肖香兰，罗仁才，张楠．保健食品中总黄酮的测定方法[J]．中国卫生检验杂志,2007，17(6)：1037.
解立斌,黄建,霍军生．食品快速检测技术应用进展[J]．国外医学卫生学分册,2007,34(3):192-195.
熊强,史珍．食品微生物快速检测技术的研究进展[J]．食品与机械,2009,25(5),134-135.
张晓鸣．食品感官评定[M]．北京:中国轻工业出版社,2010.1-13.
郑建梅,杜双奎,张国权．粮油食品工艺学教学生产实习的实践与探讨[J],黑龙江教育(高教研究与评估),2012,1,17-18.
中华人民共和国国家标准．茶叶中茶多酚和儿茶素类含量的检测方法(GB/T 8313-2002).
中华人民共和国国家标准．动物性食品中克伦特罗残留量的测定(GB/T 5009.192-2003).
中华人民共和国国家标准．发酵酒及其配制酒卫生标准的分析方法(GB/T5009.49-2008).
中华人民共和国国家标准．发酵酒卫生标准:蒸馏酒及其配制酒卫生标准(GB2758-2005).
中华人民共和国国家标准．感官分析:方便面感官评价方法(GB/T 25005-2010).
中华人民共和国国家标准．果蔬汁(GB 4789-2010)及葡萄酒、果酒通用分析方法(GB/T 15038-2006).
中华人民共和国国家标准．食品安全标准．食品中黄曲霉毒素 $B_1$、$B_2$、$G_1$、$G_2$ 的测定(GB/T 5009.23-2006).
中华人民共和国国家标准．食品安全标准．食品中黄曲霉毒素 $M_1$ 和 $B_1$ 的测定(GB 5009.23-2010).
中华人民共和国国家标准．食品安全国家标准:巴氏杀菌乳(GB 19645-2010).
中华人民共和国国家标准．食品安全国家标准:调制乳(GB 25191-2010).
中华人民共和国国家标准．食品安全国家标准:发酵乳(GB 19302-2010)及灭菌乳(GB 25190-2010).
中华人民共和国国家标准．食品安全国家标准:乳和乳制品酸度的测定(GB 5413.34-2010).
中华人民共和国国家标准．食品安全国家标准:生乳(GB 19301-2010).
中华人民共和国国家标准．食品安全国家标准:生乳相对密度的测定(GB 5413.33-2010).
中华人民共和国国家标准．食品安全国家标准:食品中蛋白质的测定(GB 5009.5-2010).
中华人民共和国国家标准．食品安全国家标准:食品中水分的测定(GB 5009.3-2010).
中华人民共和国国家标准．食品安全国家标准:食品中维生素A和维生素E的测定(GB/T 5009.82-2003).
中华人民共和国国家标准．食品安全国家标准:食品中硝酸盐和亚硝酸盐的测定(GBT5009.33-2010).
中华人民共和国国家标准．食品安全国家标准:婴幼儿食品和乳品中脂肪的测定(GB 5413.3-2010).
中华人民共和国国家标准．食品安全国家标准食品微生物学检验(GB 4789-2010).
中华人民共和国国家标准．食品卫生检验方法(理化部分)(GB/T5009.48-2003).
中华人民共和国国家标准．食品卫生微生物学检验:鲜乳中抗生素残留检验(GB/T 4789.27-2008).
中华人民共和国国家标准．食品中粗脂肪的测定(GB/T 14772-2008).
中华人民共和国国家标准．食品中钙的测定(GB 5009.92-2003).
中华人民共和国国家标准．食品中还原型抗坏血酸的测定(GB/T 5009.159-2003).
中华人民共和国国家标准．食品中铁、镁、锰的测定(GB 5009.90-2003).
中华人民共和国国家标准．食品中锌的测定(GB 5009.14-2003).
中华人民共和国国家标准．食品中总汞及有机汞的测定(GB/T 5009.17-2003).
中华人民共和国国家标准．食用植物油的卫生标准分析方法(GB/T5009.37-2003).
中华人民共和国国家标准．蔬菜、水果及其制品中总抗坏血酸测定(荧光法和2,4-二硝基苯肼法)(GB/T 5009.86-2003).
中华人民共和国国家标准．蔬菜中有机磷及氨基甲酸酯农药残留量的简易检验方法(GB/T 18630-2002).
中华人民共和国国家标准．蒸馏酒及其配制酒卫生标准(GB2757-2005).
中华人民共和国国家标准．植物类食品中粗纤维的测定(GB/T5009.10-2003).

# 附　录

## 附录1　中国居民膳食营养素参考摄入量

**附表 1-1　中国居民 DRIs一能量和蛋白质的 RNIs 及脂肪供能比**

| 年龄（岁） | 能量# | | | | 蛋白质 | | 脂肪 |
|---|---|---|---|---|---|---|---|
| | RNI(MJ) | | RNI(kcal) | | RNI(g) | | AI 占能量百分比(%) |
| | 男 | 女 | 男 | 女 | 男 | 女 | |
| 0～ | 0.4MJ/kg | | 95kcal/kg* | | 1.5～3g/(kg・d) | | 45～50 |
| 0.5～ | 0.4MJ/kg | | 95kcal/kg | | 1.5～3g/(kg・d) | | 35～40 |
| 1～ | 4.60 | 4.40 | 1 100 | 1 050 | 35 | 35 | 35～40 |
| 2～ | 5.02 | 4.81 | 1 200 | 1 150 | 40 | 40 | 30～35 |
| 3～ | 5.64 | 5.43 | 1 350 | 1 300 | 45 | 45 | 30～35 |
| 4～ | 6.06 | 5.83 | 1 450 | 1 400 | 50 | 50 | 30～35 |
| 5～ | 6.70 | 6.27 | 1 600 | 1 500 | 55 | 55 | 30～35 |
| 6～ | 7.10 | 6.67 | 1 700 | 1 600 | 55 | 55 | 30～35 |
| 7～ | 7.53 | 7.10 | 1 800 | 1 700 | 60 | 60 | 25～30 |
| 8～ | 7.94 | 7.53 | 1 900 | 1 800 | 65 | 65 | 25～30 |
| 9～ | 8.36 | 7.94 | 2 000 | 1 900 | 65 | 65 | 25～30 |
| 10～ | 8.80 | 8.36 | 2 100 | 2 000 | 70 | 65 | 25～30 |
| 11～ | 10.04 | 9.20 | 2 400 | 2 200 | 75 | 75 | 25～30 |
| 14～ | 12.00 | 9.62 | 2 900 | 2 400 | 80 | 80 | 25～30 |
| 18～ | | | | | | | |
| 体力活动 PAL▲ | | | | | | | 20～30 |
| 轻 | 10.03 | 8.80 | 2 400 | 2 100 | 75 | 65 | 20～30 |
| 中 | 11.29 | 9.62 | 2 700 | 2 300 | 80 | 70 | 20～30 |
| 重 | 13.38 | 11.30 | 3 200 | 2 700 | 90 | 80 | 20～30 |
| 孕妇 | | +0.84 | | +200 | | +5,+15,+20 | 20～30 |
| 乳母 | | +2.09 | | +500 | | +20 | 20～30 |
| 50～ | | | | | | | |
| 体力活动 PAL▲ | | | | | | | |
| 轻 | 9.62 | 8.00 | 2 300 | 1 900 | 75 | 65 | 20～30 |
| 中 | 10.87 | 8.36 | 2 600 | 2 000 | 80 | 70 | 20～30 |
| 重 | 13.00 | 9.20 | 3 100 | 2 200 | 90 | 90 | 20～30 |
| 60～ | | | | | | | |
| 体力活动 PAL▲ | | | | | | | |
| 轻 | 7.94 | 7.53 | 1 900 | 1 800 | 75 | 65 | 20～30 |
| 中 | 9.20 | 8.36 | 2 200 | 2 000 | 75 | 65 | 20～30 |
| 70～ | | | | | | | |
| 体力活动 PAL▲ | | | | | | | |
| 轻 | 7.94 | 7.10 | 1 900 | 1 700 | 75 | 65 | 20～30 |
| 中 | 8.80 | 8.00 | 2 100 | 1 900 | 75 | 65 | 20～30 |
| 80～ | 7.74 | 7.10 | 1 900 | 1 700 | 75 | 65 | 20～30 |

# 表示各年龄组能量的 RNI 与其 EAR 相同；* 为 AI，非母乳喂养应增加 20%；▲ PAL 为体力活动水平（physical activity level）。凡表中数字缺如之处表示未制定该参考值[资料来源于中国营养学会制订的中国居民膳食营养素参考摄入量（2007 版）]

## 附表 1-2　中国居民 DRIs—常量和微量元素的 RNIs 或 AIs

| 年龄（岁） | 钙 | 磷 | 钾 | 钠 | 镁 | 铁 | 碘 | 锌 | 硒 | 铜 | 氟 | 铬 | 锰 | 钼 |
|---|---|---|---|---|---|---|---|---|---|---|---|---|---|---|
| | AI | AI | AI | AI | AI | AI | RNI | RNI | RNI | AI | AI | AI | AI | AI |
| | mg | mg | mg | mg | mg | mg | μg | μg | μg | mg | mg | mg | mg | mg |
| 0～ | 300 | 150 | 500 | 200 | 30 | 0.3 | 50 | 1.5 | 15(AI) | 0.4 | 0.1 | 10 | | |
| 0.5～ | 400 | 300 | 700 | 500 | 70 | 10 | 50 | 8.0 | 20(AI) | 0.6 | 0.4 | 15 | | |
| 1～ | 600 | 450 | 1000 | 650 | 100 | 12 | 50 | 9.0 | 20 | 0.8 | 0.6 | 20 | | 15 |
| 4～ | 800 | 500 | 1500 | 900 | 150 | 12 | 90 | 12.0 | 25 | 1.0 | 0.8 | 30 | | 20 |
| 7～ | 800 | 700 | 1500 | 1000 | 250 | 12 | 90 | 13.5 | 35 | 1.2 | 1.0 | 30 | | 30 |
| | | | | | | 男　女 | | 男　女 | | | | | | |
| 11～ | 1000 | 1000 | 1500 | 1200 | 350 | 16　18 | 120 | 18.0　15.0 | 45 | 1.8 | 1.2 | 40 | | 50 |
| 14～ | 1000 | 1000 | 2000 | 1800 | 350 | 20　25 | 150 | 19.0　15.5 | 50 | 2.0 | 1.4 | 40 | | 50 |
| 18～ | 800 | 700 | 2000 | 2200 | 350 | 15　20 | 150 | 15.0　11.5 | 50 | 2.0 | 1.5 | 50 | 3.5 | 60 |
| 50～ | 1000 | 700 | 2000 | 2200 | 350 | 15 | 150 | 11.5 | 50 | 2.0 | 1.5 | 50 | 3.5 | 60 |
| 孕妇 | | | | | | | | | | | | | | |
| 早期 | 800 | 700 | 2500 | 2200 | 400 | 20 | 200 | 11.5 | 50 | | | | | |
| 中期 | 1000 | 700 | 2500 | 2200 | 400 | 25 | 200 | 16.5 | 50 | | | | | |
| 晚期 | 1200 | 700 | 2500 | 2200 | 400 | 35 | 200 | 16.5 | 50 | | | | | |
| 乳母 | 1200 | 700 | 2500 | 2200 | 400 | 25 | 200 | 21.5 | 65 | | | | | |

注:凡表中数字缺如之处表示未制定该参考值[资料来源于中国营养学会制订的中国居民膳食营养素参考摄入量(2007 版)]

**附表 1-3　中国居民 DRIs—脂溶性和水溶性维生素的 RNIs 或 AIs**

| 年龄(岁) | VA | VD | VE | $VB_1$ | $VB_2$ | $VB_6$ | $VB_{12}$ | VC | 泛酸 | 叶酸 | 烟酸 | 胆碱 | 生物素 |
|---|---|---|---|---|---|---|---|---|---|---|---|---|---|
| | RNI | RNI | AI | RNI | RNI | AI | AI | RNI | AI | RNI | RNI | AI | AI |
| | μgRE* | μg | mga-TE# | mg | mg | mg | μg | mg | mg | μgDFE▽ | mgNE▲ | mg | μg |
| 0～ | 400(AI) | 10 | 3 | 0.2(AI) | 0.4(AI) | 0.1 | 0.4 | 40 | 1.7 | 65(AI) | 2(AI) | 100 | 5 |
| 0.5～ | 400(AI) | 10 | 3 | 0.3(AI) | 0.5(AI) | 0.3 | 0.5 | 50 | 1.8 | 80(AI) | 3(AI) | 150 | 6 |
| 1～ | 500 | 10 | 4 | 0.6 | 0.6 | 0.5 | 0.9 | 60 | 2.0 | 150 | 6 | 200 | 8 |
| 4～ | 600 | 10 | 5 | 0.7 | 0.7 | 0.6 | 1.2 | 70 | 3.0 | 200 | 7 | 250 | 12 |
| 7～ | 700 | 10 | 7 | 0.9 | 1.0 | 0.7 | 1.2 | 80 | 4.0 | 200 | 9 | 300 | 16 |
| 11～ | 700 | 5 | 10 | 1.2 | 1.2 | 0.9 | 1.8 | 90 | 5.0 | 300 | 12 | 350 | 20 |
| | 男　女 | | | 男　女 | 男　女 | | | | | | 男　女 | | |
| 14～ | 800　700 | 5 | 14 | 1.5　1.2 | 1.5　1.2 | 1.1 | 2.4 | 100 | 5.0 | 400 | 15　12 | 450 | 25 |
| 18～ | 800　700 | 5 | 14 | 1.4　1.3 | 1.4　1.2 | 1.2 | 2.4 | 100 | 5.0 | 400 | 14　13 | 500 | 30 |
| 50～ | 800　700 | 10 | 14 | 1.3 | 1.4 | 1.5 | 2.4 | 100 | 5.0 | 400 | 13 | 500 | 30 |
| 孕妇 | | | | | | | | | | | | | |
| 早期 | 800 | 5 | 14 | 1.5 | 1.7 | 1.9 | 2.6 | 100 | 6.0 | 600 | 15 | 500 | 30 |
| 中期 | 900 | 10 | 14 | 1.5 | 1.7 | 1.9 | 2.6 | 130 | 6.0 | 600 | 15 | 500 | 30 |
| 晚期 | 900 | 10 | 14 | 1.5 | 1.7 | 1.9 | 2.6 | 130 | 6.0 | 600 | 15 | 500 | 30 |
| 乳母 | 1200 | 10 | 14 | 1.8 | 1.7 | 1.9 | 2.8 | 130 | 7.0 | 500 | 18 | 500 | 35 |

* RE 为视黄醇当量(retinol equivalent)；# a-TE 为 a-生育酚当量(tocopherol equivalent)；▽ DFE 为膳食叶酸当量(dietary folate equivalent)；▲ NE 为烟酸当量(niacin equivalent)。凡表中数字缺少如之处表示未制定该参考值[资料来源于中国营养学会制订的中国居民膳食营养素参考摄人量(2007 版)]

附表 1-4　中国居民 DRIs—部分微量营养素的 ULs

| 年龄<br>（岁） | 钙<br>mg | 磷<br>mg | 镁<br>mg | 铁<br>mg | 碘<br>μg | 锌<br>mg<br>男 | <br><br>女 | 硒<br>μg | 铜<br>mg | 氟<br>mg | 铬<br>μg | 锰<br>mg | 钼<br>μg | VA<br>μgRE* | VD<br>μg | $VB_1$<br>mg | VC<br>mg | 叶酸<br>μgDFE▽ | 烟酸<br>mgNE▲ | 胆碱<br>mg |
|---|---|---|---|---|---|---|---|---|---|---|---|---|---|---|---|---|---|---|---|---|
| 0～ | | | | 10 | | | | 55 | | 0.4 | | | | | | | 400 | | | 600 |
| 0.5～ | | | | 30 | | 13 | | 80 | | 0.8 | | | | | | | 500 | | | 800 |
| 1～ | 2 000 | 3 000 | 200 | 30 | | 23 | | 120 | 1.5 | 1.2 | 200 | | 80 | | | 50 | 600 | 300 | 10 | 1 000 |
| 4～ | 2 000 | 3 000 | 300 | 30 | | 23 | | 180 | 2.0 | 1.6 | 300 | | 110 | 2 000 | 20 | 50 | 700 | 400 | 15 | 1 500 |
| 7～ | 2 000 | 3 000 | 500 | 30 | 800 | 28 | | 240 | 3.5 | 2.0 | 300 | | 160 | 2 000 | 20 | 50 | 800 | 400 | 20 | 2 000 |
| 11～ | 2 000 | 3 500 | 700 | 50 | 800 | 37 | 34 | 300 | 5.0 | 2.4 | 400 | | 280 | 2 000 | 20 | 50 | 900 | 600 | 30 | 2 500 |
| 14～ | 2 000 | 3 500 | 700 | 50 | 800 | 42 | 35 | 360 | 7.0 | 2.8 | 400 | | 280 | 2 000 | 20 | 50 | 1 000 | 800 | 30 | 3 000 |
| 18～ | 2 000 | 3 500 | 700 | 50 | 1 000 | 45 | 37 | 400 | 8.0 | 3.0 | 500 | 10 | 350 | 3 000 | 20 | 50 | 1 000 | 1 000 | 35 | 3 500 |
| 孕妇 | 2 000 | 3 500 | 700 | 60 | 1 000 | | 35 | 400 | | | | | | 2 400 | 20 | | 1 000 | 1 000 | | 3 500 |
| 乳母 | 2 000 | 3 000 | 700 | 50 | 1 000 | | 35 | 400 | | | | | | | 20 | | 1 000 | 1 000 | | 3 500 |
| 50～ | 2 000 | 3 500# | 700 | 50 | 1 000 | 37 | 37 | 400 | 8.0 | 3.0 | 500 | 10 | 350 | 3 000 | 20 | 50 | 1 000 | 1 000 | 35 | 3 500 |

注：* RE 为视黄醇当量（retinol equivalent）；▽ DFE 为膳食叶酸当量（dietary folate equivalent）；▲ NE 为烟酸当量（niacin equivalent）；# 60 岁以上磷的 UL 为 3000mg。表中数字缺少之处表示未制定该参考值[资料来源于中国营养学会制订的中国居民膳食营养素参考摄入量（2007 版）]

# 附录 2　主要食物营养成分表

**附表 2-1　谷类及谷类制品食物成分表**(以每 100g 食部计)

| 食物名称 | 食部 | 能量 | | 水分 | 蛋白质 | 脂肪 | 膳食纤维 | 碳水化合物 | 维生素 A | 硫胺素 | 核黄素 | 抗坏血酸 | 钙 | 铁 | 锌 |
|---|---|---|---|---|---|---|---|---|---|---|---|---|---|---|---|
| | g | kJ | kcal | g | g | g | g | g | μgRE | mg | mg | mg | mg | mg | mg |
| 粳米(标一) | 100 | 1435 | 384 | 13.7 | 7.7 | 0.6 | 0.6 | 76.8 | — | 0.16 | 0.08 | — | 11 | 1.1 | 1.45 |
| 粳米(特级) | 100 | 1397 | 334 | 16.2 | 7.3 | 0.4 | 0.4 | 75.3 | — | 0.08 | 0.04 | — | 24 | 0.9 | 1.07 |
| 米饭(蒸) | 100 | 477 | 114 | 71.1 | 2.5 | 0.2 | 0.4 | 25.6 | — | 0.02 | 0.03 | — | 6 | 0.2 | 0.47 |
| 米饭(蒸) | 100 | 490 | 117 | 70.6 | 2.6 | 0.3 | 0.2 | 26.0 | — | … | 0.03 | — | 7 | 2.2 | 1.36 |
| 米粉(干,细) | 100 | 1448 | 346 | 12.3 | 8.0 | 0.1 | 0.1 | 78.2 | — | 0.03 | — | — | — | 1.4 | 2.27 |
| 米粥 | 100 | 192 | 46 | 88.6 | 1.1 | 0.3 | 0.1 | 9.8 | — | … | 0.03 | — | 7 | 0.1 | 0.20 |
| 晚籼(特) | 100 | 1431 | 342 | 14.0 | 8.1 | 0.3 | 0.2 | 76.7 | — | 0.09 | 0.10 | — | 6 | 0.7 | 1.50 |
| 籼米(标准) | 100 | 1452 | 347 | 12.6 | 7.9 | 0.6 | 0.8 | 77.5 | — | 0.09 | 0.04 | — | 12 | 1.6 | 1.47 |
| 苦荞麦粉 | 100 | 1272 | 304 | 19.3 | 9.7 | 2.7 | 5.8 | 60.2 | — | 0.32 | 0.21 | — | 39 | 4.4 | 2.02 |
| 糯米(粳) | 100 | 1435 | 343 | 13.8 | 7.9 | 0.8 | 0.7 | 76.0 | — | 0.20 | 0.05 | — | 21 | 1.9 | 1.77 |
| 糯米(紫红) | 100 | 1435 | 343 | 13.8 | 8.3 | 1.7 | 1.4 | 73.7 | — | 0.31 | 0.12 | — | 13 | 3.9 | 2.16 |
| 荞麦 | 100 | 1356 | 324 | 13.0 | 9.3 | 2.3 | 6.5 | 66.5 | 3 | 0.28 | 0.16 | — | 47 | 6.2 | 3.62 |
| 青稞 | 100 | 1417 | 338 | 12.4 | 8.1 | 1.5 | 1.8 | 73.2 | 0 | 0.34 | 0.11 | 0 | 113 | 40.7 | 2.38 |
| 糌粑 | 100 | 1075 | 257 | 49.3 | 4.1 | 13.1 | 1.8 | 30.7 | — | 0.05 | 0.15 | — | 71 | 13.9 | 9.55 |
| 方便面 | 100 | 1975 | 472 | 3.6 | 9.5 | 21.1 | 0.7 | 60.9 | — | 0.12 | 0.06 | — | 25 | 4.1 | 1.06 |
| 麸皮 | 100 | 920 | 220 | 14.5 | 15.8 | 4.0 | 31.3 | 30.1 | 20 | 0.30 | 0.30 | — | 206 | 9.9 | 5.98 |
| 富强粉 | 100 | 1488 | 355 | 11.6 | 10.3 | 1.2 | 0.3 | 75.9 | 0 | 0.39 | 0.08 | 0 | 5 | 2.8 | 1.58 |
| 小麦粉(标准粉) | 100 | 1439 | 344 | 12.7 | 11.2 | 1.5 | 2.1 | 71.5 | — | 0.28 | 0.08 | — | 31 | 3.5 | 1.64 |

续表

| 食物名称 | 食部 | 能量 | | 水分 | 蛋白质 | 脂肪 | 膳食纤维 | 碳水化合物 | 维生素 A | 硫胺素 | 核黄素 | 抗坏血酸 | 钙 | 铁 | 锌 |
|---|---|---|---|---|---|---|---|---|---|---|---|---|---|---|---|
| | g | kJ | kcal | g | g | g | g | g | μgRE | mg | mg | mg | mg | mg | mg |
| 挂面(标准粉) | 100 | 1439 | 334 | 12.4 | 10.1 | 0.7 | 1.6 | 74.4 | — | 0.19 | 0.04 | — | 14 | 3.5 | 1.22 |
| 挂面(精白粉) | 100 | 1452 | 347 | 12.7 | 9.6 | 0.6 | 0.3 | 75.7 | — | 0.20 | 0.04 | — | 21 | 3.2 | 0.74 |
| 烙饼(标准粉) | 100 | 1067 | 225 | 36.4 | 7.5 | 2.3 | 1.9 | 51.0 | — | 0.02 | 0.04 | — | 20 | 2.4 | 0.94 |
| 馒头(标准粉) | 100 | 975 | 233 | 40.5 | 7.8 | 1.0 | 1.5 | 48.3 | — | 0.05 | 0.07 | — | 18 | 1.9 | 1.01 |
| 馒头(富强粉) | 100 | 870 | 208 | 47.3 | 6.2 | 1.2 | 1.0 | 43.2 | — | 0.02 | 0.02 | — | 58 | 1.7 | 0.40 |
| 油条 | 100 | 1615 | 386 | 21.8 | 6.9 | 17.6 | 0.9 | 50.1 | — | 0.01 | 0.07 | — | 6 | 1.0 | 0.75 |
| 小米 | 100 | 1498 | 358 | 11.6 | 9.0 | 3.1 | 1.6 | 73.5 | 17 | 0.33 | 0.10 | — | 41 | 5.1 | 1.87 |
| 小米粥 | 100 | 192 | 46 | 89.3 | 1.4 | 0.7 | … | 8.4 | — | 0.02 | 0.07 | — | 10 | 1.0 | 0.41 |
| 燕麦片 | 100 | 1536 | 367 | 9.2 | 15.0 | 6.7 | 5.3 | 61.6 | — | 0.30 | 0.13 | — | 186 | 7.0 | 2.59 |
| 莜麦面 | 100 | 1354 | 324 | 11.0 | 12.2 | 7.2 | 15.3 | 52.5 | 3 | 0.39 | 0.04 | — | 27 | 13.6 | 2.21 |
| 玉米(黄) | 100 | 1402 | 335 | 13.2 | 8.7 | 3.8 | 6.4 | 66.6 | 17 | 0.21 | 0.13 | — | 14 | 2.4 | 1.70 |
| 玉米(鲜) | 46 | 444 | 106 | 71.3 | 4.0 | 1.2 | 2.9 | 19.9 | — | 0.16 | 0.11 | 16 | — | 1.1 | 0.90 |
| 玉米罐头 | 100 | 26 | 6 | 93.0 | 1.1 | 0.2 | 4.9 | 0.8 | 7 | — | — | — | 6 | 0.1 | 0.33 |
| 玉米糁(黄) | 100 | 1452 | 347 | 12.8 | 7.9 | 3.0 | 3.6 | 72.0 | — | 0.10 | 0.08 | — | 49 | 2.4 | 1.16 |

**附表 2-2　干豆类及豆制品食物成分表**(以每 100g 食部计)

| 食物名称 | 食部 | 能量 | | 水分 | 蛋白质 | 脂肪 | 膳食纤维 | 碳水化合物 | 维生素 A | 硫胺素 | 核黄素 | 抗坏血酸 | 钙 | 铁 | 锌 |
|---|---|---|---|---|---|---|---|---|---|---|---|---|---|---|---|
| | g | kJ | kcal | g | g | g | g | g | μgRE | mg | mg | mg | mg | mg | mg |
| 蚕豆(去皮) | 1431 | 342 | 11.3 | 25.4 | 1.6 | 2.5 | 56.4 | 50 | 0.20 | 0.20 | — | 54 | 2.5 | 3.32 | |
| 赤小豆 | 100 | 1293 | 309 | 12.6 | 20.2 | 0.6 | 7.7 | 55.7 | 13 | 0.16 | 0.11 | — | 74 | 7.4 | 2.20 |
| 豆腐 | 100 | 339 | 81 | 82.8 | 8.1 | 3.7 | 0.4 | 3.8 | — | 0.04 | 0.03 | — | 164 | 1.9 | 1.11 |
| 豆腐(南) | 100 | 238 | 57 | 87.9 | 6.2 | 2.5 | 0.2 | 2.4 | — | 0.02 | 0.04 | — | 116 | 1.5 | 0.59 |
| 腐竹 | 100 | 1929 | 459 | 7.9 | 44.6 | 21.7 | 1.0 | 21.3 | — | 0.13 | 0.07 | — | 77 | 16.5 | 3.69 |
| 腐乳(白) | 100 | 556 | 133 | 68.3 | 10.9 | 8.2 | 0.9 | 3.9 | 22 | 0.03 | 0.04 | — | 61 | 3.8 | 0.69 |
| 腐乳(红) | 100 | 632 | 151 | 61.2 | 12.0 | 8.1 | 0.6 | 7.6 | 15 | 0.02 | 0.21 | — | 87 | 11.5 | 1.67 |
| 千张 | 100 | 1088 | 260 | 52.0 | 245.5 | 16.0 | 1.0 | 4.5 | 5 | 0.04 | 0.05 | — | 313 | 6.4 | 2.52 |
| 香干 | 100 | 615 | 147 | 69.2 | 15.8 | 7.8 | 0.8 | 3.3 | 7 | 0.04 | 0.03 | — | 299 | 5.7 | 1.59 |
| 豆浆 | 100 | 54 | 13 | 96.4 | 1.8 | 0.7 | 1.1 | 0.0 | 15 | 0.02 | 0.02 | — | 10 | 0.5 | 0.24 |
| 豆浆粉 | 100 | 1766 | 422 | 1.5 | 19.7 | 9.4 | 2.2 | 64.6 | — | 0.07 | 0.05 | — | 101 | 3.7 | 1.77 |
| 豆粕 | 100 | 1297 | 310 | 11.5 | 42.6 | 2.1 | 7.6 | 30.2 | — | 0.49 | 0.20 | — | 154 | 14.9 | 0.50 |
| 黄豆 | 100 | 1502 | 359 | 10.2 | 35.1 | 16.0 | 15.5 | 18.6 | 37 | 0.41 | 0.20 | — | 191 | 8.2 | 3.34 |
| 黄豆粉 | 100 | 1749 | 418 | 6.7 | 32.8 | 18.3 | 7.0 | 30.5 | 63 | 0.31 | 0.22 | — | 207 | 8.1 | 3.89 |
| 绿豆 | 100 | 1322 | 316 | 12.3 | 21.6 | 0.8 | 6.4 | 55.6 | 22 | 0.25 | 0.11 | — | 81 | 6.5 | 2.18 |
| 豌豆 | 100 | 1310 | 313 | 10.4 | 20.3 | 1.1 | 10.4 | 55.4 | 42 | 0.49 | 0.14 | — | 97 | 4.9 | 2.35 |
| 芸豆(杂) | 100 | 1280 | 306 | 9.8 | 22.4 | 0.6 | 10.5 | 52.8 | — | — | — | — | 349 | 8.7 | 2.22 |

## 附表 2-3 鲜豆类食物成分表(以每 100g 食部计)

| 食物名称 | 食部 | 能量 | | 水分 | 蛋白质 | 脂肪 | 膳食纤维 | 碳水化合物 | 维生素 A | 硫胺素 | 核黄素 | 抗坏血酸 | 钙 | 铁 | 锌 |
|---|---|---|---|---|---|---|---|---|---|---|---|---|---|---|---|
| | g | kJ | kcal | g | g | g | g | g | μgRE | mg | mg | mg | mg | mg | mg |
| 扁豆 | 91 | 155 | 37 | 88.3 | 2.7 | 0.2 | 2.1 | 6.1 | 25 | 0.04 | 0.07 | 13 | 38 | 1.9 | 0.72 |
| 蚕豆 | 31 | 435 | 104 | 70.2 | 8.8 | 0.4 | 3.1 | 16.4 | 52 | 0.37 | 0.10 | 16 | 16 | 3.5 | 1.37 |
| 黄豆芽 | 100 | 184 | 44 | 88.8 | 4.5 | 1.6 | 1.5 | 3.0 | 5 | 0.04 | 0.07 | 8 | 21 | 0.9 | 0.54 |
| 毛豆 | 53 | 515 | 123 | 69.6 | 13.1 | 5.0 | 4.0 | 6.5 | 22 | 0.15 | 0.07 | 27 | 135 | 3.5 | 1.73 |
| 豇豆 | 97 | 121 | 29 | 90.3 | 2.9 | 0.3 | 2.3 | 3.6 | 42 | 0.07 | 0.09 | 19 | 27 | 0.5 | 0.54 |
| 绿豆芽 | 100 | 75 | 18 | 94.6 | 2.1 | 0.1 | 0.8 | 2.1 | 3 | 0.05 | 0.06 | 6 | 9 | 0.6 | 0.35 |
| 豆角 | 96 | 126 | 30 | 90.0 | 2.5 | 0.2 | 2.1 | 4.6 | 33 | 0.05 | 0.07 | 18 | 29 | 1.5 | 0.54 |
| 豌豆(带荚) | 42 | 439 | 105 | 70.2 | 7.4 | 0.3 | 3.0 | 18.2 | 37 | 0.43 | 0.09 | 14 | 21 | 1.7 | 1.29 |
| 豌豆苗 | 86 | 141 | 34 | 89.6 | 4.0 | 0.8 | 1.9 | 2.6 | 344 | 0.05 | 0.11 | 67 | 40 | 4.2 | 0.77 |

## 附表 2-4 根茎类食物成分表(以每 100g 食部计)

| 食物名称 | 食部 | 能量 | | 水分 | 蛋白质 | 脂肪 | 膳食纤维 | 碳水化合物 | 维生素 A | 硫胺素 | 核黄素 | 抗坏血酸 | 钙 | 铁 | 锌 |
|---|---|---|---|---|---|---|---|---|---|---|---|---|---|---|---|
| | g | kJ | kcal | g | g | g | g | g | μgRE | mg | mg | mg | mg | mg | mg |
| 百合(干) | 100 | 1431 | 342 | 10.3 | 6.7 | 0.5 | 1.7 | 77.8 | — | 0.05 | 0.09 | — | 32 | 5.9 | 1.31 |
| 荸荠 | 78 | 247 | 59 | 83.6 | 1.2 | 0.2 | 1.1 | 13.1 | 3 | 0.02 | 0.02 | 7 | 4 | 0.6 | 0.34 |
| 苤蓝 | 78 | 126 | 30 | 90.8 | 1.3 | 0.2 | 1.3 | 5.7 | 3 | 0.04 | 0.02 | 41 | 25 | 0.3 | 0.17 |
| 甘薯白心 | 86 | 435 | 104 | 72.6 | 1.4 | 0.2 | 1.0 | 24.2 | 37 | 0.07 | 0.04 | 24 | 24 | 0.8 | 0.22 |
| 甘薯红心 | 90 | 414 | 99 | 73.4 | 1.1 | 0.2 | 1.6 | 23.1 | 125 | 0.04 | 0.04 | 26 | 23 | 0.5 | 0.15 |
| 胡萝卜(橙) | 96 | 155 | 37 | 89.2 | 1.0 | 0.2 | 1.1 | 7.7 | 688 | 0.04 | 0.03 | 13 | 32 | 1.0 | 0.23 |
| 茭笋 | 77 | 106 | 25 | 91.1 | 1.7 | 0.2 | 2.0 | 4.2 | — | 0.05 | 0.04 | 12 | 2 | 0.5 | 0.29 |
| 芥菜头 | 83 | 138 | 33 | 89.6 | 1.9 | 0.2 | 1.4 | 6.0 | — | 0.06 | 0.02 | 34 | 65 | 0.8 | 0.39 |
| 凉薯 | 91 | 230 | 55 | 85.2 | 0.9 | 0.1 | 0.8 | 12.6 | — | 0.03 | 0.03 | 13 | 21 | 0.6 | 0.23 |
| 白萝卜 | 95 | 84 | 20 | 93.4 | 0.9 | 0.1 | 1.0 | 4.0 | 3 | 0.02 | 0.03 | 21 | 36 | 0.5 | 0.30 |
| 变萝卜 | 94 | 109 | 26 | 91.6 | 1.2 | 0.1 | 1.2 | 5.2 | 3 | 0.03 | 0.04 | 24 | 45 | 0.6 | 0.29 |
| 青萝卜 | 95 | 130 | 31 | 91.0 | 1.3 | 0.2 | 0.8 | 6.0 | 10 | 0.04 | 0.06 | 14 | 40 | 0.8 | 0.34 |
| 马铃薯 | 94 | 318 | 76 | 79.8 | 2.0 | 0.2 | 0.7 | 16.5 | 5 | 0.08 | 0.04 | 27 | 8 | 0.8 | 0.37 |
| 魔芋精粉 | 100 | 155 | 37 | 12.2 | 4.6 | 0.1 | 74.4 | 4.4 | — | 微量 | 0.10 | — | 45 | 1.6 | 2.05 |
| 藕 | 88 | 293 | 70 | 80.5 | 1.9 | 0.2 | 1.2 | 15.2 | 3 | 0.09 | 0.03 | 44 | 39 | 1.4 | 0.23 |
| 山药 | 83 | 234 | 56 | 84.8 | 1.9 | 0.2 | 0.8 | 11.6 | 7 | 0.05 | 0.02 | 5 | 16 | 0.3 | 0.27 |
| 芋头 | 84 | 331 | 79 | 78.6 | 2.2 | 0.2 | 1.0 | 17.1 | 27 | 0.06 | 0.05 | 6 | 36 | 1.0 | 0.49 |
| 春笋 | 66 | 84 | 20 | 91.4 | 2.4 | 0.1 | 2.8 | 2.3 | 5 | 0.05 | 0.04 | 5 | 8 | 2.4 | 0.43 |

## 附表 2-5 茎、叶、苔、花类蔬菜食物成分表(以每 100g 食部计)

| 食物名称 | 食部 | 能量 | | 水分 | 蛋白质 | 脂肪 | 膳食纤维 | 碳水化合物 | 维生素 A | 硫胺素 | 核黄素 | 抗坏血酸 | 钙 | 铁 | 锌 |
|---|---|---|---|---|---|---|---|---|---|---|---|---|---|---|---|
| | g | kJ | kcal | g | g | g | g | g | μgRE | mg | mg | mg | mg | mg | mg |
| 菠菜(赤根菜) | 89 | 100 | 24 | 91.2 | 2.6 | 0.3 | 1.7 | 2.8 | 487 | 0.20 | 0.18 | 82 | 411 | 25.9 | 3.91 |
| 菜花 | 82 | 100 | 24 | 92.4 | 2.1 | 0.2 | 1.2 | 3.4 | 5 | 0.03 | 0.08 | 61 | 23 | 1.1 | 0.38 |
| 大白菜(青白口) | 83 | 63 | 15 | 95.1 | 1.4 | 0.1 | 0.9 | 2.1 | 13 | 0.03 | 0.04 | 28 | 35 | 0.6 | 0.61 |
| 大白菜(酸) | 100 | 59 | 14 | 95.2 | 1.1 | 0.2 | 0.5 | 1.9 | 5 | 0.02 | 0.02 | 2 | 48 | 1.6 | 0.36 |
| 小白菜 | 81 | 63 | 15 | 94.5 | 1.5 | 0.3 | 1.1 | 1.6 | 280 | 0.02 | 0.09 | 28 | 90 | 1.9 | 0.51 |
| 大葱 | 82 | 126 | 30 | 91.0 | 1.7 | 0.3 | 1.3 | 5.2 | 10 | 0.01 | 0.12 | 8 | 24 | … | 0.13 |
| 大蒜 | 85 | 527 | 126 | 66.6 | 4.5 | 0.2 | 1.1 | 26.5 | 5 | 0.04 | 0.06 | 7 | 39 | 1.2 | 0.88 |
| 青蒜 | 84 | 126 | 30 | 90.4 | 2.4 | 0.3 | 1.7 | 4.5 | 98 | 0.06 | 0.04 | 16 | 24 | 0.8 | 0.23 |
| 蒜苗 | 82 | 155 | 37 | 88.9 | 2.1 | 0.4 | 1.8 | 6.2 | 47 | 0.11 | 0.08 | 35 | 29 | 1.4 | 0.46 |
| 茴香菜 | 86 | 100 | 24 | 91.2 | 2.5 | 0.4 | 1.6 | 2.6 | 402 | 0.06 | 0.09 | 26 | 154 | 1.2 | 0.73 |
| 茭白 | 74 | 96 | 23 | 92.2 | 1.2 | 0.2 | 1.9 | 4.0 | 5 | — | — | — | — | — | — |
| 金针菜 | 98 | 833 | 199 | 40.3 | 19.4 | 1.4 | 7.7 | 27.2 | 307 | 0.05 | 0.21 | 10 | 301 | 8.1 | 3.99 |
| 韭菜 | 90 | 109 | 26 | 91.8 | 2.4 | 0.4 | 1.4 | 3.2 | 235 | 0.02 | 24 | 42 | 1.6 | 0.43 | — |
| 芦笋 | 90 | 75 | 18 | 93.0 | 1.4 | 0.1 | 1.9 | 3.0 | 17 | 0.04 | 0.05 | 45 | 10 | 1.4 | 0.41 |
| 萝卜缨(小红) | 93 | 84 | 20 | 92.8 | 1.6 | 0.3 | 1.4 | 2.7 | 118 | 0.02 | — | 77 | — | — | — |
| 芹菜茎 | 67 | 84 | 20 | 93.1 | 1.2 | 0.2 | 1.2 | 3.3 | 57 | 0.02 | 0.06 | 8 | 80 | 1.2 | 0.24 |
| 花叶生菜 | 94 | 54 | 13 | 95.8 | 1.3 | 0.3 | 0.7 | 1.3 | 298 | 0.03 | 0.06 | 13 | 34 | 0.9 | 0.27 |
| 茼蒿 | 82 | 88 | 21 | 93.0 | 1.9 | 0.3 | 1.2 | 2.7 | 252 | 0.04 | 0.09 | 18 | 73 | 2.5 | 0.35 |
| 蕹菜 | 76 | 84 | 20 | 92.9 | 2.2 | 0.3 | 1.4 | 2.2 | 253 | — | — | — | — | — | — |
| 莴苣笋 | 62 | 59 | 14 | 95.5 | 1.0 | 0.1 | 0.6 | 2.2 | 25 | 0.02 | 0.02 | 4 | 23 | 0.9 | 0.33 |
| 乌菜 | 89 | 105 | 25 | 91.8 | 2.6 | 0.4 | 1.4 | 2.8 | 168 | 0.06 | 0.11 | 45 | 186 | 3.0 | 0.70 |
| 西兰花 | 83 | 138 | 33 | 90.3 | 4.1 | 0.6 | 1.6 | 2.7 | 1202 | 0.09 | 0.13 | 51 | 67 | 1.0 | 0.78 |
| 苋菜(青) | 74 | 105 | 25 | 90.2 | 2.8 | 0.3 | 2.2 | 2.8 | 352 | 0.03 | 0.12 | 47 | 187 | 5.4 | 0.80 |
| 香椿 | 76 | 197 | 47 | 85.2 | 1.7 | 0.4 | 1.8 | 9.1 | 117 | — | — | — | — | — | — |
| 小葱 | 73 | 100 | 24 | 92.7 | 1.6 | 0.4 | 1.4 | 3.5 | 140 | — | — | — | — | — | — |
| 雪里蕻(叶用芥菜) | 94 | 100 | 24 | 91.5 | 2.0 | 0.4 | 1.6 | 3.1 | 52 | — | — | — | — | — | — |
| 葱头 | 90 | 163 | 39 | 89.2 | 1.1 | 0.2 | 0.9 | 8.1 | 3 | 0.20 | 0.14 | 5 | 351 | 6.2 | 1.13 |
| 荠菜(蓟菜) | 88 | 113 | 27 | 90.6 | 2.9 | 0.4 | 1.7 | 3.0 | 432 | — | — | — | — | — | — |
| 油菜 | 87 | 96 | 23 | 92.9 | 1.8 | 0.5 | 1.1 | 2.7 | 103 | 0.08 | 0.07 | 65 | 156 | 2.8 | 0.72 |
| 圆白菜 | 86 | 92 | 22 | 93.2 | 1.5 | 0.2 | 1.0 | 3.6 | 12 | 0.03 | 0.03 | 40 | 49 | 0.6 | 0.25 |
| 芫荽 | 81 | 130 | 31 | 90.5 | 1.8 | 0.4 | 1.2 | 5.0 | 193 | 0.04 | 0.14 | 48 | 101 | 2.9 | 0.45 |

## 附表 2-6 瓜菜类食物成分表(以每 100g 食部计)

| 食物名称 | 食部 | 能量 | | 水分 | 蛋白质 | 脂肪 | 膳食纤维 | 碳水化合物 | 维生素 A | 硫胺素 | 核黄素 | 抗坏血酸 | 钙 | 铁 | 锌 |
|---|---|---|---|---|---|---|---|---|---|---|---|---|---|---|---|
| | g | kJ | kcal | g | g | g | g | g | μgRE | mg | mg | mg | mg | mg | mg |
| 菜瓜 | 88 | 75 | 18 | 95.0 | 0.6 | 0.2 | 0.4 | 3.5 | 3 | 0.02 | 0.01 | 12 | 20 | 0.5 | 0.10 |
| 冬瓜 | 80 | 46 | 11 | 96.6 | 0.4 | 0.2 | 0.7 | 1.9 | 13 | 0.01 | 0.01 | 18 | 19 | 0.2 | 0.07 |
| 哈密瓜 | 71 | 142 | 34 | 91.0 | 0.5 | 0.1 | 0.2 | 7.7 | 153 | … | 0.01 | 12 | 4 | … | 0.13 |
| 黄瓜 | 92 | 63 | 15 | 95.8 | 0.8 | 0.2 | 0.5 | 2.4 | 15 | 0.02 | 0.03 | 9 | 24 | 0.5 | 0.18 |
| 苦瓜 | 81 | 79 | 19 | 93.4 | 1.0 | 0.1 | 1.4 | 3.5 | 17 | 0.03 | 0.03 | 56 | 14 | 0.7 | 0.36 |
| 木瓜 | 86 | 113 | 27 | 92.2 | 0.4 | 0.1 | 0.8 | 6.2 | 145 | 0.01 | 0.02 | 43 | 17 | 0.2 | 0.25 |
| 南瓜 | 85 | 92 | 22 | 93.5 | 0.7 | 0.1 | 0.8 | 4.5 | 148 | 0.03 | 0.04 | 8 | 16 | 0.4 | 0.14 |
| 丝瓜 | 83 | 84 | 20 | 94.3 | 1.0 | 0.2 | 0.6 | 3.6 | 15 | 0.02 | 0.04 | 5 | 14 | 0.4 | 0.21 |
| 笋瓜 | 91 | 50 | 12 | 96.1 | 0.5 | — | 0.7 | 2.4 | 17 | 0.04 | 0.02 | 5 | 14 | 0.6 | 0.09 |
| 白兰瓜 | 55 | 88 | 21 | 93.2 | 0.6 | 0.1 | 0.8 | 4.5 | 7 | 0.02 | 0.03 | 14 | — | — | — |
| 西瓜 | 56 | 105 | 25 | 93.3 | 0.6 | 0.1 | 0.3 | 5.5 | 75 | 0.02 | 0.03 | 6 | 8 | 0.3 | 0.10 |
| 西葫芦 | 73 | 75 | 18 | 94.9 | 0.8 | 0.2 | 0.6 | 3.2 | 5 | 0.01 | 0.03 | 6 | 15 | 0.3 | 0.12 |
| 葫子(茄科) | 85 | 113 | 27 | 92.2 | 0.7 | 0.1 | 0.9 | 5.9 | 163 | 0.01 | 0.06 | 29 | 49 | … | 0.56 |
| 辣椒(尖,青) | 84 | 96 | 23 | 91.9 | 1.4 | 0.3 | 2.1 | 3.7 | 57 | 0.03 | 0.04 | 62 | 15 | 0.7 | 0.22 |
| 茄子 | 93 | 88 | 21 | 93.4 | 1.1 | 0.2 | 1.3 | 3.6 | 8 | 0.02 | 0.04 | 5 | 24 | 0.5 | 0.23 |
| 灯笼椒 | 82 | 92 | 22 | 93.0 | 1.0 | 0.2 | 1.4 | 4.0 | 57 | 0.03 | 0.03 | 72 | 14 | 0.8 | 0.19 |
| 番茄 | 97 | 79 | 19 | 94.4 | 0.9 | 0.2 | 0.5 | 3.5 | 92 | 0.03 | 0.03 | 19 | 10 | 0.4 | 0.13 |

附表 2-7　咸菜类食物成分表(以每 100g 食部计)

| 食物名称 | 食部 | 能量 | | 水分 | 蛋白质 | 脂肪 | 膳食纤维 | 碳水化合物 | 维生素 A | 硫胺素 | 核黄素 | 抗坏血酸 | 钙 | 铁 | 锌 |
|---|---|---|---|---|---|---|---|---|---|---|---|---|---|---|---|
| | g | kJ | kcal | g | g | g | g | g | μgRE | mg | mg | mg | mg | mg | mg |
| 八宝菜 | 100 | 301 | 72 | 72.3 | 4.6 | 1.4 | 3.2 | 10.2 | — | 0.17 | 0.03 | … | 110 | 4.8 | 0.53 |
| 甜蒜头 | 74 | 477 | 114 | 66.1 | 2.1 | 0.2 | 1.7 | 25.9 | — | 0.04 | 0.06 | — | 38 | 1.3 | 0.44 |
| 甜酸皎头 | 100 | 4.6 | 97 | 73.7 | 0.5 | 0.5 | 0.4 | 22.6 | — | 微量 | 微量 | — | 68 | 4.2 | — |
| 腌雪里蕻 | 100 | 105 | 25 | 77.1 | 2.4 | 0.2 | 2.1 | 3.3 | 8 | 0.05 | 0.07 | 4 | 294 | 5.5 | 0.74 |
| 榨菜 | 100 | 121 | 29 | 75.0 | 2.2 | 0.3 | 2.1 | 4.4 | 83 | 0.03 | 0.06 | 2 | 155 | 3.9 | 0.63 |
| 酱苤蓝丝 | 100 | 163 | 39 | 73.4 | 5.5 | … | 1.5 | 4.2 | — | 0.08 | 0.05 | … | 38 | 2.7 | 1.04 |
| 酱黄瓜 | 100 | 100 | 24 | 76.2 | 3.0 | 0.3 | 1.2 | 2.2 | 30 | 0.06 | 0.01 | … | 52 | 3.7 | 0.89 |
| 酱萝卜 | 100 | 126 | 30 | 76.1 | 3.5 | 0.4 | 1.3 | 3.2 | — | 0.05 | 0.09 | … | 102 | 3.8 | 0.61 |
| 酱大头菜 | 100 | 151 | 36 | 74.8 | 2.4 | 0.3 | 2.4 | 6.0 | — | 0.03 | 0.08 | 5 | 77 | 6.7 | 0.78 |
| 酱莴笋 | 100 | 96 | 23 | 83.0 | 2.3 | 0.2 | 1.0 | 3.1 | … | 0.06 | 0.05 | … | 28 | 3.1 | 0.42 |

附表 2-8　菌藻类食物成分表(以每 100g 食部计)

| 食物名称 | 食部 | 能量 | | 水分 | 蛋白质 | 脂肪 | 膳食纤维 | 碳水化合物 | 维生素 A | 硫胺素 | 核黄素 | 抗坏血酸 | 钙 | 铁 | 锌 |
|---|---|---|---|---|---|---|---|---|---|---|---|---|---|---|---|
| | g | kJ | kcal | g | g | g | g | g | μgRE | mg | mg | mg | mg | mg | mg |
| 海带 | 100 | 50 | 12 | 94.4 | 1.2 | 0.1 | 0.5 | 1.6 | — | 0.02 | 0.15 | … | 46 | 0.9 | 0.16 |
| 金针菇 | 100 | 109 | 26 | 90.2 | 2.4 | 0.4 | 2.7 | 3.3 | 5 | 0.15 | 0.19 | 2 | — | 1.4 | 0.39 |
| 口蘑 | 100 | 1013 | 242 | 9.2 | 38.7 | 3.3 | 17.2 | 14.4 | — | 0.07 | 0.08 | … | 169 | 19.4 | 9.04 |
| 木耳 | 100 | 858 | 205 | 15.5 | 12.1 | 1.5 | 29.2 | 35.7 | 17 | 0.17 | 0.44 | — | 247 | 97.4 | 3.18 |
| 平菇 | 93 | 84 | 20 | 92.5 | 1.9 | 0.3 | 2.3 | 2.3 | 2 | 0.06 | 0.16 | 4 | 5 | 1.0 | 0.61 |
| 香菇(干) | 95 | 883 | 211 | 12.3 | 20.0 | 1.2 | 31.6 | 30.1 | 3 | 0.19 | 1.26 | 5 | 83 | 10.5 | 8.57 |
| 银耳 | 96 | 837 | 200 | 14.6 | 10.0 | 1.4 | 30.4 | 36.9 | 8 | 0.05 | 0.25 | — | 36 | 4.1 | 3.03 |
| 紫菜 | 100 | 866 | 207 | 12.7 | 26.7 | 1.1 | 21.6 | 22.5 | 228 | 0.27 | 1.02 | 2 | 264 | 54.9 | 2.47 |

附表 2-9　水果类食物成分表(以每 100g 食部计)

| 食物名称 | 食部 | 能量 | | 水分 | 蛋白质 | 脂肪 | 膳食纤维 | 碳水化合物 | 维生素 A | 硫胺素 | 核黄素 | 抗坏血酸 | 钙 | 铁 | 锌 |
|---|---|---|---|---|---|---|---|---|---|---|---|---|---|---|---|
| | g | kJ | kcal | g | g | g | g | g | μgRE | mg | mg | mg | mg | mg | mg |
| 菠萝 | 68 | 172 | 41 | 88.4 | 0.5 | 0.1 | 1.3 | 9.5 | 33 | 0.04 | 0.02 | 18 | 12 | 0.6 | 0.14 |
| 草莓 | 97 | 126 | 30 | 91.3 | 1.0 | 0.2 | 1.1 | 6.0 | 5 | 0.02 | 0.03 | 47 | 18 | 1.8 | 0.14 |
| 橙 | 74 | 197 | 47 | 87.4 | 0.8 | 0.2 | 0.6 | 10.5 | 27 | 0.05 | 0.04 | 33 | 20 | 0.4 | 0.14 |
| 柑桔 | 77 | 213 | 51 | 86.9 | 0.7 | 0.2 | 0.4 | 11.5 | 148 | 0.08 | 0.04 | 28 | 35 | 0.2 | 0.08 |
| 甘蔗汁 | 100 | 268 | 64 | 83.1 | 0.4 | 0.1 | 0.6 | 15.4 | 2 | 0.01 | 0.02 | 2 | 14 | 0.4 | 1.00 |
| 海棠果 | 86 | 305 | 73 | 79.9 | 0.3 | 0.2 | 1.8 | 17.4 | 118 | 0.05 | 0.03 | 20 | 15 | 0.4 | 0.04 |
| 金桔 | 89 | 230 | 55 | 84.7 | 1.0 | 0.2 | 1.4 | 12.3 | 62 | 0.04 | 0.03 | 35 | 56 | 1.0 | 0.21 |
| 梨 | 75 | 134 | 32 | 90.0 | 0.4 | 0.1 | 2.0 | 7.3 | — | 0.01 | 0.04 | 1 | 11 | — | … |
| 玉皇李 | 91 | 151 | 36 | 90.0 | 0.7 | 0.2 | 0.9 | 7.8 | 25 | 0.03 | 0.02 | 5 | 8 | 0.6 | 0.14 |
| 荔枝 | 73 | 293 | 70 | 81.9 | 0.9 | 0.2 | 0.5 | 16.1 | 2 | 0.10 | 0.04 | 41 | 2 | 0.4 | 0.17 |
| 桂圆 | 50 | 293 | 70 | 81.4 | 1.2 | 0.1 | 0.4 | 16.2 | 3 | 0.01 | 0.14 | 43 | 6 | 0.2 | 0.40 |
| 芒果 | 60 | 134 | 32 | 90.6 | 0.6 | 0.2 | 1.3 | 7.0 | 1342 | 0.01 | 0.04 | 23 | 微量 | 0.2 | 0.09 |
| 中华猕猴桃 | 83 | 234 | 56 | 83.4 | 0.8 | 0.6 | 2.6 | 11.9 | 22 | 0.05 | 0.02 | 62 | 27 | 1.2 | 0.57 |
| 蜜桔 | 76 | 176 | 42 | 88.2 | 0.8 | 0.4 | 1.4 | 8.9 | 277 | 0.05 | 0.04 | 19 | 19 | 0.2 | 0.10 |
| 柠檬汁 | 100 | 109 | 26 | 93.1 | 0.9 | 0.2 | 0.3 | 5.2 | — | 0.01 | 0.02 | 11 | 24 | 0.1 | 0.09 |
| 苹果 | 76 | 218 | 52 | 85.9 | 0.2 | 0.2 | 1.2 | 12.3 | 3 | 0.06 | 0.02 | 4 | 4 | 0.6 | 0.19 |
| 葡萄 | 86 | 180 | 43 | 88.7 | 0.5 | 0.2 | 0.4 | 9.9 | 8 | 0.04 | 0.02 | 25 | 5 | 0.4 | 0.18 |
| 红果 | 76 | 397 | 95 | 73.0 | 0.5 | 0.6 | 3.1 | 22.0 | 17 | 0.02 | 0.02 | 53 | 52 | 0.9 | 0.28 |
| 柿 | 87 | 297 | 71 | 80.6 | 0.4 | 0.1 | 1.4 | 17.1 | 20 | 0.02 | 0.02 | 30 | 9 | 0.2 | 0.08 |
| 酸枣 | 52 | 1163 | 278 | 18.3 | 3.5 | 1.5 | 10.6 | 62.7 | — | 0.01 | 0.02 | 900 | 435 | 6.6 | 0.68 |
| 桃 | 86 | 201 | 48 | 86.4 | 0.9 | 0.1 | 1.3 | 10.9 | 3 | 0.01 | 0.03 | 7 | 6 | 0.8 | 0.34 |
| 无花果 | 100 | 247 | 59 | 81.3 | 1.5 | 0.1 | 3.0 | 13.0 | 5 | 0.03 | 0.02 | 2 | 67 | 0.1 | 1.42 |
| 香蕉 | 59 | 381 | 91 | 75.8 | 1.4 | 0.2 | 1.2 | 20.8 | 10 | 0.02 | 0.04 | 8 | 7 | 0.4 | 0.18 |
| 杏 | 91 | 151 | 36 | 89.4 | 0.9 | 0.1 | 1.3 | 7.8 | 75 | 0.02 | 0.03 | 4 | 14 | 0.6 | 0.20 |
| 杏脯 | 100 | 1377 | 329 | 15.3 | 0.8 | 0.6 | 1.8 | 80.2 | 157 | 0.02 | 0.09 | 6 | 68 | 4.8 | 0.56 |
| 鸭梨 | 82 | 180 | 43 | 88.3 | 0.2 | 0.2 | 1.1 | 10.0 | 2 | 0.03 | 0.03 | 4 | 4 | 0.9 | 0.10 |
| 椰子 | 33 | 967 | 231 | 51.8 | 4.0 | 12.1 | 4.7 | 26.6 | — | 0.01 | 0.01 | 6 | 2 | 1.8 | 0.92 |
| 樱桃 | 80 | 192 | 46 | 88.0 | 1.1 | 0.2 | 0.3 | 9.9 | 35 | 0.02 | 0.02 | 10 | 11 | 0.4 | 0.23 |
| 柚 | 69 | 172 | 41 | 89.0 | 0.8 | 0.2 | 0.4 | 9.1 | 2 | — | 0.03 | 23 | 4 | 0.3 | 0.40 |
| 枣 | 87 | 510 | 122 | 67.2 | 1.1 | 0.3 | 1.9 | 28.6 | 40 | 0.06 | 0.09 | 243 | 22 | 1.2 | 1.52 |
| 枣(干) | 80 | 1105 | 264 | 26.9 | 3.2 | 0.5 | 6.2 | 61.6 | 2 | 0.04 | 0.16 | 14 | 64 | 2.3 | 0.65 |

附表 2-10　坚果类食物成分表(以每 100g 食部计)

| 食物名称 | 食部 | 能量 | | 水分 | 蛋白质 | 脂肪 | 膳食纤维 | 碳水化合物 | 维生素 A | 硫胺素 | 核黄素 | 抗坏血酸 | 钙 | 铁 | 锌 |
|---|---|---|---|---|---|---|---|---|---|---|---|---|---|---|---|
| | g | kJ | kcal | g | g | g | g | g | μgRE | mg | mg | mg | mg | mg | mg |
| 核桃 | 43 | 1368 | 327 | 49.8 | 12.8 | 29.9 | 4.3 | 1.8 | — | 0.07 | 0.14 | 10 | — | — | — |
| 花生(炒) | 71 | 2464 | 589 | 4.1 | 21.9 | 48.0 | 6.3 | 17.3 | 10 | 0.13 | 0.12 | … | 47 | 1.5 | 2.03 |
| 栗子 | 80 | 774 | 185 | 52.0 | 4.2 | 0.7 | 1.7 | 40.5 | 32 | 0.14 | 0.17 | 24 | 17 | 1.1 | 0.57 |
| 莲子(干) | 100 | 1439 | 344 | 9.5 | 17.2 | 2.0 | 3.0 | 64.2 | — | 0.16 | 0.08 | 5 | 97 | 3.6 | 2.78 |
| 南瓜子(炒) | 68 | 2402 | 574 | 4.1 | 36.0 | 46.1 | 4.1 | 3.8 | — | 0.08 | 0.16 | — | 37 | 6.5 | 7.12 |
| 松子仁 | 100 | 2920 | 698 | 0.8 | 13.4 | 70.6 | 10.0 | 2.2 | 2 | 0.19 | 0.25 | — | 78 | 4.3 | 4.61 |
| 西瓜子(炒) | 43 | 2397 | 573 | 4.3 | 32.7 | 44.8 | 4.5 | 9.7 | — | 0.04 | 0.08 | … | 28 | 8.2 | 6.76 |
| 葵花子(炒) | 52 | 2577 | 616 | 2.0 | 22.6 | 52.8 | 4.8 | 12.5 | 5 | 0.43 | 0.26 | … | 72 | 6.1 | 5.91 |
| 杏仁 | 100 | 2149 | 514 | 5.6 | 24.7 | 44.8 | 19.2 | 2.9 | — | 0.08 | 1.25 | 26 | 71 | 1.3 | 3.64 |
| 榛子(干) | 27 | 2268 | 542 | 7.4 | 20.0 | 44.8 | 9.6 | 14.7 | 8 | 0.62 | 0.14 | — | 104 | 6.4 | 5.83 |

附表 2-11　畜肉及其肉制品食物成分表(以每 100g 食部计)

| 食物名称 | 食部 | 能量 | | 水分 | 蛋白质 | 脂肪 | 膳食纤维 | 碳水化合物 | 维生素 A | 硫胺素 | 核黄素 | 抗坏血酸 | 钙 | 铁 | 锌 |
|---|---|---|---|---|---|---|---|---|---|---|---|---|---|---|---|
| | g | kJ | kcal | g | g | g | g | g | μgRE | mg | mg | mg | mg | mg | mg |
| 狗肉 | 80 | 485 | 116 | 76.0 | 16.8 | 4.6 | — | 1.8 | 157 | 0.34 | 0.20 | — | 52 | 2.9 | 3.18 |
| 驴肉(瘦) | 100 | 485 | 116 | 73.8 | 21.5 | 3.2 | — | 0.4 | 72 | 0.03 | 0.16 | — | 2 | 4.3 | 4.26 |
| 马肉 | 100 | 510 | 122 | 74.1 | 20.1 | 4.6 | — | 0.1 | 28 | 0.06 | 0.25 | — | 5 | 5.1 | 12.26 |
| 羊肚 | 100 | 364 | 87 | 81.7 | 12.2 | 3.4 | — | 1.8 | 23 | 0.03 | 0.17 | — | 38 | 1.4 | 2.61 |
| 羊肝 | 100 | 561 | 134 | 69.7 | 17.9 | 3.6 | — | 7.4 | 20972 | 0.21 | 1.75 | — | 8 | 7.5 | 3.45 |
| 羊肉(肥瘦) | 90 | 848 | 203 | 65.7 | 19.0 | 14.1 | — | 0.0 | 22 | 0.05 | 0.14 | — | 6 | 2.3 | 3.22 |
| 羊肉(瘦) | 90 | 494 | 118 | 74.2 | 20.5 | 3.9 | — | 0.2 | 11 | 0.15 | 0.16 | — | 9 | 3.9 | 6.06 |
| 羊肉串(烤) | 100 | 863 | 206 | 58.7 | 26.0 | 10.3 | — | 2.4 | 52 | 0.04 | 0.15 | — | 4 | 8.5 | 2.28 |
| 羊肉串(炸) | 100 | 908 | 217 | 57.4 | 18.3 | 11.5 | — | 10.0 | 40 | 0.04 | 0.41 | — | 38 | 4.2 | 3.84 |

续表

| 食物名称 | 食部 | 能量 | | 水分 | 蛋白质 | 脂肪 | 膳食纤维 | 碳水化合物 | 维生素 A | 硫胺素 | 核黄素 | 抗坏血酸 | 钙 | 铁 | 锌 |
|---|---|---|---|---|---|---|---|---|---|---|---|---|---|---|---|
| | g | kJ | kcal | g | g | g | g | g | μgRE | mg | mg | mg | mg | mg | mg |
| 羊肾 | 90 | 429 | 102 | 77.2 | 17.2 | 3.3 | — | 1.0 | 99 | 0.44 | 1.26 | — | 2 | 7.2 | 1.86 |
| 羊心 | 100 | 473 | 113 | 77.7 | 13.8 | 5.5 | — | 2.0 | 16 | 0.28 | 0.40 | — | 10 | 4.0 | 2.09 |
| 咖喱牛肉干 | 100 | 1364 | 325 | 13.3 | 45.9 | 2.7 | … | 29.5 | 86 | 0.01 | 0.27 | 0 | 65 | 18.3 | 7.60 |
| 牛肚 | 100 | 301 | 72 | 83.4 | 14.5 | 1.6 | — | 0.0 | 2 | 0.03 | 0.13 | — | 40 | 1.8 | 2.31 |
| 牛肝 | 100 | 582 | 139 | 68.7 | 19.8 | 3.9 | — | 6.2 | 20 220 | 0.16 | 130 | 9 | 4 | 6.6 | 5.01 |
| 牛肉(肥瘦) | 100 | 807 | 193 | 67.4 | 18.1 | 13.4 | — | 0.0 | 9 | 0.03 | 0.11 | — | 8 | 3.2 | 3.67 |
| 牛肉(瘦) | 100 | 444 | 106 | 75.2 | 20.2 | 2.3 | — | 1.2 | 6 | 0.07 | 0.13 | — | 9 | 2.8 | 3.71 |
| 兔肉 | 100 | 427 | 102 | 76.2 | 19.7 | 2.2 | — | 0.9 | 212 | 0.11 | 0.10 | — | 12 | 2.0 | 1.30 |
| 叉烧肉 | 100 | 1167 | 279 | 49.2 | 23.8 | 16.9 | — | 7.9 | 16 | 0.66 | 0.23 | — | 8 | 2.6 | 2.42 |
| 腊肉(培根) | 100 | 757 | 181 | 63.1 | 22.3 | 9.0 | — | 2.6 | … | 0.90 | 0.11 | — | 2 | 2.4 | 2.26 |
| 香肠 | 100 | 2125 | 508 | 19.2 | 24.1 | 40.7 | — | 11.2 | … | 0.48 | 0.11 | — | 14 | 5.8 | 7.61 |
| 猪大肠 | 100 | 819 | 196 | 73.6 | 6.9 | 18.7 | — | 0.0 | 7 | 0.06 | 0.11 | — | 10 | 1.0 | 0.98 |
| 猪肚 | 96 | 460 | 110 | 78.2 | 15.2 | 5.1 | — | 0.7 | 3 | 0.07 | 0.16 | — | 11 | 2.4 | 1.92 |
| 猪肝 | 99 | 540 | 129 | 70.7 | 19.3 | 3.5 | — | 5.0 | 4972 | 0.21 | 2.08 | 20 | 6 | 22.6 | 5.78 |
| 猪肉(肥瘦) | 100 | 1654 | 395 | 46.8 | 13.2 | 37.0 | — | 6.8 | 114 | 0.22 | 0.16 | — | 6 | 1.6 | 2.06 |
| 猪肉(瘦) | 100 | 598 | 143 | 71.0 | 20.3 | 6.2 | — | 1.5 | 44 | 0.54 | 0.10 | — | 6 | 3.0 | 2.99 |
| 猪肉松 | 100 | 1657 | 396 | 9.4 | 23.4 | 11.5 | — | 49.7 | 44 | 0.04 | 0.13 | — | 41 | 6.4 | 4.28 |
| 猪舌 | 94 | 975 | 233 | 63.7 | 15.7 | 18.1 | — | 1.7 | 15 | 0.13 | 0.30 | — | 13 | 2.8 | 2.12 |
| 猪肾 | 93 | 402 | 96 | 78.8 | 15.4 | 3.2 | — | 1.4 | 41 | 0.31 | 1.14 | 13 | 12 | 6.1 | 2.56 |
| 猪蹄 | 60 | 1087 | 260 | 58.2 | 22.6 | 18.8 | — | 0.0 | 3 | 0.05 | 0.10 | — | 33 | 1.1 | 1.14 |
| 猪小排 | 72 | 1163 | 278 | 58.1 | 16.7 | 23.1 | — | 0.7 | 5 | 0.30 | 0.16 | — | 14 | 1.4 | 3.36 |
| 猪血 | 100 | 230 | 55 | 85.8 | 12.2 | 0.3 | — | 0.9 | — | 0.03 | 0.04 | — | 4 | 8.7 | 0.28 |
| 猪心 | 97 | 498 | 119 | 76.0 | 16.6 | 5.3 | — | 1.1 | 13 | 0.19 | 0.48 | 4 | 12 | 4.3 | 1.90 |

## 附表 2-12　禽肉及其肉品食物成分表(以每 100g 食部计)

| 食物名称 | 食部 | 能量 | | 水分 | 蛋白质 | 脂肪 | 膳食纤维 | 碳水化合物 | 维生素 A | 硫胺素 | 核黄素 | 抗坏血酸 | 钙 | 铁 | 锌 |
|---|---|---|---|---|---|---|---|---|---|---|---|---|---|---|---|
| | g | kJ | kcal | g | g | g | g | g | μgRE | mg | mg | mg | mg | mg | mg |
| 鹌鹑 | 58 | 460 | 110 | 75.1 | 20.2 | 3.1 | — | 0.2 | 40 | 0.04 | 0.32 | — | 48 | 2.3 | 1.19 |
| 鹅 | 63 | 1049 | 251 | 61.4 | 17.9 | 19.9 | — | 0.0 | 42 | 0.07 | 0.23 | — | 4 | 3.8 | 1.36 |
| 鸽 | 42 | 841 | 201 | 66.6 | 16.5 | 14.2 | — | 1.7 | 53 | 0.06 | 0.20 | — | 30 | 3.8 | 0.82 |
| 火鸡胸脯肉 | 100 | 431 | 103 | 73.6 | 22.4 | 0.2 | — | 2.8 | … | 0.04 | 0.03 | — | 39 | 1.1 | 0.52 |
| 鸡肝 | 100 | 506 | 121 | 74.4 | 16.6 | 4.8 | — | 2.8 | 10 414 | 0.33 | 1.10 | — | 7 | 12.0 | 2.40 |
| 鸡腿 | 69 | 757 | 181 | 70.2 | 16.0 | 13.0 | — | 0.0 | 44 | 0.02 | 0.14 | — | 6 | 1.5 | 1.12 |
| 鸡血 | 100 | 205 | 49 | 87.0 | 7.8 | 0.2 | — | 4.1 | 56 | 0.05 | 0.04 | — | 10 | 25.0 | 0.45 |
| 鸡胸脯肉 | 100 | 556 | 133 | 72.0 | 19.4 | 5.0 | — | 2.5 | 16 | 0.07 | 0.13 | — | 3 | 0.6 | 0.51 |
| 鸡肫 | 100 | 494 | 118 | 73.1 | 19.2 | 2.8 | — | 4.0 | 36 | 0.04 | 0.09 | — | 7 | 4.4 | 2.76 |
| 肯德基(炸鸡) | 70 | 1167 | 279 | 49.4 | 20.3 | 17.3 | — | 10.5 | 23 | 0.03 | 0.17 | — | 109 | 2.2 | 1.66 |
| 肉鸡(肥) | 74 | 1628 | 389 | 46.1 | 16.7 | 35.4 | — | 0.9 | 226 | 0.07 | 0.07 | — | 37 | 1.7 | 1.10 |
| 土鸡 | 58 | 519 | 124 | 73.5 | 20.8 | 4.5 | — | 0.0 | 64 | 0.09 | 0.08 | — | 9 | 2.1 | 1.06 |
| 乌骨鸡 | 48 | 464 | 111 | 73.9 | 22.3 | 2.3 | — | 0.3 | 微量 | 0.02 | 0.29 | — | 17 | 2.3 | 1.60 |
| 鸭肝 | 100 | 536 | 128 | 76.3 | 14.5 | 7.5 | — | 0.5 | 1040 | 0.26 | 1.05 | 18 | 18 | 23.1 | 3.08 |
| 盐水鸭(熟) | 81 | 1305 | 312 | 51.7 | 16.6 | 26.1 | — | 2.8 | 35 | 0.07 | 0.21 | — | 10 | 0.7 | 2.04 |
| 鸭肉(胸脯) | 100 | 377 | 90 | 78.6 | 15.0 | 1.5 | — | 4.0 | — | 0.01 | 0.07 | — | 6 | 4.1 | 1.17 |
| 鸭掌 | 59 | 628 | 150 | 64.7 | 13.4 | 1.9 | — | 19.7 | 11 | 微量 | 0.17 | — | 24 | 1.3 | 0.54 |
| 鸭肫 | 93 | 385 | 92 | 77.8 | 17.9 | 1.3 | — | 2.1 | 6 | 0.04 | 0.15 | — | 12 | 4.3 | 2.77 |
| 北京烤鸭 | 80 | 1824 | 436 | 38.2 | 16.6 | 38.4 | — | 6.0 | 36 | 0.04 | 0.32 | — | 35 | 2.4 | 1.25 |
| 北京填鸭 | 75 | 1774 | 424 | 45.0 | 9.3 | 41.3 | — | 3.9 | 30 | … | — | — | 15 | 1.6 | 1.31 |

附表 2-13　乳及乳制品食物成分表(以每 100g 食部计)

| 食物名称 | 食部 | 能量 | | 水分 | 蛋白质 | 脂肪 | 膳食纤维 | 碳水化合物 | 维生素 A | 硫胺素 | 核黄素 | 抗坏血酸 | 钙 | 铁 | 锌 |
|---|---|---|---|---|---|---|---|---|---|---|---|---|---|---|---|
| | g | kJ | kcal | g | g | g | g | g | μgRE | mg | mg | mg | mg | mg | mg |
| 黄油 | 100 | 3712 | 888 | 0.5 | 1.4 | 98.0 | — | 0.0 | — | — | 0.02 | — | 35 | 0.8 | 0.11 |
| 牦牛乳 | 100 | 469 | 112 | 75.3 | 2.7 | 3.3 | — | 17.9 | — | 0.03 | — | — | — | — | — |
| 奶酪 | 100 | 1372 | 328 | 43.5 | 25.7 | 23.5 | — | 3.5 | 152 | 0.06 | 0.91 | — | 799 | 2.4 | 6.97 |
| 奶油 | 100 | 3012 | 720 | 18.0 | 2.5 | 78.6 | — | 0.7 | 1042 | … | 0.05 | — | 1 | 0.7 | 0.12 |
| 全脂牛乳粉 | 100 | 2000 | 478 | 2.3 | 20.1 | 21.2 | — | 51.7 | 141 | 0.11 | 0.73 | 4 | 676 | 1.2 | 3.14 |
| 甜炼乳(罐头) | 100 | 1389 | 332 | 26.2 | 8.0 | 8.7 | — | 55.4 | 41 | 0.03 | 0.16 | 2 | 242 | 0.4 | 1.53 |
| 牛乳 | 100 | 226 | 54 | 89.8 | 3.0 | 3.2 | — | 3.4 | 24 | 0.03 | 0.14 | 1 | 104 | 0.3 | 0.42 |
| 酸奶 | 100 | 301 | 72 | 84.7 | 2.5 | 2.7 | — | 9.3 | 26 | 0.03 | 0.15 | 1 | 118 | 0.4 | 0.53 |
| 全脂羊乳粉 | 100 | 2084 | 498 | 1.4 | 18.8 | 25.2 | — | 49.0 | — | 0.06 | 1.60 | — | — | — | — |

附表 2-14　禽蛋类食物成分表(以每 100g 食部计)

| 食物名称 | 食部 | 能量 | | 水分 | 蛋白质 | 脂肪 | 膳食纤维 | 碳水化合物 | 维生素 A | 硫胺素 | 核黄素 | 抗坏血酸 | 钙 | 铁 | 锌 |
|---|---|---|---|---|---|---|---|---|---|---|---|---|---|---|---|
| | g | kJ | kcal | g | g | g | g | g | μgRE | mg | mg | mg | mg | mg | mg |
| 鹅蛋 | 87 | 820 | 196 | 69.3 | 11.1 | 15.6 | — | 2.8 | 192 | 0.08 | 0.30 | — | 34 | 4.1 | 1.43 |
| 白皮鸡蛋 | 87 | 577 | 138 | 75.8 | 12.7 | 9.0 | — | 1.5 | 310 | 0.09 | 0.31 | — | 48 | 2.0 | 1.00 |
| 红皮鸡蛋 | 88 | 653 | 156 | 73.8 | 12.8 | 11.1 | — | 1.3 | 194 | 0.13 | 0.32 | — | 444 | 2.3 | 1.01 |
| 鸡蛋白 | 100 | 251 | 60 | 84.4 | 11.6 | 0.1 | — | 3.1 | 微量 | 0.04 | 0.31 | — | 9 | 1.6 | 0.02 |
| 鸡蛋黄 | 100 | 1372 | 328 | 51.5 | 15.2 | 28.2 | — | 3.4 | 438 | 0.33 | 0.29 | — | 112 | 6.5 | 3.79 |
| 松花蛋(鸭) | 90 | 715 | 171 | 68.4 | 14.2 | 10.7 | — | 4.5 | 215 | 0.06 | 0.18 | — | 63 | 3.3 | 1.48 |
| 鸭蛋 | 87 | 753 | 180 | 70.3 | 12.6 | 13.0 | — | 3.1 | 261 | 0.17 | 0.35 | — | 62 | 2.9 | 1.67 |
| 鸭蛋(咸) | 88 | 795 | 190 | 61.3 | 12.7 | 12.7 | — | 6.3 | 134 | 0.16 | 0.33 | — | 118 | 3.6 | 1.74 |
| 鸭蛋白 | 100 | 197 | 47 | 87.7 | 9.9 | 微量 | — | 1.8 | 23 | 0.01 | 0.07 | — | 18 | 0.1 | — |
| 鸭蛋黄 | 100 | 1582 | 378 | 44.9 | 14.5 | 33.8 | — | 4.0 | 1980 | 0.28 | 0.62 | — | 123 | 4.9 | 3.09 |
| 鹌鹑蛋 | 86 | 669 | 160 | 73.0 | 12.8 | 11.1 | — | 2.1 | 337 | 0.11 | 0.49 | — | 47 | 3.2 | 1.61 |

**附表 2-15　鱼类食物成分表(以每 100g 食部计)**

| 食物名称 | 食部 | 能量 | | 水分 | 蛋白质 | 脂肪 | 膳食纤维 | 碳水化合物 | 维生素 A | 硫胺素 | 核黄素 | 抗坏血酸 | 钙 | 铁 | 锌 |
|---|---|---|---|---|---|---|---|---|---|---|---|---|---|---|---|
| | g | kJ | kcal | g | g | g | g | g | μgRE | mg | mg | mg | mg | mg | mg |
| 鲅鱼 | 80 | 509 | 122 | 72.5 | 21.2 | 3.1 | — | 2.2 | 9 | 0.03 | 0.04 | — | 35 | 0.8 | 1.39 |
| 鳊鱼 | 59 | 565 | 135 | 73.1 | 18.3 | 6.3 | — | 1.2 | 28 | 0.02 | 0.07 | — | 89 | 0.7 | 0.89 |
| 草鱼 | 58 | 472 | 113 | 77.3 | 16.6 | 5.2 | — | 0.0 | 11 | 0.04 | 0.11 | — | 38 | 0.8 | 0.87 |
| 大黄鱼 | 66 | 402 | 96 | 77.7 | 17.7 | 2.5 | — | 0.8 | 10 | 0.03 | 0.10 | — | 53 | 0.7 | 0.58 |
| 带鱼 | 76 | 531 | 127 | 73.3 | 17.7 | 4.9 | — | 3.1 | 29 | 0.02 | 0.06 | — | 28 | 1.2 | 0.70 |
| 鲑鱼(大麻哈鱼) | 72 | 581 | 149 | 74.1 | 17.2 | 7.8 | — | 0.0 | 45 | 0.07 | 0.18 | — | 13 | 0.3 | 1.11 |
| 鳜鱼 | 61 | 490 | 117 | 74.5 | 19.9 | 4.2 | — | 0.0 | 12 | 0.02 | 0.07 | — | 63 | 1.0 | 1.07 |
| 鲫鱼 | 54 | 452 | 108 | 75.4 | 17.1 | 2.7 | — | 3.8 | 17 | 0.04 | 0.09 | — | 79 | 1.3 | 1.94 |
| 鲢鱼 | 61 | 433 | 104 | 77.4 | 17.8 | 3.6 | — | 0.0 | 20 | 0.03 | 0.07 | — | 53 | 1.4 | 1.17 |
| 鲮鱼 | 57 | 397 | 95 | 77.7 | 18.4 | 2.1 | — | 0.7 | 125 | 0.01 | 0.04 | — | 31 | 0.9 | 0.83 |
| 鳍鱼 | 54 | 456 | 109 | 76.6 | 17.6 | 4.1 | — | 0.5 | 25 | 0.03 | 0.09 | — | 50 | 1.0 | 2.08 |
| 绿鳍马面豚(橡皮鱼) | 52 | 347 | 83 | 78.9 | 18.1 | 0.6 | — | 1.2 | 15 | 0.02 | 0.05 | — | 54 | 0.9 | 1.44 |
| 鲈鱼 | 58 | 439 | 105 | 76.5 | 18.6 | 3.4 | — | 0.0 | 19 | 0.03 | 0.17 | — | 138 | 2.0 | 2.83 |
| 鳍鲰 | 84 | 757 | 181 | 67.1 | 18.6 | 10.8 | — | 2.3 | — | 0.02 | 0.02 | — | 42 | 1.5 | 1.15 |
| 鲇鱼 | 65 | 427 | 102 | 78.0 | 17.3 | 3.7 | — | 0.0 | — | 0.03 | 0.10 | — | 42 | 2.1 | 0.53 |
| 泥鳅 | 60 | 402 | 96 | 76.6 | 17.9 | 2.0 | — | 1.7 | 14 | 0.10 | 0.33 | — | 299 | 2.9 | 2.76 |
| 鲆鱼 | 68 | 439 | 113 | 75.9 | 20.8 | 3.2 | — | 0.0 | … | 0.11 | 微量 | — | 55 | 1.0 | 0.53 |
| 青鱼 | 63 | 485 | 120 | 73.9 | 20.1 | 4.2 | — | 0.2 | 42 | 0.03 | 0.07 | — | 31 | 0.9 | 0.96 |
| 沙丁鱼(蛇鲻) | 67 | 376 | 99 | 78.0 | 19.8 | 1.1 | — | 0.0 | — | 0.01 | 0.03 | — | 184 | 1.4 | 0.16 |
| 黄鳝 | 67 | 372 | 89 | 78.0 | 18.0 | 1.4 | — | 1.2 | 50 | 0.06 | 0.98 | — | 42 | 2.5 | 1.97 |
| 鲨鱼 | 56 | 492 | 118 | 73.3 | 22.2 | 3.2 | — | 0.0 | 21 | 0.01 | 0.05 | — | 41 | 0.9 | 0.73 |
| 鲐鱼 | 66 | 649 | 155 | 69.1 | 19.9 | 7.4 | — | 2.2 | 38 | 0.08 | 0.12 | — | 50 | 1.5 | 1.02 |
| 乌鳢 | 57 | 356 | 85 | 78.7 | 18.5 | 1.2 | — | 0.0 | 26 | 0.02 | 0.14 | — | 152 | 0.7 | 0.80 |
| 小凤尾鱼(鲚鱼) | 90 | 519 | 124 | 72.7 | 15.5 | 5.1 | — | 4.0 | 14 | 0.06 | 0.06 | — | 78 | 1.6 | 1.30 |
| 小黄鱼 | 63 | 414 | 99 | 77.9 | 17.9 | 3.0 | — | 0.1 | … | 0.04 | 0.04 | — | 78 | 0.9 | 0.94 |
| 银鱼 | 100 | 497 | 119 | 76.2 | 17.2 | 4.0 | — | 0.0 | — | 0.03 | 0.05 | — | 46 | 0.9 | 0.16 |
| 鳙鱼 | 61 | 418 | 100 | 76.5 | 15.3 | 2.2 | — | 4.7 | 34 | 0.04 | 0.11 | — | 82 | 0.8 | 0.76 |
| 鱼籽酱(大麻哈鱼) | 100 | 1054 | 252 | 49.4 | 10.9 | 16.8 | — | 14.4 | 111 | 0.33 | 0.19 | — | 23 | 2.8 | 2.69 |
| 鳟鱼 | 57 | 414 | 99 | 77.0 | 18.6 | 2.6 | — | 0.2 | 206 | 0.08 | — | — | 34 | — | 4.30 |

## 附表 2-16　虾、蟹及软体动物类食物成分表(以每 100g 食部计)

| 食物名称 | 食部 | 能量 | | 水分 | 蛋白质 | 脂肪 | 膳食纤维 | 碳水化合物 | 维生素 A | 硫胺素 | 核黄素 | 抗坏血酸 | 钙 | 铁 | 锌 |
|---|---|---|---|---|---|---|---|---|---|---|---|---|---|---|---|
| | g | kJ | kcal | g | g | g | g | g | μgRE | mg | mg | mg | mg | mg | mg |
| 鲍鱼 | 65 | 351 | 84 | 77.5 | 12.6 | 0.8 | — | 6.6 | 24 | 0.01 | 0.16 | — | 266 | 22.6 | 1.75 |
| 蛏子 | 57 | 167 | 40 | 88.4 | 7.3 | 0.3 | — | 2.1 | 59 | 0.02 | 0.12 | — | 134 | 33.6 | 2.01 |
| 赤贝(泥蚶) | 30 | 297 | 71 | 81.8 | 10.0 | 0.8 | — | 6.0 | 6 | 0.01 | 0.07 | — | 59 | 11.4 | 0.33 |
| 毛蛤蜊 | 25 | 406 | 97 | 75.6 | 15.0 | 1.0 | — | 7.1 | 微量 | 0.01 | 0.14 | — | 137 | 15.3 | 2.29 |
| 海参 | 93 | 1096 | 262 | 18.9 | 50.2 | 4.8 | — | 4.5 | 39 | 0.04 | 0.10 | — | — | 9.0 | 2.24 |
| 香海螺 | 59 | 682 | 163 | 61.6 | 22.7 | 3.5 | — | 10.1 | 微量 | — | 0.24 | — | 91 | 3.2 | 2.89 |
| 海蜇皮 | 100 | 137 | 33 | 76.5 | 3.7 | 0.3 | — | 3.8 | — | 0.03 | 0.05 | — | 150 | 4.8 | 0.55 |
| 螺蛳 | 37 | 248 | 59 | 83.3 | 7.5 | 0.6 | — | 6.0 | — | 微量 | 0.28 | — | 156 | 1.4 | 10.27 |
| 牡蛎 | 100 | 305 | 73 | 82.0 | 5.3 | 2.1 | — | 8.2 | 27 | 0.01 | 0.13 | — | 131 | 7.1 | 9.39 |
| 鲜贝 | 100 | 322 | 77 | 80.3 | 15.7 | 0.5 | — | 2.5 | — | 微量 | 0.21 | — | 28 | 0.7 | 2.08 |
| 乌贼(鲜) | 97 | 351 | 84 | 80.4 | 17.4 | 1.6 | — | 0.0 | 35 | 0.02 | 0.06 | — | 44 | 0.9 | 2.38 |
| 淡菜(干) | 100 | 1485 | 355 | 15.6 | 47.8 | 9.3 | — | 20.1 | 6 | 0.04 | 0.32 | — | 157 | 12.5 | 6.71 |
| 贻贝(鲜) | 49 | 335 | 80 | 79.9 | 11.4 | 1.7 | — | 4.7 | 73 | 0.12 | 0.22 | — | 63 | 6.7 | 2.47 |
| 鱿鱼(水浸) | 98 | 314 | 81 | 75.0 | 17.0 | 0.0 | — | 0.0 | 16 | … | 0.03 | — | 43 | 0.5 | 1.36 |
| 章鱼 | 78 | 565 | 135 | 65.4 | 18.9 | 0.4 | — | 14.0 | … | 0.04 | 0.06 | — | 21 | 0.6 | 0.68 |
| 基围虾 | 60 | 423 | 101 | 75.2 | 18.2 | 1.4 | — | 3.9 | 微量 | 0.03 | 0.06 | — | 36 | 2.9 | 1.55 |
| 梭子蟹 | 49 | 397 | 95 | 77.5 | 15.9 | 3.1 | — | 0.9 | 121 | 0.03 | 0.30 | — | 280 | 2.5 | 5.50 |
| 河虾 | 86 | 368 | 88 | 78.1 | 16.4 | 2.4 | — | 0.0 | 48 | 0.04 | 0.03 | — | 325 | 4.0 | 2.24 |
| 河蟹 | 42 | 431 | 103 | 75.8 | 17.5 | 2.6 | — | 2.3 | 389 | 0.06 | 0.28 | — | 126 | 2.9 | 3.68 |
| 龙虾 | 46 | 377 | 90 | 77.6 | 18.9 | 1.1 | — | 1.0 | — | 微量 | 0.03 | — | 21 | 1.3 | 2.79 |
| 虾皮 | 100 | 640 | 153 | 42.4 | 30.7 | 2.2 | — | 2.5 | 19 | 0.02 | 0.14 | — | 991 | 6.7 | 1.93 |
| 螯虾(虾虎) | 32 | 339 | 81 | 80.6 | 11.6 | 1.7 | — | 4.8 | 微量 | 0.04 | 0.04 | — | 22 | 1.7 | 3.31 |

附表 2-17 油脂类食物成分表(以每 100g 食部计)

| 食物名称 | 食部 | 能量 | | 水分 | 蛋白质 | 脂肪 | 膳食纤维 | 碳水化合物 | 维生素 A | 硫胺素 | 核黄素 | 抗坏血酸 | 钙 | 铁 | 锌 |
|---|---|---|---|---|---|---|---|---|---|---|---|---|---|---|---|
| | g | kJ | kcal | g | g | g | g | g | μgRE | mg | mg | mg | mg | mg | mg |
| 牛油 | 100 | 3494 | 835 | 6.2 | — | 92.0 | — | 1.8 | 54 | — | — | — | 9 | 3.0 | 0.79 |
| 羊油(炼) | 100 | 3745 | 895 | 0.1 | 0.3 | 99.0 | — | 0.9 | — | — | — | — | — | — | — |
| 鸭油(炼) | 100 | 3753 | 897 | 0.2 | — | 99.7 | — | 0.0 | 71 | — | — | — | — | — | — |
| 猪油(炼) | 100 | 3753 | 897 | 5.3 | … | 99.6 | — | 0.2 | 27 | 0.02 | 0.03 | — | — | — | — |
| 芝麻(白) | 100 | 2163 | 517 | 0.1 | 18.4 | 39.6 | 9.8 | 21.7 | — | 0.36 | 0.26 | — | 620 | 14.1 | 4.21 |
| 菜籽油 | 100 | 6761 | 899 | 0.1 | … | 99.9 | — | 0.0 | — | … | … | — | 9 | 3.7 | 0.54 |
| 茶油 | 100 | 3761 | 899 | 0.1 | … | 99.9 | — | 0.0 | — | … | 微量 | — | 5 | 1.1 | 0.34 |
| 豆油 | 100 | 3761 | 899 | 0.1 | … | 99.9 | — | 0.0 | — | … | 微量 | — | 13 | 2.0 | 1.09 |
| 花生油 | 100 | 3761 | 899 | 微量 | … | 99.9 | — | 0.0 | — | … | 微量 | — | 12 | 2.9 | 0.48 |
| 混合油(菜+棕) | 100 | 3745 | 895 | 0.1 | — | 99.9 | — | 1.0 | — | — | 0.09 | — | 13 | 4.1 | 1.27 |
| 葵花籽油 | 100 | 3761 | 899 | 0.1 | … | 99.9 | — | 0.0 | — | … | … | — | 2 | 1.0 | 0.11 |
| 棉籽油 | 100 | 3761 | 899 | 0.2 | … | 99.8 | — | 0.1 | — | … | … | — | 17 | 2.0 | 0.74 |
| 色拉油 | 100 | 3757 | 898 | 0.2 | … | 99.8 | — | 0.0 | — | … | … | — | 18 | 1.7 | 0.23 |
| 玉米油 | 100 | 3745 | 895 | 0.2 | … | 99.2 | — | 0.5 | — | … | … | — | 1 | 1.4 | 0.26 |
| 芝麻油 | 100 | 3757 | 898 | 0.1 | … | 99.7 | — | 0.2 | — | … | … | — | 9 | 2.2 | 0.17 |
| 棕榈油 | 100 | 3766 | 900 | … | — | 100.0 | — | 0.0 | 18 | — | — | — | … | 3.1 | 0.08 |

## 附表 2-18　糕点及小吃类食物成分表(以每 100g 食部计)

| 食物名称 | 食部 | 能量 | | 水分 | 蛋白质 | 脂肪 | 膳食纤维 | 碳水化合物 | 维生素 A | 硫胺素 | 核黄素 | 抗坏血酸 | 钙 | 铁 | 锌 |
|---|---|---|---|---|---|---|---|---|---|---|---|---|---|---|---|
| | g | kJ | kcal | g | g | g | g | g | μgRE | mg | mg | mg | mg | mg | mg |
| 饼干 | 100 | 1812 | 433 | 5.7 | 9.0 | 12.7 | 1.1 | 70.6 | 37 | 0.08 | 0.04 | 3 | 73 | 1.9 | 0.91 |
| 钙奶饼干 | 100 | 1858 | 444 | 3.3 | 8.4 | 13.2 | 0.9 | 73.0 | — | 0.06 | 0.03 | 3 | 115 | 3.5 | 3.30 |
| 曲奇饼 | 100 | 2284 | 546 | 1.9 | 6.5 | 31.6 | 0.2 | 58.9 | … | 0.06 | 0.06 | — | 45 | 1.9 | 0.31 |
| 苏打饼干 | 100 | 1707 | 408 | 5.7 | 8.4 | 7.7 | — | 76.2 | — | 0.03 | 0.01 | — | … | 1.6 | 0.35 |
| 维夫饼干 | 100 | 2209 | 528 | 10.3 | 5.4 | 35.2 | 0.5 | 47.5 | — | 0.15 | 0.22 | — | 58 | 2.4 | 0.54 |
| 蚕豆(炸) | 100 | 1866 | 446 | 10.5 | 26.7 | 20.0 | 0.5 | 39.9 | — | 0.16 | 0.12 | 0 | 207 | 3.6 | 2.83 |
| 江米条 | 100 | 1837 | 439 | 4.0 | 5.7 | 11.7 | 0.4 | 77.7 | — | 0.18 | 0.03 | 0 | 33 | 2.5 | 0.84 |
| 栗羊羹 | 100 | 1259 | 301 | 24.1 | 3.7 | 0.6 | 0.8 | 70.1 | — | 0.06 | 0.12 | — | 80 | 0.9 | 0.88 |
| 绿豆糕 | 100 | 1460 | 349 | 11.5 | 12.8 | 1.0 | 1.2 | 72.2 | 47 | 0.23 | 0.02 | 0 | 24 | 7.3 | 1.04 |
| 麻烘糕 | 100 | 1661 | 397 | 4.4 | 3.8 | 3.8 | 0.3 | 86.9 | — | 0.01 | 微量 | — | 59 | 6.0 | — |
| 米花糖 | 100 | 1607 | 384 | 7.3 | 3.1 | 3.3 | 0.3 | 85.5 | — | 0.05 | 0.09 | — | 144 | 5.4 | — |
| 蛋糕 | 100 | 1452 | 347 | 18.6 | 8.6 | 5.1 | 0.4 | 66.7 | 86 | 0.09 | 0.09 | 1 | 39 | 2.5 | 1.01 |
| 奶油蛋糕 | 100 | 1582 | 378 | 21.9 | 7.2 | 13.9 | 0.6 | 55.9 | 175 | 0.13 | 0.11 | — | 38 | 2.3 | 1.88 |
| 香油炒面 | 100 | 1703 | 407 | 1.9 | 12.4 | 4.8 | 1.5 | 78.6 | 17 | 0.25 | 0.09 | 0 | 16 | 2.9 | 1.38 |
| 硬皮糕点 | 100 | 1937 | 463 | 7.3 | 8.4 | 20.1 | 1.3 | 62.2 | 40 | 0.23 | 0.05 | — | 42 | 1.1 | 0.69 |
| 月饼(豆沙) | 100 | 1695 | 405 | 11.7 | 8.2 | 13.6 | 3.1 | 62.5 | 7 | 0.05 | 0.05 | 0 | 64 | 3.1 | 0.64 |
| 月饼(五仁) | 100 | 1741 | 416 | 11.3 | 8.0 | 16.0 | 3.9 | 60.1 | 7 | — | 0.08 | 0 | 54 | 2.8 | 0.61 |
| 月饼(枣泥) | 100 | 1774 | 424 | 11.7 | 7.1 | 15.7 | 1.4 | 63.5 | 8 | 0.11 | 0.05 | — | 66 | 2.8 | 0.81 |
| 果料面包 | 100 | 1163 | 278 | 31.2 | 8.5 | 2.1 | 0.8 | 56.2 | — | 0.07 | 0.07 | — | 124 | 2.0 | 0.58 |
| 黄油面包 | 100 | 1377 | 329 | 27.3 | 7.9 | 8.7 | 0.9 | 54.7 | — | 0.03 | 0.02 | 0 | 35 | 1.5 | 0.50 |
| 麦胚面包 | 100 | 1029 | 246 | 8.5 | 38.0 | 1.0 | 0.1 | 50.8 | — | 0.03 | 0.01 | 0 | 75 | 1.5 | 0.49 |
| 面包 | 100 | 13.5 | 312 | 27.4 | 8.3 | 5.1 | 0.5 | 58.1 | — | 0.03 | 0.06 | 1 | 49 | 2.0 | 0.75 |
| 奶油面包 | 100 | 1201 | 287 | 28.2 | 8.4 | 1.1 | 0.4 | 60.1 | 20 | 0.05 | 0.06 | 0 | 9 | 3.0 | 0.80 |
| 咸面包 | 100 | 1146 | 274 | 34.1 | 9.2 | 3.9 | 0.5 | 50.5 | — | 0.02 | 0.01 | 0 | 89 | 2.8 | 0.81 |
| 三鲜豆皮 | 100 | 992 | 237 | 51.2 | 6.0 | 10.2 | 0.6 | 30.4 | 74 | 0.05 | 0.08 | — | 4 | 1.3 | 0.58 |
| 烧麦 | 100 | 996 | 238 | 51.0 | 9.2 | 11.0 | 2.3 | 25.6 | — | 0.07 | 0.07 | 0 | 10 | 2.1 | 1.09 |

续表

| 食物名称 | 食部 | 能量 | | 水分 | 蛋白质 | 脂肪 | 膳食纤维 | 碳水化合物 | 维生素 A | 硫胺素 | 核黄素 | 抗坏血酸 | 钙 | 铁 | 锌 |
|---|---|---|---|---|---|---|---|---|---|---|---|---|---|---|---|
| | g | kJ | kcal | g | g | g | g | g | μgRE | mg | mg | mg | mg | mg | mg |
| 汤包 | 100 | 996 | 238 | 54.2 | 8.1 | 11.6 | 0.3 | 25.2 | — | 0.07 | 0.07 | — | 18 | 3.5 | 0.38 |
| 凉粉(带调料) | 100 | 209 | 50 | 87.8 | 0.3 | 0.5 | 0.1 | 11.2 | — | … | … | 0 | 9 | 0.8 | 0.21 |
| 麻花 | 100 | 2192 | 524 | 6.0 | 8.3 | 31.5 | 1.5 | 51.9 | — | 0.05 | 0.01 | 0 | 26 | — | 3.06 |
| 热干面 | 100 | 636 | 152 | 63.0 | 4.2 | 2.4 | 0.2 | 28.5 | — | 微量 | 微量 | — | 67 | 2.8 | … |
| 烧饼 | 100 | 1364 | 326 | 27.3 | 11.5 | 9.9 | 2.5 | 47.6 | — | 0.03 | 0.01 | 0 | 40 | 6.9 | 1.39 |
| 甜醅 | 100 | 784 | 187 | 50.6 | 7.8 | 0.1 | 2.2 | 38.8 | 0 | 0.01 | 0.03 | 0 | 3 | 5.1 | 1.60 |
| 小豆粥 | 100 | 255 | 61 | 84.0 | 1.2 | 0.4 | 0.6 | 13.1 | — | … | … | 0 | 13 | 0.6 | 0.33 |
| 炸糕 | 100 | 1172 | 280 | 43.6 | 6.1 | 12.3 | 1.2 | 36.1 | — | 0.03 | 0.02 | — | 24 | 2.4 | 0.76 |

**附表 2-19　茶及饮料类食物成分表**(以每 100g 食部计)

| 食物名称 | 食部 | 能量 | | 水分 | 蛋白质 | 脂肪 | 膳食纤维 | 碳水化合物 | 维生素 A | 硫胺素 | 核黄素 | 抗坏血酸 | 钙 | 铁 | 锌 |
|---|---|---|---|---|---|---|---|---|---|---|---|---|---|---|---|
| | g | kJ | kcal | g | g | g | g | g | μgRE | mg | mg | mg | mg | mg | mg |
| 红茶 | 100 | 1230 | 294 | 7.3 | 26.7 | 1.1 | 14.8 | 44.4 | 645 | … | 0.17 | 8 | 378 | 28.1 | 3.97 |
| 花茶 | 100 | 1176 | 281 | 7.4 | 27.1 | 1.2 | 17.7 | 40.4 | 885 | 0.06 | 0.17 | 26 | 454 | 17.8 | 3.98 |
| 绿茶 | 100 | 1238 | 296 | 7.5 | 34.2 | 2.3 | 15.6 | 34.7 | 967 | 0.02 | 0.35 | 19 | 325 | 14.4 | 4.34 |
| 可可粉 | 100 | 1339 | 330 | 7.5 | 24.6 | 8.4 | 14.3 | 35.5 | 22 | 0.05 | 0.16 | — | 74 | 1.0 | 1.12 |
| 橘子汁 | 100 | 498 | 119 | 70.1 | … | 0.1 | — | 29.6 | 2 | — | … | 2 | 4 | 0.1 | 0.03 |
| 浓缩橘汁 | 100 | 983 | 235 | 41.3 | 0.8 | 0.3 | — | 57.3 | 122 | 0.04 | 0.02 | 80 | 21 | 0.7 | 0.13 |
| 沙棘果汁 | 100 | 184 | 44 | 87.5 | 0.9 | 0.5 | 1.7 | 8.9 | — | … | … | 8 | 10 | 15.2 | 0.08 |
| 杏仁露 | 100 | 192 | 46 | 89.7 | 0.9 | 1.1 | — | 8.1 | — | 微量 | 0.02 | 1 | 4 | — | 0.02 |
| 冰棍 | 100 | 197 | 47 | 88.3 | 0.8 | 0.2 | — | 10.5 | … | 0.01 | 0.01 | — | 31 | 0.9 | … |
| 冰淇淋 | 100 | 527 | 126 | 74.4 | 2.4 | 5.3 | — | 17.3 | 48 | 0.01 | 0.03 | — | 126 | 0.5 | 0.37 |
| 紫雪糕 | 100 | 954 | 228 | 59.4 | 2.6 | 13.7 | — | 23.6 | 26 | 0.01 | 0.03 | — | 168 | 0.8 | 0.60 |
| 喜乐(乳酸饮料) | 100 | 22 | 53 | 86.8 | 0.9 | 0.2 | — | 11.8 | 2 | 0.01 | 0.02 | 微量 | 14 | 0.1 | 0.04 |

附表 2-20　糖及糖果类食物成分表(以每 100g 食部计)

| 食物名称 | 食部 | 能量 | | 水分 | 蛋白质 | 脂肪 | 膳食纤维 | 碳水化合物 | 维生素 A | 硫胺素 | 核黄素 | 抗坏血酸 | 钙 | 铁 | 锌 |
|---|---|---|---|---|---|---|---|---|---|---|---|---|---|---|---|
| | g | kJ | kcal | g | g | g | g | g | μgRE | mg | mg | mg | mg | mg | mg |
| 蜂蜜 | 100 | 1343 | 321 | 22.0 | 0.4 | 1.9 | — | 75.6 | — | … | 0.05 | 3 | 4 | 1.0 | 0.37 |
| 巧克力 | 100 | 2452 | 586 | 1.0 | 4.3 | 40.1 | 1.5 | 51.9 | — | 0.06 | 0.08 | — | 111 | 1.7 | 1.02 |
| 白砂糖 | 100 | 1674 | 400 | 微量 | … | … | — | 99.9 | … | … | … | … | 20 | 0.6 | 0.06 |
| 冰糖 | 100 | 1661 | 397 | 0.6 | … | … | … | 99.3 | — | 0.01 | 微量 | 0 | 6 | 0.8 | 0.21 |
| 红糖 | 100 | 1628 | 389 | 1.9 | 0.7 | … | — | 96.6 | — | 0.01 | — | — | 157 | 2.2 | 0.35 |
| 彩球糖 | 100 | 1657 | 396 | 1.0 | … | … | … | 99.0 | … | … | … | — | 12 | 0.8 | 0.37 |
| 奶糖 | 100 | 1703 | 407 | 5.6 | 2.5 | 6.6 | … | 84.5 | — | 0.08 | 0.17 | — | 50 | 3.4 | 0.29 |
| 水晶糖 | 100 | 1653 | 284 | 1.0 | 0.2 | 0.2 | 0.1 | 98.1 | — | 0.04 | 0.05 | — | — | 3.0 | 1.17 |
| 芝麻南糖 | 100 | 2251 | 538 | 4.2 | 4.8 | 35.6 | 4.7 | 49.7 | — | 0.13 | 0.10 | — | — | 10.3 | 10.26 |

附表 2-21　淀粉制品及调味品类食物成分表(以每 100g 食部计)

| 食物名称 | 食部 | 能量 | | 水分 | 蛋白质 | 脂肪 | 膳食纤维 | 碳水化合物 | 维生素 A | 硫胺素 | 核黄素 | 抗坏血酸 | 钙 | 铁 | 锌 |
|---|---|---|---|---|---|---|---|---|---|---|---|---|---|---|---|
| | g | kJ | kcal | g | g | g | g | g | μgRE | mg | mg | mg | mg | mg | mg |
| 淀粉(玉米) | 100 | 1443 | 345 | 13.5 | 1.2 | 0.1 | 0.1 | 84.9 | — | 0.03 | 0.04 | — | 18 | 4.0 | 0.09 |
| 藕粉 | 100 | 1556 | 372 | 6.4 | 0.2 | … | 0.1 | 92.9 | — | … | 0.01 | — | 8 | 17.9 | 0.15 |
| 粉皮 | 100 | 255 | 61 | 84.3 | 0.2 | 0.3 | 0.6 | 14.4 | — | 0.03 | 0.01 | — | 5 | 0.5 | 0.27 |
| 粉丝 | 100 | 14.2 | 335 | 15.0 | 0.8 | 0.2 | 1.1 | 82.6 | — | 0.03 | 0.02 | — | 31 | 6.4 | 0.27 |
| 豆瓣辣酱 | 100 | 247 | 59 | 64.5 | 3.6 | 2.4 | 7.2 | 5.7 | 417 | 0.02 | 0.20 | — | 207 | 5.3 | 0.20 |
| 黄酱 | 100 | 548 | 131 | 50.6 | 12.1 | 1.2 | 3.4 | 17.9 | 13 | 0.05 | 0.28 | — | 70 | 7.0 | 1.25 |
| 花生酱 | 100 | 2485 | 594 | 0.5 | 6.9 | 53.0 | 3.0 | 22.3 | — | 0.01 | 0.15 | — | 67 | 7.2 | 2.96 |
| 甜面酱 | 100 | 569 | 136 | 53.9 | 5.5 | 0.6 | 1.4 | 27.1 | 5 | 0.03 | 0.14 | — | 29 | 3.6 | 1.38 |
| 芝麻酱 | 100 | 2586 | 618 | 0.3 | 19.2 | 52.7 | 5.9 | 16.8 | 17 | 0.16 | 0.22 | — | 1170 | 50.3 | 4.01 |
| 米醋 | 100 | 130 | 31 | 90.6 | 2.1 | 0.3 | — | 4.9 | — | 0.02 | 0.07 | — | 42 | 9.7 | 2.39 |
| 香醋 | 10 | 285 | 68 | 79.9 | 3.8 | 0.1 | — | 13.0 | — | — | 0.04 | — | 105 | 5.2 | 0.30 |
| 熏醋 | 100 | 180 | 43 | 86.8 | 3.0 | 0.4 | 0.1 | 6.8 | — | 0.03 | 0.13 | — | 37 | 2.9 | 7.79 |
| 酱油(淡) | 100 | 264 | 63 | 67.3 | 5.6 | 0.1 | 0.2 | 9.9 | — | 0.01 | 0.05 | — | 30 | 3.0 | 1.12 |
| 花椒 | 100 | 1079 | 258 | 11.0 | 6.7 | 8.9 | 28.7 | 37.8 | 23 | 0.28 | 0.35 | … | 979 | 27.5 | 1.87 |
| 茴香(籽) | 100 | 1050 | 251 | 8.9 | 14.5 | 11.8 | 33.9 | 21.6 | 53 | 0.12 | 0.43 | — | 639 | 8.4 | 1.90 |

续表

| 食物名称 | 食部 | 能量 | | 水分 | 蛋白质 | 脂肪 | 膳食纤维 | 碳水化合物 | 维生素 A | 硫胺素 | 核黄素 | 抗坏血酸 | 钙 | 铁 | 锌 |
|---|---|---|---|---|---|---|---|---|---|---|---|---|---|---|---|
| | g | kJ | kcal | g | g | g | g | g | μgRE | mg | mg | mg | mg | mg | mg |
| 胡椒粉 | 100 | 1494 | 357 | 10.2 | 9.6 | 2.2 | 2.3 | 74.6 | 10 | 0.12 | 0.28 | — | 41 | 6.3 | 0.62 |
| 芥茉 | 100 | 1992 | 476 | 7.2 | 23.6 | 29.9 | 7.2 | 28.1 | 32 | 0.14 | 0.65 | — | 332 | 4.5 | 0.92 |
| 韭菜花(腌) | 100 | 63 | 15 | 79.0 | 1.3 | 0.3 | 1.0 | 1.8 | 28 | 0.01 | 0.82 | — | 146 | 20.7 | 1.52 |
| 辣椒油 | 100 | 3762 | 900 | … | — | 100.0 | — | — | 38 | 0.09 | 0.06 | — | 2 | 9.1 | 1.23 |
| 味精 | 100 | 678 | 162 | 0.2 | 40.1 | 0.2 | 0.0 | 0.0 | — | — | — | — | — | — | — |
| 精盐 | 100 | 0 | 0 | 0.1 | 0.0 | 0.0 | 0.0 | 0.0 | — | — | — | — | 22 | 1.0 | 0.24 |

**附表 2-22　杂类食物成分表**(以每 100g 食部计)

| 食物名称 | 食部 | 能量 | | 水分 | 蛋白质 | 脂肪 | 膳食纤维 | 碳水化合物 | 维生素 A | 硫胺素 | 核黄素 | 抗坏血酸 | 钙 | 铁 | 锌 |
|---|---|---|---|---|---|---|---|---|---|---|---|---|---|---|---|
| | g | kJ | kcal | g | g | g | g | g | μgRE | mg | mg | mg | mg | mg | mg |
| 陈皮 | 100 | 1163 | 278 | 8.3 | 8.0 | 1.4 | 20.7 | 58.3 | 68 | … | 0.44 | 7 | 82 | 9.3 | 1.00 |
| 枸杞子 | 98 | 1079 | 258 | 1.67 | 13.9 | 1.5 | 16.9 | 47.2 | 1625 | 0.35 | 0.46 | 48 | 60 | 5.4 | 1.48 |
| 蚕蛹 | 100 | 962 | 230 | 57.5 | 21.5 | 13.0 | — | 6.7 | … | 0.07 | 2.23 | — | 81 | 2.6 | 6.17 |
| 甲鱼 | 70 | 494 | 118 | 75.0 | 17.8 | 4.3 | — | 2.1 | 139 | 0.07 | 0.14 | — | 70 | 2.8 | 2.31 |
| 蛇 | 78 | 381 | 91 | 76.4 | 20.3 | 0.7 | — | 1.6 | 4 | 0.12 | 0.12 | 4 | 18 | 2.5 | 3.80 |
| 田鸡腿 | 35 | 331 | 79 | 81.7 | 11.8 | 1.4 | — | 4.7 | — | 0.01 | 0.05 | — | 121 | 1.7 | 1.40 |

**附表 2-23　酒类食物成分表**(以每 100g 食部计)

| 食物名称 | 酒　精 | | 能量 | |
|---|---|---|---|---|
| | 容量(%) | 重量(%) | kJ | kcal |
| 北京啤酒 | 5.4 | 4.3 | 126 | 30 |
| 白葡萄酒(11 度) | 11.0 | 8.8 | 259 | 62 |
| 中国红葡萄酒(16 度) | 16.0 | 12.9 | 381 | 91 |
| 二锅头(58 度) | 58.0 | 50.1 | 1473 | 352 |
| 黄酒 | 5.5 | 4.4 | 130 | 31 |
| 江米酒 | 15.0 | 12.1 | 356 | 85 |

注:“…”表示“未检出”;“—”表示未测定;“微量”表示测出的营养素含量太少;“0”表示该食物中不含这种营养素

资料来源于杨月欣著《中国食物成分表(第 2 版),2004 年》

# 附录 3　中华人民共和国食品安全法

（2009 年 2 月 28 日第十一届全国人民代表大会常务委员会第七次会议通过）

## 目　录



### 第一章　总　　则

第一条　为保证食品安全，保障公众身体健康和生命安全，制定本法。

第二条　在中华人民共和国境内从事下列活动，应当遵守本法：

（一）食品生产和加工（以下称食品生产），食品流通和餐饮服务（以下称食品经营）；

（二）食品添加剂的生产经营；

（三）用于食品的包装材料、容器、洗涤剂、消毒剂和用于食品生产经营的工具、设备（以下称食品相关产品）的生产经营；

（四）食品生产经营者使用食品添加剂、食品相关产品；

（五）对食品、食品添加剂和食品相关产品的安全管理。

供食用的源于农业的初级产品（以下称食用农产品）的质量安全管理，遵守《中华人民共和国农产品质量安全法》的规定。但是，制定有关食用农产品的质量安全标准、公布食用农产品安全有关信息，应当遵守本法的有关规定。

第三条　食品生产经营者应当依照法律、法规和食品安全标准从事生产经营活动，对社会和公众负责，保证食品安全，接受社会监督，承担社会责任。

第四条　国务院设立食品安全委员会，其工作职责由国务院规定。

国务院卫生行政部门承担食品安全综合协调职责，负责食品安全风险评估、食品安全标准制定、食品安全信息公布、食品检验机构的资质认定条件和检验规范的制定，组织查处食品安全重大事故。

国务院质量监督、工商行政管理和国家食品药品监督管理部门依照本法和国务院规定的职责，分别对食品生产、食品流通、餐饮服务活动实施监督管理。

第五条　县级以上地方人民政府统一负责、领导、组织、协调本行政区域的食品安全监督管理工作，建立健全食品安全全程监督管理的工作机制；统一领导、指挥食品安全突发事件应对工作；完善、落实食品安全监督管理责任制，对食品安全监督管理部门进行评议、考核。

县级以上地方人民政府依照本法和国务院的规定确定本级卫生行政、农业行政、质量监督、工商行政管理、食品药品监督管理部门的食品安全监督管理职责。有关部门在各自职责范围内负责本行政区域的食品安全监督管理工作。

上级人民政府所属部门在下级行政区域设置的机构应当在所在地人民政府的统一组织、协调下，依法做好食品安全监督管理工作。

第六条　县级以上卫生行政、农业行政、质量监督、工商行政管理、食品药品监督管理部门应当加强沟通、密切配合，按照各自职责分工，依法行使职权，承担责任。

第七条　食品行业协会应当加强行业自律，引导食品生产经营者依法生产经营，推动行业诚信建设，宣传、普及食品安全知识。

第八条　国家鼓励社会团体、基层群众性自治组织开展食品安全法律、法规以及食品安全标准和知识的普及工作，倡导健康的饮食方式，增强消费者食品安全意识和自我保护能力。

新闻媒体应当开展食品安全法律、法规以及食品安全标准和知识的公益宣传，并对违反本法的行为进行舆论监督。

第九条　国家鼓励和支持开展与食品安全有关的基础研究和应用研究，鼓励和支持食品生产经营者为提高食品安全水平采用先进技术和先进管理规范。

第十条　任何组织或者个人有权举报食品生产经营中违反本法的行为，有权向有关部门了解食品安全信息，对食品安全监督管理工作提出意见和建议。

## 第二章　食品安全风险监测和评估

第十一条　国家建立食品安全风险监测制度，对食源性疾病、食品污染以及食品中的有害因素进行监测。

国务院卫生行政部门会同国务院有关部门制定、实施国家食品安全风险监测计划。省、自治区、直辖市人民政府卫生行政部门根据国家食品安全风险监测计划，结合本行政区域的具体情况，组织制定、实施本行政区域的食品安全风险监测方案。

第十二条　国务院农业行政、质量监督、工商行政管理和国家食品药品监督管理等有关部门获知有关食品安全风险信息后，应当立即向国务院卫生行政部门通报。国务院卫生行政部门会同有关部门对信息核实后，应当及时调整食品安全风险监测计划。

第十三条　国家建立食品安全风险评估制度，对食品、食品添加剂中生物性、化学性和物理性危害进行风险评估。

国务院卫生行政部门负责组织食品安全风险评估工作，成立由医学、农业、食品、营养等方面的专家组成的食品安全风险评估专家委员会进行食品安全风险评估。

对农药、肥料、生长调节剂、兽药、饲料和饲料添加剂等的安全性评估，应当有食品安全风险评估专家委员会的专家参加。

食品安全风险评估应当运用科学方法，根据食品安全风险监测信息、科学数据以及其他有关信息进行。

第十四条　国务院卫生行政部门通过食品安全风险监测或者接到举报发现食品可能存在安全隐患的，应当立即组织进行检验和食品安全风险评估。

第十五条　国务院农业行政、质量监督、工商行政管理和国家食品药品监督管理等有关部门应当向国务院卫生行政部门提出食品安全风险评估的建议，并提供有关信息和资料。

国务院卫生行政部门应当及时向国务院有关部门通报食品安全风险评估的结果。

第十六条　食品安全风险评估结果是制定、修订食品安全标准和对食品安全实施监督管理的科学依据。

食品安全风险评估结果得出食品不安全结论的，国务院质量监督、工商行政管理和国家食品药品监督管理部门应当依据各自职责立即采取相应措施，确保该食品停止生产经营，并告知消费者停止食用；需要制定、修订相关食品安全国家标准的，国务院卫生行政部门应当立即制定、修订。

第十七条　国务院卫生行政部门应当会同国务院有关部门，根据食品安全风险评估结果、食品安全监督管理信息，对食品安全状况进行综合分析。对经综合分析表明可能具有较高程度安全风险的食品，国务院卫生行政部门应当及时提出食品安全风险警示，并予以公布。

## 第三章　食品安全标准

第十八条　制定食品安全标准，应当以保障公众身体健康为宗旨，做到科学合理、安全可靠。

第十九条　食品安全标准是强制执行的标准。除食品安全标准外，不得制定其他的食品强制性标准。

第二十条　食品安全标准应当包括下列内容：

(一) 食品、食品相关产品中的致病性微生物、农药残留、兽药残留、重金属、污染物质以及其他危害人体健康物质的限量规定；

(二) 食品添加剂的品种、使用范围、用量；

(三) 专供婴幼儿和其他特定人群的主辅食品的营养成分要求；

(四) 对与食品安全、营养有关的标签、标识、说明书的要求；

(五) 食品生产经营过程的卫生要求；

(六) 与食品安全有关的质量要求；

(七) 食品检验方法与规程；

(八) 其他需要制定为食品安全标准的内容。

第二十一条　食品安全国家标准由国务院卫生行政部门负责制定、公布，国务院标准化行政部门提供国家标准编号。

食品中农药残留、兽药残留的限量规定及其检验方法与规程由国务院卫生行政部门、国务院农业行政部门制定。

屠宰畜、禽的检验规程由国务院有关主管部门会同国务院卫生行政部门制定。

有关产品国家标准涉及食品安全国家标准规定内容的，应当与食品安全国家标准相一致。

第二十二条　国务院卫生行政部门应当对现行的食用农产品质量安全标准、食品卫生标准、食品质量标准和有关食品的行业标准中强制执行的标准予以整合，统一公布为食品安全国家标准。

本法规定的食品安全国家标准公布前，食品生产经营者应当按照现行食用农产品质量安全标准、食品卫生标准、食品质量标准和有关食品的行业标准生产经营食品。

第二十三条　食品安全国家标准应当经食品安全国家标准审评委员会审查通过。食品安全国家标准审评委员会由医学、农业、食品、营养等方面的专家以及国务院有关部门的代表组成。

制定食品安全国家标准，应当依据食品安全风险评估结果并充分考虑食用农产品质量安全风险评估结果，参照相关的国际标准和国际食品安全风险评估结果，并广泛听取食品生产经营者和消费者的意见。

第二十四条　没有食品安全国家标准的，可以制定食品安全地方标准。

省、自治区、直辖市人民政府卫生行政部门组织制定食品安全地方标准，应当参照执行本法有关食品安全国家标准制定的规定，并报国务院卫生行政部门备案。

第二十五条　企业生产的食品没有食品安全国家标准或者地方标准的，应当制定企业标准，作为组织生产的依据。国家鼓励食品生产企业制定严于食品安全国家标准或者地方标准的企业标准。企业标准应当报省级卫生行政部门备案，在本企业内部适用。

第二十六条　食品安全标准应当供公众免费查阅。

## 第四章　食品生产经营

第二十七条　食品生产经营应当符合食品安全标准，并符合下列要求：

(一) 具有与生产经营的食品品种、数量相适应的食品原料处理和食品加工、包装、贮存等场所，保持该场所环境整洁，并与有毒、有害场所以及其他污染源保持规定的距离；

(二) 具有与生产经营的食品品种、数量相适应的生产经营设备或者设施，有相应的消毒、更衣、盥洗、采光、照明、通风、防腐、防尘、防蝇、防鼠、防虫、洗涤以及处理废水、存放垃圾和废弃物的设备或者设施；

(三) 有食品安全专业技术人员、管理人员和保证食品安全的规章制度；

(四) 具有合理的设备布局和工艺流程，防止待加工食品与直接入口食品、原料与成品交叉污染，避免食品接触有毒物、不洁物；

(五) 餐具、饮具和盛放直接入口食品的容器，使用前应当洗净、消毒，炊具、用具用后应当洗净，保持清洁；

(六) 贮存、运输和装卸食品的容器、工具和设备应当安全、无害，保持清洁，防止食品污染，并符合保证食品安全所需的温度等特殊要求，不得将食品与有毒、有害物品一同运输；

（七）直接入口的食品应当有小包装或者使用无毒、清洁的包装材料、餐具；

（八）食品生产经营人员应当保持个人卫生，生产经营食品时，应当将手洗净，穿戴清洁的工作衣、帽；销售无包装的直接入口食品时，应当使用无毒、清洁的售货工具；

（九）用水应当符合国家规定的生活饮用水卫生标准；

（十）使用的洗涤剂、消毒剂应当对人体安全、无害；

（十一）法律、法规规定的其他要求。

第二十八条　禁止生产经营下列食品：

（一）用非食品原料生产的食品或者添加食品添加剂以外的化学物质和其他可能危害人体健康物质的食品，或者用回收食品作为原料生产的食品；

（二）致病性微生物、农药残留、兽药残留、重金属、污染物质以及其他危害人体健康的物质含量超过食品安全标准限量的食品；

（三）营养成分不符合食品安全标准的专供婴幼儿和其他特定人群的主辅食品；

（四）腐败变质、油脂酸败、霉变生虫、污秽不洁、混有异物、掺假掺杂或者感官性状异常的食品；

（五）病死、毒死或者死因不明的禽、畜、兽、水产动物肉类及其制品；

（六）未经动物卫生监督机构检疫或者检疫不合格的肉类，或者未经检验或者检验不合格的肉类制品；

（七）被包装材料、容器、运输工具等污染的食品；

（八）超过保质期的食品；

（九）无标签的预包装食品；

（十）国家为防病等特殊需要明令禁止生产经营的食品；

（十一）其他不符合食品安全标准或者要求的食品。

第二十九条　国家对食品生产经营实行许可制度。从事食品生产、食品流通、餐饮服务，应当依法取得食品生产许可、食品流通许可、餐饮服务许可。

取得食品生产许可的食品生产者在其生产场所销售其生产的食品，不需要取得食品流通的许可；取得餐饮服务许可的餐饮服务提供者在其餐饮服务场所出售其制作加工的食品，不需要取得食品生产和流通的许可；农民个人销售其自产的食用农产品，不需要取得食品流通的许可。

食品生产加工小作坊和食品摊贩从事食品生产经营活动，应当符合本法规定的与其生产经营规模、条件相适应的食品安全要求，保证所生产经营的食品卫生、无毒、无害，有关部门应当对其加强监督管理，具体管理办法由省、自治区、直辖市人民代表大会常务委员会依照本法制定。

第三十条　县级以上地方人民政府鼓励食品生产加工小作坊改进生产条件；鼓励食品摊贩进入集中交易市场、店铺等固定场所经营。

第三十一条　县级以上质量监督、工商行政管理、食品药品监督管理部门应当依照《中华人民共和国行政许可法》的规定，审核申请人提交的本法第二十七条第一项至第四项规定要求的相关资料，必要时对申请人的生产经营场所进行现场核查；对符合规定条件的，决定准予许可；对不符合规定条件的，决定不予许可并书面说明理由。

第三十二条　食品生产经营企业应当建立健全本单位的食品安全管理制度，加强对职工食品安全知识的培训，配备专职或者兼职食品安全管理人员，做好对所生产经营食品的检验工作，依法从事食品生产经营活动。

第三十三条　国家鼓励食品生产经营企业符合良好生产规范要求，实施危害分析与关键控制点体系，提高食品安全管理水平。

对通过良好生产规范、危害分析与关键控制点体系认证的食品生产经营企业，认证机构应当依法实施跟踪调查；对不再符合认证要求的企业，应当依法撤销认证，及时向有关质量监督、工商行政管理、食品药品监督管理部门通报，并向社会公布。认证机构实施跟踪调查不收取任何费用。

第三十四条　食品生产经营者应当建立并执行从业人员健康管理制度。患有痢疾、伤寒、病毒性肝炎等消化道传染病的人员，以及患有活动性肺结核、化脓性或者渗出性皮肤病等有碍食品安全的疾病的人员，不得从事接触直接入口食品的工作。

食品生产经营人员每年应当进行健康检查，取得健康证明后方可参加工作。

第三十五条　食用农产品生产者应当依照食品安全标准和国家有关规定使用农药、肥料、生长调节剂、兽药、饲料和饲料添加剂等农业投入品。食用农产品的生产企业和农民专业合作经济组织应当建立食用农产品生产记录制度。

县级以上农业行政部门应当加强对农业投入品使用的管理和指导，建立健全农业投入品的安全使用制度。

第三十六条　食品生产者采购食品原料、食品添加剂、食品相关产品，应当查验供货者的许可证和产品合格证明文件；对无法提供合格证明文件的食品原料，应当依照食品安全标准进行检验；不得采购或者使用不符合食品安全标准的食品原料、食品添加剂、食品相关产品。

食品生产企业应当建立食品原料、食品添加剂、食品相关产品进货查验记录制度，如实记录食品原料、食品添加剂、食品相关产品的名称、规格、数量、供货者名称及联系方式、进货日期等内容。

食品原料、食品添加剂、食品相关产品进货查验记录应当真实，保存期限不得少于二年。

第三十七条　食品生产企业应当建立食品出厂检验记录制度，查验出厂食品的检验合格证和安全状况，并如实记录食品的名称、规格、数量、生产日期、生产批号、检验合格证号、购货者名称及联系方式、销售日期等内容。

食品出厂检验记录应当真实，保存期限不得少于二年。

第三十八条　食品、食品添加剂和食品相关产品的生产者，应当依照食品安全标准对所生产的食品、食品添加剂和食品相关产品进行检验，检验合格后方可出厂或者销售。

第三十九条　食品经营者采购食品，应当查验供货者的许可证和食品合格的证明文件。

食品经营企业应当建立食品进货查验记录制度，如实记录食品的名称、规格、数量、生产批号、保质期、供货者名称及联系方式、进货日期等内容。

食品进货查验记录应当真实，保存期限不得少于二年。

实行统一配送经营方式的食品经营企业，可以由企业总部统一查验供货者的许可证和食品合格的证明文件，进行食品进货查验记录。

第四十条　食品经营者应当按照保证食品安全的要求贮存食品，定期检查库存食品，及时清理变质或者超过保质期的食品。

第四十一条　食品经营者贮存散装食品，应当在贮存位置标明食品的名称、生产日期、保质期、生产者名称及联系方式等内容。

食品经营者销售散装食品，应当在散装食品的容器、外包装上标明食品的名称、生产日期、保质期、生产经营者名称及联系方式等内容。

第四十二条　预包装食品的包装上应当有标签。标签应当标明下列事项：

（一）名称、规格、净含量、生产日期；

（二）成分或者配料表；

（三）生产者的名称、地址、联系方式；

（四）保质期；

（五）产品标准代号；

（六）贮存条件；

（七）所使用的食品添加剂在国家标准中的通用名称；

（八）生产许可证编号；

（九）法律、法规或者食品安全标准规定必须标明的其他事项。

专供婴幼儿和其他特定人群的主辅食品，其标签还应当标明主要营养成分及其含量。

第四十三条　国家对食品添加剂的生产实行许可制度。申请食品添加剂生产许可的条件、程序，按照国家有关工业产品生产许可证管理的规定执行。

第四十四条　申请利用新的食品原料从事食品生产或者从事食品添加剂新品种、食品相关产品新品种生产活动的单位或者个人，应当向国务院卫生行政部门提交相关产品的安全性评估材料。国务院卫生行政部门应当自收到申请之日起六十日内组织对相关产品的安全性评估材料进行审查；对符合食品安全要求的，依法决定准予许可并予以公布；对不符合食品安全要求的，决定不予许可并书面说明理由。

第四十五条　食品添加剂应当在技术上确有必要且经过风险评估证明安全可靠，方可列入允许使用的范围。国务院卫生行政部门应当根据技术必要性和食品安全风险评估结果，及时对食品添加剂的品种、使用范围、用量的标准进行修订。

第四十六条　食品生产者应当依照食品安全标准关于食品添加剂的品种、使用范围、用量的规定使用食品添加剂；不得在食品生产中使用食品添加剂以外的化学物质和其他可能危害人体健康的物质。

第四十七条　食品添加剂应当有标签、说明书和包装。标签、说明书应当载明本法第四十二条第一款第一项至第六项、第八项、第九项规定的事项，以及食品添加剂的使用范围、用量、使用方法，并在标签上载明“食品添加剂”字样。

第四十八条　食品和食品添加剂的标签、说明书，不得含有虚假、夸大的内容，不得涉及疾病预防、治疗功能。生产者对标签、说明书上所载明的内容负责。

食品和食品添加剂的标签、说明书应当清楚、明显，容易辨识。

食品和食品添加剂与其标签、说明书所载明的内容不符的，不得上市销售。

第四十九条　食品经营者应当按照食品标签标示的警示标志、警示说明或者注意事项的要求，销售预包装食品。

第五十条　生产经营的食品中不得添加药品，但是可以添加按照传统既是食品又是中药材的物质。按照传统既是食品又是中药材的物质的目录由国务院卫生行政部门制定、公布。

第五十一条　国家对声称具有特定保健功能的食品实行严格监管。有关监督管理部门应当依法履职，承担责任。具体管理办法由国务院规定。

声称具有特定保健功能的食品不得对人体产生急性、亚急性或者慢性危害，其标签、说明书不得涉及疾病预防、治疗功能，内容必须真实，应当载明适宜人群、不适宜人群、功效成分或者标志性成分及其含量等；产品的功能和成分必须与标签、说明书相一致。

第五十二条　集中交易市场的开办者、柜台出租者和展销会举办者，应当审查入场食品经营者的许可证，明确入场食品经营者的食品安全管理责任，定期对入场食品经营者的经营环境和条件进行检查，发现食品经营者有违反本法规定的行为的，应当及时制止并立即报告所在地县级工商行政管理部门或者食品药品监督管理部门。

集中交易市场的开办者、柜台出租者和展销会举办者未履行前款规定义务，本市场发生食品安全事故的，应当承担连带责任。

第五十三条　国家建立食品召回制度。食品生产者发现其生产的食品不符合食品安全标准，应当立即停止生产，召回已经上市销售的食品，通知相关生产经营者和消费者，并记录召回和通知情况。

食品经营者发现其经营的食品不符合食品安全标准，应当立即停止经营，通知相关生产经营者和消费者，并记录停止经营和通知情况。食品生产者认为应当召回的，应当立即召回。

食品生产者应当对召回的食品采取补救、无害化处理、销毁等措施，并将食品召回和处理情况向县级以上质量监督部门报告。

食品生产经营者未依照本条规定召回或者停止经营不符合食品安全标准的食品的，县级以上质量监督、工商行政管理、食品药品监督管理部门可以责令其召回或者停止经营。

第五十四条　食品广告的内容应当真实合法，不得含有虚假、夸大的内容，不得涉及疾病预防、治疗功能。

食品安全监督管理部门或者承担食品检验职责的机构、食品行业协会、消费者协会不得以广告或者其他形式向消费者推荐食品。

第五十五条　社会团体或者其他组织、个人在虚假广告中向消费者推荐食品，使消费者的合法权益受到损害的，与食品生产经营者承担连带责任。

第五十六条　地方各级人民政府鼓励食品规模化生产和连锁经营、配送。

## 第五章　食品检验

第五十七条　食品检验机构按照国家有关认证认可的规定取得资质认定后，方可从事食品检验活动。但是，法律另有规定的除外。

食品检验机构的资质认定条件和检验规范，由国务院卫生行政部门规定。

本法施行前经国务院有关主管部门批准设立或者经依法认定的食品检验机构，可以依照本法继续从事食品检验活动。

第五十八条　食品检验由食品检验机构指定的检验人独立进行。

检验人应当依照有关法律、法规的规定，并依照食品安全标准和检验规范对食品进行检验，尊重科学，恪守职业道德，保证出具的检验数据和结论客观、公正，不得出具虚假的检验报告。

第五十九条　食品检验实行食品检验机构与检验人负责制。食品检验报告应当加盖食品检验机构公章，并有检验人的签名或者盖章。食品检验机构和检验人对出具的食品检验报告负责。

第六十条　食品安全监督管理部门对食品不得实施免检。

县级以上质量监督、工商行政管理、食品药品监督管理部门应当对食品进行定期或者不定期的抽样检验。进行抽样检验，应当购买抽取的样品，不收取检验费和其他任何费用。

县级以上质量监督、工商行政管理、食品药品监督管理部门在执法工作中需要对食品进行检验的，应当委托符合本法规定的食品检验机构进行，并支付相关费用。对检验结论有异议的，可以依法进行复检。

第六十一条　食品生产经营企业可以自行对所生产的食品进行检验，也可以委托符合本法规定的食品检验机构进行检验。

食品行业协会等组织、消费者需要委托食品检验机构对食品进行检验的，应当委托符合本法规定的食品检验机构进行。

## 第六章　食品进出口

第六十二条　进口的食品、食品添加剂以及食品相关产品应当符合我国食品安全国家标准。

进口的食品应当经出入境检验检疫机构检验合格后，海关凭出入境检验检疫机构签发的通关证明放行。

第六十三条　进口尚无食品安全国家标准的食品，或者首次进口食品添加剂新品种、食品相关产品新品种，进口商应当向国务院卫生行政部门提出申请并提交相关的安全性评估材料。国务院卫生行政部门依照本法第四十四条的规定作出是否准予许可的决定，并及时制定相应的食品安全国家标准。

第六十四条　境外发生的食品安全事件可能对我国境内造成影响，或者在进口食品中发现严重食品安全问题的，国家出入境检验检疫部门应当及时采取风险预警或者控制措施，并向国务院卫生行政、农业行政、工商行政管理和国家食品药品监督管理部门通报。接到通报的部门应当及时采取相应措施。

第六十五条　向我国境内出口食品的出口商或者代理商应当向国家出入境检验检疫部门备案。向我国境内出口食品的境外食品生产企业应当经国家出入境检验检疫部门注册。

国家出入境检验检疫部门应当定期公布已经备案的出口商、代理商和已经注册的境外食品生产企业名单。

第六十六条　进口的预包装食品应当有中文标签、中文说明书。标签、说明书应当符合本法以及我国其他有关法律、行政法规的规定和食品安全国家标准的要求，载明食品的原产地以及境内代理商的名称、地址、联系方式。预包装食品没有中文标签、中文说明书或者标签、说明书不符合本条规定的，不得进口。

第六十七条　进口商应当建立食品进口和销售记录制度，如实记录食品的名称、规格、数量、生产日期、生产或者进口批号、保质期、出口商和购货者名称及联系方式、交货日期等内容。

食品进口和销售记录应当真实，保存期限不得少于二年。

第六十八条　出口的食品由出入境检验检疫机构进行监督、抽检，海关凭出入境检验检疫机构签发的通关证明放行。

出口食品生产企业和出口食品原料种植、养殖场应当向国家出入境检验检疫部门备案。

第六十九条　国家出入境检验检疫部门应当收集、汇总进出口食品安全信息，并及时通报相关部门、机构和企业。

国家出入境检验检疫部门应当建立进出口食品的进口商、出口商和出口食品生产企业的信誉记录，并予以公布。对有不良记录的进口商、出口商和出口食品生产企业，应当加强对其进出口食品的检验检疫。

## 第七章　食品安全事故处置

第七十条　国务院组织制定国家食品安全事故应急预案。

县级以上地方人民政府应当根据有关法律、法规的规定和上级人民政府的食品安全事故应急预案以及本地区的实际情况，制定本行政区域的食品安全事故应急预案，并报上一级人民政府备案。

食品生产经营企业应当制定食品安全事故处置方案，定期检查本企业各项食品安全防范措施的落实情况，及时消除食品安全事故隐患。

第七十一条　发生食品安全事故的单位应当立即予以处置，防止事故扩大。事故发生单位和接收病人进行治疗的单位应当及时向事故发生地县级卫生行政部门报告。

农业行政、质量监督、工商行政管理、食品药品监督管理部门在日常监督管理中发现食品安全事故，或者接到有关食品安全事故的举报，应当立即向卫生行政部门通报。

发生重大食品安全事故的，接到报告的县级卫生行政部门应当按照规定向本级人民政府和上级人民政府卫生行政部门报告。县级人民政府和上级人民政府卫生行政部门应当按照规定上报。

任何单位或者个人不得对食品安全事故隐瞒、谎报、缓报，不得毁灭有关证据。

第七十二条　县级以上卫生行政部门接到食品安全事故的报告后，应当立即会同有关农业行政、质量监督、工商行政管理、食品药品监督管理部门进行调查处理，并采取下列措施，防止或者减轻社会危害：

（一）开展应急救援工作，对因食品安全事故导致人身伤害的人员，卫生行政部门应当立即组织救治；

（二）封存可能导致食品安全事故的食品及其原料，并立即进行检验；对确认属于被污染的食品及其原料，责令食品生产经营者依照本法第五十三条的规定予以召回、停止经营并销毁；

（三）封存被污染的食品用工具及用具，并责令进行清洗消毒；

（四）做好信息发布工作，依法对食品安全事故及其处理情况进行发布，并对可能产生的危害加以解释、说明。

发生重大食品安全事故的，县级以上人民政府应当立即成立食品安全事故处置指挥机构，启动应急预案，依照前款规定进行处置。

第七十三条　发生重大食品安全事故，设区的市级以上人民政府卫生行政部门应当立即会同有关部门进行事故责任调查，督促有关部门履行职责，向本级人民政府提出事故责任调查处理报告。

重大食品安全事故涉及两个以上省、自治区、直辖市的，由国务院卫生行政部门依照前款规定组织事故责任调查。

第七十四条　发生食品安全事故，县级以上疾病预防控制机构应当协助卫生行政部门和有关部门对事故现场进行卫生处理，并对与食品安全事故有关的因素开展流行病学调查。

第七十五条　调查食品安全事故，除了查明事故单位的责任，还应当查明负有监督管理和认证职责的监督管理部门、认证机构的工作人员失职、渎职情况。

## 第八章　监督管理

第七十六条　县级以上地方人民政府组织本级卫生行政、农业行政、质量监督、工商行政管理、食品药品监督管理部门制定本行政区域的食品安全年度监督管理计划，并按照年度计划组织开展工作。

第七十七条　县级以上质量监督、工商行政管理、食品药品监督管理部门履行各自食品安全监督管理职责，有权采取下列措施：

（一）进入生产经营场所实施现场检查；

（二）对生产经营的食品进行抽样检验；

（三）查阅、复制有关合同、票据、账簿以及其他有关资料；

（四）查封、扣押有证据证明不符合食品安全标准的食品，违法使用的食品原料、食品添加剂、食品相关产品，以及用于违法生产经营或者被污染的工具、设备；

（五）查封违法从事食品生产经营活动的场所。

县级以上农业行政部门应当依照《中华人民共和国农产品质量安全法》规定的职责，对食用农产品进行监督管理。

第七十八条 县级以上质量监督、工商行政管理、食品药品监督管理部门对食品生产经营者进行监督检查，应当记录监督检查的情况和处理结果。监督检查记录经监督检查人员和食品生产经营者签字后归档。

第七十九条 县级以上质量监督、工商行政管理、食品药品监督管理部门应当建立食品生产经营者食品安全信用档案，记录许可颁发、日常监督检查结果、违法行为查处等情况；根据食品安全信用档案的记录，对有不良信用记录的食品生产经营者增加监督检查频次。

第八十条 县级以上卫生行政、质量监督、工商行政管理、食品药品监督管理部门接到咨询、投诉、举报，对属于本部门职责的，应当受理，并及时进行答复、核实、处理；对不属于本部门职责的，应当书面通知并移交有权处理的部门处理。有权处理的部门应当及时处理，不得推诿；属于食品安全事故的，依照本法第七章有关规定进行处置。

第八十一条 县级以上卫生行政、质量监督、工商行政管理、食品药品监督管理部门应当按照法定权限和程序履行食品安全监督管理职责；对生产经营者的同一违法行为，不得给予二次以上罚款的行政处罚；涉嫌犯罪的，应当依法向公安机关移送。

第八十二条 国家建立食品安全信息统一公布制度。下列信息由国务院卫生行政部门统一公布：

（一）国家食品安全总体情况；

（二）食品安全风险评估信息和食品安全风险警示信息；

（三）重大食品安全事故及其处理信息；

（四）其他重要的食品安全信息和国务院确定的需要统一公布的信息。

前款第二项、第三项规定的信息，其影响限于特定区域的，也可以由有关省、自治区、直辖市人民政府卫生行政部门公布。县级以上农业行政、质量监督、工商行政管理、食品药品监督管理部门依据各自职责公布食品安全日常监督管理信息。

食品安全监督管理部门公布信息，应当做到准确、及时、客观。

第八十三条 县级以上地方卫生行政、农业行政、质量监督、工商行政管理、食品药品监督管理部门获知本法第八十二条第一款规定的需要统一公布的信息，应当向上级主管部门报告，由上级主管部门立即报告国务院卫生行政部门；必要时，可以直接向国务院卫生行政部门报告。

县级以上卫生行政、农业行政、质量监督、工商行政管理、食品药品监督管理部门应当相互通报获知的食品安全信息。

## 第九章 法律责任

第八十四条 违反本法规定，未经许可从事食品生产经营活动，或者未经许可生产食品添加剂的，由有关主管部门按照各自职责分工，没收违法所得、违法生产经营的食品、食品添加剂和用于违法生产经营的工具、设备、原料等物品；违法生产经营的食品、食品添加剂货值金额不足一万元的，并处二千元以上五万元以下罚款；货值金额一万元以上的，并处货值金额五倍以上十倍以下罚款。

第八十五条 违反本法规定，有下列情形之一的，由有关主管部门按照各自职责分工，没收违法所得、违法生产经营的食品和用于违法生产经营的工具、设备、原料等物品；违法生产经营的食品货值金额不足一万元的，并处二千元以上五万元以下罚款；货值金额一万元以上的，并处货值金额五倍以上十倍以下罚款；情节严重的，吊销许可证：

（一）用非食品原料生产食品或者在食品中添加食品添加剂以外的化学物质和其他可能危害人体健

康的物质，或者用回收食品作为原料生产食品；

(二) 生产经营致病性微生物、农药残留、兽药残留、重金属、污染物质以及其他危害人体健康的物质含量超过食品安全标准限量的食品；

(三) 生产经营营养成分不符合食品安全标准的专供婴幼儿和其他特定人群的主辅食品；

(四) 经营腐败变质、油脂酸败、霉变生虫、污秽不洁、混有异物、掺假掺杂或者感官性状异常的食品；

(五) 经营病死、毒死或者死因不明的禽、畜、兽、水产动物肉类，或者生产经营病死、毒死或者死因不明的禽、畜、兽、水产动物肉类的制品；

(六) 经营未经动物卫生监督机构检疫或者检疫不合格的肉类，或者生产经营未经检验或者检验不合格的肉类制品；

(七) 经营超过保质期的食品；

(八) 生产经营国家为防病等特殊需要明令禁止生产经营的食品；

(九) 利用新的食品原料从事食品生产或者从事食品添加剂新品种、食品相关产品新品种生产，未经过安全性评估；

(十) 食品生产经营者在有关主管部门责令其召回或者停止经营不符合食品安全标准的食品后，仍拒不召回或者停止经营的。

第八十六条　违反本法规定，有下列情形之一的，由有关主管部门按照各自职责分工，没收违法所得、违法生产经营的食品和用于违法生产经营的工具、设备、原料等物品；违法生产经营的食品货值金额不足一万元的，并处二千元以上五万元以下罚款；货值金额一万元以上的，并处货值金额二倍以上五倍以下罚款；情节严重的，责令停产停业，直至吊销许可证：

(一) 经营被包装材料、容器、运输工具等污染的食品；

(二) 生产经营无标签的预包装食品、食品添加剂或者标签、说明书不符合本法规定的食品、食品添加剂；

(三) 食品生产者采购、使用不符合食品安全标准的食品原料、食品添加剂、食品相关产品；

(四) 食品生产经营者在食品中添加药品。

第八十七条　违反本法规定，有下列情形之一的，由有关主管部门按照各自职责分工，责令改正，给予警告；拒不改正的，处二千元以上二万元以下罚款；情节严重的，责令停产停业，直至吊销许可证：

(一) 未对采购的食品原料和生产的食品、食品添加剂、食品相关产品进行检验；

(二) 未建立并遵守查验记录制度、出厂检验记录制度；

(三) 制定食品安全企业标准未依照本法规定备案；

(四) 未按规定要求贮存、销售食品或者清理库存食品；

(五) 进货时未查验许可证和相关证明文件；

(六) 生产的食品、食品添加剂的标签、说明书涉及疾病预防、治疗功能；

(七) 安排患有本法第三十四条所列疾病的人员从事接触直接入口食品的工作。

第八十八条　违反本法规定，事故单位在发生食品安全事故后未进行处置、报告的，由有关主管部门按照各自职责分工，责令改正，给予警告；毁灭有关证据的，责令停产停业，并处二千元以上十万元以下罚款；造成严重后果的，由原发证部门吊销许可证。

第八十九条　违反本法规定，有下列情形之一的，依照本法第八十五条的规定给予处罚：

(一) 进口不符合我国食品安全国家标准的食品；

(二) 进口尚无食品安全国家标准的食品，或者首次进口食品添加剂新品种、食品相关产品新品种，未经过安全性评估；

(三) 出口商未遵守本法的规定出口食品。

违反本法规定，进口商未建立并遵守食品进口和销售记录制度的，依照本法第八十七条的规定给予处罚。

第九十条　违反本法规定，集中交易市场的开办者、柜台出租者、展销会的举办者允许未取得许可的食品经营者进入市场销售食品，或者未履行检查、报告等义务的，由有关主管部门按照各自职责分工，处二千元以上五万元以下罚款；造成严重后果的，责令停业，由原发证部门吊销许可证。

第九十一条　违反本法规定，未按照要求进行食品运输的，由有关主管部门按照各自职责分工，责令改正，给予警告；拒不改正的，责令停产停业，并处二千元以上五万元以下罚款；情节严重的，由原发证部门吊销许可证。

第九十二条　被吊销食品生产、流通或者餐饮服务许可证的单位，其直接负责的主管人员自处罚决定作出之日起五年内不得从事食品生产经营管理工作。

食品生产经营者聘用不得从事食品生产经营管理工作的人员从事管理工作的，由原发证部门吊销许可证。

第九十三条　违反本法规定，食品检验机构、食品检验人员出具虚假检验报告的，由授予其资质的主管部门或者机构撤销该检验机构的检验资格；依法对检验机构直接负责的主管人员和食品检验人员给予撤职或者开除的处分。

违反本法规定，受到刑事处罚或者开除处分的食品检验机构人员，自刑罚执行完毕或者处分决定作出之日起十年内不得从事食品检验工作。食品检验机构聘用不得从事食品检验工作的人员的，由授予其资质的主管部门或者机构撤销该检验机构的检验资格。

第九十四条　违反本法规定，在广告中对食品质量作虚假宣传，欺骗消费者的，依照《中华人民共和国广告法》的规定给予处罚。

违反本法规定，食品安全监督管理部门或者承担食品检验职责的机构、食品行业协会、消费者协会以广告或者其他形式向消费者推荐食品的，由有关主管部门没收违法所得，依法对直接负责的主管人员和其他直接责任人员给予记大过、降级或者撤职的处分。

第九十五条　违反本法规定，县级以上地方人民政府在食品安全监督管理中未履行职责，本行政区域出现重大食品安全事故、造成严重社会影响的，依法对直接负责的主管人员和其他直接责任人员给予记大过、降级、撤职或者开除的处分。

违反本法规定，县级以上卫生行政、农业行政、质量监督、工商行政管理、食品药品监督管理部门或者其他有关行政部门不履行本法规定的职责或者滥用职权、玩忽职守、徇私舞弊的，依法对直接负责的主管人员和其他直接责任人员给予记大过或者降级的处分；造成严重后果的，给予撤职或者开除的处分；其主要负责人应当引咎辞职。

第九十六条　违反本法规定，造成人身、财产或者其他损害的，依法承担赔偿责任。

生产不符合食品安全标准的食品或者销售明知是不符合食品安全标准的食品，消费者除要求赔偿损失外，还可以向生产者或者销售者要求支付价款十倍的赔偿金。

第九十七条　违反本法规定，应当承担民事赔偿责任和缴纳罚款、罚金，其财产不足以同时支付时，先承担民事赔偿责任。

第九十八条　违反本法规定，构成犯罪的，依法追究刑事责任。

## 第十章　附　　则

第九十九条　本法下列用语的含义：

食品，指各种供人食用或者饮用的成品和原料以及按照传统既是食品又是药品的物品，但是不包括以治疗为目的的物品。

食品安全，指食品无毒、无害，符合应当有的营养要求，对人体健康不造成任何急性、亚急性或者慢性危害。

预包装食品，指预先定量包装或者制作在包装材料和容器中的食品。

食品添加剂，指为改善食品品质和色、香、味以及为防腐、保鲜和加工工艺的需要而加入食品中的人工合成或者天然物质。

用于食品的包装材料和容器，指包装、盛放食品或者食品添加剂用的纸、竹、木、金属、搪瓷、陶瓷、塑料、橡胶、天然纤维、化学纤维、玻璃等制品和直接接触食品或者食品添加剂的涂料。

用于食品生产经营的工具、设备，指在食品或者食品添加剂生产、流通、使用过程中直接接触食品或者食品添加剂的机械、管道、传送带、容器、用具、餐具等。

用于食品的洗涤剂、消毒剂，指直接用于洗涤或者消毒食品、餐饮具以及直接接触食品的工具、设备或者食品包装材料和容器的物质。

保质期，指预包装食品在标签指明的贮存条件下保持品质的期限。

食源性疾病，指食品中致病因素进入人体引起的感染性、中毒性等疾病。

食物中毒，指食用了被有毒有害物质污染的食品或者食用了含有毒有害物质的食品后出现的急性、亚急性疾病。

食品安全事故，指食物中毒、食源性疾病、食品污染等源于食品，对人体健康有危害或者可能有危害的事故。

第一百条　食品生产经营者在本法施行前已经取得相应许可证的，该许可证继续有效。

第一百零一条　乳品、转基因食品、生猪屠宰、酒类和食盐的食品安全管理，适用本法；法律、行政法规另有规定的，依照其规定。

第一百零二条　铁路运营中食品安全的管理办法由国务院卫生行政部门会同国务院有关部门依照本法制定。

军队专用食品和自供食品的食品安全管理办法由中央军事委员会依照本法制定。

第一百零三条　国务院根据实际需要，可以对食品安全监督管理体制作出调整。

第一百零四条　本法自 2009 年 6 月 1 日起施行。《中华人民共和国食品卫生法》同时废止。

# 附录 4　中华人民共和国食品安全法实施条例

《中华人民共和国食品安全法实施条例》已经 2009 年 7 月 8 日
国务院第 73 次常务会议通过，自公布之日起施行。

二〇〇九年七月二十日

## 第一章　总　　则

第一条　根据《中华人民共和国食品安全法》(以下简称食品安全法)，制定本条例。

第二条　县级以上地方人民政府应当履行食品安全法规定的职责；加强食品安全监督管理能力建设，为食品安全监督管理工作提供保障；建立健全食品安全监督管理部门的协调配合机制，整合、完善食品安全信息网络，实现食品安全信息共享和食品检验等技术资源的共享。

第三条　食品生产经营者应当依照法律、法规和食品安全标准从事生产经营活动，建立健全食品安全管理制度，采取有效管理措施，保证食品安全。

食品生产经营者对其生产经营的食品安全负责，对社会和公众负责，承担社会责任。

第四条　食品安全监督管理部门应当依照食品安全法和本条例的规定公布食品安全信息，为公众咨询、投诉、举报提供方便；任何组织和个人有权向有关部门了解食品安全信息。

## 第二章　食品安全风险监测和评估

第五条　食品安全法第十一条规定的国家食品安全风险监测计划，由国务院卫生行政部门会同国务院质量监督、工商行政管理和国家食品药品监督管理以及国务院商务、工业和信息化等部门，根据食品安全风险评估、食品安全标准制定与修订、食品安全监督管理等工作的需要制定。

第六条　省、自治区、直辖市人民政府卫生行政部门应当组织同级质量监督、工商行政管理、食品药品监督管理、商务、工业和信息化等部门，依照食品安全法第十一条的规定，制定本行政区域的食品安全风险监测方案，报国务院卫生行政部门备案。

国务院卫生行政部门应当将备案情况向国务院质量监督、工商行政管理和国家食品药品监督管理以及国务院商务、工业和信息化等部门通报。

第七条　国务院卫生行政部门会同有关部门除依照食品安全法第十二条的规定对国家食品安全风险监测计划作出调整外，必要时，还应当依据医疗机构报告的有关疾病信息调整国家食品安全风险监测计划。

国家食品安全风险监测计划作出调整后，省、自治区、直辖市人民政府卫生行政部门应当结合本行政区域的具体情况，对本行政区域的食品安全风险监测方案作出相应调整。

第八条　医疗机构发现其接收的病人属于食源性疾病病人、食物中毒病人，或者疑似食源性疾病病人、疑似食物中毒病人的，应当及时向所在地县级人民政府卫生行政部门报告有关疾病信息。

接到报告的卫生行政部门应当汇总、分析有关疾病信息，及时向本级人民政府报告，同时报告上级卫生行政部门；必要时，可以直接向国务院卫生行政部门报告，同时报告本级人民政府和上级卫生行政部门。

第九条　食品安全风险监测工作由省级以上人民政府卫生行政部门会同同级质量监督、工商行政管理、食品药品监督管理等部门确定的技术机构承担。

承担食品安全风险监测工作的技术机构应当根据食品安全风险监测计划和监测方案开展监测工作，保证监测数据真实、准确，并按照食品安全风险监测计划和监测方案的要求，将监测数据和分析结果报送省级以上人民政府卫生行政部门和下达监测任务的部门。

食品安全风险监测工作人员采集样品、收集相关数据，可以进入相关食用农产品种植养殖、食品生产、食品流通或者餐饮服务场所。采集样品，应当按照市场价格支付费用。

第十条　食品安全风险监测分析结果表明可能存在食品安全隐患的，省、自治区、直辖市人民政府卫生行政部门应当及时将相关信息通报本行政区域设区的市级和县级人民政府及其卫生行政部门。

第十一条　国务院卫生行政部门应当收集、汇总食品安全风险监测数据和分析结果，并向国务院质量监督、工商行政管理和国家食品药品监督管理以及国务院商务、工业和信息化等部门通报。

第十二条　有下列情形之一的，国务院卫生行政部门应当组织食品安全风险评估工作：

（一）为制定或者修订食品安全国家标准提供科学依据需要进行风险评估的；

（二）为确定监督管理的重点领域、重点品种需要进行风险评估的；

（三）发现新的可能危害食品安全的因素的；

（四）需要判断某一因素是否构成食品安全隐患的；

（五）国务院卫生行政部门认为需要进行风险评估的其他情形。

第十三条　国务院农业行政、质量监督、工商行政管理和国家食品药品监督管理等有关部门依照食品安全法第十五条规定向国务院卫生行政部门提出食品安全风险评估建议，应当提供下列信息和资料：

（一）风险的来源和性质；

（二）相关检验数据和结论；

（三）风险涉及范围；

（四）其他有关信息和资料。

县级以上地方农业行政、质量监督、工商行政管理、食品药品监督管理等有关部门应当协助收集前款规定的食品安全风险评估信息和资料。

第十四条　省级以上人民政府卫生行政、农业行政部门应当及时相互通报食品安全风险监测和食用农产品质量安全风险监测的相关信息。

国务院卫生行政、农业行政部门应当及时相互通报食品安全风险评估结果和食用农产品质量安全风险评估结果等相关信息。

## 第三章　食品安全标准

第十五条　国务院卫生行政部门会同国务院农业行政、质量监督、工商行政管理和国家食品药品监督管理以及国务院商务、工业和信息化等部门制定食品安全国家标准规划及其实施计划。制定食品安全国家标准规划及其实施计划，应当公开征求意见。

第十六条　国务院卫生行政部门应当选择具备相应技术能力的单位起草食品安全国家标准草案。提倡由研究机构、教育机构、学术团体、行业协会等单位，共同起草食品安全国家标准草案。

国务院卫生行政部门应当将食品安全国家标准草案向社会公布，公开征求意见。

第十七条　食品安全法第二十三条规定的食品安全国家标准审评委员会由国务院卫生行政部门负责组织。

食品安全国家标准审评委员会负责审查食品安全国家标准草案的科学性和实用性等内容。

第十八条　省、自治区、直辖市人民政府卫生行政部门应当将企业依照食品安全法第二十五条规定报送备案的企业标准，向同级农业行政、质量监督、工商行政管理、食品药品监督管理、商务、工业和信息化等部门通报。

第十九条　国务院卫生行政部门和省、自治区、直辖市人民政府卫生行政部门应当会同同级农业行政、质量监督、工商行政管理、食品药品监督管理、商务、工业和信息化等部门，对食品安全国家标准和食品安全地方标准的执行情况分别进行跟踪评价，并应当根据评价结果适时组织修订食品安全标准。

国务院和省、自治区、直辖市人民政府的农业行政、质量监督、工商行政管理、食品药品监督管理、商务、工业和信息化等部门应当收集、汇总食品安全标准在执行过程中存在的问题，并及时向同级卫生行政部门通报。

食品生产经营者、食品行业协会发现食品安全标准在执行过程中存在问题的，应当立即向食品安全监督管理部门报告。

## 第四章　食品生产经营

第二十条　设立食品生产企业，应当预先核准企业名称，依照食品安全法的规定取得食品生产许可后，办理工商登记。县级以上质量监督管理部门依照有关法律、行政法规规定审核相关资料、核查生产场所、检验相关产品；对相关资料、场所符合规定要求以及相关产品符合食品安全标准或者要求的，应当作出准予许可的决定。

其他食品生产经营者应当在依法取得相应的食品生产许可、食品流通许可、餐饮服务许可后，办理工商登记。法律、法规对食品生产加工小作坊和食品摊贩另有规定的，依照其规定。

食品生产许可、食品流通许可和餐饮服务许可的有效期为 3 年。

第二十一条　食品生产经营者的生产经营条件发生变化，不符合食品生产经营要求的，食品生产经营者应当立即采取整改措施；有发生食品安全事故的潜在风险的，应当立即停止食品生产经营活动，并向所在地县级质量监督、工商行政管理或者食品药品监督管理部门报告；需要重新办理许可手续的，应当依法办理。

县级以上质量监督、工商行政管理、食品药品监督管理部门应当加强对食品生产经营者生产经营活动的日常监督检查；发现不符合食品生产经营要求情形的，应当责令立即纠正，并依法予以处理；不再符合生产经营许可条件的，应当依法撤销相关许可。

第二十二条　食品生产经营企业应当依照食品安全法第三十二条的规定组织职工参加食品安全知识培训，学习食品安全法律、法规、规章、标准和其他食品安全知识，并建立培训档案。

第二十三条　食品生产经营者应当依照食品安全法第三十四条的规定建立并执行从业人员健康检查制度和健康档案制度。从事接触直接入口食品工作的人员患有痢疾、伤寒、甲型病毒性肝炎、戊型病毒性肝炎等消化道传染病，以及患有活动性肺结核、化脓性或者渗出性皮肤病等有碍食品安全的疾病的，食品生产经营者应当将其调整到其他不影响食品安全的工作岗位。

食品生产经营人员依照食品安全法第三十四条第二款规定进行健康检查，其检查项目等事项应当符合所在地省、自治区、直辖市的规定。

第二十四条　食品生产经营企业应当依照食品安全法第三十六条第二款、第三十七条第一款、第三十九条第二款的规定建立进货查验记录制度、食品出厂检验记录制度，如实记录法律规定记录的事项，或者保留载有相关信息的进货或者销售票据。记录、票据的保存期限不得少于 2 年。

第二十五条　实行集中统一采购原料的集团性食品生产企业，可以由企业总部统一查验供货者的许可证和产品合格证明文件，进行进货查验记录；对无法提供合格证明文件的食品原料，应当依照食品安全标准进行检验。

第二十六条　食品生产企业应当建立并执行原料验收、生产过程安全管理、贮存管理、设备管理、不合格产品管理等食品安全管理制度，不断完善食品安全保障体系，保证食品安全。

第二十七条　食品生产企业应当就下列事项制定并实施控制要求，保证出厂的食品符合食品安全标准：

（一）原料采购、原料验收、投料等原料控制；

（二）生产工序、设备、贮存、包装等生产关键环节控制；

（三）原料检验、半成品检验、成品出厂检验等检验控制；

（四）运输、交付控制。

食品生产过程中有不符合控制要求情形的，食品生产企业应当立即查明原因并采取整改措施。

第二十八条　食品生产企业除依照食品安全法第三十六条、第三十七条规定进行进货查验记录和食品出厂检验记录外，还应当如实记录食品生产过程的安全管理情况。记录的保存期限不得少于2年。

第二十九条　从事食品批发业务的经营企业销售食品，应当如实记录批发食品的名称、规格、数量、生产批号、保质期、购货者名称及联系方式、销售日期等内容，或者保留载有相关信息的销售票据。记录、票据的保存期限不得少于2年。

第三十条　国家鼓励食品生产经营者采用先进技术手段，记录食品安全法和本条例要求记录的事项。

第三十一条　餐饮服务提供者应当制定并实施原料采购控制要求，确保所购原料符合食品安全标准。

餐饮服务提供者在制作加工过程中应当检查待加工的食品及原料，发现有腐败变质或者其他感官性状异常的，不得加工或者使用。

第三十二条　餐饮服务提供企业应当定期维护食品加工、贮存、陈列等设施、设备；定期清洗、校验保温设施及冷藏、冷冻设施。

餐饮服务提供者应当按照要求对餐具、饮具进行清洗、消毒，不得使用未经清洗和消毒的餐具、饮具。

第三十三条　对依照食品安全法第五十三条规定被召回的食品，食品生产者应当进行无害化处理或者予以销毁，防止其再次流入市场。对因标签、标识或者说明书不符合食品安全标准而被召回的食品，食品生产者在采取补救措施且能保证食品安全的情况下可以继续销售；销售时应当向消费者明示补救措施。

县级以上质量监督、工商行政管理、食品药品监督管理部门应当将食品生产者召回不符合食品安全标准的食品的情况，以及食品经营者停止经营不符合食品安全标准的食品的情况，记入食品生产经营者食品安全信用档案。

## 第五章　食品检验

第三十四条　申请人依照食品安全法第六十条第三款规定向承担复检工作的食品检验机构（以下称复检机构）申请复检，应当说明理由。

复检机构名录由国务院认证认可监督管理、卫生行政、农业行政等部门共同公布。复检机构出具的复检结论为最终检验结论。

复检机构由复检申请人自行选择。复检机构与初检机构不得为同一机构。

第三十五条　食品生产经营者对依照食品安全法第六十条规定进行的抽样检验结论有异议申请复检，复检结论表明食品合格的，复检费用由抽样检验的部门承担；复检结论表明食品不合格的，复检费用由食品生产经营者承担。

## 第六章　食品进出口

第三十六条　进口食品的进口商应当持合同、发票、装箱单、提单等必要的凭证和相关批准文件，向海关报关地的出入境检验检疫机构报检。进口食品应当经出入境检验检疫机构检验合格。海关凭出入境检验检疫机构签发的通关证明放行。

第三十七条　进口尚无食品安全国家标准的食品，或者首次进口食品添加剂新品种、食品相关产品新品种，进口商应当向出入境检验检疫机构提交依照食品安全法第六十三条规定取得的许可证明文件，出入境检验检疫机构应当按照国务院卫生行政部门的要求进行检验。

第三十八条　国家出入境检验检疫部门在进口食品中发现食品安全国家标准未规定且可能危害人体健康的物质，应当按照食品安全法第十二条的规定向国务院卫生行政部门通报。

第三十九条　向我国境内出口食品的境外食品生产企业依照食品安全法第六十五条规定进行注册，其注册有效期为4年。已经注册的境外食品生产企业提供虚假材料，或者因境外食品生产企业的原因致使相关进口食品发生重大食品安全事故的，国家出入境检验检疫部门应当撤销注册，并予以公告。

第四十条　进口的食品添加剂应当有中文标签、中文说明书。标签、说明书应当符合食品安全法和我国其他有关法律、行政法规的规定以及食品安全国家标准的要求，载明食品添加剂的原产地和境内代理商的名称、地址、联系方式。食品添加剂没有中文标签、中文说明书或者标签、说明书不符合本条规定的，不得进口。

第四十一条　出入境检验检疫机构依照食品安全法第六十二条规定对进口食品实施检验，依照食品安全法第六十八条规定对出口食品实施监督、抽检，具体办法由国家出入境检验检疫部门制定。

第四十二条　国家出入境检验检疫部门应当建立信息收集网络，依照食品安全法第六十九条的规定，收集、汇总、通报下列信息：

（一）出入境检验检疫机构对进出口食品实施检验检疫发现的食品安全信息；

（二）行业协会、消费者反映的进口食品安全信息；

（三）国际组织、境外政府机构发布的食品安全信息、风险预警信息，以及境外行业协会等组织、消费者反映的食品安全信息；

（四）其他食品安全信息。

接到通报的部门必要时应当采取相应处理措施。

食品安全监督管理部门应当及时将获知的涉及进出口食品安全的信息向国家出入境检验检疫部门通报。

## 第七章　食品安全事故处置

第四十三条　发生食品安全事故的单位对导致或者可能导致食品安全事故的食品及原料、工具、设备等，应当立即采取封存等控制措施，并自事故发生之时起 2 小时内向所在地县级人民政府卫生行政部门报告。

第四十四条　调查食品安全事故，应当坚持实事求是、尊重科学的原则，及时、准确查清事故性质和原因，认定事故责任，提出整改措施。

参与食品安全事故调查的部门应当在卫生行政部门的统一组织协调下分工协作、相互配合，提高事故调查处理的工作效率。

食品安全事故的调查处理办法由国务院卫生行政部门会同国务院有关部门制定。

第四十五条　参与食品安全事故调查的部门有权向有关单位和个人了解与事故有关的情况，并要求提供相关资料和样品。

有关单位和个人应当配合食品安全事故调查处理工作，按照要求提供相关资料和样品，不得拒绝。

第四十六条　任何单位或者个人不得阻挠、干涉食品安全事故的调查处理。

## 第八章　监 督 管 理

第四十七条　县级以上地方人民政府依照食品安全法第七十六条规定制定的食品安全年度监督管理计划，应当包含食品抽样检验的内容。对专供婴幼儿、老年人、病人等特定人群的主辅食品，应当重点加强抽样检验。

县级以上农业行政、质量监督、工商行政管理、食品药品监督管理部门应当按照食品安全年度监督管理计划进行抽样检验。抽样检验购买样品所需费用和检验费等，由同级财政列支。

第四十八条　县级人民政府应当统一组织、协调本级卫生行政、农业行政、质量监督、工商行政管理、食品药品监督管理部门，依法对本行政区域内的食品生产经营者进行监督管理；对发生食品安全事故风险较高的食品生产经营者，应当重点加强监督管理。

在国务院卫生行政部门公布食品安全风险警示信息，或者接到所在地省、自治区、直辖市人民政府卫生行政部门依照本条例第十条规定通报的食品安全风险监测信息后，设区的市级和县级人民政府应当立即组织本级卫生行政、农业行政、质量监督、工商行政管理、食品药品监督管理部门采取有针对性的措施，防止发生食品安全事故。

第四十九条　国务院卫生行政部门应当根据疾病信息和监督管理信息等，对发现的添加或者可能添加到食品中的非食品用化学物质和其他可能危害人体健康的物质的名录及检测方法予以公布；国务院质量监督、工商行政管理和国家食品药品监督管理部门应当采取相应的监督管理措施。

第五十条　质量监督、工商行政管理、食品药品监督管理部门在食品安全监督管理工作中可以采用国务院质量监督、工商行政管理和国家食品药品监督管理部门认定的快速检测方法对食品进行初步筛查；对初步筛查结果表明可能不符合食品安全标准的食品，应当依照食品安全法第六十条第三款的规定进行检验。初步筛查结果不得作为执法依据。

第五十一条　食品安全法第八十二条第二款规定的食品安全日常监督管理信息包括：

（一）依照食品安全法实施行政许可的情况；

（二）责令停止生产经营的食品、食品添加剂、食品相关产品的名录；

（三）查处食品生产经营违法行为的情况；

（四）专项检查整治工作情况；

（五）法律、行政法规规定的其他食品安全日常监督管理信息。

前款规定的信息涉及两个以上食品安全监督管理部门职责的，由相关部门联合公布。

第五十二条　食品安全监督管理部门依照食品安全法第八十二条规定公布信息，应当同时对有关食品可能产生的危害进行解释、说明。

第五十三条　卫生行政、农业行政、质量监督、工商行政管理、食品药品监督管理等部门应当公布本单位的电子邮件地址或者电话，接受咨询、投诉、举报；对接到的咨询、投诉、举报，应当依照食品安全法第八十条的规定进行答复、核实、处理，并对咨询、投诉、举报和答复、核实、处理的情况予以记录、保存。

第五十四条　国务院工业和信息化、商务等部门依据职责制定食品行业的发展规划和产业政策，采取措施推进产业结构优化，加强对食品行业诚信体系建设的指导，促进食品行业健康发展。

## 第九章　法律责任

第五十五条　食品生产经营者的生产经营条件发生变化，未依照本条例第二十一条规定处理的，由有关主管部门责令改正，给予警告；造成严重后果的，依照食品安全法第八十五条的规定给予处罚。

第五十六条　餐饮服务提供者未依照本条例第三十一条第一款规定制定、实施原料采购控制要求的，依照食品安全法第八十六条的规定给予处罚。

餐饮服务提供者未依照本条例第三十一条第二款规定检查待加工的食品及原料，或者发现有腐败变质或者其他感官性状异常仍加工、使用的，依照食品安全法第八十五条的规定给予处罚。

第五十七条　有下列情形之一的，依照食品安全法第八十七条的规定给予处罚：

（一）食品生产企业未依照本条例第二十六条规定建立、执行食品安全管理制度的；

（二）食品生产企业未依照本条例第二十七条规定制定、实施生产过程控制要求，或者食品生产过程中有不符合控制要求的情形未依照规定采取整改措施的；

（三）食品生产企业未依照本条例第二十八条规定记录食品生产过程的安全管理情况并保存相关记录的；

（四）从事食品批发业务的经营企业未依照本条例第二十九条规定记录、保存销售信息或者保留销售票据的；

（五）餐饮服务提供企业未依照本条例第三十二条第一款规定定期维护、清洗、校验设施、设备的；

（六）餐饮服务提供者未依照本条例第三十二条第二款规定对餐具、饮具进行清洗、消毒，或者使用未经清洗和消毒的餐具、饮具的。

第五十八条　进口不符合本条例第四十条规定的食品添加剂的，由出入境检验检疫机构没收违法进口的食品添加剂；违法进口的食品添加剂货值金额不足1万元的，并处2000元以上5万元以下罚款；货值金额1万元以上的，并处货值金额2倍以上5倍以下罚款。

第五十九条　医疗机构未依照本条例第八条规定报告有关疾病信息的，由卫生行政部门责令改正，给予警告。

第六十条　发生食品安全事故的单位未依照本条例第四十三条规定采取措施并报告的，依照食品安全法第八十八条的规定给予处罚。

第六十一条　县级以上地方人民政府不履行食品安全监督管理法定职责，本行政区域出现重大食品安全事故、造成严重社会影响的，依法对直接负责的主管人员和其他直接责任人员给予记大过、降级、撤职或者开除的处分。

县级以上卫生行政、农业行政、质量监督、工商行政管理、食品药品监督管理部门或者其他有关行政部门不履行食品安全监督管理法定职责、日常监督检查不到位或者滥用职权、玩忽职守、徇私舞弊的，依法对直接负责的主管人员和其他直接责任人员给予记大过或者降级的处分；造成严重后果的，给予撤职或者开除的处分；其主要负责人应当引咎辞职。

### 第十章 附 则

第六十二条 本条例下列用语的含义：

食品安全风险评估，指对食品、食品添加剂中生物性、化学性和物理性危害对人体健康可能造成的不良影响所进行的科学评估，包括危害识别、危害特征描述、暴露评估、风险特征描述等。

餐饮服务，指通过即时制作加工、商业销售和服务性劳动等，向消费者提供食品和消费场所及设施的服务活动。

第六十三条 食用农产品质量安全风险监测和风险评估由县级以上人民政府农业行政部门依照《中华人民共和国农产品质量安全法》的规定进行。

国境口岸食品的监督管理由出入境检验检疫机构依照食品安全法和本条例以及有关法律、行政法规的规定实施。

食品药品监督管理部门对声称具有特定保健功能的食品实行严格监管，具体办法由国务院另行制定。

第六十四条 本条例自公布之日起施行。

# 附录5 中华人民共和国国家标准食物中毒诊断标准及技术处理总则(GB14938—94)

**1 主题内容与适用范围**

本标准规定了食物中毒诊断标准及技术处理总则。

本标准适用于食物中毒。

**2 引用标准**

GB 4789 食品卫生检验方法(微生物学部分)

GB 5009 食品卫生检验方法(理化学部分)

**3 术语**

3.1 食物中毒

指摄入了含有生物性、化学性有毒有害物质的食品或者把有毒有害物质当作食品摄入后出现的非传染性(不属于传染病)的急性、亚急性疾病。

3.2 中毒食品

含有有毒有害物质并引起食物中毒的食品。

3.2.1 细菌性中毒食品：指含有细菌或细菌毒素的食品。

3.2.2 真菌性中毒食品：指被真菌及其毒素污染的食品。

3.2.3 动物性中毒食品，主要有二种：

a. 将天然含有有毒成分的动物或动物的某一部分当做食品。

b. 在一定条件下，产生了大量的有毒成分的可食的动物性食品(如鲐鱼等)。

3.2.4 植物性中毒食品，主要有三种：

a. 将天然含有有毒成分的植物或其加工制品当做食品(如桐油、大麻油等)；

b. 在加工过程中未能破坏或除去有毒成分的植物当做食品(如木薯、苦杏仁等)。

c. 在一定条件下，产生了大量的有毒成分的可食的植物性食品(如发芽马铃薯等)。

3.2.5 化学性中毒食品，主要有四种：

a. 被有毒有害的化学物质污染的食品；

b. 指误为食品、食品添加剂、营养强化剂的有毒有害的化学物质：

c. 添加非食品级的或伪造的或禁止使用的食品添加剂，营养强化剂的食品，以及超量使用食品添加剂的食品；

d. 营养素发生化学变化的食品(如油脂酸败)。

**4　诊断标准总则**

4.1　食物中毒诊断标准总则

食物中毒诊断标准主要以流行病学调查资料及病人的潜伏期和中毒的特有表现为依据，实验室诊断是为了确定中毒的病因而进行的。

4.1.1　中毒病人在相近的时间内均食用过某种共同的中毒食品，未食用者不中毒。停止食用中毒食品后，发病很快停止。

4.1.2　潜伏期较短，发病急剧，病程亦较短。

4.1.3　所有中毒病人的临床表现基本相似。

4.1.4　一般无人与人之间的直接传染。

4.1.5　食物中毒的确定应尽可能有实验室诊断资料，由于采样不及时或已用药或其他技术、学术上的原因而未能取得实验室诊断资料时，可判定为原因不明食物中毒，必要时可由三名副主任医师以上的食品卫生专家进行评定。

4.2　细菌性和真菌性食物中毒诊断标准总则

食入细菌性或真菌性中毒食品引起的食物中毒，即为细菌性食物中毒或真菌性食物中毒，其诊断标准总则主要依据包括：

4.2.1　流行病学调查资料；

4.2.2　病人的潜伏期和特有的中毒表现；

4.2.3　实验室诊断资料，对中毒食品或与中毒食品有关的物品或病人的标本进行检验的资料。

4.3　动物性和植物性食物中毒诊断标准总则

食入动物性或植物性中毒食品引起的食物中毒，即为动物性或植物性食物中毒，其诊断标准总则主要依据包括：

4.3.1　流行病学调查资料；

4.3.2　病人的潜伏期和特有的中毒表现；

4.3.3　形态学鉴定资料；

4.3.4　必要时应有实验室诊断资料，对中毒食品进行检验的资料；

4.3.5　有条件时，可有简易动物毒性试验或急性毒性试验资料。

4.4　化学性食物中毒诊断标准总则

食入化学性中毒食品引起的食物中毒，即为化学性食物中毒，其诊断标准总则主要依据包括：

4.4.1　流行病学调查资料；

4.4.2　病人的潜伏期和特有的中毒表现；

4.4.3　如需要时，可有病人的临床检验或辅助、特殊检查的资料；

4.4.4　实验室诊断资料，对中毒食品或与中毒食品有关的物品或病人的标本进行检验的资料。

4.5　致病物质不明的食物中毒诊断标准总则

食入可疑中毒食品后引起的食物中毒，由于取不到样品或取到的样品已经无法查出致病物质或者在学术上中毒物质尚不明的食物中毒，其诊断标准总则主要依据包括：

4.5.1　流行病学调查资料；

4.5.2　病人的潜伏期和特有的中毒表现。

注：必要时由三名副主任医师以上的食品卫生专家进行评比。

4.6　食物中毒患者的诊断

由食品卫生医师以上（含食品卫生医师）诊断确定。

4.7　食物中毒事件的确定

由食品卫生监督检验机构根据食物中毒诊断标准及技术处理总则确定。

**5　技术处理总则**

5.1　对病人采取紧急处理，并及时报告当地食品卫生监督检验所。

5.1.1　停止食用中毒食品。

5.1.2　采取病人标本，以备送检。

5.1.3　对病人的急救治疗主要包括：

a. 急救：催吐、洗胃、清肠；

b. 对症治疗；

c. 特殊治疗。

5.2　对中毒食品控制处理

5.2.1　保护现场，封存中毒食品或疑似中毒食品。

5.2.2　追回售出的中毒食品或疑似中毒食品。

5.2.3　对中毒食品进行无害化处理或销毁。

5.3　对中毒场所采取的消毒处理

根据不同的中毒食品，对中毒场所采取相应的消毒处理。

附加说明：本标准由卫生部卫生监督司提出。本标准由北京市食品卫生监督检验所、吉林省食品卫生监督检验所负责起草。本标准主要起草人丁秀英、杨国柱。本标准由卫生部委托技术归口单位卫生部食品卫生监督检验所负责解释。

# 附录 6　突发公共卫生事件应急条例

（2003 年 5 月 7 日国务院第 7 次常务会议通过）

## 第一章　总　　则

第一条　为了有效预防、及时控制和消除突发公共卫生事件的危害，保障公众身体健康与生命安全，维护正常的社会秩序，制定本条例。

第二条　本条例所称突发公共卫生事件（以下简称突发事件），是指突然发生，造成或者可能造成社会公众健康严重损害的重大传染病疫情、群体性不明原因疾病、重大食物和职业中毒以及其他严重影响公众健康的事件。

第三条　突发事件发生后，国务院设立全国突发事件应急处理指挥部，由国务院有关部门和军队有关部门组成，国务院主管领导人担任总指挥，负责对全国突发事件应急处理的统一领导、统一指挥。

国务院卫生行政主管部门和其他有关部门，在各自的职责范围内做好突发事件应急处理的有关工作。

第四条　突发事件发生后，省、自治区、直辖市人民政府成立地方突发事件应急处理指挥部，省、自治区、直辖市人民政府主要领导人担任总指挥，负责领导、指挥本行政区域内突发事件应急处理工作。

县级以上地方人民政府卫生行政主管部门，具体负责组织突发事件的调查、控制和医疗救治工作。

县级以上地方人民政府有关部门，在各自的职责范围内做好突发事件应急处理的有关工作。

第五条　突发事件应急工作，应当遵循预防为主、常备不懈的方针，贯彻统一领导、分级负责、反应及时、措施果断、依靠科学、加强合作的原则。

第六条　县级以上各级人民政府应当组织开展防治突发事件相关科学研究，建立突发事件应急流行病学调查、传染源隔离、医疗救护、现场处置、监督检查、监测检验、卫生防护等有关物资、设备、设施、技术与人才资源储备，所需经费列入本级政府财政预算。

国家对边远贫困地区突发事件应急工作给予财政支持。

第七条　国家鼓励、支持开展突发事件监测、预警、反应处理有关技术的国际交流与合作。

第八条　国务院有关部门和县级以上地方人民政府及其有关部门，应当建立严格的突发事件防范和应急处理责任制，切实履行各自的职责，保证突发事件应急处理工作的正常进行。

第九条　县级以上各级人民政府及其卫生行政主管部门，应当对参加突发事件应急处理的医疗卫生人员，给予适当补助和保健津贴；对参加突发事件应急处理作出贡献的人员，给予表彰和奖励；对因参与应急处理工作致病、致残、死亡的人员，按照国家有关规定，给予相应的补助和抚恤。

## 第二章　预防与应急准备

第十条　国务院卫生行政主管部门按照分类指导、快速反应的要求，制定全国突发事件应急预案，报请国务院批准。

省、自治区、直辖市人民政府根据全国突发事件应急预案，结合本地实际情况，制定本行政区域的突发事件应急预案。

第十一条　全国突发事件应急预案应当包括以下主要内容：

（一）突发事件应急处理指挥部的组成和相关部门的职责；

（二）突发事件的监测与预警；

（三）突发事件信息的收集、分析、报告、通报制度；

（四）突发事件应急处理技术和监测机构及其任务；

（五）突发事件的分级和应急处理工作方案；

（六）突发事件预防、现场控制，应急设施、设备、救治药品和医疗器械以及其他物资和技术的储备与调度；

（七）突发事件应急处理专业队伍的建设和培训。

第十二条　突发事件应急预案应当根据突发事件的变化和实施中发现的问题及时进行修订、补充。

第十三条　地方各级人民政府应当依照法律、行政法规的规定，做好传染病预防和其他公共卫生工作，防范突发事件的发生。

县级以上各级人民政府卫生行政主管部门和其他有关部门，应当对公众开展突发事件应急知识的专门教育，增强全社会对突发事件的防范意识和应对能力。

第十四条　国家建立统一的突发事件预防控制体系。

县级以上地方人民政府应当建立和完善突发事件监测与预警系统。

县级以上各级人民政府卫生行政主管部门，应当指定机构负责开展突发事件的日常监测，并确保监测与预警系统的正常运行。

第十五条　监测与预警工作应当根据突发事件的类别，制定监测计划，科学分析、综合评价监测数据。对早期发现的潜在隐患以及可能发生的突发事件，应当依照本条例规定的报告程序和时限及时报告。

第十六条　国务院有关部门和县级以上地方人民政府及其有关部门，应当根据突发事件应急预案的要求，保证应急设施、设备、救治药品和医疗器械等物资储备。

第十七条　县级以上各级人民政府应当加强急救医疗服务网络的建设，配备相应的医疗救治药物、技术、设备和人员，提高医疗卫生机构应对各类突发事件的救治能力。

设区的市级以上地方人民政府应当设置与传染病防治工作需要相适应的传染病专科医院，或者指定具备传染病防治条件和能力的医疗机构承担传染病防治任务。

第十八条　县级以上地方人民政府卫生行政主管部门，应当定期对医疗卫生机构和人员开展突发事件应急处理相关知识、技能的培训，定期组织医疗卫生机构进行突发事件应急演练，推广最新知识和先进技术。

## 第三章　报告与信息发布

第十九条　国家建立突发事件应急报告制度。

国务院卫生行政主管部门制定突发事件应急报告规范，建立重大、紧急疫情信息报告系统。

有下列情形之一的，省、自治区、直辖市人民政府应当在接到报告1小时内，向国务院卫生行政主管部门报告：

（一）发生或者可能发生传染病暴发、流行的；

（二）发生或者发现不明原因的群体性疾病的；

（三）发生传染病菌种、毒种丢失的；

（四）发生或者可能发生重大食物和职业中毒事件的。

国务院卫生行政主管部门对可能造成重大社会影响的突发事件，应当立即向国务院报告。

第二十条　突发事件监测机构、医疗卫生机构和有关单位发现有本条例第十九条规定情形之一的，应当在2小时内向所在地县级人民政府卫生行政主管部门报告；接到报告的卫生行政主管部门应当在2小时内向本级人民政府报告，并同时向上级人民政府卫生行政主管部门和国务院卫生行政主管部门报告。

县级人民政府应当在接到报告后2小时内向设区的市级人民政府或者上一级人民政府报告；设区的市级人民政府应当在接到报告后2小时内向省、自治区、直辖市人民政府报告。

第二十一条　任何单位和个人对突发事件，不得隐瞒、缓报、谎报或者授意他人隐瞒、缓报、谎报。

第二十二条　接到报告的地方人民政府、卫生行政主管部门依照本条例规定报告的同时，应当立即组织力量对报告事项调查核实、确证，采取必要的控制措施，并及时报告调查情况。

第二十三条　国务院卫生行政主管部门应当根据发生突发事件的情况，及时向国务院有关部门和各省、自治区、直辖市人民政府卫生行政主管部门以及军队有关部门通报。

突发事件发生地的省、自治区、直辖市人民政府卫生行政主管部门，应当及时向毗邻省、自治区、直辖市人民政府卫生行政主管部门通报。

接到通报的省、自治区、直辖市人民政府卫生行政主管部门，必要时应当及时通知本行政区域内的医疗卫生机构。

县级以上地方人民政府有关部门，已经发生或者发现可能引起突发事件的情形时，应当及时向同级人民政府卫生行政主管部门通报。

第二十四条　国家建立突发事件举报制度，公布统一的突发事件报告、举报电话。

任何单位和个人有权向人民政府及其有关部门报告突发事件隐患，有权向上级人民政府及其有关部门举报地方人民政府及其有关部门不履行突发事件应急处理职责，或者不按照规定履行职责的情况。接到报告、举报的有关人民政府及其有关部门，应当立即组织对突发事件隐患、不履行或者不按照规定履行突发事件应急处理职责的情况进行调查处理。

对举报突发事件有功的单位和个人，县级以上各级人民政府及其有关部门应当予以奖励。

第二十五条　国家建立突发事件的信息发布制度。

国务院卫生行政主管部门负责向社会发布突发事件的信息。必要时，可以授权省、自治区、直辖市人民政府卫生行政主管部门向社会发布本行政区域内突发事件的信息。

信息发布应当及时、准确、全面。

## 第四章　应 急 处 理

第二十六条　突发事件发生后，卫生行政主管部门应当组织专家对突发事件进行综合评估，初步判断突发事件的类型，提出是否启动突发事件应急预案的建议。

第二十七条　在全国范围内或者跨省、自治区、直辖市范围内启动全国突发事件应急预案，由国务院卫生行政主管部门报国务院批准后实施。省、自治区、直辖市启动突发事件应急预案，由省、自治区、直辖市人民政府决定，并向国务院报告。

第二十八条　全国突发事件应急处理指挥部对突发事件应急处理工作进行督察和指导，地方各级人民政府及其有关部门应当予以配合。

省、自治区、直辖市突发事件应急处理指挥部对本行政区域内突发事件应急处理工作进行督察和指导。

第二十九条　省级以上人民政府卫生行政主管部门或者其他有关部门指定的突发事件应急处理专业技术机构，负责突发事件的技术调查、确证、处置、控制和评价工作。

第三十条　国务院卫生行政主管部门对新发现的突发传染病，根据危害程度、流行强度，依照《中华人民共和国传染病防治法》的规定及时宣布为法定传染病；宣布为甲类传染病的，由国务院决定。

第三十一条　应急预案启动前，县级以上各级人民政府有关部门应当根据突发事件的实际情况，做好应急处理准备，采取必要的应急措施。

应急预案启动后，突发事件发生地的人民政府有关部门，应当根据预案规定的职责要求，服从突发事件应急处理指挥部的统一指挥，立即到达规定岗位，采取有关的控制措施。

医疗卫生机构、监测机构和科学研究机构，应当服从突发事件应急处理指挥部的统一指挥，相互配合、协作，集中力量开展相关的科学研究工作。

第三十二条　突发事件发生后，国务院有关部门和县级以上地方人民政府及其有关部门，应当保证突发事件应急处理所需的医疗救护设备、救治药品、医疗器械等物资的生产、供应；铁路、交通、民用航空行政主管部门应当保证及时运送。

第三十三条　根据突发事件应急处理的需要，突发事件应急处理指挥部有权紧急调集人员、储备的物资、交通工具以及相关设施、设备；必要时，对人员进行疏散或者隔离，并可以依法对传染病疫区实行封锁。

第三十四条　突发事件应急处理指挥部根据突发事件应急处理的需要，可以对食物和水源采取控制措施。

县级以上地方人民政府卫生行政主管部门应当对突发事件现场等采取控制措施，宣传突发事件防治知识，及时对易受感染的人群和其他易受损害的人群采取应急接种、预防性投药、群体防护等措施。

第三十五条　参加突发事件应急处理的工作人员，应当按照预案的规定，采取卫生防护措施，并在专业人员的指导下进行工作。

第三十六条　国务院卫生行政主管部门或者其他有关部门指定的专业技术机构，有权进入突发事件现场进行调查、采样、技术分析和检验，对地方突发事件的应急处理工作进行技术指导，有关单位和个人应当予以配合；任何单位和个人不得以任何理由予以拒绝。

第三十七条　对新发现的突发传染病、不明原因的群体性疾病、重大食物和职业中毒事件，国务院卫生行政主管部门应当尽快组织力量制定相关的技术标准、规范和控制措施。

第三十八条　交通工具上发现根据国务院卫生行政主管部门的规定需要采取应急控制措施的传染病病人、疑似传染病病人，其负责人应当以最快的方式通知前方停靠点，并向交通工具的营运单位报告。交通工具的前方停靠点和营运单位应当立即向交通工具营运单位行政主管部门和县级以上地方人民政府卫生行政主管部门报告。卫生行政主管部门接到报告后，应当立即组织有关人员采取相应的医学处置措施。

交通工具上的传染病病人密切接触者，由交通工具停靠点的县级以上各级人民政府卫生行政主管部门或者铁路、交通、民用航空行政主管部门，根据各自的职责，依照传染病防治法律、行政法规的规定，采取控制措施。

涉及国境口岸和入出境的人员、交通工具、货物、集装箱、行李、邮包等需要采取传染病应急控制措施的，依照国境卫生检疫法律、行政法规的规定办理。

第三十九条　医疗卫生机构应当对因突发事件致病的人员提供医疗救护和现场救援，对就诊病人必须接诊治疗，并书写详细、完整的病历记录；对需要转送的病人，应当按照规定将病人及其病历记录的复印件转送至接诊的或者指定的医疗机构。

医疗卫生机构内应当采取卫生防护措施，防止交叉感染和污染。

医疗卫生机构应当对传染病病人密切接触者采取医学观察措施，传染病病人密切接触者应当予以配合。

医疗机构收治传染病病人、疑似传染病病人，应当依法报告所在地的疾病预防控制机构。接到报告的疾病预防控制机构应当立即对可能受到危害的人员进行调查，根据需要采取必要的控制措施。

第四十条　传染病暴发、流行时，街道、乡镇以及居民委员会、村民委员会应当组织力量，团结协作，群防群治，协助卫生行政主管部门和其他有关部门、医疗卫生机构做好疫情信息的收集和报告、人员的分散隔离、公共卫生措施的落实工作，向居民、村民宣传传染病防治的相关知识。

第四十一条　对传染病暴发、流行区域内流动人口，突发事件发生地的县级以上地方人民政府应当做好预防工作，落实有关卫生控制措施；对传染病病人和疑似传染病病人，应当采取就地隔离、就地观察、就地治疗的措施。对需要治疗和转诊的，应当依照本条例第三十九条第一款的规定执行。

第四十二条　有关部门、医疗卫生机构应当对传染病做到早发现、早报告、早隔离、早治疗，切断传播途径，防止扩散。

第四十三条　县级以上各级人民政府应当提供必要资金，保障因突发事件致病、致残的人员得到及时、有效的救治。具体办法由国务院财政部门、卫生行政主管部门和劳动保障行政主管部门制定。

第四十四条　在突发事件中需要接受隔离治疗、医学观察措施的病人、疑似病人和传染病病人密切接触者在卫生行政主管部门或者有关机构采取医学措施时应当予以配合；拒绝配合的，由公安机关依法协助强制执行。

## 第五章 法律责任

第四十五条 县级以上地方人民政府及其卫生行政主管部门未依照本条例的规定履行报告职责，对突发事件隐瞒、缓报、谎报或者授意他人隐瞒、缓报、谎报的，对政府主要领导人及其卫生行政主管部门主要负责人，依法给予降级或者撤职的行政处分；造成传染病传播、流行或者对社会公众健康造成其他严重危害后果的，依法给予开除的行政处分；构成犯罪的，依法追究刑事责任。

第四十六条 国务院有关部门、县级以上地方人民政府及其有关部门未依照本条例的规定，完成突发事件应急处理所需要的设施、设备、药品和医疗器械等物资的生产、供应、运输和储备的，对政府主要领导人和政府部门主要负责人依法给予降级或者撤职的行政处分；造成传染病传播、流行或者对社会公众健康造成其他严重危害后果的，依法给予开除的行政处分；构成犯罪的，依法追究刑事责任。

第四十七条 突发事件发生后，县级以上地方人民政府及其有关部门对上级人民政府有关部门的调查不予配合，或者采取其他方式阻碍、干涉调查的，对政府主要领导人和政府部门主要负责人依法给予降级或者撤职的行政处分；构成犯罪的，依法追究刑事责任。

第四十八条 县级以上各级人民政府卫生行政主管部门和其他有关部门在突发事件调查、控制、医疗救治工作中玩忽职守、失职、渎职的，由本级人民政府或者上级人民政府有关部门责令改正、通报批评、给予警告；对主要负责人、负有责任的主管人员和其他责任人员依法给予降级、撤职的行政处分；造成传染病传播、流行或者对社会公众健康造成其他严重危害后果的，依法给予开除的行政处分；构成犯罪的，依法追究刑事责任。

第四十九条 县级以上各级人民政府有关部门拒不履行应急处理职责的，由同级人民政府或者上级人民政府有关部门责令改正、通报批评、给予警告；对主要负责人、负有责任的主管人员和其他责任人员依法给予降级、撤职的行政处分；造成传染病传播、流行或者对社会公众健康造成其他严重危害后果的，依法给予开除的行政处分；构成犯罪的，依法追究刑事责任。

第五十条 医疗卫生机构有下列行为之一的，由卫生行政主管部门责令改正、通报批评、给予警告；情节严重的，吊销《医疗机构执业许可证》；对主要负责人、负有责任的主管人员和其他直接责任人员依法给予降级或者撤职的纪律处分；造成传染病传播、流行或者对社会公众健康造成其他严重危害后果，构成犯罪的，依法追究刑事责任：

（一）未依照本条例的规定履行报告职责，隐瞒、缓报或者谎报的；

（二）未依照本条例的规定及时采取控制措施的；

（三）未依照本条例的规定履行突发事件监测职责的；

（四）拒绝接诊病人的；

（五）拒不服从突发事件应急处理指挥部调度的。

第五十一条 在突发事件应急处理工作中，有关单位和个人未依照本条例的规定履行报告职责，隐瞒、缓报或者谎报，阻碍突发事件应急处理工作人员执行职务，拒绝国务院卫生行政主管部门或者其他有关部门指定的专业技术机构进入突发事件现场，或者不配合调查、采样、技术分析和检验的，对有关责任人员依法给予行政处分或者纪律处分；触犯《中华人民共和国治安管理处罚条例》，构成违反治安管理行为的，由公安机关依法予以处罚；构成犯罪的，依法追究刑事责任。

第五十二条 在突发事件发生期间，散布谣言、哄抬物价、欺骗消费者，扰乱社会秩序、市场秩序的，由公安机关或者工商行政管理部门依法给予行政处罚；构成犯罪的，依法追究刑事责任。

## 第六章 附 则

第五十三条 中国人民解放军、武装警察部队医疗卫生机构参与突发事件应急处理的，依照本条例的规定和军队的相关规定执行。

第五十四条 本条例自公布之日起施行。